“十三五”国家重点出版物
出版规划项目

国家出版基金项目
NATIONAL PUBLICATION FOUNDATION

现代生物质能高效利用技术丛书

广州市科学技术协会
广州市南山自然科学学术交流基金会
广州市合力科普基金会
资助出版

Efficient Utilization Technology of Modern Biomass Energy

生物柴油生产及应用技术

吕鹏梅 等编著

PRODUCTION AND APPLICATION TECHNOLOGY OF BIODIESEL

化学工业出版社
·北京·

本书为“现代生物质能高效利用技术丛书”中的一个分册，全书围绕生物柴油的最新生产技术和应用展开，首先介绍了生物柴油作为一种清洁、可再生能源的基本性质和用途，以及国内外研究与生产生物柴油的现状、发展趋势及制备方法，沿着产业链较为全面系统地阐述了原料来源、生物柴油生产工艺设计化工数据与基础理论、各种生物柴油反应器及生物柴油分离纯化生产工艺等，并详细介绍了生物柴油及其副产物甘油的高值化技术及产品质量标准；同时从生物柴油的政策氛围、产业现状以及生物柴油产业的社会效益、经济效益与环境效益等方面进行了概述与评价。

本书具有较强的技术应用性和针对性，可供化工、能源、环境等领域的工程技术人员、科研人员和管理人员参考，也可供高等学校资源循环科学与工程、能源工程、化学工程、生物工程、环境工程及相关专业师生参阅。

图书在版编目（CIP）数据

生物柴油生产及应用技术/吕鹏梅等编著. —北京：化学工业出版社，2020.4
（现代生物质能高效利用技术丛书）
ISBN 978-7-122-37093-8

Ⅰ.①生… Ⅱ.①吕… Ⅲ.①生物燃料-柴油-研究
Ⅳ.①TK63

中国版本图书馆 CIP 数据核字（2020）第 089353 号

责任编辑：刘兴春 刘 婧　　文字编辑：李 玥
责任校对：边 涛　　装帧设计：尹琳琳

出版发行：化学工业出版社
（北京市东城区青年湖南街 13 号 邮政编码 100011）
印 装：北京新华印刷有限公司
787mm×1092mm 1/16 印张 20¼ 字数 485 千字
2020 年 7 月北京第 1 版第 1 次印刷

购书咨询：010-64518888
售后服务：010-64518899
网 址：http://www.cip.com.cn
凡购买本书，如有缺损质量问题，本社销售中心负责调换。

定 价：128.00 元

《生物柴油生产及应用技术》

编著人员名单

王治元　付俊鹰　吕鹏梅　李志兵　李惠文　杨玲梅

苗长林　罗　文

前言 PREFACE

全球化石能源日益枯竭，“能源争夺战”愈演愈烈，环境治理迫在眉睫。生物柴油是一种生物质可再生资源，就原料来源和生产工艺属性而言，属于废弃资源综合利用业和生物产业；就产品用途而言，属于可再生新能源产业。为了鼓励发展生物柴油，我国多个政府部门发布了一系列的相关指导意见和产业政策。国务院办公厅《能源发展战略行动计划（2014—2020年）》指出，积极发展交通燃油替代，加强先进生物质能技术攻关和示范，重点发展新一代非粮燃料乙醇和生物柴油；能源局《能源发展“十三五”规划》明确了将发展清洁低碳能源作为调整能源结构的主攻方向，坚持发展非化石能源与清洁高效利用化石能源并举；发改委《“十三五”生物产业发展规划》中强调要完善原料供应体系，有序开发利用废弃油脂资源和非食用油料资源发展生物柴油；等等。生物柴油行业的发展对于降低对化石能源的依赖、改善环境及实现可持续发展战略目标具有重大意义。

生物柴油是以“地沟油”等废弃油脂、油料作物等为主要原料通过酯交换等工艺制成的可代替石化柴油的再生性燃料，与普通柴油相比，其具有十六烷值高、无毒、低硫以及可再生、可生物降解、储运安全、与现有燃料具有相同销售渠道等优点。生物柴油含氧量高，使得燃烧更加充分、排放污染物也较少，是典型“绿色能源”，大力发展生物柴油对经济可持续发展，推进能源替代，减轻环境压力，控制城市大气污染具有重要的战略意义，使其成为近年来备受关注的研究课题。

目前，世界各国都致力于发展清洁能源，欧盟、美国、阿根廷、巴西等国家和地区已相继建立起了数十座生物柴油生产装置，全球年产生物柴油数千万吨。我国发展生物柴油产业起步较晚，依然面临着生产成本较高、原料收集困难、政策不健全等制约因素。

为了促进生物柴油产业发展，在化学工业出版社的大力支持下，笔者总结了国内外生物柴油的最新发展技术及相关情况，结合前人和课题组研究成果编著了此书。本书共7章，第1章阐述生物柴油的性质、用途和发展状况，第2章介绍生物柴油的生产原料，第3章介绍生物柴油的制备方法，第4章介绍生物柴油的制备工艺，第5章介绍国内外生物柴油的产品标准，第6章介绍生物柴油及副产物甘油生产高值产品，第7章介绍中国生物柴油产业政策与现状。本书对生物柴油生产技术与应用的有关内容进行了系统而全面的阐述，内容具有较强的技术性和针对性，旨在为科技工作者和生物柴油从业工程技术人员、管理人员等提供技术参考和案例借鉴，也可作为高等学校资源循环科学与工程、能源工程、生物工程、化学工程、生态工程、环境工程及相关专业的教学参考书。

参与本书编著的作者均是长期从事生物柴油基础研究和产业发展的专家、学者和科技工作者，具体分工如下：第1章由苗长林、吕鹏梅编著；第2章由李惠文编著；第3章由王治元、付俊鹰编著；第4章由李志兵、李惠文、王治元编著；第5章、第6章由杨玲梅编著；第7章由罗文编著。全书最后由吕鹏梅统稿、定稿。编著此书期间，得到了中国科学院广州能源研究所的肯定与支持，在此表示衷心的感谢！

限于编著者水平及编著时间，书中难免有不足和疏漏之处，敬请读者提出修改意见。

编著者

2019年12月

第1章 生物柴油概述 001

第2章 生物柴油生产原料 033

目录 CONTENTS

第 4 章 生物柴油制备工艺

第5章 生物柴油标准及评价指标

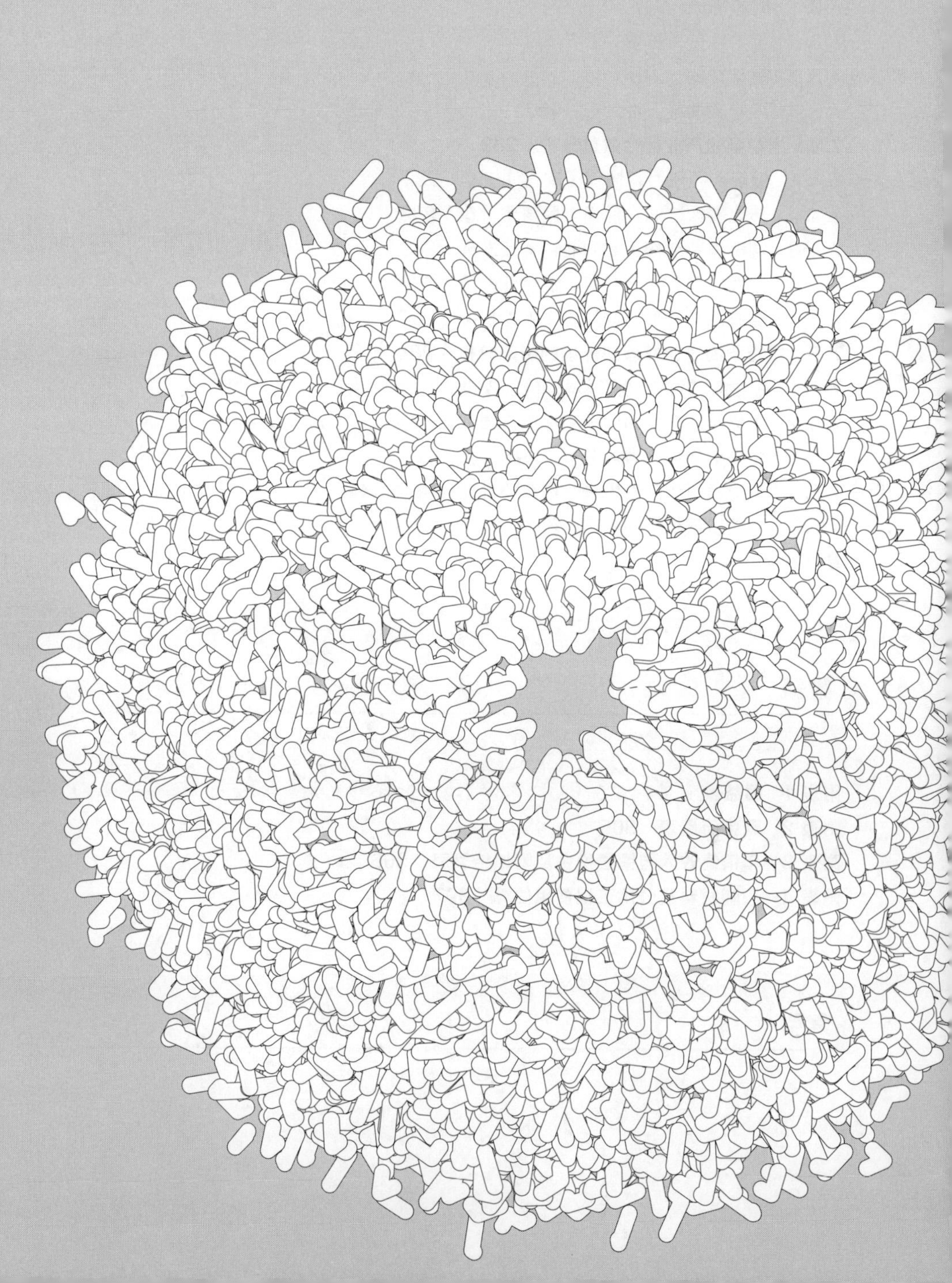

第1章

生物柴油概述

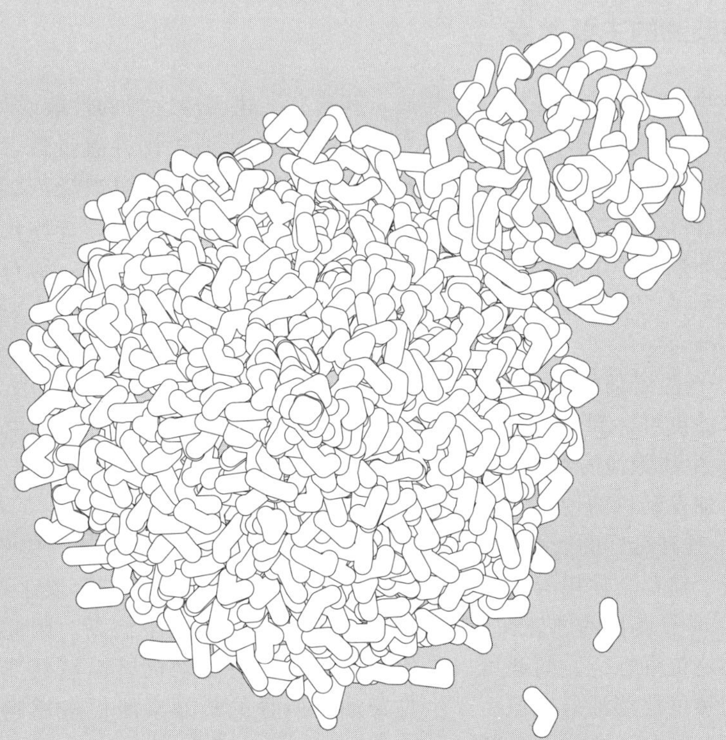

生物柴油是什么？顾名思义生物柴油就是用生物原料炼制的柴油，主要指以油料作物、野生油料植物和工程微藻等水生植物油脂以及动物油脂、餐饮垃圾油等为原料油通过酯交换工艺制成的可代替石化柴油的再生性柴油燃料。产品特性接近石化基柴油，但是生物柴油含氧量高，使得燃烧更加充分、排放污染物也较少，是典型“绿色能源”，大力发展生物柴油对经济可持续发展，推进能源替代，减轻环境压力，减轻城市大气污染具有重要的战略意义[1,2]。

1.1 生物柴油的性质

生物柴油是油脂与低碳醇反应生成的一种性质类似于柴油的燃料，由 C_{14}～C_{20} 脂肪酸甲酯分子组成，主要成分是 C_{16}、C_{18} 脂肪酸甲酯。作为柴油的替代燃料，生物柴油具有可生物降解、可再生、储运安全、与现有燃料具有相同销售渠道等优点，近年来生物柴油的产量和消耗量呈指数级增长，在燃料领域变得日益重要[3-9]。生物柴油优缺点具体如下。

1.1.1 生物柴油的主要优点

生物柴油可替代普通石化柴油，其具有下述无法比拟的性能[10-15]。

① 具有优良的环保特性：生物柴油和石化柴油相比含硫量低，使用后可使二氧化硫和硫化物排放大大减少。据权威数据显示，生物柴油燃烧，二氧化硫和硫化物的排放量可降低约 30%。生物柴油不含对环境造成污染的芳香族化合物，燃烧尾气对人体的损害小于石化柴油，同时具有良好的生物降解特性。和石化柴油相比，生物柴油车尾气中有毒有机物排放量仅为 10%，排放尾气指标可达到欧洲Ⅱ号和Ⅲ号排放标准。

② 低温启动性能：和石化柴油相比，生物柴油具有良好的发动机低温启动性能，冷滤点可达到－20℃。

③ 生物柴油的润滑性能比柴油好：可以降低发动机供油系统和缸套的摩擦损失，增加发动机的使用寿命，从而间接降低发动机的成本。

④ 具有良好的安全性能：生物柴油的闪点高于石化柴油，它不属于危险燃料，在运输、储存、使用等方面的优点明显。且其稳定性好，长期保存不会变质。

⑤ 具有优良的燃烧性能：生物柴油的十六烷值比柴油高，因此在使用时具有更好的燃烧抗爆性能，因此可以采用更高压缩比的发动机以提高其热效率。虽然生物柴油的热值比柴油低，但由于生物柴油中所含的氧元素能促进燃料的燃烧，可以提

高发动机的热效率，这对功率的损失会有一定的弥补作用。

⑥ 具有可再生性：生物柴油是一种可再生能源，其资源不像石油、煤炭等会枯竭。

⑦ 具有经济性：使用生物柴油的系统投资少，原用柴油的引擎、加油设备、储存设备和保养设备无需改动。

⑧ 可调和性：生物柴油可按一定的比例与石化柴油配合使用，可降低油耗，提高动力，降低尾气污染。

⑨ 可降解性：生物柴油具有良好的生物降解性，在环境中容易被微生物分解利用。

⑩ 生物柴油的毒性很低，急性口服毒性致死量＞17.4g/kg 体重；对皮肤的刺激性低，未稀释的生物柴油对人体皮肤的刺激性比 4%肥皂水的刺激性还小。

1.1.2　生物柴油的主要缺点

除了具有上述优点外，生物柴油也具有以下一些缺点。

① 生物柴油的热值比石化柴油略低（为石化柴油热值的 90%左右）。

② 生物柴油具有较高的溶解性，作燃料时易于溶胀发动机的橡塑部分，需要定期更换。

③ 生物柴油作汽车燃料时，NO_x 的排放量比石化柴油略有增加。

④ 原料对生物柴油的性质有很大影响，若原料中饱和脂肪酸，如棕榈酸或硬脂酸含量高，则生物柴油的低温流动性可能较差；若原料中多元不饱和脂肪酸，如亚油酸或亚麻酸含量高，则生物柴油的氧化安定性可能较差，这需要加入相应的添加剂来解决。

⑤ 在国家“不与粮争地、不能与人争粮、不能与人争油、不能污染环境”的“四不”政策下，提炼生物柴油的原料只能用油料作物或者地沟油，而我国地沟油的收集是一个难题。据统计，生物柴油制备成本的 75%左右是原料成本。因此，采用廉价原料及提高原料转化率从而降低成本是生物柴油实用化的关键。

⑥ 用酯交换方法合成生物柴油也存在着以下问题：工艺复杂，醇必须过量，后续工艺必须有相应的醇回收装置，酯化产物难以回收，回收成本高；生产过程有废碱液排放，能耗高，设备投入大等。

1.1.3　生物柴油和石化柴油的性能比较

1.1.3.1　闪点

闪点是表示油品蒸发性和着火危险性的指标，油品的危险等级是根据闪点划分的。闪点高于 363K 的燃料被认为在储存和使用上都是安全的，由表 1-1 可知生物柴油的闪点高于 100℃（即 373K），在运输、储存、使用上都是十分安全的。

表 1-1 生物柴油和石化柴油的性能比较[16-20]

序号	特　　性	生物柴油	石化柴油
1	冷滤点(CEPP)/℃ 夏季产品 冬季产品	 −10 −20	 0 −20
2	20℃的密度/(g/mL)	0.08	0.83
3	40℃动力黏度/(mm^2/s)	4～6	2～4
4	闭口闪点/℃	>100	60
5	十六烷值	≥56	≥49
6	热值/(MJ/L)	32	35
7	燃烧功效(石化柴油=100%)/%	104	100
8	硫含量(质量分数)/%	<0.001	<0.2
9	氧含量(体积分数)/%	10	0
10	燃烧 1kg 燃料按化学计算法的最小空气耗量/kg	12.5	14.5
11	水危害等级/级	1	2

1.1.3.2 十六烷值

十六烷值是衡量点火性能的主要指标，对柴油机的运转影响较大，内燃机车用柴油必须有适合的十六烷值。由表 1-1 可知生物柴油的十六烷值比普通柴油高，所以生物柴油点火性能比普通柴油要好。

1.1.3.3 热值

单位质量（指固体或液体）或单位体积（指气体）燃料完全燃烧放出的热量称为该燃料的热值。由表 1-1 可知生物柴油的热值与普通柴油相差很小，生物柴油可很好地提供热值。

1.1.3.4 燃烧功效

由表 1-1 可知生物柴油的燃烧功效大于普通柴油。

1.1.3.5 硫含量

硫含量对发动机新技术的使用和尾气排放影响很大，生物柴油作为低硫燃油能直接减少细小颗粒和二氧化硫的排放，确保各类柴油汽车的颗粒物和氮氧化物排放控制。

从表 1-1 生物柴油和石化柴油的性能比较可以看出，生物柴油在各项性能指标方面均对石化柴油有替代性，有些指标高于石化柴油，并且燃烧产物对环境更友好，更符合低碳经济的要求。

1.2 生物柴油的用途

生物柴油主要指脂肪酸甲酯，它既可以用作燃料，也可以用作化工产品的原料或中间体。例如用作工业溶剂，或用来制备表面活性剂等[21-23]。

1.2.1 燃料

生物柴油的主要用途是作为清洁石化柴油的调和组分和生产满足欧Ⅲ标准的清洁柴油。生物柴油作为燃料的主要品种及用途包括以下几项。

1.2.1.1 100%生物柴油

这对原料与产品均有严格要求，如德国采用低芥酸、低硫苷的菜籽油生产生物柴油，产品可满足欧Ⅲ排放要求。欧洲多个国家和美国都有100%生物柴油的标准。

1.2.1.2 生物柴油与石化柴油调配使用

常用的生物柴油调配量是2%、5%、10%、20%、30%等，分别称为B2、B5、B10、B20和B30柴油。在B2柴油中生物柴油的作用是提高柴油的润滑性。较高含量的生物柴油有利于降低有害气体的排放，保护环境。2013年8月，上海市餐厨废弃油脂制生物柴油混合燃料在柴油公交车上进行了示范应用，该项目共涉及104辆公交车，其中有84辆使用B5生物柴油调和❶燃料，20辆使用B10生物柴油调和燃料，油品质量达到国Ⅴ标准。截至2015年10月1日，104辆公交车（10条线路）累计行驶659.27万千米，消耗生物柴油调和燃料B5/B10共13.18万升（折合消耗纯BD100量为108.8t）。其中，首辆公交车截至2015年10月1日，已累计行驶13.58万千米。这些公交车发动机燃用生物柴油调和燃料B5/B10运行车辆评估的结论良好。相关负责人介绍说："第一，车辆跟踪检测和抽检结果显示，生物柴油调和燃料B5/B10产品质量稳定。公交车使用生物柴油调和燃料B5可节约3.8%的石化柴油；生物柴油调和燃料B10可节约7%左右的石化柴油。第二，实际道路排放试验中，国Ⅲ、国Ⅳ、国Ⅴ公交车使用生物柴油调和燃料B5/B10，所有排放都符合排放标准。其中B10公交车的PM排放降低约10%；NO_x排放略有升高，在1.5%之内；PN排放基本相当。第三，内窥镜检测，第一阶段～第五阶段共104辆公交车，包括第一辆使用B5生物柴油已运行13余万千米，其发动机活塞、气门、喷油器等关键零部件表面没有积炭产生，不影响公交车的正常使用。"目前，国外没有为这种调配的柴油单独制定标准，只要100%生物柴油符合相应的标准即可，例如美国就规定生物柴油必须达到ASTM D6751的

❶ GB 25199—2017等国标中规定为"调合"，应为"调和"，本书除引用标准原文外统一为"调和"。

标准才能作为柴油调和组分使用。

1.2.1.3 家庭加热炉燃料

在国内，生物柴油很少用作燃料，其中的一个主要原因是国家还没有颁布相关标准。另外，各个生物柴油生产厂家一般都有自己的企业标准，如福建卓越新能源发展公司制定的标准 Q/LYZY01—2002。

1.2.1.4 工业燃料领域

锅炉、窑炉是工业企业的主要动力来源，被誉为工业的心脏。但由于我国锅炉、窑炉仍然是以煤炭、天然气、石化重油为主要燃料，目前已经成为仅次于发电锅炉的大气污染源。相比于传统化石燃料，生物柴油的主要成分是碳水化合物，硫、氮等有害杂质很少，更易充分燃烧，温室气体排放量低，属于清洁能源，其环保性远高于传统的化石燃料。随着国家环保标准及节能减排要求的不断严格，用以生物柴油为代表的生物质燃料来替代煤炭、石化重油等传统工业燃料将成为遏制酸沉降污染恶化趋势、防治城市空气污染的重要途径。近年来，我国在工业锅炉领域的环保整治力度逐步加强，大量传统燃料工业锅炉面临淘汰，生物柴油等生物能源燃料凭借环保和成本的优势，将成为工业锅炉领域的重要选择。随着各地工业锅炉禁煤政策的陆续推行，生物柴油在该领域的市场空间将更加广阔。

1.2.2 化工产品或化工中间体

1.2.2.1 低硫低芳柴油润滑添加剂

柴油由于深度加氢精制而导致润滑性下降，使用润滑性差的柴油会增加泵的磨损，容易发生事故。为了改善柴油的润滑性，需要加入柴油润滑添加剂，现在工业上常用的润滑添加剂主要以一些胺类、酯类、酸类或其混合组分为主。生物柴油具有比较好的润滑性，美国已有用生物柴油作为柴油润滑添加剂的专利（US 5730029 和 US 5891203），同时国外在生物柴油的润滑促进方面也进行了大量的工作。在美国用的 B2 柴油中，生物柴油实际就是作为柴油的润滑添加剂加入的。

1.2.2.2 工业溶剂

工业溶剂是一种能溶解固体物质、生成均匀混合物体系的溶液。工业溶剂在各个工业领域中都发挥了越来越大的作用，用量较大的领域包括涂料工业、石油化工、橡胶工业、纤维工业、洗涤工业，还有医药、农业、化学中间体等领域。同时，它对环境的污染也日益成为人们关注的焦点，随着制造商与消费者环境意识的加强以及对自身保护意识的提高，环保型溶剂成为工业溶剂发展的主要方向。环保型工业溶剂要求溶剂有高的闪点和燃点、低的毒性、低含量的挥发性有机物、低气味、易降解等。由植物油衍生的脂肪酸甲酯（生物柴油）就符合这些要求。脂肪酸甲酯具有可再生性、挥发性有机物含量低、闪点高、易降解、无毒、溶解能力较强等特点，是一种环境友好型溶剂，在国外已被用作工业溶剂。目前，脂肪酸甲酯作为工业溶剂在美国的应用较多。美国把大豆油甲酯应用在以下领域：工业零件及金属表面的清洗；用作树脂洗涤和脱除剂；用来收集洒落的石油；除此之外，生物柴油类型的脂肪酸酯还可用作钻井泥浆的载体流体，德国汉高公司在美国申请了多个这方面的专利。

1.2.2.3 表面活性剂

表面活性剂是指具有固定的亲水亲油基团，在溶液的表面能定向排列，并能使表面张力显著下降的物质，其具有润湿或抗黏、乳化或破乳、起泡或消泡以及增溶、分散、洗涤、防腐、抗静电等一系列物理化学作用。表面活性剂的应用领域从日用工业发展到石油、食品、农业、卫生、环境、新型材料等众多行业，几乎覆盖所有的精细化工领域，享有“工业味精”的美称。

石油基表面活性剂来源于不可再生资源，同时难以生物降解，容易污染环境，不符合社会的发展趋势，因此由天然可再生资源制备的易生物降解、对人体和环境安全、多功能、高效的表面活性剂已经成为近年来表面活性剂工业的主要发展方向。生物柴油（脂肪酸甲酯）是用途广泛的表面活性剂的原料，从脂肪酸甲酯出发，可生产多种表面活性剂，例如通过磺化中和生产脂肪酸甲酯磺酸盐、通过加氢生产脂肪醇等。全世界的天然脂肪醇大部分是由脂肪酸甲酯经催化加氢生产的。脂肪醇经乙氧基化生产醇醚、醇醚经磺化中和生产醇醚硫酸盐。也可将脂肪醇经磺化、中和生产伯烷基硫酸盐。因此，脂肪酸甲酯是脂肪酸甲酯磺酸盐、醇醚、醇醚硫酸盐和伯烷基硫酸盐等表面活性剂的原料和中间体。

1.2.2.4 工业化学品

脂肪酸酯在工业化学品中有广泛的应用，这些应用通常是基于脂肪酸的各种化学结构，这包括脂肪酸羟基化、环氧化、硫酸化/磺化等，对应着羟基脂肪酸酯、环氧化脂肪酸酯、脂肪酸酯硫酸盐/磺基脂肪酸酯。这些衍生物不是生物柴油工厂的直接产品，但它们的生产可以与生物柴油的生产相结合，从而提高生物柴油厂的整体经济效益。这些生物柴油脂肪酸酯及其衍生物的用途很多，例如用在医药和化妆品、各种精细化学品、印刷油墨、磁性记录介质上等。

1.2.2.5 农业化学品

农业化学品包括肥料、杀虫剂、除草剂的活性组分及其增效剂，不过脂肪酸酯不能用作杀虫剂或除草剂活性组分，而是用作它们的增效剂。除此之外，脂肪酸酯还具有其他用途，例如和其他物质一起用作谷物的干燥剂等。

1.2.2.6 工业润滑剂

工业润滑剂是用以降低工业机械摩擦副的摩擦阻力、减缓其磨损的润滑介质，其对摩擦副还能起冷却、清洗和防止污染等作用。现在用的大多数润滑剂基料都来自石油，这些石油基料润滑性和热稳定性等都较差，需要加入添加剂以提高其性能。生物柴油（脂肪酸酯）具有较好的润滑性，并且可生物降解，是一种很好的化石柴油润滑性添加剂。脂肪酸酯的衍生物在汽车机油的添加剂中就有广泛的应用：环氧化的脂肪酸酯用作润滑剂的润滑促进剂；使用硫化的生物柴油类型的酯和石蜡可以提高润滑剂的高压润滑性等。除此之外，生物柴油类型的酯可以直接用作金属加工制备无缝容器过程的润滑剂，或用作高剪切高速度的金属轧制过程的润滑剂；氯代或硫代脂肪酸酯可用作金属加工的水基润滑剂；脂肪酸酯可作为工业润滑剂的降凝剂的一个成分使用等。

1.2.2.7 塑料和增塑剂

生物可降解塑料是塑料工业今后发展的一个重点。生产生物可降解塑料的一个方法是在聚合体的分子结构中引入能被微生物降解的含酯基结构的脂肪族聚酯。生物柴油类型的脂肪酸酯及其衍生物可作为聚合树脂单体。生物柴油类型的脂肪酸酯的另一个用途是作高分子材料的增塑剂。增塑剂，又称塑化剂，是一种添加到材料（通常是塑料、树脂）中以改进其可塑性、柔韧性、拉伸性的物质，是现代塑料工业中最重要的助剂品种，对促进塑料工业特别是聚氯乙烯（PVC）工业的发展起着决定性作用。目前，增塑剂的生产与消费以综合性能好、价格较低的邻苯二甲酸酯类为主，其占增塑剂总产量的80%左右。近年来，人们越来越认识到邻苯类增塑剂具有致癌性，欧盟、美国等对其使用范围的限制越来越多，这加快了环保型增塑剂的研发和推广力度。以生物柴油为主要原料生产的环氧脂肪酸甲酯增塑剂已被市场公认为环保型增塑剂，可以在玩具、医药及医疗材料、食品包装、供水管道、家庭装饰材料等环保要求较高的领域替代邻苯类增塑剂。

1.2.2.8 黏合剂

生物柴油类型的脂肪酸酯在黏合剂上的应用并不多，国外专利也很少，例如作为制备黏合剂材料的反应物等。生物柴油在黏合剂中另一个令人感兴趣的应用是作为黏合剂脱除剂，例如用来脱除贴片或输送带上残留的黏合剂等。

1.3 国内外生物柴油发展

1.3.1 全球生物柴油基本概况

随着社会的进步，绿色能源逐渐得到重视，世界各国，尤其是发达国家，都在致力于开发高效、无污染的生物质能利用技术。美国、意大利、法国已相继建成生物柴油生产装置数十座（国外生物柴油领导企业的主要产品或服务如表1-2所列）。据能源基金会（The Energy Foundation）发布的题为《世界主要国家生物液体燃料产业政策》的研究报告显示，全球生物柴油生产自20世纪90年代以来逐步扩张，已建和在建生物柴油装置年产能接近4000万吨，生物柴油迅猛发展，成为 21 世纪正在崛起的新兴产业。国外生物柴油发展较早，从产量分布情况来看，全球生物柴油生产主要集中在欧洲、拉丁美洲及北美地区，其中欧洲是使用生物柴油最多的地区，占据全球生物柴油产量的 37%；拉丁美洲占比 26%；北美地区占比 21%，其中美国是生物柴油产量最大的国家，占全球总产量 13.94%；亚洲（不包括中国）占比 13%，中国生物柴油发展较晚，目前占比相对较少，仅为 3%（图 1-1）。另外，据统计，全球生物柴油产量从 1991 年的 840t 快速增加至 2011 年的 1732.92 万吨，20 年间年产量的平均增长速率为 16.34%。从世界生物柴油产量分布来看，2011 年欧盟生物柴油产量超过 756 万吨，占世界总产量的 44.13%。美国生物柴油产量占世界的 15.63%，之后依次是阿根廷、巴西，分别占世界总产量的 11.73%和 11.41%[24]。近几年，据总部设在德国汉堡的行业刊物《油世界》发布的报告显示，2013 年全球生物柴油产量达到 2440 万吨，其中美国约 350 万吨，阿根廷 240 万吨左右，巴西 230 多万吨，世界各国生物柴油发展概况如表 1-3 所列。美国工业贸易协会生物燃油委员会负责联邦事务的副秘书长 Anne Steckel 指出，生物柴油在美国生物燃油产量中占有的比例非常大，它已经成为美国实现清洁能源、能源自给以及能源多样化的重要角色。日本从 1995 年开始研究用饭店剩余的煎炸油生产生物柴油，目前日本生物柴油年产量可达 40 万吨。2013 年德国已拥有数十个生物柴油的工厂，拥有 2000 多个生物柴油加油站，并且制定了生物柴油的标准，对生物柴油不予征税。法国、意大利等欧洲国家都建有生物柴油的企业。法国雪铁龙集团进行了生物柴油的试验，通过 10 万千米的燃烧试验，证明生物柴油是可以用于普通柴油发动机的，其使用的标准是在普通石化柴油中添加 5%的生物柴油。2013 年 11 月，时任伦敦市市长鲍里斯·约翰逊宣布，伦敦 100 多辆公交车将使用从废弃食用油和其他食物废料中提取的生物柴油，以此实现每辆公交车减少 15%的碳排放。伦敦共有 8700 多辆公交车，每年消耗约 2.5 亿升燃油。2015 年巴西授权可进行商业运作的生物柴油装机量达 730 万立方米，自 2008 年以来，该国生物柴油装机容量已增加 103%。印度尼西亚政府也在加快推广生物柴油的使用，印度尼西亚能源部 2013 年第 25 号部长条例明确规定，要将发电厂、工业和商业用油等领域作为推广生物柴油的重点，从 2013 年起，补贴燃油必须掺加 10%的生物柴油，非补贴燃油必须掺加 3%的生物柴油，而工业和商业用油必须掺加 5%，发电用油必须掺加 7.5%；从 2014 年 1 月开始，不论补贴燃油还是非补贴燃油，都必须掺加 10%的生物柴油，而发电用油必须掺加 20%。印度尼西亚生物燃油生产商协会秘书长也表示，印度尼西亚是棕榈油生产大国，随着种植面积的扩大和生物柴油制造技术的成熟，其推广生物柴油前景乐观。但从 2014 年起，受世界经济形势影响，原油价格的暴跌，令生物柴油对常规柴油的优势不再明显。中国产业信息网发布的《2015—2020 年中国生物柴油市场运营态势及投资战略研究报告》[25] 指出，2014 年全球生物柴油产量为 2562 万吨，同比增长 5%，增速有所放缓。整体来看，2014 年全球生物质液体燃料的产量与 2013 年相比温和增长。2014 年全球农产品价格基本保持稳定，为生物质液体燃料行业的发展提供了相对较好的外部环境。但与此同时，美国页岩气的快速发展对全球能源价格造成了显著冲击，这将降低投资者对生物质液体燃料的兴趣。

行业刊物《油世界》称，全球 2015 年生物柴油产量由 2014 年的 2980 万吨降至 2910 万吨。生物柴油产量降幅为 2.3%，而 2006～2015 年全球生物柴油产量年均增幅为 250 万吨。2015 年，美国产量为 436 万吨，2014 年为 422 万吨；巴西产量为 345 万吨，2014 年为 300 万吨；阿根廷产量为 183 万吨，低于 2014 年的 258 万吨；印度尼西亚产量为 212 万吨，低于 2014 年的 287 万吨；德国产量为 295 万吨，2014 年为 300 万吨；法国产量为 210 万吨，2014 年为 205 万吨。图 1-2 为 2004～2019 年全球生物柴油产量走势，可以看出，2004 年起全球生物柴油产量快速增长，直至 2015 年产量呈现下滑趋势[26,27]。然而，原油自 2016 年又进入了上涨通道，至 2020 年年初价格几乎翻了 1 倍，生物柴油与柴油之间的价差不断缩小。2018 年 5 月，甚至出现了柴油价格反超生物柴油价格的势头。原油价格的上涨促进了可替代能源的需求，市场上生物柴油的需求和产量上升，据《油世界》称，2016 年全球生物柴油产量为 3170 万吨，2018 年全球生物柴油产量达到创纪录的 3840 万吨，比 2017 年增加 240 万吨，比 3 年前增加约 1000 万吨。另外据《对冲研投》称，2019 年 1～12 月期间全球生物柴油产量略高于早先预期，达到 4500 万吨，同比增加 380 万吨。然而到了 2020 年初，受新型冠状病毒肺炎疫情暴发与近期油价战拖累，原油价格大幅下滑，价差对生物柴油不利，动摇了生物柴油市场，预计 2020 年生物柴油会大幅减产。

表 1-2 国外生物柴油领导企业的主要产品或服务

厂商	国别	产品或服务类别								
		咨询顾问	工程设计	生产装置	工艺开发	技术推广	工程示范	副产品开发	航空燃油	生物柴油
Neste	芬兰			●	●	●			●	●
UOP	美国				●	●	●	●	●	●
Benefu	美国				●	●			●	●
Eni	意大利			●	●		●	●	●	●
Chemrec	瑞典		●	●	●				●	●
Shell	美国				●		●		●	●
Virent	美国				●			●	●	●
Pytec	德国			●	●				●	●
Petrobras	巴西				●	●		●	●	●
CHOREN	德国			●	●			●		●
Fortum OYJ	芬兰			●	●			●		●
Ensyn	加拿大		●		●				●	●
Dyna Motive	加拿大	●			●			●		●
BTG	荷兰			●	●				●	●

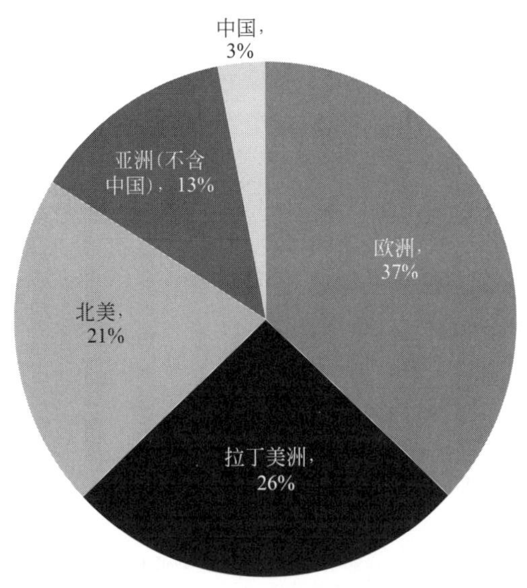

图 1-1　全球生物柴油产量分布

表 1-3　世界各国生物柴油发展概况

国家	生产原料	混合比例	激励政策	应用现状
美国	大豆	B10～B20	税率为 0	推广使用中
巴西	蓖麻油	—	—	研究推广中
加拿大	棕榈油、动物脂肪	B20～B100	—	推广使用中
德国	油菜籽、豆油、动物脂肪	B5～B20，B100	税率为 0	广泛使用中
法国	各种植物油	B5～B20	税率为 0	推广使用中
意大利	各种植物油	B20～B100	税率为 0	广泛使用中
瑞典	各种植物油	B20～B100	税率为 0	广泛使用中
比利时	各种植物油	B5～B20	税率为 0	广泛使用中
阿根廷	大豆	B20	—	推广使用中
澳大利亚	动物脂肪	B100	—	研究推广中
马来西亚	棕榈油	—	—	研究推广中
日本	餐饮废油	—	—	推广使用中
韩国	米糠、动物脂肪	B5～B20	—	推广使用中
泰国	棕榈油	—	税收减免	研究推广中
中国	餐饮废油、植物油	—	—	研究推广中

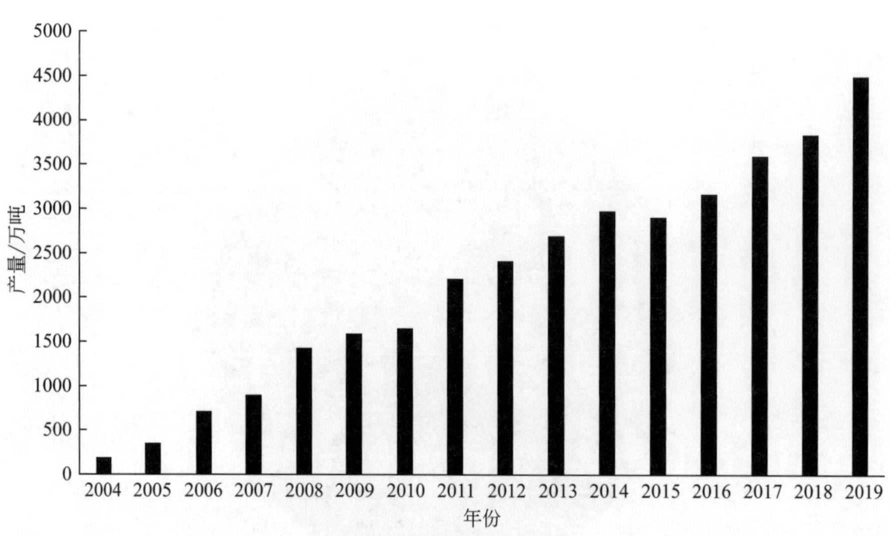

图 1-2　2004～2019 年全球生物柴油产量走势

1.3.2　美国生物柴油发展概况

美国历来是个相当重视能源战略的国家，积极发展可替代能源是美国能源战略中的重要部分，生物柴油作为一种新型替代能源，在美国已经发展了相当长的时间。1980 年美国就制定了国家能源政策，明确提出以生物柴油替代石化柴油战略，目的在于促进本国可再生能源应用。1992 年的能源政策措施规定，以非石油的替代燃料替代总进口石油燃料的 10%。在 1996 年美国仅有 2 家注册的生物柴油供给商，2000 年大约有 14 家公司从事生物柴油的研发、生产及工业发展活动，可利用的专业生物柴油产能为 20 万吨/年。2001 年 6 月 20 日美国第一家生物燃料的零售加油站在南加利福尼亚的 Aiken 地区为消费者提供各种生物燃料，包括 E-85（85%的生物乙醇和 15%的汽油）、

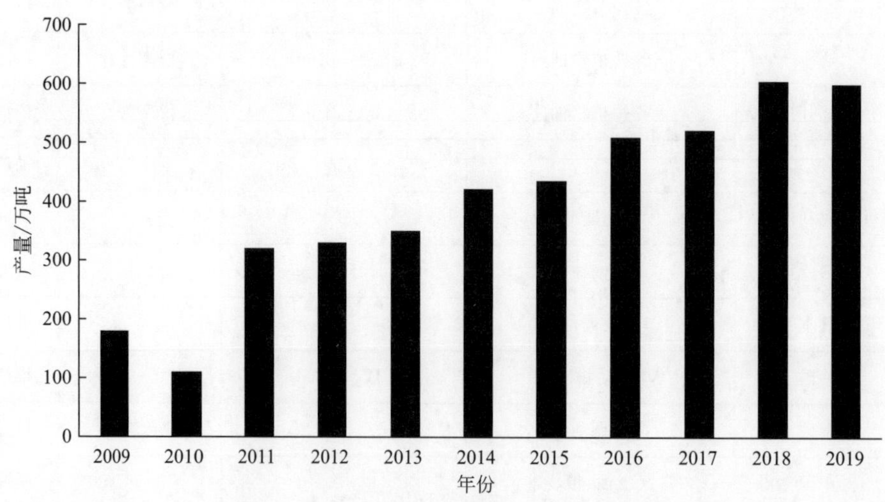

图 1-3　2009～2019 年美国生物柴油产量走势

B20（20%生物柴油混合 80%矿物柴油）及 B100。2002 年 12 月美国试验与材料协会（ASTM）颁布了美国市场内针对生物柴油交易的第一个燃料标准，这标志着生物柴油质量管理的第一个重要里程碑的诞生。同年，加利福尼亚州成为美国第一个将限制汽车二氧化碳排放的法案列入其法律框架内的州。根据美国环保署（US EPA）公布的数据，美国生物柴油行业已经连续呈增长态势，美国从 2001 年开始商业化生产生物柴油，过去 10 余年，美国生物柴油产业迅速增长（图 1-3），年产量保持在 300 万吨以上，2015 年美国生物柴油产量达到 422 万吨，行业刊物《油世界》发布报告，2017 年美国生物柴油产量达到 522 万吨，2019 年生物柴油产量维持在 600 万吨[28-31]。

1.3.2.1 生物柴油消费

美国生物柴油历年供需情况如表 1-4 所列。

表 1-4 美国生物柴油历年供需总表　　单位：万吨

年份	消费量	进口量	出口量
2001	3.5	1.2	0.6
2002	5.5	2.8	0.8
2003	4.6	1.4	1.6
2004	9.3	1.5	1.7
2005	30.9	3.5	3
2006	88.6	16.5	12.2
2007	120.3	49.3	95.6
2008	103.1	110.8	238.2
2009	109.5	27.2	93.5
2010	88.5	8.5	36.9
2011	301.7	8.4	25.6
2012	307.2	11.7	43.6
2013	486.5	118	66.8
2014	482.2	65.4	28.2
2015	502.3	113.7	28.5
2016	680.4	230	—
2017	651.4	120.0	—
2018	620.5	55.0	—
2019	615.7	20.0	—

美国生物柴油消费从 2009 年的 109.5 万吨增至 2011 年的 301.7 万吨，2010 年出现下降，生物柴油产量是 2006 年以来的最低量，但 2011 年生物柴油产量又强势回归。2009 年，生物柴油总产量为 180 万吨，2010 年总产量为 100 万吨，比 2009 年下降了 34%。2010 年生物柴油产量下降的原因之一是政府 2009 年年底取消了生物燃料税收减免。2010 年末，政府又恢复了税收减免，生物柴油工业重整旗鼓，2011 年再增产。美国能源情报署（EIA）表示，2011 年生物柴油的产量达到 300 万吨，比 2010 年高 180%。2012 年，生物柴油的产量保持在 2011 年的较高水平。美国生物柴油进口主要

来自阿根廷和印度尼西亚，两国进口量自2013年迅速增长，直到2017年美国商务部决定对阿根廷及印度尼西亚的进口生物柴油征收反补贴税，限制了两国生物柴油进口，至此，美国的生物柴油进口量开始迅速下滑，从2016年的230万吨下滑至2018年的55万吨。2020年，在政策不变的情况下，阿根廷和印度尼西亚生物柴油进口仍受到限制，美国生物柴油净进口量与2019年持平，维持在20万吨的水平。

1.3.2.2 原料供给

美国生物柴油主要包括大豆油或脂肪酸等原料（表1-5），就全部植物油量来看，大豆油占全部植物油市场的份额超过75%。植物油和动物脂产品年产总量大约为1.589亿吨。主要采用酸或碱催化，进行酯交换工艺生产生物柴油。此外，美国为生物柴油原料的生产开辟新途径，成功研制出了高油含量的“工程微藻”，以此作为制备生物柴油原料的后备补充。

表1-5 生物柴油主要原料

植物油产品	产量/10^6t	动物油产品	产量/10^6t
大豆	82.53	食用牛油	7.31
花生	0.99	非食用牛油	17.37
向日葵	4.5	猪油和黄油	5.88
棉籽	4.55	废弃油	11.85
谷物	10.89	家禽脂肪	9.97
其他	3.01		

1.3.2.3 生产发展

生物柴油在美国的发展已经有相当长的历史，大大小小的生物柴油工厂更是分布于各地。根据EIA的数据，目前美国有102家生物柴油工厂，生物柴油生产能力为26亿加仑/年❶（即167000桶/日），2018年生物柴油产量达到18亿加仑（即119000桶/日），这意味着产能利用率为72%，2019年美国生物柴油产量达到约20亿加仑（即128000桶/日），产能利用率达到77%。主要企业如表1-6所列。就区域而言：其中得克萨斯州生物柴油生产企业数量及产能均居各州之首，其产能占全美生物柴油总产能的19.5%，见表1-7。

表1-6 美国主要的生物柴油相关公司

公　　司	详细信息
Ag Environmental Products	原料：大豆油，NBB的合作成员； 生物柴油商标名称：包括船用生物柴油、添加剂和冬季使用的生物柴油
BIDIESEL INDUSRES	生物柴油工业，是奥地利南威尔士的第一个大规模生产装置的技术提供方
Columbus Foods	Columbus Foods公司，NBB协会成员

❶ 加仑，gal，1gal≈3.785L，下同。

续表

公 司	详细信息
Griffin Industries	原料:回收废弃油脂、黄油及动物脂,NBB 协会成员
太平洋生物柴油公司	产能:2000t/a;投产时间:1986 年 10 月;原料:回收废弃油脂;最早生产生物柴油的工厂之一
宝洁公司	美国最大甲酯生产商,以合同形式销售给生物柴油生产商
Stepan Company	NBB 的合作成员
Corsicana Technologies	油脂化工工厂,以合同形式为 NBB 成员提供甲酯
West Central Soy	产能:4 万吨/年;投产时间:2002 年 12 月;NBB 协会成员
Ocean Air Environmental	原料:回收废弃油脂;前身为 NOPEC;NBB 协会成员
Imperial Western Products	NBB 协会成员

表 1-7 美国生物柴油产能分布格局

地 区	生产企业数/家	年产能/万吨
阿拉巴马州	3	47
亚利桑那州	1	2
阿肯色州	3	85
加利福尼亚州	9	61
康涅狄格州	3	13
格鲁吉亚州	3	16
夏威夷州	1	5
爱达荷州	1	1
伊利诺伊州	5	167
印第安那州	2	104
爱荷华州	9	280
堪萨斯州	1	1
肯塔基州	5	68
路易斯安那州	1	12
缅因州	1	1
马萨诸塞州	1	1
密歇根州	2	18
明尼苏达州	4	107
密西西比州	3	105
密苏里州	8	188
内华达州	1	1
新罕布什尔州	1	4
纽约州	1	0

续表

地 区	生产企业数/家	年产能/万吨
北卡罗来纳州	4	10
北达科他州	1	85
俄亥俄州	3	67
俄克拉荷马州	1	15
俄勒冈州	2	18
宾夕法尼亚州	4	87
罗得岛	1	1
南卡罗来纳州	2	40
田纳西州	2	2
得克萨斯州	13	428
犹他州	1	10
弗吉尼亚州	3	9
华盛顿州	3	104
威斯康辛州	3	29

1.3.3 欧盟生物柴油发展概况

欧洲是世界上生物柴油产量最大和使用最广的地区，1987 年，欧洲受商业驱动的生物柴油产生于奥地利，其第一个工业化的生物柴油生产工厂在 1991 年投入运作，紧接着德国、法国和意大利也开始了生物柴油的运作[32]。1992 年《欧盟共同农业政策》的改革指出，欧洲粮食产能过剩，因此通过了自留地政策。该政策刺激了使用自留地用于非食用谷物的生产。1998 年欧盟成员国决定到 2012 年排放物减少到 1990 年的 8%，可再生能源（包括液态生物燃料）使用量的实质性增加，对实现这个具有挑战性的目标具有很重要的意义。2003 年在减少交通系统温室气体的排放和增加能源供给的安全性驱动下，欧洲理事会和欧洲议会于 5 月通过了“欧洲促进生物燃料使用的指示”。过去的几十年里，欧洲生物柴油的生产实现了实质性的飞跃。2001 年生物柴油产量已超过 100 万吨。2002 年达到 106 万吨，2003 年则上升为 142 万吨，2004 年进一步提高到 193.3 万吨，年增长率高达 35%～40%。目前欧盟生物柴油产量及国内消费情况如图 1-4 所示。2000 年德国的生物柴油已达 45 万吨，德国还于 2001 年在海德地区投资 5000 万马克，兴建年产 10 万吨的生物柴油装置。法国有 7 家生物柴油生产厂，总能力为 40 万吨/年，使用标准是在普通柴油中掺入 5%生物柴油，对生物柴油的税率为零。意大利有 9 个生物柴油生产厂，总生产能力达 33 万吨/年，对生物柴油的税率为零。奥地利有 3 个生物柴油生产厂，总生产能力达 5.5 万吨/年，税率为石化柴油的 4.6%。比利时有 2 个生物柴油生产厂，总生产能力为 24 万吨/年。而最近几年，欧盟仍是全球最大的生物燃料产地，2012 年生物柴油产量超过 913 万吨，2013 年生物柴油产量超过 1000 万吨，不过从 2014 年开始，

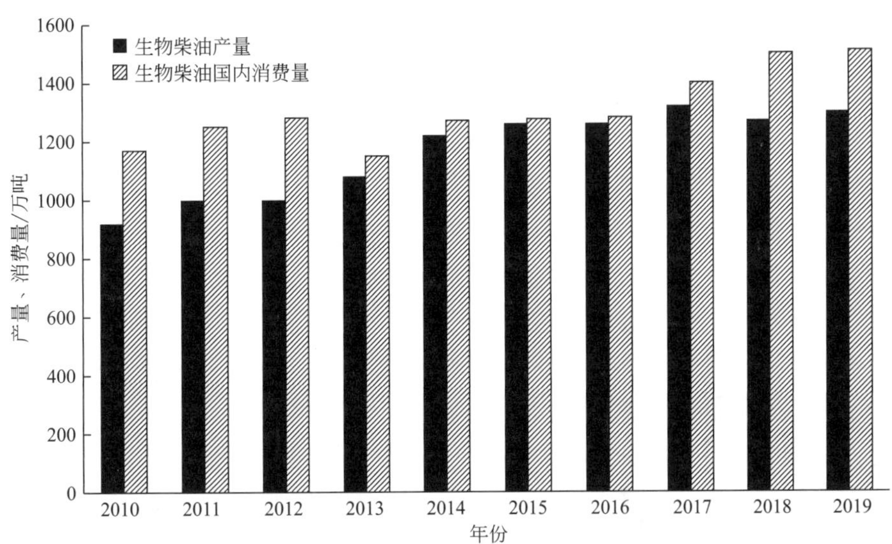

图 1-4　欧盟生物柴油产量及国内消费情况

全球生物柴油产量在经过数年的持续增长之后，目前已经开始下滑，主要原因是受美国页岩油计划影响，成品油市场持续低迷，导致生物柴油销售价格较同期大幅下滑；另外，随着全球大豆与油棕树种植面积的扩张，豆油与棕榈油的产量在全球油脂市场中的比重不断提高，应用于生物柴油产业的数量增加，美洲和亚太地区生物柴油产量所占比重也在上升，因而欧洲的市场份额处于下降态势。欧盟制生物柴油的原料来源丰富，以菜籽油为主；其次是废弃食用油、棕榈油、豆油等，不过菜籽油制生物柴油成本高于棕榈油和豆油，为保护其生物柴油产业，长期以来，欧盟对阿根廷、美国及印度尼西亚设置了一定的关税壁垒。2009 年 7 月，欧盟对美国进口生物柴油正式实施为期 5 年的双反关税，2015 年再把期限延长至 2020 年 9 月，阿根廷和印度尼西亚虽然在 WTO 胜诉，但 2018 年对欧盟的出口量大增使得欧盟不得不继续采取措施限制两国出口，2018 年 12 月，欧盟委员会建议恢复对阿根廷生物柴油的反补贴关税，税率定为 25%～33.4%，后双方经过协商，2019 年 2 月，欧盟决定豁免 8 家阿根廷生物柴油生产商，其被允许出口生物柴油到欧盟而不缴纳关税，只要他们按照既定的最低价出售。2019 年 8 月，欧盟正式对印度尼西亚进口生物柴油征收 8%～18%的反补贴税，市场预计短期内欧盟将决定是否长期对印度尼西亚输欧生物柴油征收反补贴税。近年来，欧盟内部对生物柴油的发展出现了一些变化，因涉及粮食及环保问题，欧盟拟限制以粮食作物为主的生物燃料消费量，提高以非粮食作物为主的第二类生物燃料消费量，要求各成员国 2020 年在交通部门使用第一类生物燃料的比例要降至 7%。欧盟可再生能源指令（REDII）进一步要求，基于粮食作物的第一类生物燃料的掺混上限要从 2021 年的 7%下降到 2030 年的 3.8%，将第二类生物燃料的掺混下限从 2021 年的 1.5%上调到 2030 年的 6.8%。从历年欧盟生物柴油的原料结构可以看出，废弃食用油、动物油的消费量逐年增长，植物油则出现了一定的下滑，未来这种趋势还将延续。欧盟拟对棕榈油基生物柴油实施禁令，将于2030年前逐步停用棕榈油制生物柴油，这将直接影响到用于生产生物柴油的250万吨棕榈油进口量，再加上2019年欧盟重新对印度尼西亚生物柴油征收反倾销税，近年来欧盟与印度尼西亚、马来西亚贸易纠纷不断。2020年，预估欧盟生物柴油内需保持稳定，增量在30万吨左右。进口方面，因欧盟重新限制印度尼西亚及阿根廷进口，预估进口减量为40万吨。图1-5为欧盟生物柴油进、出口情况。

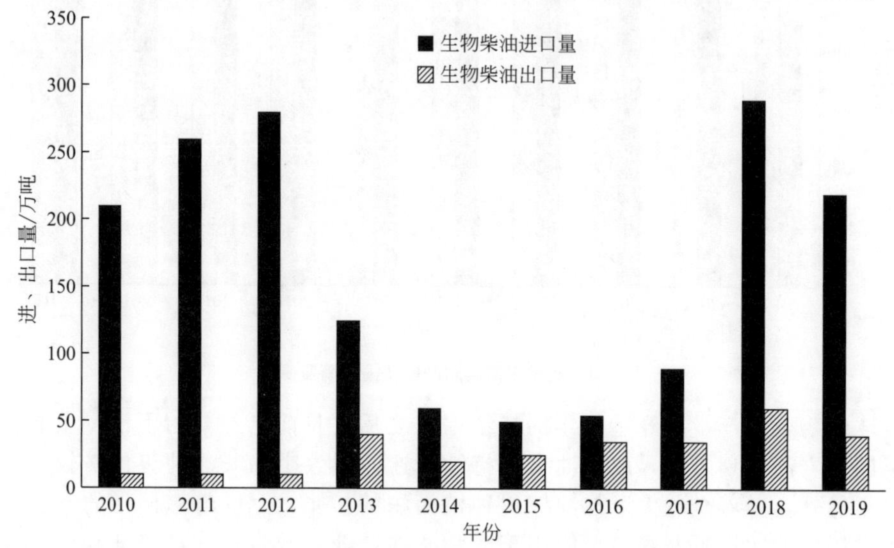

图1-5　欧盟生物柴油进、出口情况

目前，欧盟的生物柴油的生产和使用主要集中在德国、法国和意大利三个成员国。其生物柴油生产及应用现状介绍如下。

1.3.3.1　德国生物柴油发展概况

1988年，德国著名的聂尔化工公司首先从油菜籽中提炼出生物柴油。这种柴油不仅价格低廉，而且以植物作原料，燃烧彻底，汽车尾气排放的二氧化碳含量比使用普通柴油低50%，更有利于环保。生物柴油的出现，有效地减轻了德国石油紧缺的负担，得到德国政府的大力扶持。为了鼓励生物柴油的生产，国家除了每年向种油菜的菜农提供适当的经济补贴外，还对生物柴油的生产、销售企业减免税收，为开发新品提供资金。德国政府规定，自2004年1月起，柴油中必须强制性地加入一定比例的生物燃油，到2015年，按能源量计算强制8%的生物燃料混入汽油中。为了保证生物柴油的质量，德国成立了生物柴油质量管理联盟，对生物柴油的原料供应、生产、运输、销售等环节都进行严密的质量监控。德国汽车行业为了配合生物柴油的推广使用，对发动机性能进行改进，未来生产的私人轿车不再需要改装就可以直接使用生物柴油。德国2006年生物柴油销售量达到280万吨，占德国运输燃料总销售量近5%。2007年，生物柴油产量达到了289万吨。然而从2008年起，由于德国政府取消生物柴油企业免税优惠政策，并对调和用生物柴油每升征税47欧分，生物柴油产量出现下滑，2010年仅为255万吨。之后几年，受国外对德国生物柴油的需求非常旺盛，其中欧盟国家的需求尤为强劲的影响，生物柴油产量和出口量大幅增加，据德国联邦经济与出口管制局的数据显示，2017年德国生物柴油出口增至161万吨，比2016年增加4.4%。德国油籽行业协会（UFOP）发布的数据显示，2019年1季度德国生物柴油出口量进一步大幅增加，其中对英国的出口增幅最大。2019年前3个月，德国生物柴油出口同比激增约33%，达到581248t。其中87%的生物柴油出口到欧盟28国，高于2018年同期的37%。德国生物柴油的头号进口国是荷兰，其进口量激增47%，达到230465t。不过英国进口增幅最高，进口量为4万吨，比上年同期增加超过5倍。德国主要生物柴油生产公司见表1-8。

（1）生产发展

德国拥有数十个生物柴油工厂，目前，总固定产能为500万吨/年。主要生产公司见表1-8。

表1-8 德国主要生物柴油生产公司

公　　司	详细信息
Mitteldeutsche Umesterungswerke Bitterfeld	产能:15万吨/年 原料:菜籽油
Natur Energie West	产能:10万吨/年 原料:菜籽油
Biodiesel Schwarzheide GmbH	产能:10万吨/年 原料:菜籽油
Rheinische Bioester GmbH	产能:10万吨/年 原料:菜籽油
Campa Biodiesel GmbH	产能:7.5万吨/年 原料:菜籽油
Biodiesel Wittonberge GmbH	产能:6万吨/年 原料:菜籽油
Bio-Oelwerk	产能:5万吨/年 原料:菜籽油
Thüringer Methylesterwerke GmbH& Co. KG	产能:4.5万吨/年 原料:菜籽油，回收废弃油脂和动物脂
Petrotec GmbH	产能:3.5万吨/年 原料:菜籽油
EOP Elbe Oel AG	产能:3万吨/年 原料:菜籽油
SARIA Bio-Industries GmbH & Co. Verw. KG	产能:1.2万吨/年 原料:动物脂、回收油脂和菜籽油
Biodiesel Bokel GmbH	产能:10万吨/年 原料:菜籽油

续表

公　　司	详细信息
Hallertauer Hopfen Verwertungsgesellschaft	产能:8000t/a 原料:菜籽油
PPM Umwelttechnik GmbH & Co. KG	产能:5000t/a 原料:菜籽油
BioWerk Sohland GmbH	产能:5000t/a 原料:菜籽油
Kartoffelverwertungsgesellschaft Cordes & Stoltenburg GmbH & Co.	产能:1万吨/年 原料:菜籽油

(2) 原料供给

菜籽油是主要的原料来源，尤其是德国北部地区是油菜籽的理想生长区。潜在油菜籽生产区面积大约为200万公顷（全部适耕土地为1100万公顷）。其中半数的土地用来生产食用菜籽油，大约100万公顷用来生产工业用菜籽油。这些地区可以替代当前石化柴油消费（2750万吨）的5%～7%。欧洲农业政策在《议程2000》中通过一项规定，即自留地占适耕土地面积的10%，这就约为上面提到的潜在耕地面积（超过100万公顷自留地）。据统计，2006年德国油菜籽耕地约150万公顷，占总的农业土地面积的11%。约700万公顷用于种植食品用作物。另外，进口大豆和棕榈油占生物柴油原材料的20%。

近年来对回收废弃油脂作为原材料不断升温，在德国，饭馆和小吃店的大量废弃食用油不能随意倾倒，必须向环保部门支付收集费，统一处理。目前，包括柏林在内的德国各个城市都已建立了地沟油回收系统。各个城市每年回收的地沟油从数千吨到数万吨不等，回收来的地沟油，会进入专门的处理厂，用作生物柴油生产原料[33]。

1.3.3.2 法国生物柴油发展状况

法国是欧洲可再生能源第二大生产国和第二大消费国，2010年其可再生能源生产量达到2270万吨石油当量，占其全部能源产量的16.4%，占整个欧洲可再生能源产量的15%以上。在生物燃油生产方面，法国则位居美国、巴西、德国后，列世界第四位。据法国生态、可持续发展和能源部统计，2010年，法国生物燃油产量达到300万吨，产量约占世界总产量的5%。其中乙醇汽油及副产品产量约为90万吨，生物柴油产量为212万吨。2011年，欧盟新颁布法令规定，允许成员国以基于废油油脂（EMHU）和动物油脂（EMHA）生产的生物柴油，替代基于植物油脂（EMHV）生产的生物柴油。此外，法国2009-1964号法令修改了法国第266类产品海关法，导致了大量动物油脂进入法国市场，法国生物柴油生产受到较大冲击，产量因此出现了较大下降。2012年，法国政府部门调整了有关税收等措施，法国生物柴油产量有所恢复，2014年生物柴油产量为205万吨，2015年生物柴油产量为215万吨。目前，法国在第一代生物柴油发展成熟基础上，正在大力发展第二代生物柴油技术和产业。研发重点是第一代生物柴油生产过程中，产生的大量植物甘油的再利用，这被业界称为“植物化学”或“绿色化学”产业。根据目前研究结果，植物甘油有2000多种用途，大部分适用于化工行业。未来20年，法国已决定加大投资和扶持力度，第二代生物柴油已成为法国未来能源工业领域开发和投资的重点。

（1）生产发展

目前，法国共拥有56个被批准的生物燃油生产基地，其中32个生产生物柴油。法国主要生物柴油生产公司如表1-9所列。

表1-9　法国主要生物柴油生产公司

公　　司	详细信息
迪斯特工业公司	产能：39万吨/年（Grand-Couronne 25万吨/年，Compiegne 10万吨/年，Boussens 4万吨/年）；原料：菜籽油和少量向日葵油（仅Boussens工厂使用）。与Prolea联系，也在德国从事生物柴油生产
邦基集团(Bunge Ltd)	产能：3.35万吨/年；原料：菜籽油
Grand-Couronne公司	世界上最大的专业生物柴油生产工厂。1995年以12万吨的生产规模起步，后来扩展到18.05万吨，并在最终扩展到25万吨/年的规模
Compiègne公司	产能：10万吨/年；原料：菜籽油
Verdun公司	产能：3.35万吨/年；原料：菜籽油
Boussens公司	产能：4万吨/年；原料：菜籽油

法国生物柴油工业公司（Diester Industrie）是法国第一大生物柴油生产企业，年生产能力达到235万吨，占整个欧洲生物柴油生产的近20%，该公司在欧洲共设有14家工厂，其中7家设在法国。法国两大石油公司ELF和TOTAL公司，法国雷诺、雪铁龙、标志等知名汽车制造公司，法国航空公司等大型运输企业等也积极参与生物柴油的研发和生产。法国-荷兰航空公司提出，将联合欧盟、空客公司、欧洲其他航空公司及欧洲主要生物柴油公司，发起“生物燃油航空计划”，计划联合开展研发和投资，打造生物燃油产业链，计划在2020年达到年产200万吨生物柴油[34]。

（2）原料供给

20世纪末，全球农产品市场尚未出现严重短缺，农产品价格也维持较低水平。因此，法国乃至欧洲国家用于生产生物燃油的农作物来源相对充足，如法国曾鼓励在不宜种植粮食作物的土地上，大规模种植油菜，用于生产生物柴油。但近年随着农产品价格飞涨、全球粮食危机加剧，石油价格上升，全球生物柴油发展速度迅猛，导致了生物柴油原料出现了紧张局面。为此，近年法国及欧洲国家出台了新的政策，规定用于生物燃油原料的农作物种植面积，只能采取合理发展、缓慢增长的方式，并受到国家严格规范和控制，避免对农产品市场产生较大冲击。如2010年，法国生物燃油消耗油料作物面积，占法国全国农作物种植面积的7%左右。绝大多数的生物燃油（全部的生物乙醇汽油和70%的生物柴油）都在法国国内生产。另外，为了改善原料短缺的问题，法国通过修改法令，允许动物油脂进入法国市场用于生物柴油的生产。

1.3.3.3 意大利生物柴油发展概况

意大利的生物柴油生产开始于1992年，是意大利人和法国人共同参与的欧洲工程，由欧洲委员会共同投资。意大利北部一些现存小型但非专业的甲酯工厂开始生产，接着位于利沃诺（Livorno）港口的一个大型的专业工厂也开始生产。该工厂由Novaol建设，然后加入Cereol加工精炼菜籽油和向日葵油。在1994年生物柴油全部税收减免，也没有数量的限制。2001年，意大利财政法案将税收减免扩展为30万吨/年，这样提高了生物柴油的竞争地位。根据当前的规定，比例超过5%的生物柴油可以与取暖油混合，比例超过25%的生物柴油可以与石化柴油混合用于交通运输。最近一些生产商扩大了他们的市场运作，来争取生物柴油在运输领域的地位。Novaol公司推出了一项名叫“向日葵走进一百个城市”的工程，主要目的是将30%的生物柴油混合物推广用于公共交通（这个比例在法国已经成功使用）。米兰、拉韦纳和佩萨罗的市政运输公司已经宣布他们有意切换成生物柴油。

（1）生产发展

意大利主要的生产公司包括利沃诺集团、贝格莱特公司（Bakelite AG）、Fox Petroli、ItalBiOil等，详情见表1-10。

表1-10 意大利主要生物柴油生产公司

公　　司	详细信息
利沃诺集团	产能为6万吨/年，2004年扩大了2倍（2004年利沃诺集团的总产能为25万吨/年）；原料：中性油菜籽油、向日葵油和其他油。是最大的生物柴油生产商，Cereol的分支，2002年12月被Bunge收购
贝格莱特公司	产能：22万吨/年
Fox Petroli	产能：8万吨/年；原料：菜籽油
ItalBiOil	产能：8万吨/年
Comlube	产能：4万吨/年
De. fi. lu	产能：3.5万吨/年
Estereco	产能：3.5万吨/年

（2）原料供给

意大利生产生物柴油的原料主要来自从法国、德国进口的油菜籽，1/5的原料来自大豆。意大利政府虽然大力支持生物柴油的生产，但为了意大利农业工人的利益和生物柴油原料的限制，2005年，意大利政府的预算法案将每年享受减免税收的生物柴油额度由30万吨减少到20万吨。

1.3.4 其他国家生物柴油发展

1.3.4.1 阿根廷

阿根廷是世界上最大的油料出口商，油菜籽和食用油的出口居世界第三位，主要为大豆和向日葵；阿根廷也是第四大油菜籽生产商。因此，生物柴油的生产存在巨大的潜在优势。据阿根廷清洁能源协会发布报告，2010 年阿根廷生物柴油产量达到 190 万吨，比 2009 年猛增了 51%，当年取代美国成为世界第四大生物柴油生产国。报告指出，近年来阿根廷生物柴油生产规模不断扩大，从 2006 年至 2010 年，阿根廷生物柴油生产能力增加了 22.5 倍。阿根廷生物柴油主要用于出口，生物柴油是阿根廷重要的出口创汇部门，通常总产量的 60%以上用于出口，因此外部需求对生物柴油产量的影响很大。2012 年，阿根廷生物柴油出口总量的 90%进入欧盟市场。直到 2013 年年底之前，欧盟一直曾是阿根廷生物柴油的主要买家。但是在那之后，欧盟以阿根廷低价倾销生物柴油为由，对阿根廷生物柴油出口征收惩罚性关税，受与欧盟贸易纠纷影响，2013 年阿根廷生物柴油产量同比下降 39.7%，出口更是同比骤降 58.4%。2014 年，得益于向美国的销售增长，阿根廷生物柴油出口达到 140 万吨，比 2013 年同期增长高达 80%，阿根廷向美国的产品出口弥补了在欧盟失去的市场。2015 年，由于全球原油供应过剩，原油价格下跌制约生物柴油需求。阿根廷生物柴油出口比 2014 年大幅减少 50%。为了支持被国际油价下跌和欧盟贸易壁垒损害的行业，阿根廷政府将生物柴油出口关税追溯削减了 5%～8.9%。近年来，阿根廷可谓是举步维艰，不过现阶段情况有所好转，2019 年 2 月，欧盟豁免了符合既定最低价（豆油价格＋生产成本）的阿根廷 113 万吨的生物柴油进口量，2018 年阿根廷出口欧盟生物柴油量为 140 万吨；2019 年 8 月，美国将阿根廷的反补贴关税从 72%调至 10%，不过反倾销关税仍未取消，为 75%。阿根廷生物柴油对美出口窗口仍未打开，2019 年阿根廷生物柴油出口量在 100 万吨。

1.3.4.2 巴西

20 世纪 80 年代巴西开始推行生物柴油计划，后因国际原油价格的下跌而没有推广起来。巴西生物柴油的主要生产原料是油料作物产品，包括蓖麻油、棕榈油、玉米油、大豆油和棉籽油。为了生产和推广生物柴油，巴西政府专门成立了一个跨部级的委员会，由总统府牵头、14 个政府部门参加，负责研究和制定有关政策与措施。其工作方针是：在国家整体能源框架中以可持续的方式引入生物柴油，促进能源来源多样化及生物能源比例的增长和能源安全；提高就业率，特别是在农村地区和生产生物柴油油料作物的家庭农业占主导的地区；缩小地区差别，促进落后地区发展；减少污染排放和整治污染排放费用，特别是在大都市地区；减少柴油进口，节省外汇收入；制定财政鼓励措施和有力的公共政策，促进落后地区油料作物生产者的发展；实行弹性调节，促进各种原料油料作物种植和各种转化技术应用。2002 年 5 月巴西颁布了生物柴油发展计划（PROBIODIESEL），该计划为生物柴油的生产发展建立了法律框架。2004 年 12 月 6 日，巴西政府出台了《全国生产和使用生物柴油计划》(Programa Nacional de Produção e Uso de Biodiesel，PNPB)，计划包括生产许可、监督管理、生产结构、技术要求、质量标准和税收优惠等方面的规定。巴西参议院于当年 12 月 1 日通过该法案后，政府于 2005 年 1 月以第 11097 号法令宣布其生效。该法令规定，从 2004 年 12 月开始允许在矿物柴油中加入 2%的生物柴油，2008～2012 年期间，法律强制性规定必须在矿物柴油中掺入 2%的生物柴油，2013

年以后的强制比例提高到5%。依照法令，从2008年1月1日起，巴西开始实施在柴油中强制性添加2%生物柴油的规定，而添加量为5%的计划则由2013年提前到2010年执行。自2010年以来，生物柴油使用授权设定在5%（B5）。在接下来的几年里，几个行业提倡使用授权逐渐增加到10%。政府指定巴西的政策性银行——社会经济发展银行为生物柴油生产设立专项贷款，对批准项目的最高贷款额度为90%（其他一般项目最高为80%），并提供包括种植、科技、炼制、仓储、物流、副产品综合利用、机械设备购置等各项服务。联邦政府也设立了1亿雷亚尔（约合3400万美元）的信贷资金，鼓励一家一户的小农庄种植甘蔗、大豆、向日葵、油棕榈等，以便满足生物柴油的原料需求。针对巴西北部和东北的小型农场，尤其在半干旱地区，给予生物柴油原料生产者税收激励和一定补贴。根据外贸秘书处，生物柴油进口关税设置为14%。与此同时，巴西政府推行的生物柴油计划还起到了帮助农户脱贫的效果。根据政府制定的一项计划，巴西生物柴油公司与小农业生产者签订合同，保证购买这些家庭所有的油料作物产品，同时向他们提供如种子、生产工具等必要的生产和技术支持。至2009年8月，已有近10万农户参加了这项计划，油料作物种植面积已超过50万公顷。2013年4月，矿山和能源部门（MME）通过“Portaria”116号文件做了一个新的生物柴油储存规定，引入购买权合同，允许签订合同的购买者（主要是巴西国家石油公司）在任何时间任何生物柴油厂提取产品的权利。

近30年来巴西一直大力推动生物燃料的发展，目前拥有世界上最庞大的生物燃料生产链和先进的生物燃料应用技术，乙醇、生物柴油及其他可替代能源已占其能源消耗总量的44%，远远高于13.6%的世界平均水平。目前，2011年巴西生物柴油产量约240万吨，2010年和2009年分别为211万吨和141万吨。据《油世界》报道，2015年巴西生物柴油产量达到380万吨，比2014年的300万吨提高26.7%，也高于2013年的产量260万吨。其生物柴油政策稳步推进，2008年年初设置强制掺混标准为2%，下半年提高到3%，2009年又提高到4%，2010年再提高到5%，2014年、2016年、2017年分别提高到7%、8%、9%，2018年则为10%，2019年再提高到11%。巴西整体处于自给自足的市场，进、出口量均较小，2019年产量达到500万吨。预计2020年巴西生物柴油产量增长在35万吨左右。图1-6为巴西生物柴油产量及其国内消费情况。

1.3.4.3 印度尼西亚

作为棕榈油的主产地，印度尼西亚和马来西亚均以棕榈油作为制生物柴油的主要原料，几乎没有进口，2019年印度尼西亚生物柴油产量为650万吨，出口110万吨，内需540万吨；2013～2014年，印度尼西亚政府将柴油中的生物柴油强制掺混比例设为10%，2015年提高到15%，2016年又提高到20%，但因种种原因，例如其国内掺兑设施缺乏、政策实施力度较弱等，2014～2017年实质掺混比例并没有达到强制掺混的要求。然而这一情况自2018年起开始发生改变，一方面，印度尼西亚国内棕榈油产量大幅增长，原料库存压力不断加大；另一方面，出口环境持续恶化，2019年欧盟重新征收对印度尼西亚生物柴油的反倾销关税。在内忧外患的背景下，

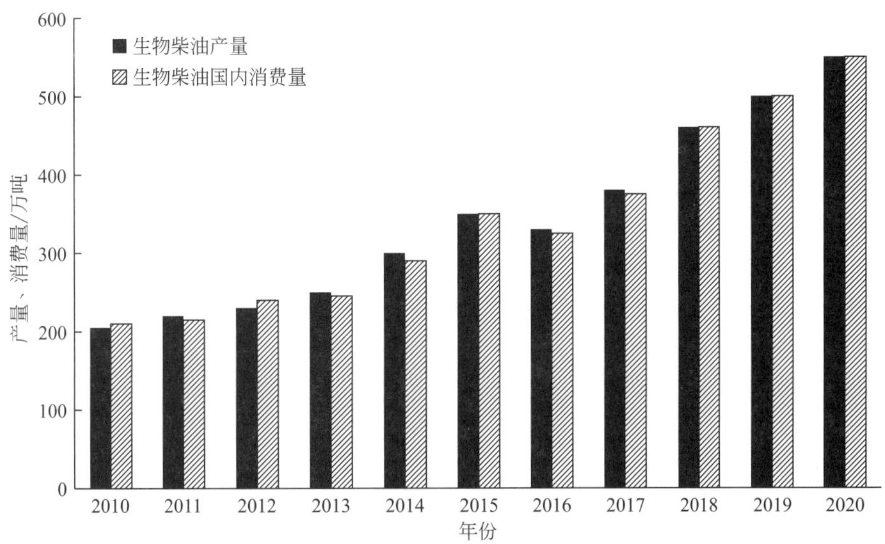

图 1-6　巴西生物柴油产量及其国内消费情况

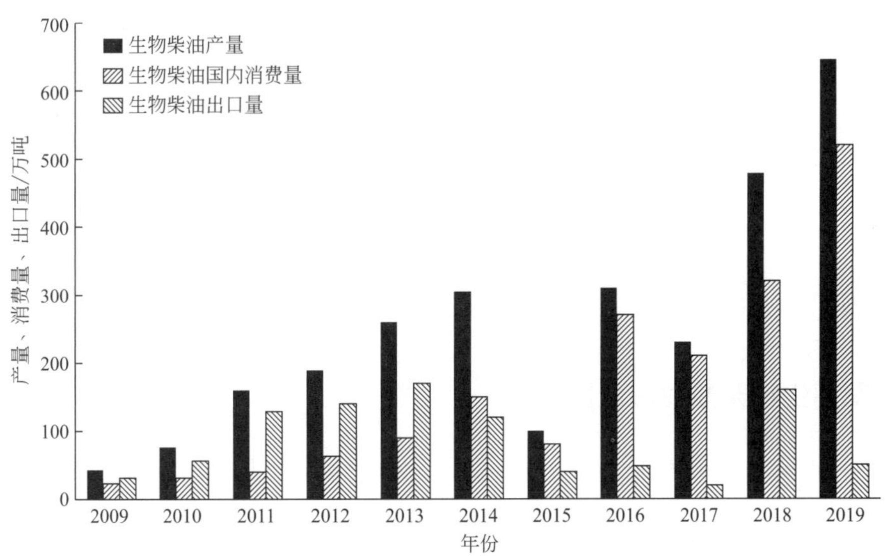

图 1-7　印度尼西亚生物柴油产量、国内消费及出口情况

印度尼西亚政府试图扩大生物柴油内需，政策实施力度加强，2019 年实际掺混率提高至 20%，达到 B20（生物柴油掺混比例为 20%）计划的目标。印度尼西亚政府将自 2020 年 1 月 1 日起实施 B30 计划，预计 2020 年实际掺混率能够达到 25%～30%，将带来 140 万～270 万吨的棕榈油需求增量，不过出口预计将继续下滑，棕榈油需求减量在 65 万吨左右。整体而言，印度尼西亚 B30（生物柴油掺混比例为 30%）计划的实施将带来 75 万～205 万吨棕榈油需求增量。图 1-7 为印度尼西亚生物柴油产量、国内消费及出口情况。

1.3.4.4 马来西亚

2014 年，马来西亚政府在全国范围内推行 B5（生物柴油掺混比例为 5%）计划，2015 年提高为 B7（生物柴油掺混比例为 7%），2019 年再提高到 B10（生物柴油掺混比例为 10%）。在国内实施高补贴的情况下，马来西亚生物柴油生产利润良好，近几年生物柴油产量增速维持在 30%的水平，不过现阶段马来西亚生物柴油产能在 200 万吨，受限于产能压力，预计 2020 年生物柴油产量在 180 万吨，带来的棕榈油需求增量为 35 万吨。马来西亚政府原拟于 2020 年年初提前实施 B20 计划，但如其国内产能无法扩大，则仅能改变生物柴油出口及内需结构，即提高内需、减少出口，对总体生物柴油产量的实质影响较小。图 1-8 为马来西亚生物柴油产量、国内消费及出口情况。

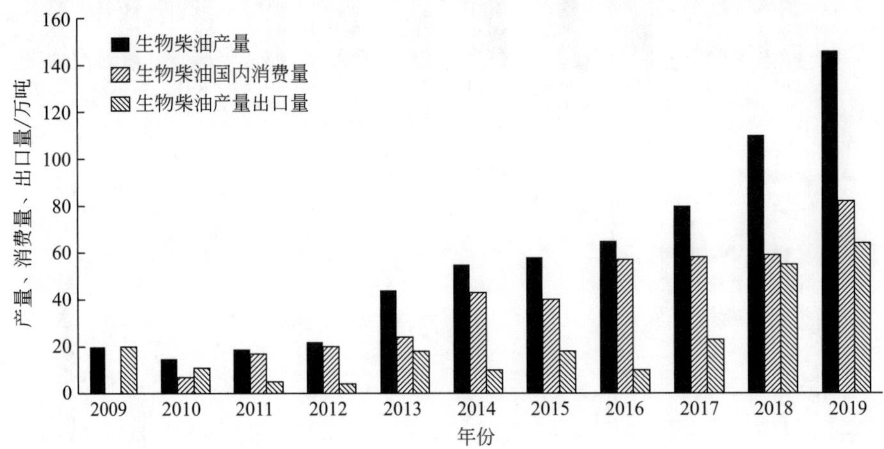

图 1-8　马来西亚生物柴油产量、国内消费及出口情况

1.3.5 我国生物柴油发展状况

中国政府十分重视生物柴油的发展[35]，制定了中长期的发展规划，确立了“不与粮争地，不与人争油”的原则，依据国情制定了生物柴油原料的发展战略，根据国家发改委 2007 年制定的《可再生能源中长期发展规划》，到 2020 年，可再生能源在中国能源结构中的比例争取达到 16%，其中生物柴油的生产能力达到 200 万吨/年。2015 年，国家能源局发布了《生物柴油产业发展政策》(以下简称《政策》)，对生物柴油行业重大问题给予了规范，首次明确生物柴油的市场地位。《政策》不仅对产业发展目标和发展规划提出明确指示，还对产业布局、行业准入和政策实施与监管提出具体要求，甚至涵盖了针对地方相关部门推动本地区产业发展的管理方式及原则。《政策》再度强调“成品油经营企业应按照规划布局，依托现有油库建设生物柴油调和燃料配送中心，并将生物柴油生产和推广年度目标内合格产品全部纳入销售体系”；要求提高生物柴油的收购价，将其与石化柴油实行同质同价。《政策》的发布不仅给了生物柴油一个合法的身份，还为其保驾护航，发展有据可依。

1.3.5.1 我国生物柴油产能状况

自 2006 年以来，国内生物柴油产能呈现出“增加→减少→增加”的走势，2006 年至 2008 年，国内生物柴油产能快速增加，2007 年我国出台了生物柴油 BD100 标准，促进了国内生物柴油行业的发展。虽然产能快速增加，但是国内的需求并没有很大的提升，生物柴油的产量仍然较低，国内生物柴油面临产能过剩的情况。不过，2011 年我国出台了《生物柴油调合燃料（B5）》标准，简称 B5 柴油标准，并且国内市场对生物柴油的认知度也在上升，所以自 2011 年开始，国内生物柴油的产能又开始增加，同时产量也较前几年明显提升。据报道，2014 年我国生物柴油消费量为 205 万吨，年增长率在 6.5%以上，我国生物柴油需求在不断提高。而国家能源局将适时调整《生物柴油调合燃料（B5）》为强制性标准。按柴油年消费 2 亿吨计算，生物柴油需求量高达 1000 万吨。根据欧盟 20%生物柴油掺入量计算，我国生物柴油后期需求市场很大。但是中国国内现有的生物柴油产量只有 100 万吨，不足前者的 12%。由于国内生物柴油产能不足，2012 年，中国企业从马来西亚、印度尼西亚和泰国等国家进口大约 11 万吨生物柴油。2013 年 5 月中旬，全国生物柴油行业协作组完成了对全国生物柴油企业生产情况的摸底。这份不完全的统计显示，全国的生物柴油企业计划产能超过 200 万吨，而实际产量却只有 100 万吨，产量为规划中的 50%，为了弥补不足，2013 年生物柴油进口量大幅增至 170 万吨。2014 年我国生物柴油产量约为 121 万吨，年产 5000t 以上的厂家超过 40 家，并向大规模化趋势发展。不过到 2015 年下半年，国际原油价格一路走低，国内柴油每吨的价格也跌至 4000 元以下。对于生物柴油来说，由于受到成本的压力，生物柴油与石化柴油的价差缩小，生物柴油厂家的利润也不断缩水，故 2015 年我国生物柴油的产量相较 2014 年明显减少，部分生物柴油厂家也因生产压力而停产。而 2016 年下半年开始，国际原油价格有所回升，生物柴油行业也开始逐步回暖，2016～2019 年我国生物柴油产量呈现上升趋势。2019 年生物柴油产量达 113 万吨。2011～2019 年我国生物柴油行业产量情况如图 1-9 所示。

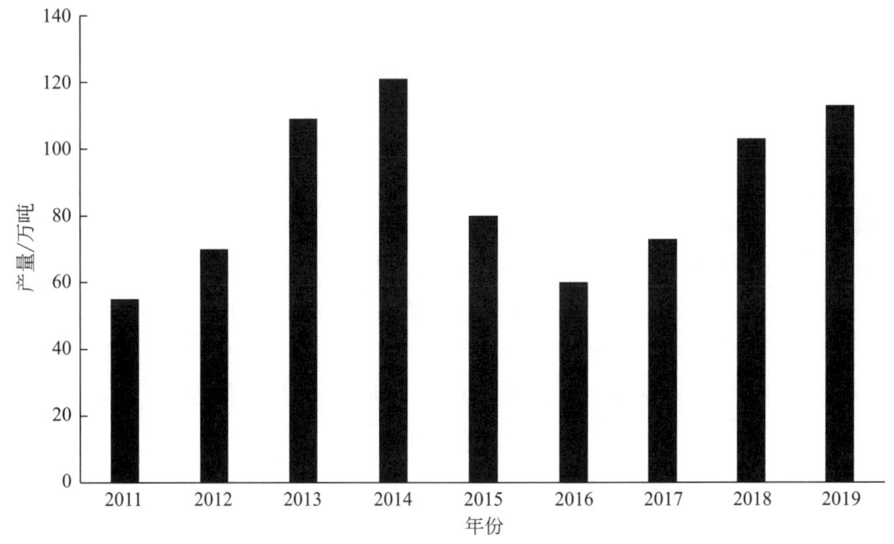

图 1-9　2011～2019 年我国生物柴油行业产量情况

近几年我国生物柴油出口量呈现较快增长，2013 年我国生物柴油出口量仅为 75t，2014 年突破 2 万吨，到 2018 年我国生物柴油出口量达 31 万吨，同比 2017 年增长 82%。图 1-10 为 2013～2018 年中国生物柴油出口量情况。

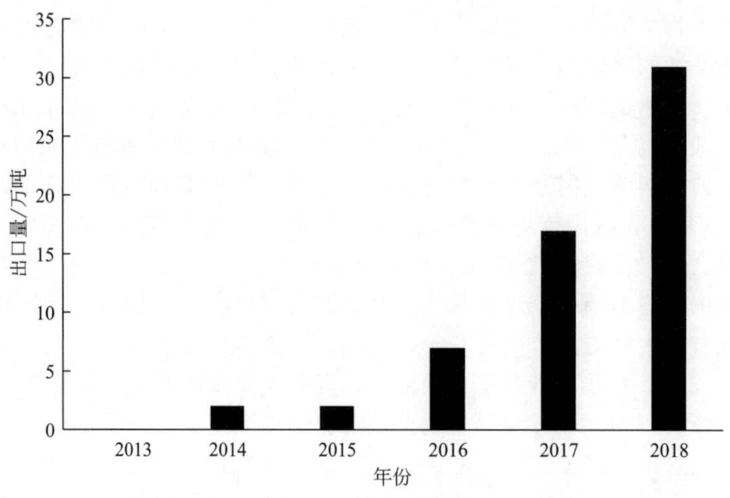

图 1-10　2013～2018 年中国生物柴油出口量情况

1.3.5.2　原料供给

油脂原料开发方面，我国就以各种生物质为原料的生产途径问题做了一些初步的研究，并取得了一定的进展。由于原料成本大多高达总成本的 75%，成本过高一直是生物柴油发展的瓶颈问题，各方研究力求降低原料成本，增加生物柴油大规模产业化的可行性。我国有丰富的植物油脂、动物油脂资源及大量的废弃油脂，如加以充分利用，有很大的发展空间。在植物油脂原料研究方面，目前，中国农作物中能够用于生产生物柴油的包括菜籽、葵花籽、大豆及花生油，但这些植物及产品主要用于生产食用油。另外，谷物作为生产生物柴油的另外一种原材料主要用于人们和动物的消费。林业资源中有 151 科、697 属、1554 种含油植物，其中有 154 种含油植物含油率超过 40%，以及 30 种藤和灌木类集中分布。然而，其中仅有不超过 10 种的藤和灌木类可作为生物柴油的原材料进行大规模的生产。一般来说，对于能源植物生产和应用的非常准确的数据还没有，因为中国开始发展能源植物用于生物燃料的生产才刚刚开始。在利用餐饮废油方面，废弃油脂包括潲水油、地沟油、煎炸废油、酸化油脚、动物制品加工过程中产生的下脚料等。我国每年产生食用废弃油脂为 400 万～800 万吨，能够收集起来作为资源利用的废弃油脂有 400 万吨左右，另外，我国又是世界上的制油大国，每年可加工食用油 1000 多万吨，每年可产生动植物油脂下脚料几百万吨，利用这些废弃油脂来生产生物柴油不仅可以使原料成本降低，而且也有利于环境保护，具有可观的经济效益和社会效益。

1.3.5.3　我国生物柴油生产厂家

生物柴油在中国是一个新兴的行业，表现出了新兴行业在产业化初期所共有的许多市场特征。许多企业尤其以小型民营企业为主，被绿色能源和支农产业双重

“概念”的商机所吸引，纷纷进入该领域，生物柴油装置产能处于稳步扩张的状态，生物柴油行业进入快速发展期。由于国内市场消费需求庞大，相关技术水平及标准体系已经取得长足发展，我国生物柴油产业发展潜力巨大。

目前，我国国内从事生物柴油开发的企业已超过 200 家，如古杉生物柴油有限公司（年生产能力 24 万吨）、中国生物柴油国际控股有限公司（年生产能力 10 万吨）、东营市慧恩生物燃料有限公司（年生产能力 10 万吨）、河北隆海生物科技有限公司（年生产能力 5 万吨）、湖南增和生物能源有限公司（年生产能力 5 万吨）、广东佛山三水正合精细化工有限公司（年生产能力 2 万吨）等。总产能已经超过 350 万吨。据不完全统计，现产能超过 10 万吨的生物柴油企业有 16 家，最大规模为 30 万吨，山东、华北地区产能高达总产能的 50％以上。图 1-11 为 2018 年中国生物柴油企业数量分布。

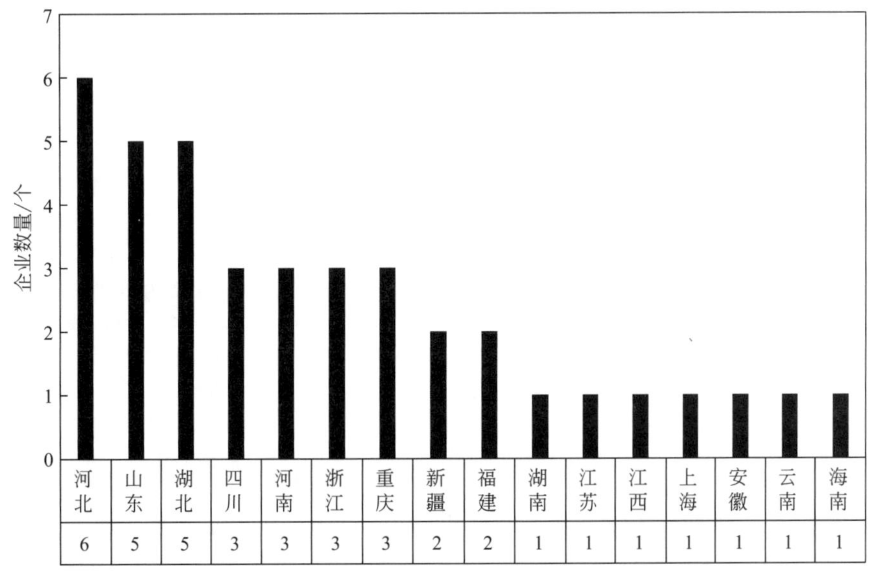

河北	山东	湖北	四川	河南	浙江	重庆	新疆	福建	湖南	江苏	江西	上海	安徽	云南	海南
6	5	5	3	3	3	3	2	2	1	1	1	1	1	1	1

图 1-11　2018 年中国生物柴油企业数量分布

参考文献

[1] Mishra V K，Goswami R. A review of production，properties and advantages of biodiesel［J］. Biofuels，2018，9（2）：273-289.

[2] Miao C L，Yang L M，Wang Z M，et al. Lipase immobilization on amino-silane modified superparamagnetic Fe_3O_4，nanoparticles as biocatalyst for biodiesel production［J］. Fuel，2018，224：774-782.

[3] Fan P，Xing S Y，Wang J Y，et al. Sulfonated imidazolium ionic liquid-catalyzed transesterification for biodiesel synthesis［J］. Fuel，2017，188:483-488.

[4] Sundus F，Fazal M A，Masjuki H H. Tribology with biodiesel：A study on enhancing biodiesel stability and its fuel properties［J］. Renewable & Sustainable Energy Re-

views，2017，70：399-412.

[5] Fabian Sierra-Cantor，Jonathan Alberto,Guerrero-Fajardo Carlos. Methods for improving the cold flow properties of biodiesel with high saturated fatty acids content：A review [J]. Renewable & Sustainable Energy Reviews，2017，72：774-790.

[6] 王常文，崔方方，宋宇. 生物柴油的研究现状及发展前景 [J]. 中国油脂，2014，39 (5)：44-48.

[7] 唐宇彤. 生物柴油性质与生产技术分析 [J]. 技术与市场，2016，23 (11) :118.

[8] 丁泠然. 生物柴油的特性及其与石化柴油的调合和储运 [J]. 石油库与加油站，2016，25 (5) :19-25.

[9] 何利娜. 生物柴油油品对柴油机排放特性影响研究 [D]. 镇江：江苏大学，2016.

[10] 肖九长. 生物柴油燃烧过程化学动力学机理研究 [D]. 南昌：南昌大学，2015.

[11] 张文毓. 生物柴油的研究及应用进展 [J]. 化学与粘合，2016，38 (2)：143-146.

[12] 李艾军. 中国生物柴油生产技术与应用研究进展 [J]. 精细与专业化学品，2019，27 (11)：34-39.

[13] 忻耀年. 生物柴油的发展现状和应用前景 [J]. 中国油脂，2005，30 (3)：49-53.

[14] 李丽萍，何金戈. 地沟油生物柴油在发动机上的应用现状和发展趋势 [J]. 中国油脂，2014，39 (8)：52-56.

[15] 戚艳梅. 国内外生物柴油发展现状及市场前景 [J]. 石化技术，2015，22 (8)：52-52.

[16] Kumar G，Kumar A. Characterisation of mahua and coconut biodiesel by Fourier transform infrared spectroscopy and comparison of spray behaviour of mahua biodiesel [J]. International Journal of Ambient Energy，2016，37 (2)：201-208.

[17] Camara R，Carreira V，Serrano L. On-road performance comparison of two identical cars consuming petrodiesel and biodiesel [J]. Fuel Processing Technology，2012，103：125-133.

[18] Som S，Aggarwal S K，Longman D E，et al. A comparison of injector flow and spray characteristics of biodiesel with petrodiesel [J]. Fuel，2010，89 (12)：4014-4024.

[19] 王常文，崔方方，宋宇. 生物柴油的研究现状及发展前景 [J]. 中国油脂，2014，39 (5)：44-48.

[20] 杨玮玮，康学虎. 浅谈生物柴油生产现状及发展趋势 [J]. 中国化工贸易，2015，7 (31) :393-394.

[21] Evelise F Santos，Ricardo V B Oliveira，Quelen B Reiznautt，et al. Sunflower-oil biodiesel-oligoesters/polylactide blends：Plasticizing effect and ageing [J]. Polymer Testing，2014，39：23-29.

[22] 余灯华. 生物柴油在制备 PVC 助剂中的应用 [J]. 化工技术与开发，2014，43 (2)：32-35.

[23] 张智亮，计建炳. 生物柴油原料资源开发及深加工技术研究进展 [J]. 化工进展，2014，33 (11)：2909-2915，2999.

[24] 胡少雄. 全球生物柴油 20 年间年产增速 16. 3%，欧盟产量居首 [EB/OL]. [2014-08-11]. http：//cn. chinagate. cn/news/2014-08/11/content_33202735. htm.

[25] 全球生物柴油产业现状及 2020 年展望 [EB/OL]. [2019-12-03]. http：//www. 518bd. com/news/show-3114. html.

[26] 2018 年全球生物柴油产业发展概况 [EB/OL]. [2018-01-04]. http：//www. lmcmr. com/limuguancha/2018-01-04/11819. html.

[27] 全球 2015 年生物柴油产量料首次下滑 [EB/OL]. [2015-03-11]. http：//www. chemmade. com/news/detail-00-58677. html.

［28］2019 年全球生物柴油行业相关政策及市场供需分析［EB/OL］．［2020-01-06］．https：//www．chyxx．com/industry/202001/825601．html．

［29］美国能源部拨款 1060 万美元用于研究如何提高生物柴油的产量［EB/OL］．［2018-02-28］．http：//www．518bd．com/news/show-2475．html．

［30］美国生物柴油近年发展趋势［EB/OL］．［2016-05-14］．http：//www．518bd．com/news/guoji/1277．html．

［31］2013 年 10 月美国生物柴油产能达到 21．9 亿加仑［EB/OL］．［2014-01-06］．http：//www．chyxx．com/data/201401/226565．html．

［32］赵群，王红岩，刘德勋，等．世界生物柴油产业发展现状及我国生物柴油发展建议［J］．广州化工，2012，40（17）：44-45，92．

［33］韩军．欧洲生物燃料的生产现状与发展趋势［J］．全球科技经济瞭望，2008，23（8）：5-8．

［34］2018 年欧盟生物柴油行业德法及英国市场容量分析［EB/OL］．［2018-04-09］．http：//market．chinabaogao．com/shiyou/04932U502018．html．

［35］2018 年我国生物柴油市场运行情况分析［EB/OL］．［2018-05-04］．https：//www．chyxx．com/industry/201805/636866．html．

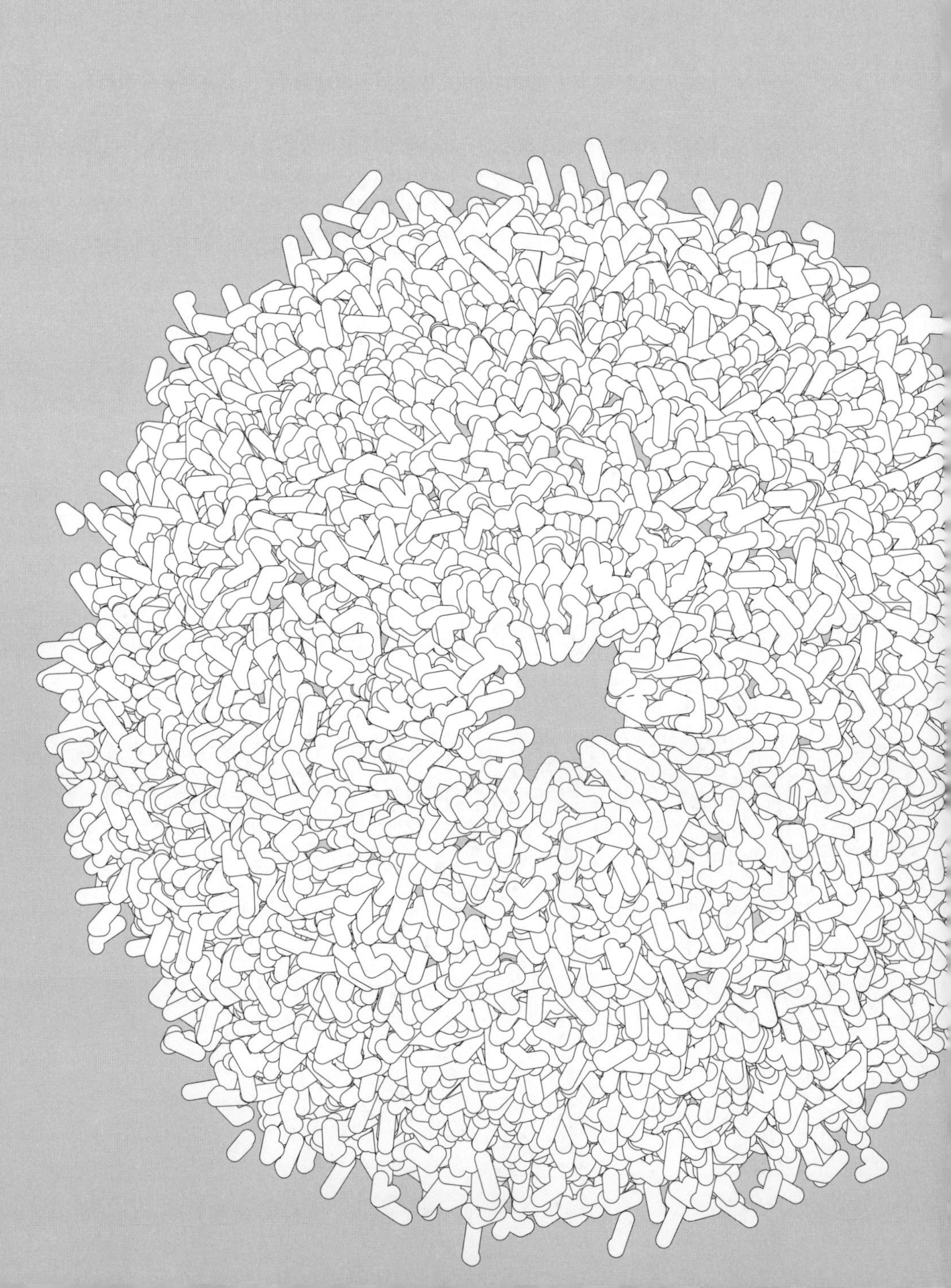

第 2 章

生物柴油生产原料

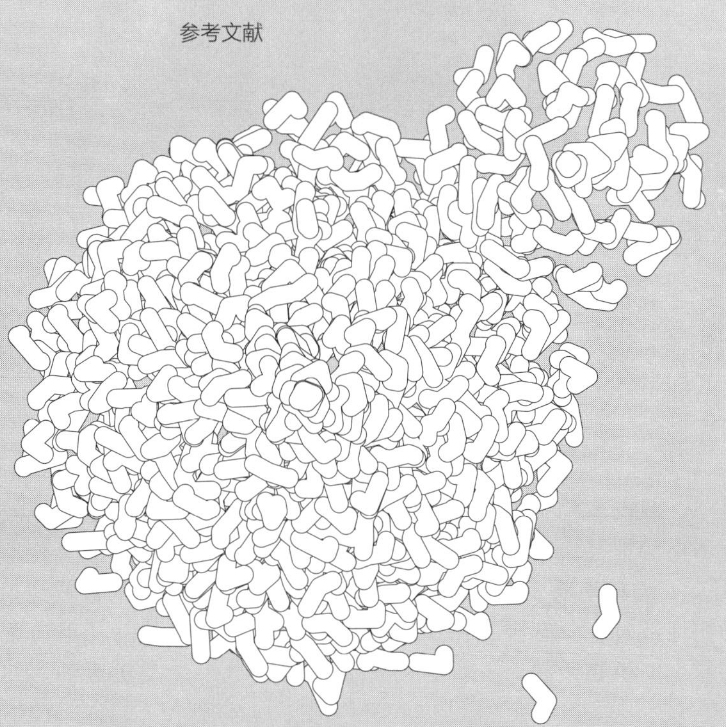

石油能源是现代社会赖以生存和发展的物质基础。随着地球石油储量的不断减少，特别是 20 世纪 70 年代出现的石油危机和近年来原油价格的不断冲高，使人类认识到，解决石油能源问题的对策除有效利用石油资源外，开发新的、对环境无害的非石油类能源及可再生能源是重要的途径。随着世界经济的快速发展，对能源的需求量也飞速增加，能源短缺已经成为制约世界经济发展的重要因素。据英国石油公司（BP）的预测，按照目前的开采量计算，全世界石油储量只能开采 40 年，天然气只能开采 65 年，煤炭只能开采 165 年。

生物柴油是来自动植物油脂的液体燃料，具有可再生和环境友好的优势，且能满足现有动力燃料体系的经济技术指标，是重要的石油替代燃料之一，引起世界各国，尤其是发达国家的高度重视，已经开始产业化发展和应用。欧盟计划到 2020 年生物柴油在柴油市场中的份额达到 20%。美国则计划到 2020 年超过 300 万吨。原料一直是困扰生物柴油发展的重要因素。在生物柴油生产过程中，原料成本占总成本的 70%～80%。自 20 世纪 80 年代起，各国都筛选出了适合本国国情的原料用于发展生物柴油。欧盟各国以双低（低芥酸和低硫苷含量）菜籽油为原料，尤其是德国，大规模种植油菜，以菜籽油为原料生产生物柴油；美国主要利用高产转基因大豆，发展以大豆油为原料的生物柴油产业；巴西生物柴油的主要原料是蓖麻油和转基因大豆；马来西亚、印度尼西亚所在的东南亚地区适合种植油棕，以盛产的棕榈油来发展生物柴油。

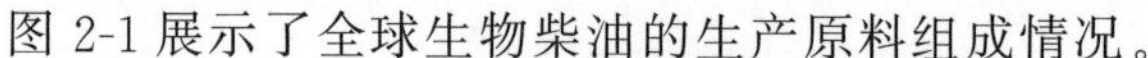

图 2-1 展示了全球生物柴油的生产原料组成情况。

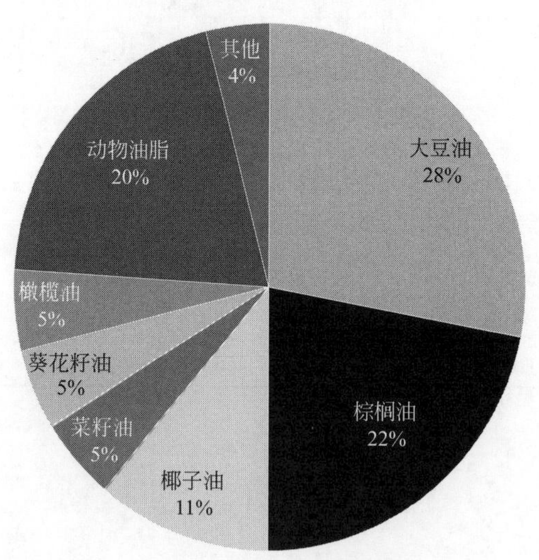

图 2-1　全球生物柴油的生产原料组成情况

目前，我国生物柴油原料资源有限，加之生物柴油产业起步较晚，原料供应存在量价不稳的情况。中国的耕地仅占国土面积的 14%，明显少于美国的 51%和印度的 59%。人均耕地低于联合国粮农组织规定的 0.05hm^2 的警戒线，可用来发展能源作物的耕地数量十分有限。在中国，不能像欧美国家可以利用油菜籽油和大豆油等食用油脂生产生物柴油，主要利用餐饮废油或食用油加工废油。然而，中国的废油脂资源有限，不足以支撑未来庞大的生物柴油产业。我国柴油年消耗量约为 1.7 亿吨，按目前我国的 B5 标准，每年需要 1000 万吨生物柴油，如此庞大的原料，要发展生物柴油产业，开发潜在的油脂原料至关重要。可见我国生物柴油产业化发展的原料方向必然是以废弃油脂与边远山区荒地、边际土地等油料种植为基础及加快开发微藻与微生物油脂。

从 20 世纪中期开始，世界上许多国家和地区就开始了生物柴油植物油原料选择利用的研究，选择了一些可利用的植物种类，并建立了一批生物柴油原料利用基地。1999 年，美国能源部组织法国、荷兰、德国、奥地利和马来西亚等多国科学家对油棕、藻类、部分热带植物进行了研究，得出的结论是：到 2050 年，全球液体燃料油 80%将来自木本植物、草本栽培油料作物和藻类。

目前主要生物柴油生产国原料情况见表 2-1。

表 2-1　主要生物柴油生产国原料情况

国　家	生产原料	混合比例	激励政策	2014 年产量/万吨	2015 年产量/万吨
美国	大豆	B10～B20	税率为 0	422	436
巴西	蓖麻油	B5～B6	—	300	345
加拿大	棕榈油、动物脂肪	B20～B100	—	—	—
德国	油菜籽、豆油、动物脂肪	B5～B20，B100	税率为 0	300	295
法国	各种植物油	B5～B20	税率为 0	205	210
意大利	油菜籽、大豆	B20～B100	税率为 0	—	—
阿根廷	大豆	B20	—	205	183
印度尼西亚	棕榈油			290	320
马来西亚	棕榈油	B7～B10	—	50	46
韩国	米糠、动物脂肪	B2	—	—	—
泰国	棕榈油 麻疯树籽油	B5	税收减免	—	—
中国	餐饮废油、植物油	B5	—	88	118

2.1 油料作物

植物油脂来源于油料植物，如油菜、大豆、油茶、油桐、棕榈等。油料植物广泛存在于植物界。就植物器官来说，油脂主要存在于种子中。据统计，占种子植物 88%以上的植物，其主要产油器官是种子，但在果实、花粉、孢子、茎、叶、根等部位也积累有含量各异的油脂成分。目前，植物油脂是世界各国发展生物柴油的主要原料来源。

主要油料植物油脂成分见表 2-2。

表 2-2 主要油料植物油脂成分分析 单位：%

脂肪酸品种	月桂酸	肉豆蔻酸	棕榈酸	硬脂酸	花生酸	十六碳烯酸	油酸	亚油酸	亚麻酸	二十碳烯酸	特殊脂肪酸
麻疯树	0.09		17.25	7.42	0.22		40.31	32.69	0.4	0.23	
黄连木		0.013	20.867	1.5	0.567	1.2	46.4	29.367	0.007		
光皮树	0.007	0.067	16.533	1.767	—	0.973	30.5	48.5	1.6	—	—
棕榈	19.5	18.6	27	12.3	—	—	22.6	—	—	—	—
文冠果	—	—	10.4	2.6	—	—	31.81	42.36	—	6.08	—
油桐	0.167	0.007	1.8	1.9	—	0.007	7.1	6.9	0.3	—	桐酸 72.9
乌桕	—	27.4	13.7	1.37	—	—	9.59	21.92	26.06	—	—
油茶	—	0.8	10.6	1.7	—	—	77.333	9.167	0.267	—	—
油菜籽	—	0.04	3.567	1.133	0.007	0.14	14.5	15.467	13.6	—	—
大豆	—	—	13	2.9	—	—	19.35	58.05	6.7	—	—
蓖麻	—	—	0.72	0.64	—	—	2.82	0.27	—	—	蓖麻酸 90.85

油料作物可分为木本油料作物和草本油料作物两大类。草本油料作物具有生长周期短、投入少、见效快、产油量相对较高、适宜规模化种植等优点。培育耐旱、耐盐碱、耐瘠薄的草本油料作物，开发荒漠、滩涂等边际地，进行草本油料作物的规模化种植，可以为生物柴油提供丰富的原料。我国的油料作物有近 30 种，油菜、花生、大豆、棉花和向日葵是我国五大食用油料作物，其中油菜和花生的产量居世界第一。

木本油料作物具有抗逆性强，可利用山地、高原、丘陵等闲置非耕地发展的优势，而且适宜粗放管理，栽种一次，收获多年，对于未来食用油产业以及能源用油的发展具有不可替代的作用，具有巨大的开发潜力和广阔的发展前景。

2.1.1 草本油料作物

草本油料作物是指为获取植物体的果实或种子（及花）中富含的油脂及以采收果实或种子榨取油脂而栽培的草本植物。从草本油料作物中提取的油脂，不仅是人类生活中食用油的主要来源，提供给人类必需的营养素，而且在国民经济中也占有很重要的地位。我国大规模种植的草本油料作物有油菜、大豆、花生、芝麻、向日葵、蓖麻、玉米等。Chang 等[1] 用非食用的草本油料苍耳子油制生物柴油，脂肪酸甲酯含量达到 98.7%，产率达到 92%，除十六烷值与氧化安定性指标外，其余各项指标均达到欧盟 EN 14214、ASTM D 6751 的要求。

2.1.1.1 菜籽油

中国是世界油菜主产国和油菜籽的主要消费国。油菜在我国的种植区域比较广，我国中南部地区的安徽省、江浙地区、两湖地区是主要种植区域。甘蓝型油菜种子含油量大约为40%，最高能够达到50%以上。多年来我国油菜种植面积保持在800万公顷左右，约占油料种植总面积的1/2。

利用油菜发展生物柴油具有其独特的优势：

① 品种类型繁多、适应性广，在世界五大洲均有分布；

② 化学组成与柴油很相近，低芥酸菜油的脂肪酸碳链组成为C_{16}～C_{18}，与柴油分子（C_{15}左右的碳链）碳数相近；

③ 可较好地协调粮食安全与能源安全的矛盾，冬油菜仅利用耕地的冬闲季节生长，在品种改良后并不影响水稻（包括双季稻）等主要粮食作物的生产；

④ 培肥地力，增加后茬作物产量，油菜营养生长旺盛，叶面积系数高，且叶片在油菜收获前都可还田养地，油菜根系分泌的硫苷物质还可控制土传病害；

⑤ 可增加高蛋白饲料资源，菜籽饼粕的蛋白质含量高达38%～40%，是良好的高蛋白饲料资源。

Qian等[2] 用原位碱催化菜籽油与甲醇酯交换制备生物柴油及菜籽粕脱毒，在0.10mol/L NaOH、醇油摩尔比18∶1且40℃下，反应3h转化率达98%。菜籽粕中芥子苷通过甲醇萃取降低到0.07%，低于国标GB/T 22514—2008，可以用作动物饲料蛋白质来源。

近几年，我国年产油菜籽在1300万吨以上，但由于国内需求量较大，目前尚没有多余的原料用于生产生物柴油。欧洲主要以菜籽油为原料生产生物柴油，如德国、意大利、丹麦、捷克和奥地利等国家。20世纪80年代起，欧洲已普及推广双低油菜，加之双低菜籽油的脂肪酸碳链长度与矿物柴油比较接近，所以欧洲国家用于生物柴油生产的菜籽油均为双低类型。欧盟各国政府通过免税等优惠政策的扶植，使得以低芥酸菜籽油为原料制取生物柴油已经规模化，并已经成为其能源安全战略的重要组成部分。

2.1.1.2 大豆油

我国大豆主要产地集中在东北三省、河南省、安徽省以及山东省等地区，产量每年约1300万吨，近几年进口量保持在6000万吨以上。大豆含油量在17%左右，主要含5种脂肪酸，其含量分别为棕榈油为13%、硬脂酸为4%、油酸为18%、亚油酸为55%、亚麻酸为10%。2014年全球大豆产量约3.1亿吨，产量排前三的为美国、巴西、阿根廷。美国大豆年产量占世界总量的1/4～1/3，年销售额超过40亿美元。其转基因大豆的含油量能提高到20%。据报道，目前每1000kg大豆可生产得到180kg豆油和880kg豆粕。粗略估计，美国以豆油为原料生产的生物柴油在总产量中所占的比例约为80%。

大豆油作为生物柴油原料的优势是工艺简单，由于豆油品质较高，可以省去后期的脱色等处理工艺，且转化率高、能耗比较小。冯丹华等[3] 以甲醇钠催化乙醇和大豆油酯交换反应合成大豆油脂肪酸乙酯，通过正交实验得到酯交换反应优化工艺条件为：催化剂用量1.3%，醇油摩尔比8∶1，反应温度65℃，反应时间3h。在此条件下，大豆油转化率达到99.38%。李为民等[4] 用KOH催化大豆油脚浸出油与甲醇反应制生物柴油，正交实验得到大豆油脚浸出油制备生物柴油最佳工艺条件为：反应温度45℃、催化剂用量1%、醇油摩尔比6∶1、反应时间45min，生物柴油含量为96.8%。生物柴油的主要性能指标符合0# 柴油标准。

2.1.1.3 棉籽油

棉花是集棉、粮、油、材为一体的，综合利用价值极高的天然资源。目前，主要利用其纤维和棉籽油。山东省、河南省以及河北省等地区是棉花的主要种植区域，而我国棉花种植最大的省份（区）是新疆维吾尔自治区。棉籽油属于半干性油脂，与大豆油相比成分比较相似，棉籽含油量为13%～15%，其中棉仁占棉籽质量的55%，棉仁中含油30%～33%。棉籽油中含有丰富的饱和脂肪酸，可以食用，没有经过加工处理的棉籽油带有一股浓重的酸味和苦涩味，表面略呈现出深褐色或棕黄色。其中，脂肪酸的组成部分棕榈酸占棉籽油质量比例为20%～22%，硬脂酸约占2%，豆蔻酸占0.3%～0.5%，花生酸占0.1%～0.6%，油酸占30%～35%，亚油酸占40%～45%等。

我国棉籽油产量和消费量均居世界第一位，棉籽油工业原料压榨总量居全国第三位，产量居我国食用油生产总量第四位，约占9%。近年来棉籽平均产量960万吨。在油脂加工过程中的多种副产品（如棉短绒、棉籽壳、棉粕、皂脚、甘油等）都有广阔的利用前景。棉籽油的先天特性好，生产生物柴油有独特优势：棉籽油碳链长度99%集中在C_{16}和C_{18}，接近于石化柴油的碳链，化学性质类似。相对于菜籽油和大豆油，棉籽是棉花生产的副产品，不与其他油料作物争地，更不与主要粮食作物争地。

王美霞等[5] 以收集于我国棉花主产区的82份棉籽为实验材料用全自动索氏浸提装置提取棉籽油，采用气相色谱-质谱联用仪对棉籽油脂肪酸组成进行定性和定量分析，结果表明，棉籽仁出油率在18.84%～30.28%之间，平均出油率为24.95%。棉籽油中含有13种脂肪酸，以亚油酸（51.99%～60.88%）、棕榈酸（18.30%～25.68%）和油酸（12.28%～18.50%）为主，其中不饱和脂肪酸占73.62%，多不饱和脂肪酸为亚油酸、亚麻酸，占57.44%。

2.1.1.4 花生油

花生是世界范围内广泛栽培的油料作物和经济作物之一，是油脂和蛋白质的重要来源。我国是世界上重要的花生生产国，据《中国农产品供需形势分析》2016/2017我国花生种植面积约500万公顷，花生产量在1650万吨以上，花生油约320万吨，占全球总产量的40%以上。我国花生近50%以上用于榨油，其油脂主要用作食用。花生脂肪酸主要组分相对含量为油酸42.0%～42.4%、亚油酸34.3%～36.0%、棕榈酸和硬脂酸4.0%～4.6%。Kaya等[6] 以花生毛油为原料，通过NaOH催化转酯化，得到89%转化率，生物柴油黏度接近石化柴油，相比石化柴油热值约低6%，与0# 柴油的ASTM、EN生物柴油标准重要指标相对比，其甲酯很接近柴油燃料特性。

2.1.1.5 葵花籽油

向日葵，菊科一年生草本植物，又名葵花、转日莲，原产于北美的西南部，传到我国已有近400年的历史。作为一种重要的油料资源，其产量在世界上仅次于大豆、棉籽等，是五大油料之一。葵花籽含脂肪可达50%左右，其中主要为不饱和脂肪，而且不含胆固醇；亚油酸含量可达70%。长期以来，豆油、棕榈油、菜油是我国食用油消费的主力军。近年来，随着经济的发展，葵花籽油在我国逐渐畅销起来。我国葵花籽油销售量目前占食用油销售量的8%左右。据国家统计局、国家粮油信息中心统计，2014年我国葵花籽的种植面积为97.5万公顷，产量约为250万吨。我国的葵花籽主要分布在内蒙古、新疆、河北、山西、宁夏、甘肃及辽宁、吉林和黑龙江等省（区），其中内蒙古的产量约占全国的40%，新疆占20%。

2.1.1.6 蓖麻油

蓖麻又名大麻子、老麻子、肚蓖、天麻子果等，为大戟科（Euphorbiaceae）蓖麻属（*Ricinus L.*）双子叶一年生或多年生草本植物。是世界十大油料作物之一，种子含油量高，蓖麻籽含油率为46%～56%，籽仁含油率高达70%以上。蓖麻油是唯一含大量羟基酸的天然油脂，其脂肪酸的主要成分是蓖麻醇酸（12-羟基-9-十八碳烯酸），占总酸量的85%以上，另有少量的棕榈酸、油酸和亚油酸。蓖麻油碘值在80～90g/100g之间，羟值为150～160mg/g，皂化值为175～185mg KOH/g，黏度大、密度大（相对密度0.958～0.968）、燃烧点高（500～600℃高温下不变质、不燃烧），在零下18℃的低温下不凝固。蓖麻油因结构中含有可进行多种化学反应的羟基、双键和酯键，应用领域较为宽阔，可广泛应用于涂料、胶黏剂、塑料和橡胶等领域。

全世界每年蓖麻种植面积为100万～150万公顷，蓖麻籽年产量120万～150万吨，蓖麻油年产量60万～70万吨，主要生产国有印度、中国、巴西。其中，印度的产量最大，占世界总产量的2/3以上。我国现有蓖麻种植面积15万～20万公顷，年产蓖麻籽15万～25万吨，平均单产在1200～1300kg/hm^2，主要分布在内蒙古、吉林、山西、新疆等省（区）。2014年，我国的蓖麻油需求量约40万吨（依据下游加工企业满产计算），实际消耗量约22万吨，其中95%以上依赖进口且主要来自印度。

2.1.2 木本油料作物

木本油料作物是指植物体内（果实、种子或茎叶）含油脂8%（或现有条件下出油效率达80%以上）的多年生植物。我国幅员辽阔、自然条件优越，木本油料资源丰富。如南方的油茶、乌桕、油橄榄、油棕，北方的核桃、山核桃、山杏、文冠果、榛子、红松、元宝枫等都是含油率很高的树种。

木本油料作物可分为木本食用油料作物、木本工业用油料作物、木本芳香油料作物、药用木本油料作物、生物质燃料油木本油料作物、特殊用途的木本油料作物几类。木本油料能源树种主要包括油脂树种和具有制成较高还原形式烃的能力、接近石油成分、可以代替石油使用的树种（俗称“石油树”）。它们的果实、种子、花粉、孢子、茎、叶、根等器官都含有油脂，但一般以种子含油量最丰富。木本油料能源树种的油脂资源经过提取加工后，都可以生产出一种可以替代化石能源的燃性油料物质，即植物燃料油。

据初步统计，目前世界上可用于生物柴油生产的原料树种达400多种。其中，麻疯树、棕榈树、橡胶树、苦配巴、绿玉树、油桐、续随子、光皮树和文冠果等树种的种子含油量高，且分布广、适应性强，可进行人工规模化栽培，具有良好的开发前景。我国主要木本油料树种分布见表2-3。科技部已经把重点攻关项目集中在黄连木、文冠果、麻疯树和光皮树4种木本油料树种。

表2-3　主要木本油料树种分布与特性

树种	分布省(区)	含油率/%	种子产量/(千克/亩)[①]	利用初始期/年	利用年限/年
麻疯树	四川、云南、贵州、重庆、广西、海南、福建	30～60	200～500	3～5	30～50
黄连木	北自河北、山东，南至广东、广西，东到台湾，西南至四川、云南，都有野生和栽培，其中以河北、河南、山西、陕西等省最多	35～40	100～600	4～8	50～80
文冠果	宁夏、甘肃、内蒙古、陕西、东北各省及华北北部	30～40	200～600	4～6	30～80
光皮树	集中分布于长江流域至西南各地的石灰岩区，黄河及以南流域也有分布	30～36	300～700	3～6	40～50
乌桕	主产长江流域及珠江流域，浙江、湖北、四川	35～50	150～500	3～8	20～50
油桐	甘肃、陕西、云南、贵州、四川、河南、湖北、湖南、广东、广西、安徽、江苏、浙江、福建、江西等	40～50	200～800	3～5	20～50
油棕	海南、云南、广东、广西	45～60	200～400	3～5	20～30
油茶	长江流域及以南各省份	30～60	150～300	7～8	50～70

① 1亩≈666.7m^2，下同。

2.1.2.1　麻疯树

麻疯树（*Jatropha curcas* L.），又叫老胖果、膏桐、小桐子，也称小油桐，是大戟科麻疯树属，为小乔木、灌木或草本，高2～5m，全世界约有200种，属多年生木本油料植物，原产于美洲及非洲，分布于热带或亚热带地区。适生范围广。非洲的莫桑比克、赞比亚等国，澳大利亚的昆士兰及北澳地区，美国佛罗里达州的奥兰多、夏威夷群岛等均有分布。我国栽培的该属植物主要有5种，主要种植小桐子。

麻疯树喜光，耐热，耐干旱瘠薄。在年降水量480～2380mm，年均温17℃以上的地区均能正常生长，有一定的耐寒性，能忍耐零下5℃的短暂低温。通常生长于海拔700～1600m的平地、丘陵坡地及河谷荒山坡地；在石砾质土、粗质土、石灰岩裸露地均能生长。在气温较高的地区一般年开花结实2次，第1次花期在4～5月，8～9月果熟；第2次花期在7～8月，12月至翌年3月果熟。以第1次花期的产量为主，约占全年产量的3/4。据专家估算，成熟单株麻疯树可年产麻疯果4～5kg，每亩麻疯树年产600～800kg麻疯果，可获得麻疯果油180～270kg。种仁含油量高35%～50%，最高可达60%，种子油是一种半干性油，色泽淡黄。李昌珠等[7]检测麻疯树籽油的脂肪酸组成，其脂肪组成主要为油酸和亚油酸，见表2-4，油理化性质和菜籽油非常相似，是生物柴油的理想原料。据研究，麻疯树油生物柴油流动性好，与柴油、汽油、酒精的掺和性好，经改良后可适用于各种柴油发动机，并在闪点、凝固点、硫含量、一氧化碳排放量、颗粒值等关键指标上均优于国内0#柴油。

表2-4　麻疯树籽油的脂肪酸组成及质量指标[7]

项　　目		测定值
脂肪酸	油酸/%	39.9
	亚油酸/%	32.0
	棕榈酸/%	11.6
	亚麻酸/%	2.2
	芥酸/%	1.5
	硬脂酸/%	5.4
	棕榈油酸/%	1.04
质量指标	碘值/(g/100g)	100.85
	皂化值/(mg KOH/g)	213.14
	酸值/(mg KOH/g)	7.62
	水分/%	0.24

2.1.2.2　光皮树

光皮树（*Cornus wilsoniana*），又称花皮树、光皮梾木等，是山茱萸科梾木属落叶灌木或乔木。我国有24种，核心分布区域在湖南省、江西省、湖北省、广西壮族自治区北部、广东省北部等地，垂直分布在海拔1000m以下。在碱性、中性、微酸性的土壤上均可种植。在阳光充足、肥沃湿润、含钙质较多的地区生长良好，在石灰岩裸露的石山和半风化的紫色页岩坡地也能生长。能耐－11.3℃的地温和－7.6℃的气温。一般2月下旬萌芽，3月展叶，4月上旬～5月上旬开花，10月下旬～11月上旬果实成熟，11月中旬～翌年2月落叶。光皮树是阳性树种，宜选择向阳的地形和土层深厚、质地疏松、肥沃湿润、排水良好的土壤栽植。采用集约经营管理，栽植后3～5年可开花结果，15年内可进入盛产期，盛果期50年以上，结果直至死亡，寿命200年以上。大树每年平均产干果50kg，多可达150kg，果肉和核仁均含油脂，干全果含油率为33%～36%，出油率为25%～30%，平均每株大树产油15kg以上。李昌珠等[8]测得光皮树油的脂肪酸组成，其油脂主要以C_{16}和C_{18}系脂肪酸为主，含不饱和脂肪酸78%以上，是一种理想的生物柴油原料，见表2-5。

表 2-5 光皮树油的脂肪酸组成及质量指标[8]

项目		测定值
脂肪酸	油酸/%	30.50
	亚油酸/%	48.5
	棕榈酸/%	16.533
	月桂酸/%	0.007
	十六碳烯酸/%	0.973
	硬脂酸/%	1.767
	肉豆蔻酸/%	0.067
质量指标	碘值/(g/100g)	116.8
	皂化值/(mg KOH/g)	195.9
	不皂化物/%	1.3

据不完全统计，湖南省、江西省、广东省、广西壮族自治区等地石灰岩山地总面积有 2200 万公顷，如按 10%面积栽植光皮树，可年产光皮树油 3000 万吨。目前，光皮树已经被列为我国指定的生物能源油料树种。

2.1.2.3 黄连木

黄连木（*Pistacia chinesis* Bunge），别名楷木、楷树、黄楝树、药树、药木、黄华、石连、黄木连、木蓼树、鸡冠木、洋杨、烂心木、黄连茶，为漆树科黄连木属落叶乔木。黄连木原产于我国，分布很广，分布省（区）详见表 2-3，垂直分布在 600～2700m。黄连木喜光，不耐严寒，在酸性、中性、微碱性土壤上均能生长，抗病力强，花期 3～4 月，果实 9～10 月成熟，4 年后即可开花结实，胸径 15cm 时，株年产果 50～75kg，胸径 30cm 时，年产果 100～150kg。据报道，丰产的黄连木每公顷地能产籽 7500kg，榨柴油 3000kg。果壳含油量 3.28%，种子含油量 35.05%，种仁含油量 56.5%，出油率 20%～30%。刘光斌等[9] 检测了黄连木籽油的脂肪酸组成，见表 2-6，其油色呈淡黄绿色，是一种不干性油，可作工业原料或食用油。

表 2-6 黄连木籽油的脂肪酸组成及质量指标[9]

项目		测定值
脂肪酸	油酸/%	39.37
	亚油酸/%	43.06
	棕榈酸/%	12.01
	亚麻酸/%	1.04
	十六碳烯酸/%	0.78
	硬脂酸/%	1.24
	肉豆蔻酸/%	0.1
质量指标	碘值/(g/100g)	98.63
	皂化值/(mg KOH/g)	181.2

中国林业科学研究院王涛院士从2002年开始在全国进行木本燃料油作物普查工作，并开展了“黄连木等能源树木良种选育与推广”对可用作生产生物柴油的黄连木的资源分布、生长及利用状况进行了调查研究和优良类型选择。黄连木油所含主要脂肪酸碳链长度集中在C_{16}～C_{18}之间，易于脂化为燃料油，以其生产的生物柴油碳链长度集中在C_{17}～C_{19}之间，理化性质与普通柴油接近。

2.1.2.4　文冠果

文冠果（*Xanthoceras sorbifolia* Bunge），又名文官果、温旦革子、木瓜、文登阁、僧灯毛道等，属无患子科文冠果属，为一属一种植物，落叶乔木或灌木，原产于中国北方，是我国特有的珍稀木本油料植物。主要分布在北纬33°～46°、东经100°～125°，集中分布在内蒙古、辽宁、河北、山西、陕西等省区。喜光，也耐阴、耐寒、耐旱，不耐涝。对土壤要求不严，在pH值7.5～8.0的微碱性沙壤土生长最好，但在低洼湿地则生长不良。

一般文冠果人工林4～5年开始结实，花期4～5月，种子成熟期7～8月，小片丰产林每公顷年产可达1500～2000kg。10年生树每株产果50kg以上，30～60年树龄单株产量在15～30kg。文冠果种子含油量为30%～36%，种仁含油率50%～70%，比油菜籽高1倍。油以不饱和脂肪酸为主，富含油酸及亚油酸，是一种半干性油，文冠果油在常温下为淡黄色，透明，具芳香味，既是高级食用油，又可加工为高级润滑油。其油中不饱和脂肪酸含量高达94%，其中油酸占57.16%，亚油酸占36.9%。文冠果种仁含有11种油脂肪酸，其碳链的长度主要集中在C_{16}～C_{18}之间，适合生产生物柴油。于海燕等[10]对文冠果油制备生物柴油的可行性进行研究，结果表明，文冠果油的酸值、碘值、皂化值、密度（20℃时）分别为0.3g/100g、113g/100g、176mg KOH/g、0.893g/cm^3。C_{16}～C_{18}含量超过75%；所制备的生物柴油质量（除90%回收温度稍高2℃外）符合《柴油机燃料调合用生物柴油(BD100)》标准。

在国家林业局公布的我国适宜发展生物质能源的树种中，木本植物文冠果被确定为我国北方唯一适宜发展的生物质能源树种，2014年，在国家《关于加快木本油料产业发展的意见》（国办发〔2014〕68号）中，将文冠果列入重点发展的木本油料树种之一。

2.1.2.5　油桐

油桐（*Vernicia fordii* Hemsl.）系大戟科油桐属落叶乔木，别名为桐子、白桐、泡桐等，是重要的工业油料树种，原产于中国，已有1300多年的栽培历史，与油茶、核桃和乌柏并称为我国四大木本油料植物，在全国约有184个油桐品种。油桐种仁含油率54%～68%，主要分布于亚热带地区长江流域及其以南地区。我国油桐栽培区年平均温度在15～22℃，降雨量750～2200mm，花期4～5月，果期10月。世界上种植的油桐有6种，作为栽培植物以原产于我国的三年桐和千年桐最为普遍。油桐具有早实丰产特点，三年桐2～3年开始结实，盛果期可达到15～30年；千年桐4～5年开始结实，盛果期可达到30年以上。一般生产林亩产油量在5～10kg，采用优良品种建立的丰产林亩产油量在30～50kg，小面积示范林可达到每亩50kg

以上。

桐油是世界上最好的干性油，具有干燥快、光泽度高、附着力强、绝缘性能好，在工业、农业、船业、军事、医药等方面有着广泛的用途。我国是世界上最大的桐油生产国，桐油年产量达10万吨以上，出口量至今仍占世界总出口量的40%左右，输出地区主要是日本、俄罗斯等。李昌珠等[7] 研究表明，油桐生物柴油转化率可达50%～60%，但需要反应较长时间，主要原因是桐酸含有3个双键。Shang等[11] 制备了桐油生物柴油，通过测试显示桐油生物柴油有低的冷滤点（－19℃），高动力黏度（7.070mm^2/s），酸值、动力黏度、冷滤点随储藏时间延长而升高。与0#柴油混合能改善其稳定性。

2.1.2.6 乌桕

乌桕（*Sapium sebiferum*），又名蜡子树、木油树，大戟科乌桕属落叶乔木，乌桕原产于我国，约有1500多年的栽培历史，是中国南方著名的工业油料树种。主要分布在长江流域和珠江流域，垂直分布在海拔200～800m。分布范围遍及全国19个省市，华中地区是乌桕自然分布的中心地带。乌桕具有出油率高、经济寿命长等特点，是我国亚热带重要的油料树种，与油茶、油桐和核桃并称为我国四大木本油料，是一种集能源、药用、材用、观赏为一体的多用途树种。一般无性繁殖苗木栽后3～4年结果，5～6年进入盛果期，花期6～7月，果熟期10～11月，经济寿命达30～40年。

乌桕含油率40%以上，经营较好的乌桕林，每公顷可收乌桕籽4500kg，可产出油脂1800kg。乌桕种子外面包裹的蜡质假种皮为固态脂肪提取的油称为皮油，其碘值较低；而种仁油被称为梓油，为碘值较高的干性油。乌桕全籽制取的油称为木油。皮油在常温下20℃左右为固体，呈白色或微黄色，熔点29～41.5℃，碘值为27.6～55.5g/100g；梓油为液体干性油，呈淡黄色至深黄色，密度0.939～0.946g/cm^3（15℃），碘值为170～187g/100g；木油在常温下为固态，呈黄色至棕色。杨志斌等[12] 以产自湖北省大悟县的乌桕籽为原料，进行油脂提取，并对其理化性质及乌桕油脂脂肪酸组成进行分析，全籽干基含油率31.54%，果仁干基含油率65.76%，总脂肪酸含量92.63%，脂肪酸分子量273.36，其中癸烯酸（$C_{10:2}$）占2.70%、软脂酸（$C_{16:0}$）占6.38%、油酸（$C_{18:1}$）占15.12%、亚油酸（$C_{18:2}$）占31.60%、亚麻酸（$C_{18:3}$）占44.19%。

2.1.2.7 油棕

油棕（*Elaeis guineensis* Jacq.）属棕榈科的单子叶多年生木本油料作物，是世界上生产效率最高的产油植物，因其果肉、果仁含油丰富，有“世界油王”之称。3年开始结果，6～7龄进入旺产期，平均每公顷年产油量超过4t，是花生的5～6倍、大豆的9～10倍。原产地在南纬10°～北纬15°、海拔150m以下的非洲潮湿森林边缘地区，以年平均温度25～27℃、年雨量2000～2500mm，且分布均匀、日照时间＞5h的地区最为适宜。主要生产国分别是印度尼西亚、马来西亚、泰国、哥伦比亚和尼日利亚，这5个国家的总产量占世界棕榈油总产量的92%～95%。目前，全球棕榈油产量在6000万～7000万吨，占主要植物油的35%。

我国引种已有 80 多年的历史。现主要分布于海南、云南、广东、广西等省(区)。面积超过 2 万公顷。油棕作为一种新兴的、潜力巨大的木本能源树种，是国家林业局确定的重要能源树种之一，油棕的果肉含油 45%～60%，果仁含油 50%～55%。棕榈油含饱和脂肪酸约 50%，主要成分是甘油三酯，熔点 30.8～37.6℃，碘值 50.6～55.1g/100g，密度 0.888～0.889g/cm^3，折射率 1.455～1.456，稳定性好，不容易发生氧化变质，是化工制造业的良好原料，被誉为“工业味精”，能生产种类繁多的工业产品。由于棕榈油生产成本较低，价格比一般油品低 1000 元左右，是制造生物柴油的理想原料。

中国、印度、欧盟和巴基斯坦是全球棕榈油进口量最大的前 4 个国家和地区。国家林业局计划将油棕作为重要能源林树种列入《2011—2020 年全国林业生物质能源发展规划》，建议海南省近 5 年内建设 1300 多公顷油棕示范林，以树立典型，在南方省（区）推广。

2.1.2.8 油茶

油茶（*Camellia oleifera* Abel.），别名茶子树、茶油树、白花茶。油茶属茶科，常绿灌木或小乔木植物，是我国特有的木本食用油料植物。油茶与油橄榄、油棕、椰子是世界四大木本油料植物。油茶喜温暖，怕寒冷，要求年平均气温 16～18℃，年降水量一般在 1000mm 以上。主要分布于长江流域及以南各省份，现有栽培面积约 400 万公顷。生长 7～8 年可到盛果期，产果期可达 70 年。种子含油 30%以上，种仁含油量高达 58.7%，茶油的不饱和脂肪酸含量高达 90%，油酸含量 80%以上，远高于菜油、花生油和豆油。每公顷可产油 500～700kg，目前，全国年产茶籽 120 万吨以上，茶油 50 万吨，居全国木本食用油料之首，江西、湖南、广西三省（区）占到全国油茶总面积的 75%以上。油茶果皮是提制栲胶的原料。榨油后的枯饼，可提取茶皂素、茶多糖等活性物质，茶壳可提取糠醛、栲胶和制活性炭。2009 年 11 月，国务院批准并印发的《全国油茶产业发展规划（2009—2020 年）》提出要把油茶产业培育成兴林富民的支柱产业。按照规划，到 2020 年我国油茶种植总规模要达到 466.67 万公顷，茶油产量达到 250 万吨。

Demirbas[13] 研究茶籽油制生物柴油，茶籽油含 84%不饱和脂肪酸。茶籽油比常见的植物油有更低的倾点和黏度。张东等[14] 研究油茶籽油的脂肪酸组成，结果显示：油茶籽油主要脂肪酸为油酸、棕榈酸和亚油酸，其单不饱和脂肪酸占 77.50%～84.44%。

2.2 废油脂

废油脂是指餐饮业、食品加工业在生产经营活动中产生的不能再食用的动植物油脂。主要包括废弃食用油脂、酸化油、油脂加工下脚料等。废油脂由于发生水解、氧化、缩合、聚合等一系列变化，产生了游离脂肪酸、脂肪酸二聚体和多聚体、过氧化物、多环芳烃类物质、低分子分解产物。Fang 等[15] 分析了多次煎炸后的回收混合植物油（油酸、棕榈酸、亚油酸比例为 2.8∶1.4∶1)，其红外谱图显示样品中有独立脂肪酸的存在。但回收的植物油仍保留有长链烃结构。赵贵兴等[16] 通过酯交换反应制取生物柴油实验中证实大豆油经过高温煎炸后，甘油三酯的基本结构未发生变化。这些油脂可回收用作生物柴油原料。

2.2.1 废弃食用油脂

在实施新的《中华人民共和国食品安全法》中，城市对废弃食用油脂的管理条例也相应出台。如 2015 年《广州市餐饮垃圾和废弃食用油脂管理办法（试行)》明确规定，废弃食用油脂是指食品生产经营单位在经营过程中产生的不能再食用的动植物油脂，包括油脂使用后产生的不可再食用的油脂、餐饮业废弃油脂以及含油脂废水经油水分离器或者隔油池分离后产生的不可再食用的油脂。一般食用油被消费时的利用率为 75%～85%，其余转化为废弃食用油脂。

依据产生源特点和收集方式的不同，废弃食用油脂可分为 3 类：

① 食品生产经营和消费过程中产生的不符合食品卫生标准的动植物油脂，如菜酸油和煎炸老油；

② 从剩余饭菜中经过油水分离得到的油脂，俗称“潲水油”或“泔水油”；

③ 在餐具洗涤过程中流入下水道，经油水分离器或者隔油池分离处理后产生的动植物油脂等，俗称“地沟油”或“垃圾油”。

其中，第 1 类废食用油脂产生源集中，成分较单一，水和杂质含量较少，便于定点收集、分类收集和回收利用，是主要的回收对象；后两类废食用油脂产生点较分散，成分复杂，水和杂质含量高，需经预处理后才可进一步回收利用。

在实际应用中，废弃食用油脂制取生物柴油的生产工艺路线比纯的植物油要复杂得多，前期要预处理，醇的使用量较大；后期处理工艺要多出一个脱色精馏工艺。与纯植物油生产生物柴油相比，这些工艺流程会显著增加废弃油脂生产生物柴油的成本。但是相对其他原料而言，废弃食用油脂原料价格低廉，使得生物柴油产品价格有着相当大的利润空间。

2.2.2 酸化油

油脚和皂脚分别是油脂水化脱胶和油脂碱炼时的副产物。各种常见的植物油（棉籽油、玉米油、大豆油、花生油、蓖麻油、菜籽油、米糠油、棕榈油等）碱炼之后，产生大量下脚料——皂脚，它们是一种深褐色泥状黏稠并散发刺鼻的臭味物质，其主要成分是脂肪酸钠盐、中性油、色素、磷脂、碱、杂质等。经硫酸等强酸酸化后得到的脂肪酸和中性油脂的混合物称为酸化油，其总量占油脂产量的 5%～6%。

皂脚、油脚一般含水 45%～50%，皂含量约 25%～30%，磷脂 20%～25%，中性油 25%～30%，还含有少量蛋白质、糖及其降解产物，此外还含有色素、金属皂及黏液物等杂质，其中总脂肪酸含量高达 75%。魏书梅等[17] 测得棉籽酸化油基本性质，棉籽酸化油酸值、不皂化物含量通常较高（见表 2-7），含油率高达 94%。

表 2-7　棉籽酸化油的基本性质[17]

酸化油指标	测定结果	酸化油指标	测定结果
酸值/(mg KOH/g)	115.31	杂质/%	1.92
皂化值/(mg KOH/g)	215.20	含油率/%	94.36
不皂化物/%	3.32	密度(20℃)/(g/cm^3)	0.923
水分/%	0.4	黏度(20℃)/(mm^2/s)	79.51

我国人民食用以植物油为主，绝大多数的食用油均需精炼。据统计，我国每年的精炼植物油 3000 万吨以上，植物酸化油达 100 万吨以上。

以酸化油为原料生产生物柴油具有以下优势：

① 酸化油来源集中，我国人口众多，食用油的消耗量巨大，随着食用油的精炼，必然产生大量皂脚。

② 酸化油总脂肪酸含量在 60%～75%，成分固定，生产生物柴油原料波动小。

③ 酸化油价格低廉，约为一般植物毛油价格的 50%。

④ 利用酸化油是“变废为宝”，减少环境负担，不仅可以节约成本，还可以避免油脚料的不正确处理对环境造成破坏。

李岩等[18] 利用菜籽油皂脚经酸化→两次酯化→转酯化过程制生物柴油，结果表明，两次甲酯化酸价降到 1.67mg KOH/g，再转酯化条件为催化剂 0.5%、甲醇 25.0%（25mL/100g 油脂）、时间 30min、温度 65℃，转化率达到 95.84%。经分子蒸馏后脂肪酸甲酯含量达到 98.0%以上，产品品质指标基本达到美国的 ASTM 生物柴油标准，并与中国的 0# 柴油接近。

2.2.3　油脂精炼下脚料

脱胶、脱臭、脱色是油脂精炼的最后一道工序，产生了能作为生物柴油生产的油脂精制下脚料，主要有脱臭馏出物，脱胶、白土残渣。脱臭馏出物是油脂在脱臭过程或物理精炼过程中从植物油水蒸气蒸馏时收集到的各种馏分的混合物，这种物质有类似酸渣的外观及稠度，是植物油精炼脱臭时的副产物。目前，脱臭馏出物被当作植物油的下脚料用于饲料工业中，其主要成分为游离脂肪酸、甘油酯、生育酚、植物甾醇、甾醇酯及其他氧化分解产物。有研究报道油脂脱臭馏出物主要有大豆油脱臭馏出物、菜籽油脱臭馏出物、棉籽油脱臭馏出物和棕榈油脱臭馏出物等。其中尤以大豆油脱臭馏出物使用最广。脱臭馏出物因原料来源不同及精炼油的生产工艺及其参数不同，各组分的含量存在一个较大的波动范围，脂肪酸的含量一般在 25%～75%，甘油酯在 10%～20%之间。脱臭馏出物产量一般占油脂总量的 0.3%～0.6%。

刘博轩等[19] 检测棕榈仁油脱臭馏出物脂肪酸组成和主要理化指标（见表 2-8），发现其是制备生物柴油的可用原料。

表 2-8 棕榈仁油脱臭馏出物脂肪酸组成及主要理化指标[19]

项目		测定值
脂肪酸	月桂酸/%	36.95
	棕榈酸/%	35.10
	肉豆蔻酸/%	11.28
	油酸/%	3.55
	癸酸/%	1.98
	正辛酸/%	0.48
	硬脂酸/%	0.29
	十二烷酸/%	1.33
	角鲨烯/%	3.47
理化指标	水分及挥发物/%	0.004
	酸值/(mg KOH/g)	102.1
	皂化值/(mg KOH/g)	132

邵平等[20] 运用分子蒸馏技术分离菜籽油脱臭馏出物中合成的生物柴油，经鉴定，脂肪酸甲酯成分：棕榈酸甲酯占 33.61%，油酸甲酯占 16.14%，亚油酸甲酯占 18.25%，硬脂酸甲酯占 8.81%，芥酸甲酯占 7.39%，贡多酸甲酯占 3.78%。脂肪酸甲酯总含量占 89%以上。

废白土油是从食用油脂脱色废白土中回收的油脂。基于油脂原料与脱色工艺的不同，使用量一般为 1%～5%。废白土中油脂含量为 20%～30%。多年来，大部分油厂采取掩埋的方式处理含油废白土，使其未得到充分合理的开发利用，造成资源浪费和环境污染。近年来，随着人们生活水平的不断提高和油脂工业的发展，油脂连续精炼规模不断扩大，作为精炼副产物的脱臭馏出物及白土油等产量也在增加，回收的脱臭馏出物和白土油可以作为我国生物柴油生产原料的一个来源。

2.2.4 废弃动物油

废弃动物油脂主要有 3 个来源：

① 从动物的屠宰废料、动物皮毛及食用肉类残油废弃物压榨而成。

② 从屠宰场的废水处理隔油池提取炼制得到。

③ 从鱼产品加工企业下脚料或废水隔油池中炼制得到。

陆生动物油脂，如牛油、羊油、猪油等，一般是固体形态，其主要成分是软脂酸、硬脂酸的甘油三酯；水生动物油脂，如鲸油、鱼油等，一般是液体形态，主要成分除肉豆蔻酸、棕榈酸、硬脂酸、油酸外，还有含 C_{22}～C_{24} 和 4～6 个双键的不饱和酸。废弃动物油脂可作为生产生物柴油的另一类重要潜在原料来源，表 2-9 中列出废弃动物油脂脂肪酸组成及其主要理化指标。

表 2-9　废弃动物油脂脂肪酸组成及其主要理化指标

项目	猪油	牛油	羊脂	鱼油
$C_{14:0}$/%	1～2	2～6	1～4	1～8
$C_{14:1}$/%	0～1	0～1	—	0～1
$C_{15:0}$/%	0～1	0～1	0～1	—
$C_{16:0}$/%	26～32	20～33	20～28	15～20
$C_{16:1}$/%	2～5	2～4	—	5～8
$C_{18:0}$/%	12～16	14～29	25～32	4～5
$C_{18:1}$/%	41～51	35～50	36～47	16～32
$C_{18:2}$/%	3～14	2～5	3～5	12～18
$C_{18:3}$/%	0～1	0～1.5	—	0～1
$C_{20:5}$/%	—	—	—	2～7
$C_{22:1}$/%	—	—	—	2～3
$C_{22:6}$/%	—	—	—	0～4
皂化值/(mg KOH/g)	192～200	196～199	196～199	185～198
碘值/(g/100g)	46～66	40～48	40～48	140～178
熔点/℃	28～48	35～41	42～46	20～38
凝固点/℃	22～32	39～43	39～43	22～34

废弃动物油不能加工进入食品工业链，利用废弃动物油脂制备生物柴油是个不错的选择。由于动物油脂含有大量的饱和脂肪酸，生产的生物柴油冷滤点高，冬季应用困难，一般在南方使用或勾兑使用。国外目前对于动物油脂在生物柴油方面的研究主要是牛油，美国和日本已将猪油用于生物柴油的生产。

2.2.5　粮食加工副产油脂

我国的粮食加工副产油脂主要来源于玉米、小麦、稻谷的加工业。玉米是我国主要的粮食作物之一，也是重要的经济作物。玉米胚芽是玉米籽粒的重要组成部分，占籽粒的 10%～15%，它集中了玉米籽粒中 22%的蛋白质、83%的矿物质和 84%的脂肪。其中油脂含量高达 35%～55%，占玉米脂肪总量的 80%以上。我国玉米胚芽油所占市场份额逐年增大，自 2009 年以来已成为仅次于大豆油、棕榈油、菜籽油、花生油的第五大食用植物油品种。我国淀粉、淀粉糖、酒精、酿酒工业每年处理玉米 2000 多万吨，每年约产玉米胚芽油 4 万吨。

小麦胚芽含有 10%左右的脂肪酸，且其油酸、亚油酸、亚麻酸等不饱和脂肪酸含量高达 84%，中国每年生产 300 多万吨的小麦胚芽，可提炼出 36 万吨的胚芽油。

其中亚油酸含量高达50%以上，油酸为12%～28%。

米糠是稻谷加工的副产品，稻谷加工成大米过程中能得到6%～10%的米糠。一般，米糠中平均含脂肪16%～22%。米糠中的脂肪酸大多为油酸、亚油酸等不饱和脂肪酸。我国每年稻谷加工副产米糠5000多万吨，包括稻壳、稻糠等，米糠含油量一般在11%左右，如果全部加工可生产500万吨/年左右米糠油。

米糠油、玉米胚芽油、小麦胚芽油的部分理化性质见表2-10。

表2-10 米糠油、玉米胚芽油、小麦胚芽油的部分理化性质

项目	米糠油	玉米胚芽油	小麦胚芽油
亚油酸/%	35～40	36～64	44～65
亚麻酸/%	0.5～1.8	0～3	4～10
油酸/%	37～50	19～49	8～30
棕榈酸/%	12～18	10～12	11～16
碘值/(g/100g)	92～113	109～133	120～140
皂化值/(mg KOH/g)	179～195	180～195	175～195
色泽	黄色或黑色	黄色	澄清、透明

韩秀丽等[21]用毛米糠油为原料，采用超临界酯交换法制备生物柴油，醇油摩尔比25∶1，反应温度295.9℃，反应时间40.5min，最优工艺条件下的收率为79.89%。所得的生物柴油产品各项技术指标符合我国GB/T 20828—2007标准。

2.3 微藻及微生物油脂

目前国际上生产生物柴油的原料仍以植物油为主，原料成本占总生产成本的70%～85%。研究发现，在一些微生物菌体内含有大量的油脂，通过微生物发酵制备微生物油脂，不仅可为生物柴油的制备提供更加廉价而广泛的原料，而且产油微生物具有资源丰富、油脂含量高、生长周期短、碳源利用广等特点，易于实现大规模生产。所以加快微生物油脂发酵技术创新和产业化进程，可为我国未来生物柴油产业化的发展提供保障。

2.3.1 产油微藻

微藻是一种浮游的光自养微生物类群，广泛存在于海洋、湖泊、河流等水体环境中，其中有很多藻种在特定环境条件下，可以积累大量的油脂产物，用于生物柴油生

产。产油微藻（oleaginous microalgae）为在一定条件下能将二氧化碳、碳水化合物、烃类化合物和普通油脂等碳源转化为藻体内大量储存的油脂，且油脂含量超过生物总量干重20%的微型藻类。微藻作为生物柴油的原料起始于20世纪60年代。利用微藻生产生物柴油具有许多优点：能直接利用阳光、二氧化碳，以及氮、磷等简单营养物质快速生长并在胞内合成大量油脂（主要是甘油三酯）；可以在不占用高质量土地资源的情况下产生大量的生物量，不与农业争地；部分微藻可在高盐、高碱环境的水体中生长，因此可充分利用滩涂、盐碱地、沙漠进行大规模培养，也可利用海水、盐碱水、工业废水等非农用水进行培养，甚至可以利用工业废气中的碳源。

微藻含油量高，特别是一些微藻在异养或营养限制条件下脂肪含量可高达30%～70%，按藻细胞含30%油脂（干重）计算，每公顷土地的年油脂产量是玉米的341倍、大豆的132倍、油菜籽的49倍。有专家曾经做过测算：在1年的生长期内，$1hm^2$ 玉米能产172L生物质燃油，$1hm^2$ 大豆能产446L生物质燃油，$1hm^2$ 油菜籽能产1190L生物质燃油，$1hm^2$ 棕榈树能产5950L生物质燃油，而 $1hm^2$ 微藻能产 9.5×10^4 L生物质燃油。因此以微藻为生产原料成为生物柴油发展的主要趋势。

2014年11月19日国务院下发了《能源发展战略行动计划（2014—2020年）》，其中提到要积极发展交通燃油替代，重点发展新一代非粮燃料乙醇和生物柴油，并提出超前部署微藻制油技术研发和示范。目前国内清华大学、华东理工大学、中国海洋大学、中国科学院青岛生物能源与过程工程研究所等高校科研院所，以及新奥科技发展有限公司和中石化等企业都在积极开展有关微藻改造与培养、油脂提取和转化技术的研发攻关。

2.3.1.1　产油微藻的分类

早在20世纪50年代，国外就对利用微藻生产不饱和脂肪酸进行了研究。20世纪80～90年代，美国能源部水生物种计划（aquatic species program）为了发展可持续藻类燃料，对藻类进行了大量的收集、筛选和鉴定工作，最终得到大约300个产油藻种，其中大部分为绿藻和硅藻。到目前为止，已测定脂肪酸含量的微藻达上百种，它们隶属于硅藻纲（Bacillariophyceae）、红藻纲（Rhodophyceae）、金藻纲（Chrysophyceae）、褐藻纲（Phaeophyceae）、绿藻纲（Chlorophyceae）、甲藻纲（Dinophyceae）、隐藻纲（Cryptophyceae）和黄藻纲（Xanthophyceae）等。一般微藻细胞中均含有油脂，不同藻种其油脂含量有明显差异，甚至同一种的不同品系也存在着很大差别（表2-11）。

表2-11　部分微藻含油量[22]

微藻类型	含油量(干重)/%	微藻类型	含油量(干重)/%
布朗葡萄藻(*Botryococcus braunii*)	25～75	小球形绿色藻(*Nannochloris* sp.)	20～35
小球藻(*Chlorella* sp.)	28～32	微拟球藻(*Nannochloropsis* sp.)	31～68
隐甲藻(*Crypthecodinium cohnii*)	20	富油新绿藻(*Neochloris oleoabundans*)	35～54
细柱藻(*Cylindrotheca* sp.)	16～37	菱形藻(*Nitzschia* sp.)	45～47
杜氏盐藻(*Dunaliella primolecta*)	23	三角褐指藻(*Phaeodactylum tricornutum*)	20～30
等鞭金藻(*Isochrysis* sp.)	25～33	裂壶藻(*Schizochytrium* sp.)	50～77
单肠藻(*Monallanthus salina*)	＞20	融合微藻(*Tetraselmis sueica*)	15～23

2.3.1.2 微藻合成油脂的机理

目前，高等植物的油脂合成已研究透彻，相比之下，关于藻类的脂肪酸与三酰甘油（TAG，即甘油三酯）合成的机理研究还比较少。考虑到藻类与高等植物功能基因序列的同源性以及一些酶的生物化学特性的相似性，通常的观点认为藻类和高等植物的脂肪酸与三酰甘油的合成具有相似性。

微藻含有种类繁多的光合色素和捕光色素蛋白复合体，具有很强的光合作用能力。光能经过微藻光系统 PSⅠ和 PSⅡ转化成 ATP 和 NADPH，ATP 和 NADPH 进入卡尔文循环（Calvin cycle）进行 CO_2 的固定，每固定 3 分子 CO_2 就净产生 1 分子 3-磷酸甘油醛，3-磷酸甘油醛经糖酵解、氧化脱羧等反应历程为碳水化合物或其他细胞质物质的合成提供原料。

油脂的合成分脂肪酸合成及三酰甘油合成两步进行。首先是脂肪酸的生物合成（图 2-2），该过程的关键步骤是在乙酰辅酶 A 羧化酶（ACCase）的催化下由乙酰辅酶 A 向丙二酸单酰辅酶 A 的转化；乙酰辅酶 A 作为乙酰辅酶 A 羧化酶的底物进入途径（反应 1）；乙酰辅酶 A 作为起始浓缩反应（反应 3）的底物；反应 2：丙二酸

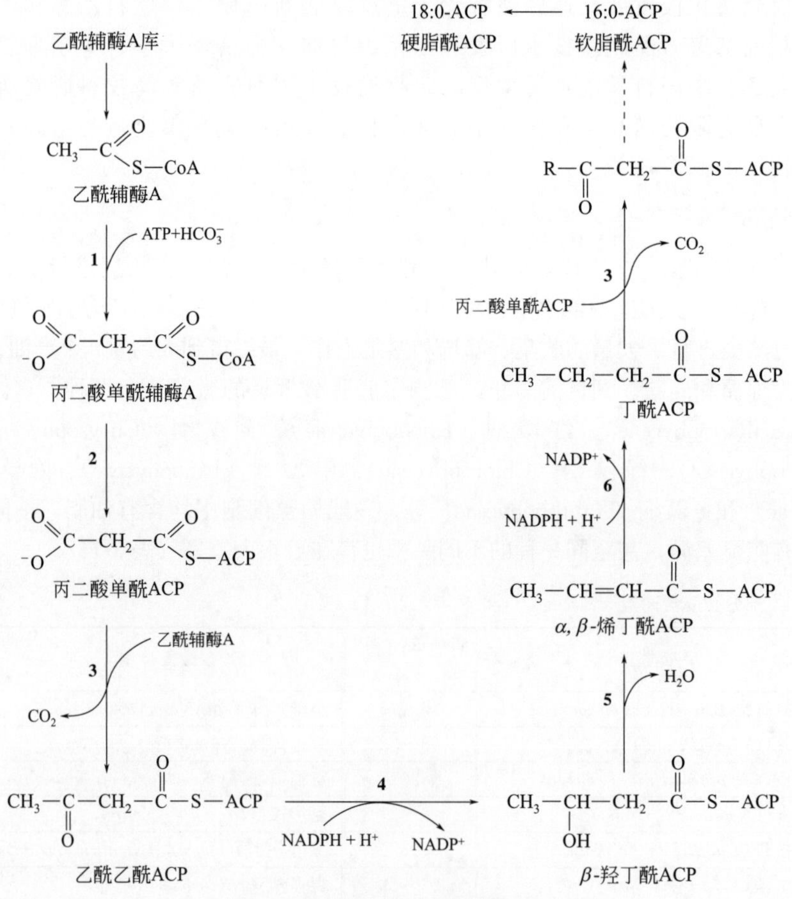

图 2-2 脂肪酸的从头合成途径[23]

单酰基在丙二酸单酰辅酶 A:ACP 转移酶的催化下转移到酰基载体蛋白 ACP 上形成丙二酸单酰 ACP，丙二酸单酰 ACP 是后续延长反应的碳供体；乙酰乙酰 ACP 依次经过 β-酮脂酰 ACP 还原酶、β-羟脂酰 ACP 脱水酶、烯脂酰 ACP 还原酶进行还原（反应 4）、脱水（反应 5）、再还原（反应 6）反应，完成两个碳原子的延长，以上反应循环进行形成饱和的 16:0-ACP 和 18:0-ACP。

当酰基 ACP 硫酯酶水解酰基 ACP 释放出自由的脂肪酸或叶绿体中的酰基转移酶把脂肪酸直接从酰基 ACP 转移到 3-磷酸甘油或 3-磷酸单酰甘油时脂肪酸延伸终止。和蓝藻相比，真核藻类通常包含较多的不饱和脂肪酸，且长链多不饱和脂肪酸（VLCPUFAs）是许多藻类的主要成分，因此初步合成的饱和脂肪酸还需经过复杂的去饱和、延长等作用形成多不饱和脂肪酸。第二步是三酰甘油的合成（图 2-3），脂酰基被相继从酰基上转移到 3-磷酸甘油的 1、2 位上形成中心代谢产物磷脂酸（PA），在特异磷酸酶的催化下 PA 发生脱磷酸化作用形成二酰甘油（DAG），在二酯酰甘油酰基转移酶的催化作用下第三个酰基基团被转移到二酰甘油的空位上形成三酰甘油（TAG）以完成油脂的合成。

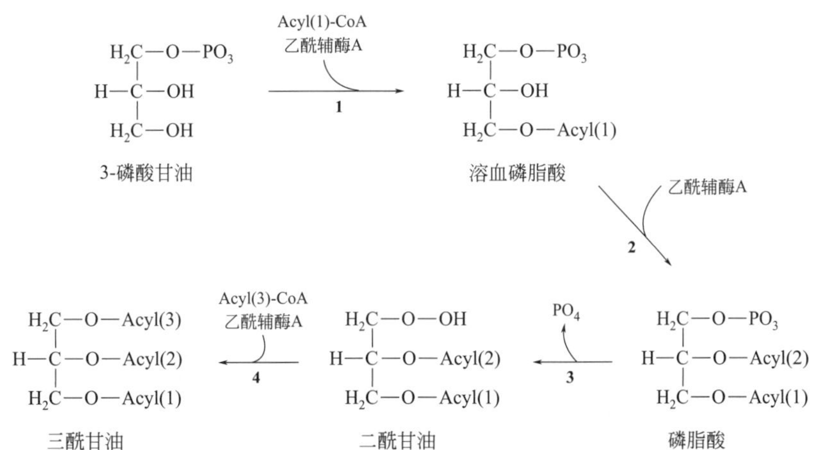

图 2-3　三酰甘油的生物合成途径（Roessler et al.，1994）

1—三磷酸甘油酰基转移酶；2—溶血磷脂酸酰基转移酶；3—磷脂酸磷酸酶；4—二酰基甘油酰基转移酶

2.3.1.3　产油微藻的筛选与改良

生产成本过高是制约微藻生物柴油产业化发展的根本原因，微藻种群数量极其庞大，且其总脂含量（占干重的比例）从 1%至 70%不等，不同的藻种在生长速度、组成成分及含量上都存在一定的差异。筛选生长速度快、生物量和油脂含量高、易于培养的优良能源微藻，是实现能源微藻规模化培养的前提和保障。

美国国家可再生能源实验室（NREL）自 1978 年起就开展了海洋高产油脂藻类的大规模筛选研究，已从 3000 多种产油藻类中筛选出近 300 种油脂含量超过 50%的硅藻和绿藻。2013 年，中国科学院青岛生物能源与过程研究所通过对国内外多株丝状微藻的性状进行评价，获得 1 株高含油的淡水黄丝藻。在低光照、无营养胁迫条件下培养 12 天，获得淡水黄丝藻的总脂含量占干质量的 61.3%，采用酸碱两步法对提取的油脂进行转酯化制备生物柴油，其脂肪酸组分主要为 $C_{16:0}$ 与 $C_{16:1}$，且制备的生物柴油完全符合国家标准 GB/T 20828—2007。

李涛等[24] 以 20 株淡水和海洋微藻为研究对象测定微藻培养物的生物量和总脂含量等指标，从中筛选生长速度快、生物量和总脂含量高的微藻。结果表明，20 株微藻的生物量和总脂含量分别在 1.81～7.88g/L 和 16.0%～55.9%（干重）之间，筛选得到具有产油潜力的微藻 9 株。王立柱等[25] 从滇池中分离得到了一株小球藻，其最高油脂产量可达 100.2mg/(L·d)，生物量产率可达 332.8mg/(L·d)。王能飞等[26] 从黄海、南海部分海域采集水样，分离纯化了 240 株微藻，筛选到藻株 *Navicula* sp. TW-2 的油脂含量达到 41.3%，生长速度快，生物量也较大，可以作为制备生物柴油的出发藻种。Rodolfi 等[27] 从 30 株微藻中筛选得到了一株油脂含量高的拟微绿球藻（*Nannochloropsis* sp. F&M-M24），该藻在氮充足状态下，总脂含量为 32%（干重），总脂产率为 117mg/(L·d)，而在缺氮培养条件下，总脂含量达到 60%（干重），总脂产率为 204mg/(L·d)。

目前对产油微藻的改良一般是采用物理化学或生物手段，以引起细胞核染色体断裂、缺失、碱基置换、基因重组等生物学效应，从而使后代性状发生变异。主要育种技术包括传统育种技术（选择育种、杂交育种）和现代生物技术育种技术（细胞工程育种、诱变育种、基因工程育种等）。沈继红等[28] 用细胞化学融合法，将生长迅速的兼养微藻四鞭藻（*Tetraselmis* sp.）和富含 EPA 和 DHA 的自养微藻绿色巴夫藻（*Pavlova viridis*）进行融合。根据两种亲本藻的不同生长特性和脂肪酸组成差异，筛选出一种新型的微藻。利用随机扩增多态性 DNA 技术(RAPD) 对融合子进行鉴定，确认融合子为一种新型的微藻。汪志平等[29] 采用 γ 射线照射不同品系和形状的螺旋藻丝状体，结果表明低剂量可刺激藻期胞生长，藻丝的辐射敏感性又因品系和形态的不同而存在显著差异，并得到了细胞宽大、低温下能良好生长的突变体。Dunahay 等[30] 将 *accL* 基因拷贝重组到硅藻中，与野生型相比，重组藻的 ACCase 活性比原来增加了 2～3 倍。NREL 通过现代生物技术构建“工程微藻”，即硅藻类的一种“工程小环藻”。在实验室条件下可使“工程微藻”中脂质含量增加到 60%以上，户外生产也可增加到 40%以上。而一般自然状态下微藻的脂质含量为 5%～20%。预计每 0.40hm^2“工程微藻”可年产 6400～16000L 生物柴油。

2.3.1.4 微藻油脂生产工艺

微藻规模化生产与利用的工艺流程涵盖多个技术环节，是个复杂的系统工程(见图 2-4)。Chisti[31] 通过经济比较分析发现，从目前的条件看，采用含油量 55%的微藻生产生物柴油需要微藻的生产成本低于 340 美元/t 才能与 100 美元/桶的石油经济效益相当，而目前的微藻生产成本约为 3000 美元/t（不包括微藻蛋白等其他产物的利用）。

目前，通过能源微藻生产生物柴油的技术路线在实验室已经打通，但存在的核心问题是生产成本太高且产业化技术研究较少。2007 年，由美国能源部圣地亚国家实验室牵头，美国十几家实验室和上百位科学家组成的联盟共同宣布了“微型曼哈

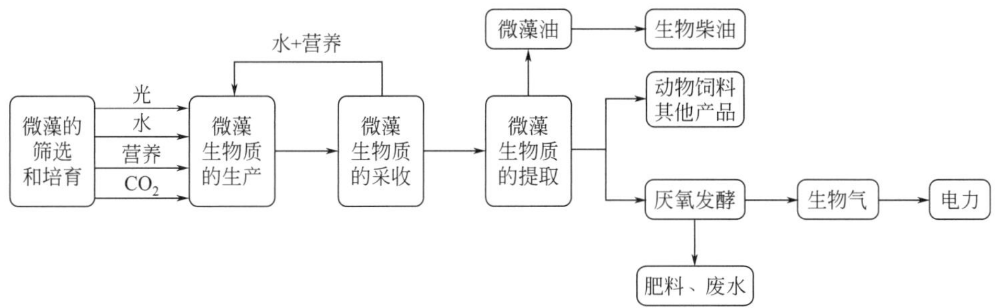

图 2-4　微藻油脂规模化生产与利用工艺流程[32]

顿计划”，该计划旨在推动微藻制备生物柴油的工业化，降低生产成本。2008 年，英国碳基金公司启动了目前世界上最大的藻类生物燃料项目，投入的 2600 万英镑将用于发展相关技术和基础设施，该项目预计到 2020 年实现商业化。

微藻油脂生产工艺主要包括筛选和培育生长快且含油率高的优良藻株、大规模培养获得可观的微藻生物量，生物质的收集、加工和转化。将采收的微藻制成微藻生物柴油及其他产品综合利用等。

2.3.2　其他微生物油脂概述

某些微生物（如酵母、霉菌、细菌等）在一定条件下能将碳水化合物、烃类化合物和普通油脂等碳源转化为菌体内大量储存的油脂，如果油脂含量能超过生物总量 20%，即称为产油微生物（oleaginous microorganism），微生物油脂又称单细胞油脂，其脂肪酸组成与一般的植物油脂相似，仍以 C_{16}、C_{18} 系脂肪酸，如棕榈酸、硬脂酸、油酸和亚油酸为主。胡珺等[33] 测定了微生物油脂理化指标及脂肪酸组成，见表 2-12、表 2-13。微生物油脂碘值比动植物油高，不饱和脂肪酸比例在 70%以上，C_{20} 烯酸含量高。

表 2-12　微生物油脂理化指标[33]

理化指标	微生物原油	微生物液态油	微生物固态脂
酸值/(mg KOH/g)	0.63	0.59	0.43
碘值/(g/100g)	182.3	185.9	173.4
熔点/℃	21.5	9.0	27.0
黏度/mPa·s	26.3	22.7	55.0

表 2-13　微生物油脂脂肪酸组成[33]　　单位：%

脂肪酸	微生物原油	微生物液态油	微生物固态脂
肉豆蔻酸($C_{14:0}$)	0.36	0.39	0.38
棕榈酸($C_{16:0}$)	7.88	7.91	7.58
硬脂酸($C_{18:0}$)	5.29	5.29	5.33

续表

脂肪酸	微生物原油	微生物液态油	微生物固态脂
油酸($C_{18:1}$)	7.71	7.86	7.56
亚油酸($C_{18:2}$)	11.21	11.40	10.76
亚麻酸($C_{18:3}$)	2.66	2.69	2.57
花生酸($C_{20:0}$)	0.71	0.69	0.76
花生烯酸($C_{20:1}$)	0.37	0.46	0.37
花生二烯酸($C_{20:2}$)	0.50	0.49	0.51
花生三烯酸($C_{20:3}$)	4.26	4.31	4.45
ARA($C_{20:4}$)	46.73	47.35	44.81
其他长链脂肪酸	12.33	11.16	14.92
饱和脂肪酸比例	25.18	24.04	27.67
不饱和脂肪酸比例	74.82	75.96	72.33

开发油脂微生物具有重要意义：首先，微生物生长所需要的原材料丰富，价格低廉，如淀粉、糖类、乳清等，通过微生物的发酵，既把农副产品及食品工业和造纸工业中产生的废弃物加以利用，同时也保护了环境。其次，生产微生物油脂不受原料生产的影响以及产地季节的影响，可以连续生产，比农业生产油脂所需劳动力低。另外，微生物适应性强，生长繁殖迅速，生长周期短，代谢活力强，易于培养和品种改良。微生物油脂还含有某些特定的功能性多不饱和脂肪酸，如亚麻酸和花生四烯酸等。

2.3.2.1 产油真菌分类

早在19世纪晚期，德国就开始研究利用微生物生产油脂，以Paul Lindner为主的研究者发现了产油酵母菌美极梅奇酵母，其后美国也开始了研究。20世纪40年代发现了高产油脂的斯达凯依酵母、黏红酵母、曲霉属及毛霉属等。20世纪70年代，Nancy Moon等从爱荷华州立大学牛奶厂的排水通道中分离出产油酵母——弯假丝酵母。到目前已有不少产油酵母被发现。常见的产油酵母有浅白色隐球酵母（*Cryptococcus albidus*）、弯隐球酵母（*Cryptococcus albidun*）、斯达氏油脂酵母（*Lipomyces starkeyi*）、茁芽丝孢酵母（*Trichospiron pullulans*）、产油油脂酵母（*Lipomy slipofer*）、胶黏红酵母（*Rhodotorula glutinis*）、类酵母红冬孢（*Rhodosporidium toruloide*）等。

除产油酵母外，产油真菌还包括另一大类产油霉菌。霉菌因其油脂含量高且含有丰富的功能性多不饱和脂肪酸而被科研人员深入研究，见表2-14、表2-15。常见的产油霉菌有土霉菌（*Asoergullus terreus*）、紫癜麦角菌（*Claviceps purpurea*）、高粱褶孢黑粉菌（*Tolyposporium*）、高山被孢霉（*Mortierella alpina*）、深黄被孢霉（*Mortierella isabellina*）等，它们隶属于根霉属、曲霉属、青霉属和镰刀霉属。

表 2-14　常见产油真菌及其油脂含量

产油真菌	油脂含量(占细胞干重的质量分数)/%	产油真菌	油脂含量(占细胞干重的质量分数)/%
高山被孢霉	38	土曲霉	57
冻土毛霉 IDD51	41	少根根霉	26.5
深黄被孢霉	86	红酵母	57.73
根霉 RC378	47.8	斯达油脂酵母 AS 2.1560	57.55

表 2-15　常见产油真菌油脂的脂肪酸组成　　单位：%

菌株	$C_{14:0}$	$C_{16:0}$	$C_{16:1}$	$C_{18:0}$	$C_{18:1}$	$C_{18:2}$	$C_{18:3}$	其他
高山被孢霉	10	15		7	30	9	1	28
冻土毛霉 IDD51		25.2		9.6	32.6	11.9	15.4	5.3
深黄被孢霉	1	29		3	55	3	3	6
根霉 RC378	0.6	12.3	2.4	14.6	40.2	15.9	12.6	1.4
红酵母	0.31	10.4	1.68	10.84	52.25	2.94		21.58
斯达油脂酵母 AS 2.1560	0.5	35.2	4.3	4.4	53.0	2.6		0

2.3.2.2　产油真菌的筛选与改良

自第二次世界大战期间发现高产油脂的斯达油脂酵母、黏红酵母属、曲霉属及毛霉属等微生物以来，已找到多种产油菌种，并改良取得突破，为进一步形成生产力提供了技术依据。国内对微生物油脂的研究重点集中在开发微生物功能性油脂和筛选菌株方面。1993 年张峻等[34] 选到一株被孢霉的突变株 M6，其菌体得率为 25%，油脂含量为 32.8%，γ-亚麻酸含量为 8.84%。罗玉萍等[35] 分离到一株高产棕榈油酸的酵母，总棕榈油酸含量高达 50.14%；中科院大连化学物理研究所实验室筛选出的 4 株产油酵母能同时转化葡萄糖、木糖和阿拉伯糖为油脂，菌体含油量超过其干重的 55%。1994 年新西兰淀粉公司所属的油脂厂，从假丝酵母中选育出一种含油量达 50%（干重）的“产油酵母菌”，它们利用制奶酪工厂的副产品——乳清作为产油酵母培养基，繁殖出大量的菌体，用传统的植物油压榨工艺获得对人体和家禽均无副作用的微生物油脂。1997 年，施安辉等[36] 从 8 株酵母菌中筛选出一株油脂含量高的 GLR523 菌株，进行诱变处理后，优化培养最终油脂产量可达干菌体质量分数的 67.2%。希腊学者 PaPanikolaou 等报道利用深黄被孢霉（*M. isabellina*）进行高浓度糖发酵，油脂产量达到 18.1g/L，显示出很好的应用前景。

菌株的遗传特性对油脂积累具有决定性的影响，因此为了提高油脂含量，选育出高含油量的菌株是很关键的一步。菌种的选育既有常规的杂交育种和选择育种等方法，又有诱变育种、细胞融合、基因工程育种等先进的现代育种技术。现代育种技术可以明显缩短育种进程，提高育种工作的效率。曲威等[37] 通过对斯达油脂酵母 As2.1560 菌株进行复合诱变处理（紫外线和氯化锂），得到生物量和油脂产量分别为 26.7g/L 和 15.6g/L 的突变菌株。Ruenwai 等[38] 从产油真菌 *Mucor rouxii* 中克隆到了乙酰辅酶A羧化酶（ACC）基因，然后把该基因的cDNA片段连入酵母表达载体构成重组载体，转入不产油的多形汉逊酵母（*Hansenula polymorpha*）细胞。结果表明，转化子的总脂肪酸含量是对照的1.4倍。Bouvier-Nave等[39]将来自拟南芥（*Arabidopsis thaliana*）的酰基辅酶A-二酯酰甘油酰基转移酶（acyl CoA-diacylglycerol acyltransferase，DGAT）基因分别在酵母和烟草中进行超量表达，结果表明转基因酵母和烟草的三酰甘油（TAG）含量分别为对照的3～9倍和7倍。1993年，据南开大学生物系报道，他们用深黄被孢霉As 3.3410为出发菌株，经紫外诱变得变异株，在10L罐中发酵产生GLA时，菌体得率为29.3%，油脂含量达44.7%，其中GLA含量达9.44%。

2.3.2.3 产油真菌油脂生产生物柴油工艺

产油真菌微生物油脂生产生物柴油的基本流程如图2-5所示。

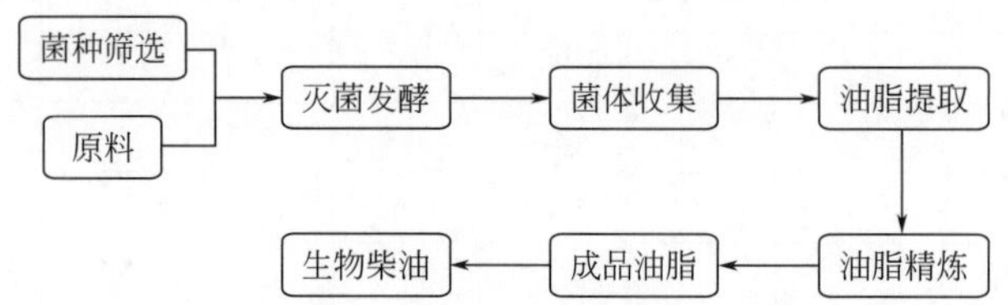

图2-5 产油真菌微生物油脂生产生物柴油的基本流程

在产油真菌微生物油脂生产生物柴油的基本工艺中，首先对菌种进行筛选，以筛选出产油脂高的菌株；再利用物理或化学的方法灭菌或去除设备中所有的生命物质，并依次对菌体进行收集和预处理菌体的细胞壁，以便分离油脂、蛋白质等物质；然后依据实际情况选用合适的提取方法对微生物油脂进行提取；最后进行水化脱胶、碱炼等步骤对油脂进行精炼，即可获得高品质的微生物油脂，然后根据油脂特性采用合适的工艺把转化微生物油脂转化为生物柴油。刘会影等[40]采用两步法，首先以超临界CO_2萃取深黄被孢霉M_2发酵得到微生物油脂，然后研究了酸催化脱酸、碱催化酯交换两步法制备生物柴油，在酸值由高酸值降低到1.60mg KOH/g时，催化剂KOH用量为1.25%，醇油摩尔比为10∶1，反应温度为57℃，反应1.47h，微生物柴油得率高达93.39%。

2.4 油脂理化性质对生物柴油品质的影响

油脂的有效成分是多种脂肪酸的混合甘油酯（主要成分是甘油三酯）和少量的游离脂肪酸及各种非油脂物质。习惯上把常温液态的、脂肪酸碳链上存在不饱和碳键的甘油酯称为油，常温为固态、碳链全部为饱和键的称为脂。

甘油三酯化学结构式为：

$$
\begin{array}{l}
\qquad\qquad\quad O \\
\qquad\qquad\quad \| \\
H_2C-O-C-R \\
\ \ \ | \qquad\quad\ O \\
\ \ \ | \qquad\quad\ \| \\
HC-O-C-R' \\
\ \ \ | \qquad\quad\ O \\
\ \ \ | \qquad\quad\ \| \\
H_2C-O-C-R''
\end{array}
$$

式中，R，R′，R″分别代表三个高级脂肪酸侧链，长度可能相同，也可能不相同；可以是饱和酸，也可以是不饱和酸，碳链排列一般在 C_{14}～C_{22} 之间。原料的理化性质不同、脂肪酸组成不同，导致生物柴油的理化性质有一定差别，油脂的基本理化特性反映出油脂品质的好坏。油脂的特性如色泽、水分、熔点和凝固点、酸值、皂化值、不皂化物、碘值、硫含量等，直接影响生物柴油的生产和成品质量。

2.4.1 脂肪酸

自然界存在的油脂大多为混合脂肪酸甘油酯，组成以十六烷酸（$C_{16:0}$）、十八烷酸（$C_{18:0}$）、十八烷酸单烯酸（$C_{18:1}$）、十八烷酸二烯酸（$C_{18:2}$）为主。不同原料制成的生物柴油性质各不相同，主要取决于不同的脂肪酸性质。脂肪酸分子中双键越多，即不饱和度越大，脂肪酸熔点越低；相同饱和度脂肪酸分子，碳链越长，脂肪酸熔点越高；而油脂不饱和程度越大，性质越活泼，氧化稳定性越差。一般油脂受热后会发生热聚合、热分解和缩合等反应。脂肪酸的含量测定采用气相色谱分析：将油脂甲酯化后，样品离心、过滤、稀释后进行气相色谱分析，气相色谱分析脂肪酸组成参照 GB/T 17377—2008 规定。理想的生物柴油是以 C_{20} 以下的直链脂肪酸组成为主。例如油桐和乌桕由于不饱和脂肪酸含量极高，其生物柴油的碘值、十六烷值较低，且油桐中共轭三烯酸的存在影响了其生产的生物柴油黏度。油茶油中十八烷酸单烯酸占了 70%以上，制成的生物柴油流动性好、冷滤点低。乌桕油中十八烷酸三烯酸比例达到 20%以上，3 个双键的存在使得乌桕油的不饱和程度比其他木本植物的生物柴油更高，导致生物柴油容易被氧化，稳定性降低。蓖麻油脂肪酸的主要成分是蓖麻醇酸（12-羟基-9-十八碳烯酸），占总酸量的 85 %以上，导致油脂黏度升高。

2.4.2 色泽

油脂大多含有天然色素，如胡萝卜素、叶黄素、棉酚等，所以油脂常带有特定色泽。植物油脂中的不饱和脂肪酸被空气或细菌氧化，变质。含有共轭双键的油类则很容易发生聚合反应，形成复杂的聚合物或油脂原料。由于化学降解（氧化作用、氢化作用等）破坏了油脂原有的脂肪酸，往往颜色很深，而油脂原料色泽太深影响后续产品分离提纯。因此，作为制取生物柴油的原料是不希望带有颜色的，在油脂进行酯交换之前应进行脱色处理。废油脂脱色是保证生物柴油外观品质的前提条件之一，常用活性白土、膨润土等脱色剂脱除油脂的色泽，也有人使用合成硅胶镁和活性炭，但价格较昂贵。

2.4.3 水分

我国的石化柴油标准和生物柴油标准都有限制水含量的指标，对石化柴油，允许少量的悬浮水存在，但生物柴油必须严格限制水含量。生物柴油中水分不仅破坏燃料喷射设备、对柴油机产生腐蚀作用，还能提高生物柴油的化学活性，促使生物柴油燃料中的微生物生长，使燃料酸化变质，降低储存稳定性，并产生沉积污秽，进而堵塞燃料过滤器。

油脂水含量测定采用空气烘箱法，在已恒重的称样皿（m_0）取当即摇匀的 10g 试样（m_1），准确到 0.001g。把试样放入 (103±2)℃的烘箱中，烘干 60min。取出称样皿，立即放入干燥器中，充分冷却到室温（30min 以上），称取烘后重量（m_2），准确到 0.001g。重复上述步骤进行复烘，时间为 30min，直到前后 2 次质量差小于 0.002g 为止。

按式（2-1）计算水分百分含量：

$$\text{水分含量}(\%)=\frac{m_1-m_2}{m_1-m_0}\times 100\% \tag{2-1}$$

式中 m_1——烘干前称样皿和试样质量，g；

m_2——烘干后称样皿和试样质量，g；

m_0——称样皿质量，g。

油脂的水解反应：油脂在酸性溶液中，经加热，可水解为甘油和脂肪酸，是一种可逆反应。理论上认为，酸性溶液为油脂的水解反应提供了氢离子，氢离子可结合在酯的羰基上，使羰基碳的正电性强化，易于发生亲核加成反应。如果没有酸的催化作用，水解速度则比较缓慢。其反应式如下：

$$\begin{array}{l} H_2C-O-\overset{\overset{O}{\|}}{C}-R \\ \quad| \\ HC-O-\overset{\overset{O}{\|}}{C}-R' \\ \quad| \\ H_2C-O-\overset{\overset{O}{\|}}{C}-R'' \end{array} + 3H_2O \xrightarrow[\triangle]{HCl或H_2SO_4} \begin{array}{l} H_2C-OH \\ \quad| \\ HC-OH \\ \quad| \\ H_2C-OH \end{array} + \begin{array}{l} R-COOH \\ \\ R'-COOH \\ \\ R''-COOH \end{array}$$

油脂在碱性溶液中更容易水解。由于水解生成的脂肪酸立刻与碱反应生成，离开反应相，打破了反应平衡，使反应进行到底。生成物为高级脂肪酸盐，即肥皂。碱催化工艺中，原料油的水含量越低，反应进程越彻底，特别是原料油水含量要低于 0.06%。否则水含量过高影响酯化反应和酯交换反应。水的存在降低了酯化产率，并产生酯与甘油分离困难等问题。水的存在还会导致皂化反应的发生，从而增加催化剂的用量，降低催化剂的使用效率，并且皂化反应物增加了酯化物的黏度，酯化物聚合成胶体使酯与甘油分离困难。游离水到成品中还会引起生物柴油水解影响成品质量。杨军峰等[41] 研究表明，反应物中水的含量对酯的产率有很显著的影响，当水的质量含量超过 1%时，产率降为 0。只有精制后的动植物油水含量能达到 1%以下，废弃油脂水含量往往超标，制备生物柴油之前要真空抽提脱水。

2.4.4 不皂化物

不皂化物是指溶解于油脂中的不能被碱皂化的物质，如蜡中的脂肪醇部分、甾醇、酚类、烷烃、树脂类等物质。普通油脂中不皂化物含量在 1%左右，鱼油中含量一般较高，米糠油中不皂化物含量高达 11%左右。不皂化物代表的是非油脂成分，非油脂成分越少，油的品质越高。不皂化物对生物柴油成品产量、品质等有一定的影响。

测定方法（乙醚法）：称取混匀试样 5g，注入锥形瓶中，加 1mol/L 氢氧化钾乙醇溶液 50mL，连接冷凝管，在水浴锅上煮沸回流约 30min，煮到溶液彻底透明为止。用 50mL 水将皂化液转移入分液漏斗中，加入 50mL 乙醚，趁温热时猛烈摇动 10min 后，静置分层。将下层皂化溶液倒入另一分液漏斗中，用乙醚提取 2 次，每次 50mL。合并乙醚提取液，加水 20mL 轻轻旋摇，待分层后，放出水层，再用水洗涤 2 次，每次 20mL，猛烈振荡。乙醚提取液先后再用 0.5mol/L 氢氧化钾水溶液和水 20mL，充分振荡洗涤 1 次，如此再洗涤 2 次。最后用水洗涤至加酚酞指示剂时不显红色为止。将乙醚提取液转移至恒重的脂肪提取器的抽提瓶中，在水浴上回收乙醚后，于 105℃烘箱中烘 1h，冷却，称量，再烘 30min，直至质量不变为止。将称量后的残留物溶于 30mL 中性乙醚乙醇中，用 0.02mol/L 氢氧化钾溶液滴定至粉红色。

按式（2-2）计算不皂化物的百分含量：

$$\text{不皂化物}(\%)=\frac{m_1-0.282VxC}{m}\times 100\% \tag{2-2}$$

式中　m_1——残留物质量，g；

m——油样质量，g；

V——滴定所消耗的氢氧化钾溶液体积，mL；

C——氢氧化钾溶液的浓度；

0.282——每毫摩尔油酸质量，g。

2.4.5 皂化值

在酸、碱或酶的催化下，油脂可以水解为甘油和脂肪酸。油脂在碱性条件下水解时生成高级脂肪酸盐的反应，称为皂化反应。其反应式如下：

$$\begin{matrix} H_2C-O-\overset{O}{\overset{\|}{C}}-R \\ | \\ HC-O-\overset{O}{\overset{\|}{C}}-R' \\ | \\ H_2C-O-\overset{O}{\overset{\|}{C}}-R'' \end{matrix} + 3NaOH \xrightarrow[\triangle]{\text{皂化}} \begin{matrix} H_2C-OH \\ | \\ HC-OH \\ | \\ H_2C-OH \end{matrix} + \begin{matrix} R-COONa \\ \\ R'-COONa \\ \\ R''-COONa \end{matrix}$$

完全皂化 1g 油脂所用氢氧化钾的毫克数称为该油脂的皂化值。测定方法：称取混匀样品 2g（准确至 0.0001g）至锥形瓶中，用移液管移入 0.5mol/L 氢氧化钾乙醇溶液 25mL，装上回流冷凝管，在水浴上煮沸回流 30min，并不断振荡，煮至溶液彻底透明后，停止加热，取下锥形瓶，用 10mL 中性乙醇冲洗冷凝管下端，加 5 滴酚酞指示剂，趁热用 0.5mol/L 盐酸标准溶液滴定至红色消失，记下所消耗盐酸标准溶液的毫升数（V_1）。同时进行空白实验，将油脂试样及空白对照分别与过量的浓度为 0.5mol/L 的氢氧化钾乙醇溶液在水浴上回流加热 30min，用盐酸滴定，以酚酞为指示剂，以式（2-3）进行计算：

$$K=56.108(V_2-V_1)N/W \tag{2-3}$$

式中 K——试样的皂化值；

V_2——空白试验所耗用盐酸标准溶液的体积，mL；

V_1——试样所耗用盐酸标准溶液的体积，mL；

N——酸的当量浓度，mol/L；

W——试样的质量，g；

56.108——每毫升 0.5mol/L 盐酸溶液相当于氢氧化钾的质量 56.108mg。

皂化值的大小反映了样品油中能转化为脂肪酸甲酯的甘油三酯和脂肪酸的总量，是原料油中的有效成分含量指标。皂化值还可反映油脂中脂肪酸碳链的长短及不皂化物的含量。皂化值越高，脂肪酸碳链越短，皂化值越小，脂肪酸的分子量就越大，即碳链长度越长，黏稠度增大；反之皂化值高，脂肪酸碳链长度就短，黏稠度减小。

2.4.6 碘值

碘值是在规定条件下和 100g 油品起反应时所消耗的碘的克数，它是衡量油品不饱和度大小的指标。即每 100g 油脂与碘加成所需的碘量。碘值越大，表示油的不饱和度越大。

测定方法：试样用量取决于试样本身的不饱和程度，根据各种油脂碘值的大小，称取试样（准确至 0.0001g），注入洁净干燥的碘值瓶中，加入 20mL 四氯化碳或氯仿，充分振荡溶解试样，精确加入 25mL 韦氏碘液，摇匀后，在 25℃条件下于暗处静置 30min（碘值在 130g/100g 以上时静置 60min），到时立即加入 15％碘化钾溶液 20mL 和水 100mL，在不断振荡下，用 0.1mol/L 硫代硫酸钠滴定至溶液呈浅黄色时，加入 1mol/L 淀粉指示剂，继续滴定至蓝色消失为止，记录所耗的硫代硫酸钠溶液毫升数。在相同条件下，做 2 个空白实验，记录两次空白分别所消耗的硫代硫酸钠溶液毫升数，取其平均值作计算用。

将称量的油脂试样溶于氯仿、四氯化碳或冰醋酸中，加过量韦氏试剂或汉纳斯试剂（氯化碘或溴化碘），黑暗中放置 60～90min，加入适量碘化钾，析出的碘用硫代硫酸钠滴定，以淀粉为指示剂，以空白试样为等量试剂，结果以式（2-4）计算：

$$I_2=0.1269(V_2-V_1)N\times100/W \tag{2-4}$$

式中 I_2——试样的碘值，g I/100g 试样；

V_2——空白试验所耗用硫代硫酸钠溶液体积，mL；

V_1——试样所耗用硫代硫酸钠溶液体积，mL；

N——硫代硫酸钠溶液的当量浓度，mol/L；

W——试样的质量，g；

0.1269——每毫升0.1mol/L硫代硫酸钠相当于碘的质量，mg。

根据碘值的大小可将油脂分为不干性油（碘值<100g/100g）、半干性油（100g/100g<碘值<130g/100g）、干性油（碘值>130g/100g）三种类型。干性油和半干性油因高度不饱和，比不干性油易发生酸败变质。原料油的碘值与生物柴油的碘值相近，因此，原料油的碘值决定着生物柴油的碘值。不饱和脂肪酸的存在可防止油脂固化，增加低温流动性，但过高的不饱和度又会使生物柴油在燃烧过程中产生沉积物，不利于发动机的润滑。油脂碘值与生物柴油的燃烧性能、运动黏度、冷滤点等有关，因此碘值可以在一定条件下判断生物柴油的性质。

2.4.7　酸值

一般用氢氧化钾来测定油脂中的游离脂肪酸含量，中和1g油脂中游离脂肪酸所需要氢氧化钾的毫克数称为酸值。称取均匀试样3～5g（m）注入锥形瓶中，加入混合溶剂（乙醚∶乙醇＝1∶1）50mL，摇动使试样溶解，再加1%酚酞指示剂3滴，用0.1mol/L KOH溶液滴定至出现微红色且30s不消失，记下消耗的碱液毫升数（V）代入式（2-5）计算：

$$A=56.108VN/W \tag{2-5}$$

式中　A——试样的酸值，mg KOH/g油；

V——试样所消耗氢氧化钾溶液的量，mL；

N——酸的当量浓度，mol/L；

W——试样的质量，g；

56.108——每毫升1mol/L碱液相当于氢氧化钾的质量56.108mg。

酸值常表示油脂缓慢氧化的酸败程度，其值的大小反映了油脂中的游离脂肪酸的多少，是判定油脂性质是否优良的一个重要参考值。油脂酸败越大，其酸值越高。在原料油酸值高的情况下，反应过程中会生成大量水，降低反应物浓度，减缓反应速度，伴随有皂化反应发生。因此要在碱催化酯交换之前进行酸催化酯化反应脱掉游离脂肪酸，从而增加了生产工序，提高了生产成本。生物柴油的酸值对发动机的工作状况影响很大，酸值大的生物柴油会使发动机内积炭增加，造成活塞磨损。使喷嘴结焦，影响雾化和燃烧性能。理想的原料油酸值一般认为应小于1mg KOH/g，即在进行酯交换工序前，油酸值一般控制在0.5mg KOH/g以下。一般植物油的酸值较小，在制备生物柴油时可以不用进行预处理，但橡胶籽油、地沟油酸值较高，属于高酸值原料油，在制备生物柴油时需要进行预处理。乌桕梓油酸值为2.1mg KOH/g，游离脂肪酸含量（以油酸计）略大于1%。由此可得，以乌桕梓油为原料制备生物柴油，催化方法可以选择化学碱法（如NaOH或KOH），也可选择生物酶法（如脂肪酶）。Berchmans等[42]在用NaOH作催化剂催化高酸值麻疯树油制备生物柴油过程中发现若油脂中游离脂肪酸含量高，NaOH活性将大大降低。

2.4.8 硫含量

硫含量是衡量燃料质量一个非常重要的指标，对于发动机磨损和沉积以及尾气污染物的排放都有很大影响。硫化物的存在不仅直接影响发动机尾气转化催化剂的转化效果和使用寿命，其中的活性含硫化合物（如硫醇等）会对金属产生直接腐蚀作用，硫燃烧后形成 SO_2、SO_3 等硫氧化物，这些硫氧化物不仅会严重腐蚀高温区的零部件，而且还会与气缸壁上的润滑油起反应，加速漆膜和积炭的形成，更重要的是这些硫氧化物还会给环境带来严重危害。

生物柴油的硫含量是由生物柴油的原料所决定的。原料中硫含量越低，则生物柴油中的硫含量也越低。欧盟生物柴油标准（EN 14214）规定硫含量不大于10mg/kg；美国生物柴油标准（ASTM 6751）规定硫含量不大于 15mg/kg；我国生物柴油（BD100）标准 GB/T 20828—2007 质量指标 S_{50} 级规定硫含量不大于 50mg/kg。优质的动植物油硫含量较低，成品生物柴油都能达到标准规定值以下。废弃油脂如潲水油、地沟油等在收集和转运中长期与餐厨垃圾混合，其油脂硫含量往往较高。一些油脂精炼下脚料在回收油脂时多次使用大量硫酸酸化，其油脂硫含量也较高。使用这些原料生产生物柴油，生产工艺要比优质动植物油工艺复杂些，否则硫含量将不达标。

2.4.9 凝固点及熔点

油脂并非单一化合物，而是由许多不同的甘油酯组成，各种成分具有不同的凝固点和熔点，通常把油脂凝固成固态时的最高温度称为该种油脂的凝固点，把开始熔化时的最低温度定为熔点。脂肪酸凝固点是鉴别各种油脂的重要参数之一。脂肪酸的凝固点与脂肪酸碳链长短、不饱和度、异构化程度等有关。碳链越长，双键越少，异构化越少，则凝固点越高；反之凝固点越低。对同分异构体而言，如油酸，反式比顺式凝固点高。动物油脂肪酸碳链不饱和度高，凝固点较高，一些植物油如棕榈油含硬脂酸成分高，凝固点也高。废弃油脂如潲水油、地沟油主要是动植物油混合的，凝固点在两者之间。

2.5 生物柴油原料、能源植物选择原则

油脂原料是生物柴油生产过程中的最大消耗成本，因此选择低值油合适的油脂原料是降低生物柴油生产成本的有效方法之一。目前，各国都筛选出了适合自身国

情的发展生物柴油原料。如美国主要以大豆油为原料生产生物柴油，欧洲各国主要利用菜籽油为原料。这些油料作物油脂主要用途是食用，满足人们的日常生活需求；另外其售价极其昂贵，在我国不宜用作生物柴油原料。因此，需寻找低值非食用的木本油脂，如漆树科的黄连木，无患子科的文冠果，大戟科的续随子、麻疯树，山茱萸科的光皮树等；废弃油脂，如油脂加工下脚料、餐饮废油、高饱和度的动物油脂、酸化油等以及微生物油脂是生物柴油原料开发的主要方向。

2.5.1 根据本国国情选择生物柴油原料

目前，世界各国都根据自身优势，开发了不同原料资源生产生物柴油。欧洲和北美地区耕地资源丰富，农业高度发达，因此欧洲各国，尤其是德国，大规模种植油菜，采用菜籽油生产生物柴油，并建立了相应的产品标准。美国主要利用高产转基因大豆，发展以大豆油为原料的生物柴油产业。东南亚国家属于热带雨林气候或热带季风气候，全年高温，但雨水丰富，适于规模化种植油棕，棕榈油已成为当地发展生物柴油的重要原料。世界可再生能源生产大国巴西，主要利用蓖麻籽油进行生物柴油生产。日本则主要以废弃油脂为原料。

我国的基本国情是人多地少，山地多、耕地少，耕地资源稀缺。2006年全国土地利用变更调查结果报告显示，我国耕地面积已经下降到1.22亿公顷，人均耕地只有927.17m^2，不及世界平均水平的1/2。目前，全国2800多个区县中，已经有600多个低于联合国粮农组织确定的人均耕地533.6m^2的警戒线。以扩大常规油料作物种植面积、依托常规油料产品为原料来发展生物柴油产业，在当前背景下很难实现。我国有广大的山区、沙区，遵循“不与人争粮、不与粮争地”的原则，选择非食用油料作物如麻疯树、黄连木、光皮树和文冠果等充分利用荒坡荒地、边际土地、盐碱地及退化土地等资源优势栽种，为生物柴油生产提供原料。另外我国人口多，餐饮业发达，可以利用废弃油脂为原料生产生物柴油。这些是根据我国国情做出的正确选择。

2.5.2 根据本国生物柴油标准选择原料

总的来说，不同国家生物柴油原料的选择首先应结合生物柴油的产品标准来进行，因为选择生产生物柴油所使用原料其成品首先必须达到本国标准。目前许多国家都已经制定出了评定生物柴油质量的标准，如德国（DIN 51606）、欧盟（EN 14214）、美国（ASTM 6751），我国的生物柴油标准也于2007年5月1日正式颁布实施（GB/T 20828—2007）。虽然各个国家制定的标准都不尽相同，但所选取的一些特定指标大致是相同的。其中尤为重要的是十六烷值、碘值和脂肪酸组成等指标。在各国制定的生物柴油标准中，都对这些参数做了规定。这些参数最终都是由原料油本身特性所决定，即使是不同生产工艺，步骤或过程都不会改变。因此我们可以根据这些参数建立一个初步筛选生物柴油原料的准则，从而对原料油进行比较分析，评估该种原料油是否适用于生物柴油生产。

(1) 酸值指标

在同样的采运、储存、加工条件下，原料油酸值的大小取决于油脂本身的理化性质。与油脂的分子结构有关，天然油脂都是混合甘油三酯。酸值主要来源于原料中游离的脂肪酸，游离脂肪酸越多，则酸值越高。而酸值是生物柴油原料油前处理和能否高效转化的重要因素。过多的游离脂肪酸极易在反应过程中使油脂与碱催化剂发生皂化反应，影响生物柴油的黏度，同时使反应后的产物中悬浮物较多，产物分离困难。因此，理想的生物柴油原料需要具备较低的酸值。

(2) 十六烷值（CN 值）指标

十六烷值是柴油燃烧性能的重要指标。CN 值对柴油机的运转影响较大，内燃机车用柴油必须有合适的 CN 值，否则将引起柴油机的加速磨损，较高的 CN 值能使生物柴油在发动机中运行更流畅，噪声更小。CN 值主要取决于生产原料，碳链长度增加则 CN 值增加，不饱和双键增加，则 CN 值降低。因此 CN 值是选择植物油的脂肪酸甲酯用作生物柴油的一个重要参数。美国、德国和欧盟分别设置了生物柴油的十六烷值不得低于 47、49 和 51。在此，我们选择最高标准欧盟设定的 51 作为最低值。另外，随着十六烷值的升高，油的不饱和性则会降低，这样会致使生物柴油的熔点过高，低温性能差，并且十六烷值过高，则使燃料燃烧不完全，会导致发动机冒黑烟、油耗增大、功率下降等，所以亦需要制定十六烷值的上限值。我国根据美国（ASTM PS121）制定的生物柴油标准，将十六烷值的最大值设为 65。

(3) 碘值指标

碘值是油脂不饱和度的度量，原料油中不饱和脂肪酸含量越高碘值越高，表明不饱和脂肪酸的含量越高。为了防止油脂固化，生物柴油中必须含有一定量的不饱和脂肪酸。但是不饱和程度高的生物柴油在燃烧过程中会导致甘油三酯的聚合反应，产生沉积物，不利于发动机的润滑。且过高的碘值将使生物柴油在受热和光照等条件下极易氧化变质。因此在德国和欧盟的生物柴油标准中设定了碘值的最大值分别为 115g/100g 和 120g/100g。我国选择这些标准中的最小值 115g/100g 作为我们对油脂碘值的选择指标。

2.5.3 充分考虑生产成本

生物柴油原料的选择应充分考虑生产成本问题。目前在生物柴油生产过程中，原料成本占总成本的 70%～80%，原料已成为决定生物柴油价格的主要因素，成为限制生物柴油产业发展的主要瓶颈。因此，如何通过原料的选择降低生物柴油的生产成本，对生物柴油产业发展是至关重要的。

2.5.3.1 能源树种选择

根据上述三条基本原则，当前我国选择用于生物柴油生产的原料主要为废弃油脂，不过我国虽然具有产量巨大的酸化油、地沟油等废弃油脂，但存在着来源分散的问题。我国柴油年消耗量约为 1.7 亿吨，按目前我国的 B5 标准，每年需要 1000

万吨生物柴油，而目前我国生物柴油产量还不到100万吨。靠能够回收上来的废弃油脂根本不可能满足生物柴油的生产。产业化发展的原料方向必然是城市废弃油脂与边远山区荒地油料种植相结合。

我国能源植物资源的丰富多样性，为大力发展生物柴油产业提供了广阔的前景；但如何从这些种类多样的能源植物资源中选择出一些适合或比较适合我国不同生态区域条件的植物种类，来作为制取生物柴油的低成本原料，是摆在我们面前的一个迫切而重大的课题。目前我国缺乏对生物柴油原料树种的合理评价原则，各地在原料树种的选择上比较盲目。选择合适能源植物原料，建立生物柴油原料树种的评价原则，运用评价标准进行树种筛选，通过对所选出的树种进行培育和发展，是保障生物柴油生产的原料供应，为生物柴油产业的可持续发展提供支撑的重要途径。危文亮等[43] 对资源的产量、含油量、脂肪酸组成、适应性、抗逆性等进行综合评价认为，42份非木本油料植物资源中油莎豆、续随子、苍耳等是适合我国国情，适宜在边际地种植的。对生物柴油能源树种的选择指标及方法，可参考李昌珠、程树棋等[44] 的研究报道。

（1）含油量指标

含油量是进行能源植物选择的首要指标。能源植物含油的高低是决定其是否能作为能源植物利用的首要因素。含油率越高，产量越大；开发利用价值越大，生物柴油的原料成本将越低。因此，在确定选择能源植物的指标体系时，含油量应为首推指标。在选取可能源化利用的油料树种时，应当首先选取含油率比较高的油料树种，这样的树种可以无形中提升能源化利用的效率。刘轩[45] 按照含油量的高低对这133种油料树种进行排序，通过等级分类得到含油率程度高（＞50％）的油料树种有46种，占总体的34％；含油率程度较高（40％～50％）的油料树种有26种，占总体的20％；含油率程度一般（30％～40％）的油料树种有30种，占总体的22％；含油率程度较低（20％～30％）的油料树种有21种，占总体的16％；含油率程度低（＜20％）的油料树种有10种，占总体的8％。

（2）生物产量指标

能源植物的生物产量，决定了其作为生物柴油原料的开发利用价值和潜力。生物产量越大，开发利用的价值也就越高，开发利用的可行性也越大。决定某种能源植物生物产量的因素主要如下。

① 单位面积产量的高低或结实性状的好坏。对于已人工栽培的植物而言，其单位面积产量越高、其生物产量也越大，对于尚未栽培的野生种来说，若有好的结实性状，在经人工种植后生物产量可能会较高。在注重含油率的同时，也要考虑油料树种的单位面积产出水平，一般选取结实量高、出种率高的油料树种。我国一些油料树种，如梧桐种仁含油率为30.1％、栗树种仁含油率为38.59％、臭椿种仁含油率为56％，但是由于这些树种出种率极低，无采收价值且不易形成规模，所以不能用其生产木本生物柴油。

② 适生区域的大小。适生区域越大，分布面积相对也越大，可开发利用的生态区域范围越广，可收获的生物量也越大。

（3）脂肪酸指标

能源植物油脂脂肪酸成分的理化性质决定了生物柴油成品的理化性质，脂肪酸指标也是能源植物树种选择的一项重要指标。一些产油量高的科属，如樟科植物阴香、樟、山胡椒等在40%～60%之间，但它们的油脂中饱和脂肪酸的含量高，碘值较小，致使油品熔点高，低温性能差，这些植物的种子油不适合作生物柴油。一些卫矛科植物如苦皮藤、灯油藤、卫矛等的含油量也在40%以上，但其种子油十六烷值都较低，在40～46之间，所以不适合作生物柴油原料树种。大戟科的乌桕和油桐产油率较高，但是油桐碘值＞160g/100g，十六烷值＜40；乌桕的十六烷值较低（＜51），含有较多的亚麻酸，用它们作为生产生物柴油的原料则不能获得高质量的生物柴油。

(4) 采集、提取和加工的难易程度

作为生物柴油的能源植物，其含油器官要易于采集，油样要容易提取和加工，这样，就能控制生物柴油的制取成本。如果处理收集很困难，会大大增加生产成本，降低了能源植物作为生物柴油利用的经济价值。

(5) 生态适应性

植物在长期的进化过程中适应一定的生态环境，适地适树是造林的基本原则，不论是异地引种还是本地树种的移栽，选择合适的植物及立地条件是非常必要的，生物柴油原料林的培育同样要遵循这个原则，生态适应性主要表现在树木的抗逆性、生态幅度及自然和人工作用后的驯化程度。

2.5.3.2 选择方法

湖南省林业科学院等单位在“十五”期间建立了一套燃料油原料植物评价体系，并对我国油料植物资源进行了系统整理，确认了1554种燃料油植物，其中油脂植物1174种，占75.5%，含油20%以上的油料植物为197种，含油40%以上的油料植物154种。

李昌珠等选择含油量、脂肪酸组成、含油器官、植物的繁殖方式、繁殖难易程度、群众的栽培习惯、植物的单位面积产量或结实性状、适种区域范围大小、适种区域的自然条件、植物的生活型、植物的生态型、植物的种群结构、树冠与全株生物量比或草本植物产油器官部分与全株生物量比等指标，采用特菲尔调查法和专家咨询、模糊评判，并根据评分结果，将植物的含油量（A）、单位面积产量或结实性状（B）、适种区域范围大小（C）、繁殖难易程度（D）和油的成分（E）5个指标，作为生物柴油原料初选的指标体系。在满足以上指标后，同时综合考虑原料的经济成本（X_1）、生态功能（X_2）及社会功能（X_3）。

① 经济成本评价（X_1）。以各种类能源植物每制取1L油的税前成本作为比较基准。成本越低，X_1的得分越高，反之则越低。

② 生态功能（X_2）。将各种能源植物的生态功能分解为水土保持功能、涵养水源功能、环境保护功能、景观功能等几类，在此基础上采用专家咨询打分，然后统计打分结果计算出平均值（I），最后再乘以权重系数$C(C=0.1)$，来计算X_2的得分值（$X_2=CI$）。

③ 社会功能（X_3）。社会功能评价打分类同于生态功能（$X_3=C'I$，$C'=0.1$）。

④ 综合功能得分（Y）。$Y=X_1+X_2+X_3$。根据各油料植物的综合评价得分值，可以初步筛选出适合不同生态条件发展的能源植物物种，为发展适合我国各地条件的能源植物、开展后续品种培育、推广利用提供基础性指导依据。

根据这些原则我国选出分布广、适应性强、可用作建立规模化木本油料原料基地的乔灌木树种有 20 多种，如小桐子、油棕、光皮树、油桐、文冠果、黄连木、绿玉树、山桐子、漆树等，它们均是开发生物柴油的优质原料树种。罗艳等[46] 通过四条标准，即 51＜十六烷值＜65、碘值＜115g/100g、亚麻酸＜12％和十八碳四烯酸＜1％、碳链长度为 C_{12}～C_{22}，对国产 118 种种子含油量超过 30％的木本油料植物进行评估，共筛选出 53 种木本油料植物的种子油可作为发展生物柴油最适合的原料。其中油茶、杏、无患子、臭椿、白檀分布广，是值得推广种植的生物柴油植物。富油大科山茶科和无患子科植物的种子油一般都适合发展生物柴油，而富油大科樟科、松科和卫矛科植物的种子油不适合作生物柴油原料。林铎清等[47] 制定了生物柴油植物评价标准：含油率＞30％、碘值＜120g/100g、三烯酸总量＜12％、四烯及以上脂肪酸总量＜1％，十六烷值≥49、冷滤点＜0℃、运动黏度 1.9～6.0mm^2/s，并据此标准初步筛选了中国非粮生物柴油植物 43 科 152 种。

2.6 我国潜在的生物柴油原料资源

潜在的原料资源，是指在自然和人的共同作用下，在未来一定时期内，某种原料资源能够达到的理论存量，可以通过一定的科学方法和假定条件下进行估算等。目前，我国生物柴油原料主要是废弃油脂，长远看我国潜在的生物柴油原料来源主要有四类：

① 高含油量的野生油料植物，如麻疯树、黄连木、文冠果、光皮树、油莎豆等；

② 菜籽油、棉籽油、大豆油等食用油料作物的下脚料；

③ 酸化油、潲水油、地沟油等餐饮废油；

④ 开发发展微生物油脂技术。

挖掘我国潜在的生物柴油原料资源需从油料作物、野生油料植物、工程微藻、水生植物油脂，以及动物油脂、废餐饮油等原料入手。

2.6.1 我国能源植物资源概况

20 世纪 80 年代，在我国就已经开始木本生物柴油原料选育研究与工作。“七五”

期间，中国科学院、中国林业科学研究院资源昆虫研究所、四川省林业科学研究院、云南省林业科学研究院、四川大学、西南林学院等科研单位先后开展了对西南、华南等地区的小桐子野生资源分布情况、栽培种植技术、适生条件和良种选育繁育等的初步研究，并建立了一定规模的小桐子能源林示范基地。此外，湖南省林业科学研究院先后开展并完成了光皮树、绿玉树等木本油料树种的引种和栽培技术相关的多项国家重点科研攻关项目。2012 年 7 月 24 日，国家能源局发布的《生物质能发展“十二五”规划》中提到适合人工种植的木本生物柴油能源作物有 30 多种，包括油棕、小桐子、光皮树、文冠果、黄连木、乌桕等，资源潜力可满足年产 5000 万吨木本生物柴油在内的生物液体燃料产业发展的原料需求。这些树种具有一定发展潜力和规模，已经成为我国建设能源林基地和发展木本生物柴油产业的主要树种。总之，我国发展木本油料产业的资源优势明显，发展潜力巨大。

表 2-16 是我国主要油料能源林树种及其资源现状情况。

表 2-16　我国主要油料能源林树种分布及产油率

树种	分布省(区)	含油率/%	种子产量/(千克/亩)	现有面积/万公顷
麻疯树	四川、云南、贵州、重庆、广西、海南、福建	30～60	200～500	21
黄连木	北自河北、山东，南至广东、广西，东到台湾，西南至四川、云南，都有野生和栽培，其中以河北、河南、山西、陕西等省最多	35～40	100～600	28.50
文冠果	宁夏、甘肃、内蒙古、陕西、东北各省及华北北部	30～40	200～600	3.0
光皮树	集中分布于长江流域至西南各地的石灰岩区，黄河及以南流域也有分布	30～36	300～700	0.45
乌桕	主产长江流域及珠江流域，浙江、湖北、四川	35～50	150～500	41
油桐	甘肃、陕西、云南、贵州、四川、河南、湖北、湖南、广东、广西、安徽、江苏、浙江、福建、江西 15 个省区	40～50	200～800	118.80
油棕	海南、云南、广东、广西	45～60	200～400	—
油茶	长江流域及以南各省份	30～60	150～300	400
合计		—	—	612.75

数据来源：国家林业局.全国林业生物质能发展规划（2011—2020 年），2013。

我国幅员辽阔，纵跨热带、亚热带、暖温带、温带和寒温带五大气候带。气候、土壤的多样性，孕育着十分丰富的燃料油作物资源。有经济林 2140 多万公顷，有丰富的油料作物资源，其中木本油料类 4335 万亩。我国油脂作物种类之多在世界上是屈指可数的，美国科学院推荐的适于世界不同气候带栽培的 60 多种优良能源树种中，几乎有一半原产于我国。

现已查明的能源油料植物种类有 151 科 697 属 1554 种，占全国种子植物的 5%，其中野生油料植物所占比例高达 82.1%，种子含油量在 40%以上的植物有 154 种；其中油脂植物有 138 科 1174 种，15%以上的约 1000 种，20%以上的约 300 种。芳香油植物有 83 科 449 种，主要包括大戟科、樟科、蔓摩科、夹竹桃科、桑科、山茱萸科、菊科、桃金娘科、大风子科和豆科等植物，如油菜、芝麻、向日葵、棉花、大豆、蓖麻、续随子、油莎豆等草本油料植物，木本油料植物有油茶、油桐、乌桕、油棕、小桐子、光皮树、清香木、黄连木、油楠树、桉树和一些樟科植物如沉水樟等。这充分说明我国还没有开发利用的野生油料植物资源是十分丰富的，存在巨大的开发潜力，也为生物柴油原料资源的发掘和利用提供了广阔的天地。这些油料植物中，有的产油量大，所产油在燃烧性能方面接近普通柴油，如油桐、小桐子、光皮树、油楠等；有的繁殖能力强，生长周期短，生长量大，对环境适应性强，如续随子、藿藿巴树、油莎草、蒲公英等。这些都是极有开发前途的能源植物。其中可用作建立规模化生物质燃料油原料基地的乔灌木树种有近 30 种，而分布集中、能利用荒山和沙地等宜林地进行造林，建立良种供应基地的油料植物有 10 种左右。

我国发展能源植物主要从建设木本油料树种的良种繁育推广示范基地、人工能源林建设和野生油料林改造三个方向入手。目前，我国现有能源林培育基地和良种繁育推广示范基地面积共有 25 多万公顷，主要的木本油料树种为黄连木、文冠果和小桐子。

据统计，我国现有主要木本油料林面积约为 420.6 万公顷，含油果实产量达到 559.4 万吨。据《全国能源林规划》，到 2020 年定向培育能源林 1333 万公顷，满足年产 600 万吨生物柴油的原料需求。2013 年，国家林业局制定了《全国林业生物质能发展规划（2011—2020 年）》，规划中提出到 2020 年，油料能源林规模达到 422 万公顷，全部进入结实。在现有经济林面积 2000 多万公顷中，木本油料树种总面积超过 600 多万公顷，油料树种的果实产量在 200 万吨以上。这部分野生油料林经过低产低效丰产技术改造之后，可成为木本油料能源林基地。

目前我国尚有宜林荒山荒地面积近 5400 多万公顷，其中宜林荒地面积约 4700 多万公顷，宜林沙荒地面积 700 多万公顷，此外，我国还有中轻度盐碱地、干旱半干旱沙地，以及矿山、油田复垦地等不适宜农耕的边际性土地近 1 亿公顷。经过研究计算，目前可发展木本油料能源产业可利用的宜林荒山荒地以及其他可利用土地面积为 4452.78 万公顷。在我国分布广泛、潜力巨大的木本油料能源树种适宜性土地资源为木本油料能源产业发展提供了极大的空间。

我国还有面积较大的边际地，如滩涂地、“四荒地”（荒山、荒滩、荒坡、荒地）、盐碱地等资源有待开发利用。据统计，我国还有 1.25 亿公顷的后备土地资源，其中宜耕地约 0.37 亿公顷，还有 0.87 亿公顷以上的边际地可被利用来发展生物柴油原料作物。如果以仅利用 20%的边际地（0.17 亿公顷）发展能源油料作物，每公顷产油 600kg 水平计算，则可每年为生物柴油提供原料 1000 万吨。可见，未来我国利用边际地发展生物柴油原料作物的潜力非常巨大。

2.6.2　我国废弃油脂资源概况

我国的废弃油脂主要包括废弃食用油脂、酸化油与油脂精制下脚料、废弃动物油、粮食加工副产油脂等，这些废弃油脂目前是我国生物柴油原料的主要来源。

2.6.2.1 废弃食用油脂

餐厨垃圾中废弃油脂的含量在5%～20%之间；隔油池垃圾中废弃油脂的含量在20%～80%之间。一般情况下，餐厨垃圾与隔油池垃圾中废弃油脂的量占餐馆所用植物油以及动物性食品所得脂肪总和的20%～40%。由此估算，全国废弃油脂总量在860万～2800万吨，如果按照30%～50%的收集量与利用量计算，可以利用的废弃油脂的量在300万～1400万吨。来自国家能源局的报道：我国食用油脂生产和消费过程中产生的大量废弃油脂，如酸化油、地沟油等，估计资源总量接近1000万吨。

据美国农业部（USDA）预测，受收入增加、人口规模扩大及在外饮食消费习惯的形成等因素影响，我国食用植物油总体呈增长趋势。2017年，我国植物食用油消费量达3284万吨，比2012年增长42.1%，年均增长8.4%；以这个消费食用油量计算，则每年产生废弃食用油脂600万～1000万吨。该预测的废弃食用油脂的量与国家能源局的报道值是相吻合的。

2.6.2.2 酸化油与油脂精制下脚料

我国精炼油的总供给量在3000万吨左右，无论生产何种级别的精炼油，水化脱胶工序、脱臭、脱色工序必不可少，其副产物即为油脚、脱臭馏出物，若以水化油脚产率6%、脱臭馏出物产率0.5%、废白土油产率1.5%计，则每年约产酸化油与油脂精制下脚料油脂240万吨以上。

精炼油脂产生的油脚和下脚料是生物柴油很好的原料来源。长期以来，没有得到很好的利用，大多数被用来生产劣质肥皂或生产质量极差的用于建材脱模剂或低档涂料的粗脂肪酸。部分被用来生产饲料级磷脂或低档的食品级粗磷脂，有些技术落后的地区被当作肥料，甚至当作废物丢弃。酸化油与油脂精制下脚料由于价廉、来源广泛而被市场看好。因此，利用酸化油与油脂精制下脚料油脂制生物柴油成为新的发展方向。根据具体情况选择合适的工艺路线来利用这个廉价而易产生污染的资源，既会起到保护环境的作用，又会给社会带来较大的经济效益。

2.6.2.3 废弃动物油

动物油如鱼油、猪油、牛油、羊油等，这类油脂一般不直接用来生产生物柴油，而是先经过人类一次利用转为各种废油后才被回收使用。我国的废弃动物油脂主要是猪油，2015年我国肉猪的出栏数达到7.1亿头，每年猪油产量4000万吨（中华人民共和国国家统计局网）。除70%左右食用外，将产生1200万吨的工业用油。我国畜禽养殖业发达，2015年全国出栏肉牛约5000万头、肉羊约2亿头及家禽200亿羽。以畜禽死亡率5%计算，至少有3500万头猪、250万头肉牛、1000万头肉羊及10亿羽家禽死亡。病死畜禽含有10%～20%的油脂，若能建立合理的病死畜禽回收体系，将会为生物柴油提供重要的原料补充。计建炳等[48] 采用高温高压加热的方法，对病死猪进行无害化处理，并将得到的动物油脂用于生产生物柴油。结果表明，在160℃、0.6MPa的条件下加热6h，可将动物尸体完全分解，动物油脂产率

10%～20%，生物柴油产率 90%～98%。

2.6.3　我国生物柴油原料资源潜力

我国动植物油脂产量尚不能满足人们的食用需求，每年都需要从国外进口，因此不可能将动植物油脂用于大规模生产生物柴油；废弃油脂资源总量有限，原料组成以及性能变化大，这也将影响生物柴油原料的长期供应。微生物油脂资源丰富、开发潜力大，但生产成本偏高，菌种含油率及油脂提取率不高。因此，为解决生物柴油原料供应的瓶颈问题，在“不与人争粮、不与粮争地”的原则下，应充分挖掘我国生物柴油原料资源潜力，寻找适合我国生物柴油发展的多样化原料。从多方面着手，狠抓油脂资源开发，发展创新油脂生产技术，从以下 4 个方面着手保障我国生物柴油产业未来油脂资源供应。

2.6.3.1　用好废弃动植物油脂

在当前生物柴油原料非常紧张的情况下，废弃油脂是我国生物柴油生产的一个重要来源。一直以来，我国对餐饮废油缺乏统一的回收政策，且部门管理混乱，缺少有效的组织体系。精炼油油脚是生物柴油很好的原料来源。长期以来，却没有得到很好的利用。真正获得利用的废弃油资源只是很少的一部分，更多的则被非法油贩子收购，成为流回餐桌的假油或工业加工原料，有的甚至当作废物丢弃。要想用好废弃动植物油脂发展生物柴油产业，就要制定和落实有效可行的废弃油脂回收政策，打击非法废弃油脂收购行为，保证废弃油脂确实流入生物柴油生产企业。废油脂的利用可以促进生物柴油产业的发展，按目前我国废弃油脂量计，如果有 60%的废弃油脂回收用于生物柴油的生产，将约有 600 万吨的油脂原料供应。这将是生物柴油产业发展的有益补充资源。

2.6.3.2　挖掘其他兼用型油源

其他兼用型油源主要来源于玉米、棉花、稻谷的加工业副产油脂。我国水稻、玉米和棉花等产量均居世界前列，2016 年我国年产稻谷 2.1 亿吨，可得米糠 1260 万吨（按 6%折算）；玉米产量为 2.2 亿吨，可得玉米胚芽 2200 万吨（按 10%折算）；棉花产量 534.3 万吨，可得棉籽 320.6 万吨（按 60%折算）。按米糠出油率 17%、玉米胚芽出油率 25%及棉籽出油率 15%计算，2016 年分别可提供米糠油 214.2 万吨、玉米胚芽油 550 万吨及棉籽油 48 万吨，共提供 812.2 万吨，约占 2016 年食用植物油消费的 23%。因此，充分利用水稻、玉米和棉花的副产品，也可以减轻保障我国食用植物油或生物柴油原料供应的压力。

2.6.3.3　发展冬闲田油料

我国有丰富的草本油料作物资源，如油菜、大豆、棉花、蓖麻等，它们的单位面积产油量比野生木本油料植物高，我国是世界油菜主产国和油菜籽的主要消费国。在扩大油料作物种植时重点要放在可利用非耕地或利用农闲地的品种，以较好地协调我国粮食安全与能源安全的矛盾。我国长江流域和黄淮地区有 2670 万公顷冬闲耕地可用于发展能源油菜，按当前平均菜籽产量 1.6t/hm^2、按含油率 40%计，每年通过能源油菜种植可为 1700 万吨生物柴油提供原料。我国油菜生产还有进一步发展潜力，新培育的高产油菜品种单产可达 2000kg/hm^2。

由于油菜为冬季作物，与粮棉争地的矛盾少，仅利用耕地的冬闲季节生长，基本上不消耗地力，不影响主要粮食作物生产，不与主要粮食作物争地，是非常具有发展潜力的作物。我国油菜的种植面积在过去数十年中增加了 3 倍多，并未明显影响粮食生产。因此，这部分冬闲田具有通过冬季复种油菜为生物柴油提供原料植物油的良好前景。

2.6.3.4 大力发展木本油料作物

我国拥有丰富的油料作物资源，其中木本油料树种有 400 多种，含油量在 15%～60%的有 200 多种，含油量在 50%～60%的有 50 多种。主要的科有大戟科（*Euphorbiaceae*）、樟科（*Lauraceae*）、桃金娘科（*Myrtaceae*）、夹竹桃科（*Apocyanceae*）、菊科（*Compositae*）、豆科（*Leguminose*）、山茱萸科（*Cornaceae*）、大风子科（*Flacourtiaceae*）和萝摩科（*Asclepiadaceae*）等。木本油料作物可利用占我国国土面积约 69%的山地、高原、丘陵地区甚至沙地生长，不仅可以为生物柴油产业提供丰富的可再生原料，改善生态环境，还有利于农村产业结构调整、增加农民收入、解决部分农村剩余劳动力的就业问题。木本油料作物抗逆性强，管理粗放，不与粮食争地，而且栽种一次可收获多年，采集时需要大量的劳动力，合乎我国国情。

考虑不同数据及测算方式，初步估计我国现有 3200 万～7500 万公顷边际性土地，包括 734 万～937 万公顷后备耕地（可用于发展能源农作物）、1600 万～5704 万公顷后备林地（可用于发展各类能源林），另有 343 万公顷现存油料林，可经改造用于发展生物柴油。目前，我国尚有 5400 多万公顷宜林荒山荒地，还有近 1 亿公顷的盐碱地、沙地以及矿山、油田复垦地等边际土地，可以选择部分土地因地制宜种植特定油料能源树种。另外，通过改造现有低产林地增加油料能源树种资源总量。全国现有疏林地近 600 万公顷，还有郁闭度小于 0.4 的森林 5300 多万公顷，占森林总面积的 40%，通过林分改造、更新等措施可大幅度增加林业生物柴油油料能源林的资源。我国目前需要造林的面积达 9 亿亩，如果适度种植黄连木、文冠果、麻疯树等油料树木，则生物柴油的资源量可以达到每年 2000 万吨。近年来虽然有一些单位开展了这方面的工作，有的还建立了油料林示范基地，但同国家需求相比，仍有很大的差距，需要继续加快推广。

2.6.3.5 加快发展微生物油脂技术

研究表明，一些产油酵母菌能高效利用木质纤维素水解得到的各种碳水化合物，包括五碳糖和六碳糖，生产油脂并储存在菌体内，油脂含量达到细胞干重的 70%以上。微生物利用碳水化合物生产油脂，理论转化率为 32%。据估算，每 7t 作物秸秆可产 1t 菌油，利用木质纤维素生产微生物油脂具有很可观的潜在经济效益。

相对于传统的油料作物，微藻是一种很有发展前景的生物柴油生产原料。初步估算，每公顷水域可产 50t 以上微藻油脂，微藻是目前唯一能满足全球运输燃料需求的可再生油料来源。微藻资源丰富，不会因收获而破坏生态系统，可大量培养而不占用耕地。另外，它的光合作用效率高，生长周期短，单位面积年产量是粮食的几十倍乃至上百倍。而且微藻脂类含量在 20%～70%，是陆地植物远远达不到的。我国盐碱地面积达 1.5 亿亩，有 5000 万亩可开垦的海岸滩涂和大量的内陆水域。如果用 14%的盐碱地培养微藻，在技术成熟的条件下，生产的柴油量就可满足全国 50%的用油需求。

至今，微生物油脂作生物柴油原料的研究已经开展多年，但到目前为止还没有出现大规模的商业化生产，其原因还在于成本的问题。因此，必须加快对现有的产油脂微生物培养并对转化系统进行优化和改造，提出新的生产工艺，以提高微生物产油率，降低生产成本，为生物柴油发展提供原料保障。

参考文献

[1] Chang F，Hanna M A，Zhang D J，et al. Production of biodiesel from non-edible herbaceous vegetable oil：Xanthium sibiricum Patr ［J］. Bioresource Technology，2013. 140：435-438.

[2] Qian J F，Yang Q H，Sun F A，et al. Cogeneration of biodiesel and nontoxic rapeseed meal from rapeseed through in-situ alkaline transesterification ［J］. Bioresource Technology，2013,128：8-13.

[3] 冯丹华，刘敏，冯树波. 大豆油脂肪酸乙酯的合成与精制工艺研究 ［J］. 中国油脂，2014，39（4）：71-73.

[4] 李为民，徐春明. 大豆油脚浸出油制备生物柴油及性能研究 ［J］. 中国油脂，2006，31（4）：68-71.

[5] 王美霞，周大云，马磊，等. 棉籽油脂肪酸组成分析与评价 ［J］. 食品科学，2016，37（22）：136-141.

[6] Kaya C，Hamamci C，Baysal A，et al. Methyl ester of peanut（Arachis hypogea L.）seed oil as a potential feedstock for biodiesel production ［J］. Renewable Energy，2009,34（5）：1257-1260.

[7] 李昌珠，蒋丽娟，程树棋. 四种木本植物油制取生物柴油的研究 ［J］. 生物化学工程，2006（1）：32-34.

[8] 李昌珠，蒋丽娟，李培旺. 野生木本植物油：光皮树油制取生物柴油的研究 ［J］. 生物加工过程，2005,3（1）：42-45.

[9] 刘光斌，黄长干，刘苑秋，等. 黄连木油的提取及其制备生物柴油的研究 ［J］. 中国粮油学报，2009，24（7）：84-86.

[10] 于海燕，周绍箕. 文冠果油制备生物柴油的研究［J］. 中国油脂，2009，34（3）：43-45.

[11] Shang Q，Jiang W，Lu H，et al. Properties of Tung oil biodiesel and its blends with 0# diesel ［J］. Bioresource Technology，2010（101）：826-828.

[12] 杨志斌，齐玉堂，王光，等. 乌桕籽制取生物柴油研究初报 ［J］. 湖北林业科技，2007（6）：32-34.

[13] Demirbas A. Tea seed upgrading facilities and economic assessment of biodiesel production from tea seed oil ［J］. Energy Conversion and Management，2010（51）：2595-2599.

[14] 张东，张东生，薛雅琳，等. 油茶籽油及茶叶籽油特征组分分析与比较［J］. 中国粮油学报，2014. 29（12）：69-72.

[15] Fang J M，Fowler P A，Tomkinson J，et al. An investigation of the use of recovered vegetable oil for the preparation of starch thermoplastics［J］. Carbohydrate Polymers，2002，50（4）：429-434.

[16] 赵贵兴，陈霞，刘丽君，等. 大豆油制备生物柴油的研究［J］. 农产品加工（学刊），2008（7）：150-153.

[17] 魏书梅，徐亚荣，张力，等. H_2SO_4 一步法催化棉籽酸化油制备生物柴油的工艺研究［J］. 中国油脂，2015（2）：65-67.

[18] 李岩，姜绍通，张晓东，等. 菜籽油皂脚制备生物柴油工艺的研究［J］. 太阳能学报，2009，30（2）：241-244.

[19] 刘博轩，郝小红，王锦秀，等. 棕榈仁油脱臭馏出物甲酯化研究［J］. 中国油脂，2014（3）：58-60.

[20] 邵平，姜绍通，赵妍嫣，等. 菜籽油脱臭馏出物中生物柴油的分子蒸馏分离工艺研究［J］. 农业工程学报，2005，21（12）：171-174.

[21] 韩秀丽，黄晓敏，马晓建. 米糠油超临界甲醇条件下制生物柴油［J］. 太阳能学报，2009，30（5）：678-681.

[22] Chisti Y. Biodiesel from microalgae［J］. Biotechnology Advances，2007（25）：294-306.

[23] Ohlrogge J，Browse G. Lipid Biosynthesis［J］. The Plant Cell，1995（7）：957-970.

[24] 李涛，李爱芬，桑敏，等. 富油能源微藻的筛选及产油性能评价［J］. 中国生物工程杂志，2011，31（4）：98-105.

[25] 王立柱，温皓程，邹渝，等. 产油微藻的分离、筛选及自养培养氮源、碳源的优化［J］. 微生物学通报，2010，37（3）：336-341.

[26] 王能飞，孙云飞，王树春，等. 海洋能源微藻的筛选及初步评价［J］. 化工进展，2013. 32（10）：2366-2371.

[27] Rodolfi L，Zittelli G C，Bassi N，et al. Microalgae for oil：strain selection，induction of lipid synthesis and outdoor mass cultivation in a low-cost photobioreactor［J］. Biotechnology and Bioengineering，2009，102（1）：100-112.

[28] 沈继红，林学政，刘发义，等. 细胞融合法构建 EPA 和 DHA 高产异养藻株的研究［J］. 中国水产科学，2001，8（2）：63-64.

[29] 汪志平，徐步进，赵小俊，等. γ 射线对不同品系和形态螺旋藻丝状体的生物学效应［J］. 浙江农业大学学报，1998，24（2）：121-125.

[30] Dunahay T G，Jarvis E E，Dais S S，et al. Manipulation of microalgal lipid production using genetic engineering［J］. Applied Biochemistry and Biotechnology，1996（57）：223.

[31] Chisti Y. Biodiesel from microalgae beats bioethanol［J］. Trends in Biotechnology，2008，26（3）：126-131.

[32] 刘斌，陈大明，游文娟，等. 微藻生物柴油研发态势分析［J］. 生命科学，2008，20（6）：991-996.

[33] 胡珺，魏芳，董绪燕，等. 微生物油脂的分提及其组成与理化指标评价［J］. 中国油料作物学报，2012，34（6）：655-660.

[34] 张峻，邢来君，王红梅. γ-亚麻酸高产菌株的选育及发酵产物的分离提取［J］. 微生物学通报，1993，20（3）：140-143.

[35] 罗玉萍，杨荣英，李思光，等. 产棕榈油酸酵母菌的分离和鉴定［J］. 微生物学报，

1995，35（6）：400-403.
[36] 施安辉，谷劲松，刘淑君，等. 高产油脂粘红酵母 GLR_（513）菌株的选育［J］. 山东食品发酵，1997（2）：12-17.
[37] 曲威，刘波，吕建州，等. 高产油脂斯达氏酵母菌株的选育及摇瓶发酵条件的初步研究［J］. 辽宁师范大学学报，2006，29（1）：88-92.
[38] Ruenwai R，et al. Overexpression of acetyl-CoA carboxylase gene of *Mucor rouxii* enhanced fatty acid content in *Hansenula polymorpha*［J］. Molecular Biotechnology，2009,42（3）：327-332.
[39] Bouvier-Navé P，Benveniste P，Oelkers P. Expression in yeast and tobacco of plant cDNAs encoding acyl CoA：diacylglycerol acyltransferase［J］. European Journal of Biochemistry，2010，267（1）：85-96.
[40] 刘会影，薛冬桦，潘安龙，等. 微生物油脂酯化工艺优化［J］. 中国生物工程杂志，2013，33（3）：92-98.
[41] 杨军峰，王忠，孙平，等. 双低菜籽油制备生物柴油的工艺探索［J］. 柴油机，2003（3）：43-45.
[42] Johanes H Berchmans，Shizuko Hirata. Biodiesel production from crude Jatropha curcas L. seed oil with a high content of free fatty acids［J］. Bioresource Technology，2008，99（6）：1716-1721.
[43] 危文亮，金梦阳. 42 份非木本油料植物资源的能源利用潜力评价［J］. 中国油脂，2008，33（5）：73-76.
[44] 李昌珠，蒋丽娟，程树棋. 生物柴油——绿色能源［M］. 北京：化学工业出版社，2005.
[45] 刘轩. 中国木本油料能源树种资源开发潜力与产业发展研究［D］. 北京：北京林业大学，2011.
[46] 罗艳，刘梅. 开发木本油料植物作为生物柴油原料的研究［J］. 中国生物工程杂志，2007，27（7）：68-74.
[47] 林铎清，邢福武. 中国非粮生物柴油能源植物资源的初步评价［J］. 中国油脂，2009，34（11）：1-7.
[48] 计建炳，张智亮，刘学军，等. 一种病害畜禽工程化无害处理和能源化利用的方法：10287307GA［P］. 2013.

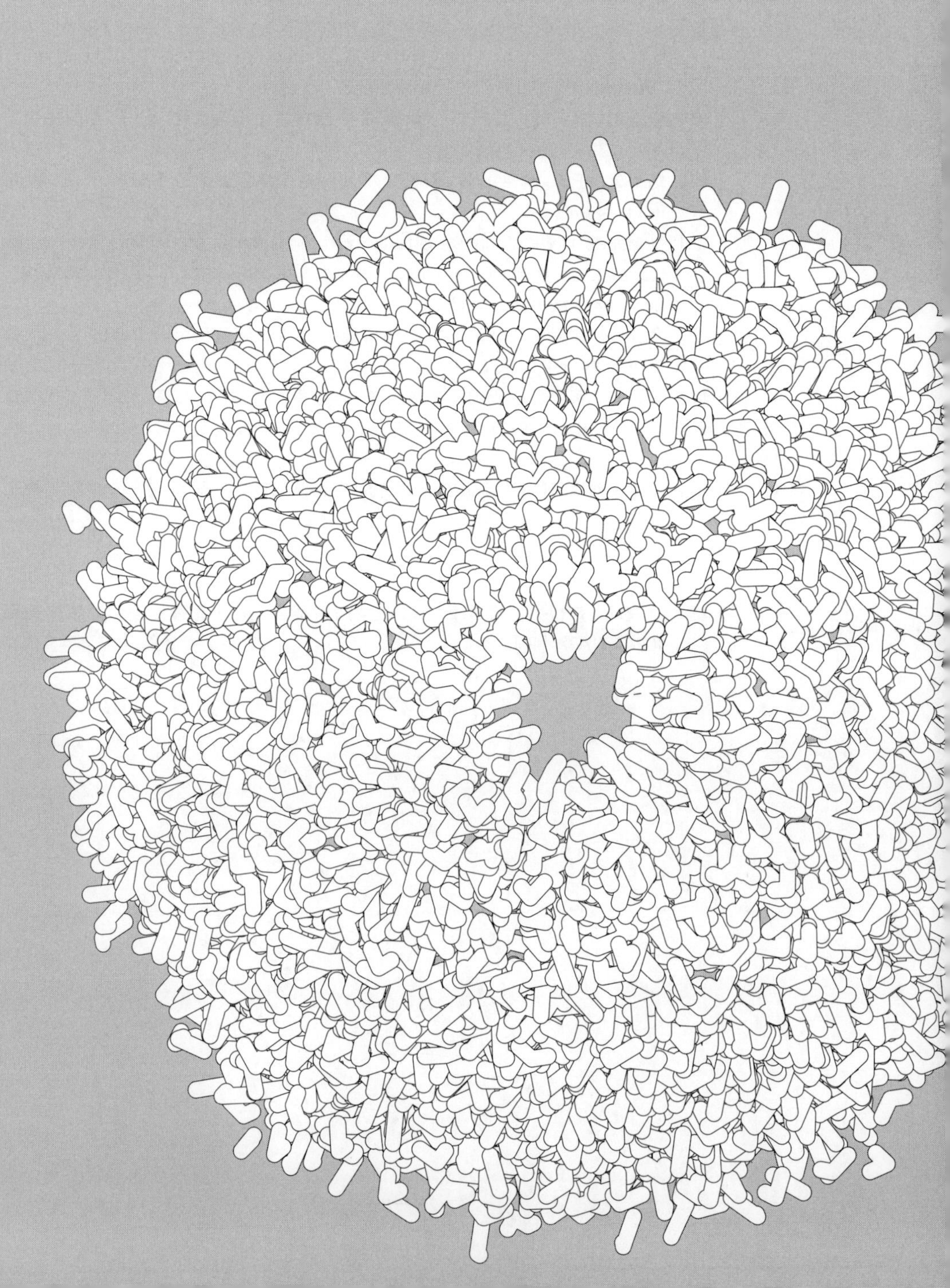

第3章

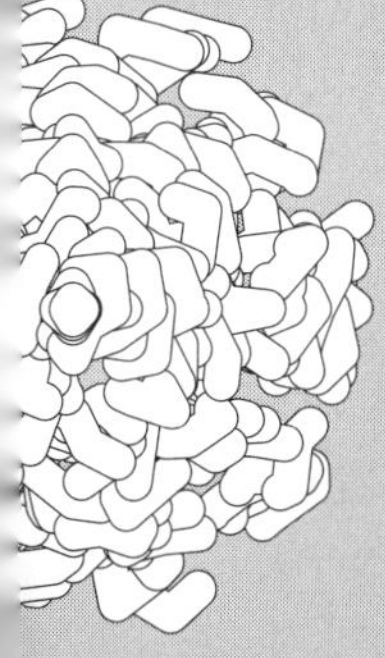

生物柴油制备方法

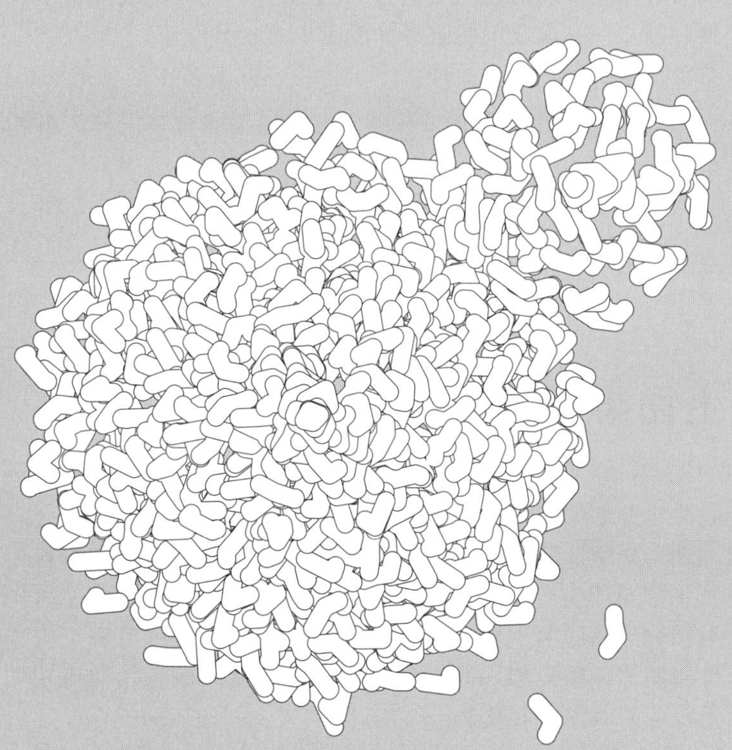

生物柴油经过100多年的发展，特别是近几十年的研究，在一定程度上已经实现了工业化生产，生物柴油制备技术方法有化学法和物理法，大多采用化学法[1]。

化学法制备生物柴油，其原理是利用化学催化剂，将动植物油脂进行化学转化，改变油脂分子结构，使主要组分脂肪酸甘油三酯转化为分子量仅为其1/3的脂肪酸低碳烷基酯，以便从根本上改善其流动性和黏度，使其适合于用做柴油内燃机的燃料。将动植物油脂转化为黏度低、挥发度大的小分子油，可以避免物理法（主要是直接混合法和微乳化法）制备生物柴油的高黏度，防止生物柴油发动机喷嘴出现结焦、活塞卡死和积炭等问题[2-5]。

化学法制备生物柴油的技术方法包括均相催化法（酸催化法和碱催化法）[6]、固体催化法[7]、超临界法[8]、水力空化法[9] 和微波辅助法[10] 等，其中均相酸、碱催化法是目前国内外生物柴油大规模生产的产业化技术方法[3]，具有反应速率高、甲酯产率高、易实现规模化生产等优点，但亦存在原料适应性差、易产生副反应、废水量大等不足[11]。

美洲国家主要以美国和巴西在生物柴油生产方面技术较为先进和成熟，欧盟是全球最大的生物柴油生产者。他们开发生物柴油主要以大豆油或菜籽油为原料，由于这些原料的主要成分为中性的甘油三酯，所以一般通过碱催化法进行生产。我国生物柴油产业发展开始于20世纪初，生产原料主要为地沟油、煎炸油等废油脂[12,13]，辅以国外进口棕榈油精炼皂角油等[14]，由于这些原料除了甘油三酯以外，还含有高浓度的游离脂肪酸成分，所以生产工艺相对于国外工艺更为复杂，需要将酸催化、碱催化或酶催化高效耦合起来[15,16]。但目前以液体酸碱催化为主导的传统工艺路线与绿色化学理念相违背，生产过程会产生大量的能源资源浪费，其中要解决的关键问题之一是催化剂的选择和配套工艺的优化[17]。

本章将从生物柴油制备原理入手，讨论不同工艺中催化剂的选择及其作用机理，以及工艺条件对生物柴油产率的影响，对生物柴油制备方法中的热点研究问题进行解释和探讨。

3.1 生物柴油制备基本原理

制备生物柴油的主要反应，包括游离脂肪酸与短链脂肪醇之间发生的酯化反应以及甘油酯与短链脂肪醇之间的醇解反应。对于酸值较高的原料，通常选用二步法工艺进行生物柴油生产，即先酯化再醇解的反应路径：先通过酯化反应将其中的脂肪酸成分转化成脂肪酸甲酯，剩余的甘油酯组分再通过醇解反应进行转化。最终得到的长链脂肪酸低碳醇酯，即生物柴油。对于品质较好、酸值较低的原料，则直接通过醇解反应对其进行转化。

3.1.1 酯化反应

酯化反应原理如式（3-1）所示，这一过程通常是可逆的，需要很长时间才能达到平衡。为了缩短达到平衡的时间，通常采用浓硫酸、磷酸或盐酸等无机酸作为催化剂，工业上也可以用阳离子交换树脂作为酯化反应的催化剂。

$$RCOOH + CH_3OH \rightleftharpoons RCOOCH_3 + H_2O \tag{3-1}$$

式中　R——脂肪酸的碳链。

从酯化反应的通式来看，1mol 脂肪酸与 1mol 醇反应生成 1mol 脂肪酸酯和 1mol 水。由于羧酸与醇反应生成了副产物水，稀释了反应体系中反应物醇的浓度，因此，要保持反应速率，通常需要加入过量的醇。此外，对于固体酸催化的酯化反应，副产物水也会直接对催化剂的活性产生抑制作用，这一点将在后续的机理解释中加以说明。

3.1.2 醇解反应

醇解反应制备生物柴油，指的是甘油三酯与低碳醇发生酯基交换反应，新生成的混合酯经蒸馏后得到生物柴油，同时得到副产品甘油。各种天然的植物油和动物脂肪以及食品工业的废油，都可以作为醇解生产生物柴油的原料。其中，可用于醇解的醇包括甲醇、乙醇等。由于甲醇价格较低，碳链短、极性强，能够很快地与脂肪酸甘油酯发生反应，且部分均相碱性催化剂易溶于甲醇等因素，甲醇成为醇解最常用的醇类。其总反应式如式（3-2）所示：

$$\begin{matrix} H_2C-OCOR_1 \\ | \\ HC-OCOR_2 \\ | \\ H_2C-OCOR_3 \\ \text{甘油三酯} \end{matrix} + \begin{matrix} 3CH_3OH \\ \text{甲醇} \end{matrix} \rightleftharpoons \begin{matrix} CH_3OCOR_1 \\ CH_3OCOR_2 \\ CH_3OCOR_3 \\ \text{脂肪酸甲酯} \\ \text{(生物柴油)} \end{matrix} + \begin{matrix} H_2C-OH \\ | \\ HC-OH \\ | \\ H_2C-OH \\ \text{甘油} \end{matrix} \tag{3-2}$$

甘油三酯完全醇解生成甘油和脂肪酸甲酯，需要通过连续的三步反应，即甘油三酯和甲醇反应，第一步生成甘油二酯和脂肪酸甲酯，第二步是甘油二酯和甲醇继续反应，生成甘油一酯和脂肪酸甲酯，第三步则是甘油一酯和甲醇反应生成甘油和脂肪酸甲酯。催化醇解反应的既可以是酸，也可以是碱，两者催化机理也不尽相同，关于其机理解释详见本章 3.4 部分相关内容。

从醇解反应的反应式中可以看出，在理想状态下 1mol 甘油三酯与 3mol 醇反应生成 3mol 酯和 1mol 甘油，类似的，醇解反应通常也需要加入过量的甲醇保证反应向生成长链脂肪酸酯的方向移动。如果用氢氧化钾或者氢氧化钠作催化剂制取生物柴油，在反应条件控制不当的情况下，醇解反应中还有副反应发生，例如产物中酯与碱发生的皂化反应。甘油作为此反应的副产物，也有可能与碱催化剂发生反应，生成碱金属或碱土金属的甘油盐，造成催化剂重复使用寿命下降或者活性丧失[18-20]。

3.2 技术方法

3.2.1 化学法

化学法与酶法的区别在于催化剂的不同，其主要采用不具有生物活性的固体或液体酸碱来催化酯化或利用醇解反应来制备生物柴油，具有反应时间短、原料转化率高等优点。基于不同的催化剂，所采用的生物柴油生产技术也有所不同，例如反应温度的控制、催化剂用量、短链醇的用量等。

3.2.1.1 均相酸催化酯化反应

工业上常见的均相液体酸催化剂浓硫酸作为一种廉价易得的液体酸，是工业上常用的高性能酯化反应催化剂。

Zhang 等[21] 以高酸值的花椒油为原料，使用一步法酸催化酯化工艺，采用甲醇为反应醇，先用 H_2SO_4 将花椒油的酸值从 45.51mg KOH/g 降到 2mg KOH/g，再在醇油摩尔比为 24∶1、催化剂用量为 2%、反应温度 60℃、反应时间为 80min 的条件下制备生物柴油，产率可达到 98%。Siti 等[22] 以 H_2SO_4 为催化剂、以游离脂肪酸含量高达 49.18%的米糠油为原料，采用两步催化法制备生物柴油时发现，米糠油中脂肪酸含量与储存温度、时间和湿度有一定关系，当脂肪酸含量较高时，利用两步酸催化法可获得较高产率，产品中甲酯的含量高达 97%。Shashikant 等[14] 以游离脂肪酸含量为 19%的高酸值麻花油为原料，也取得了类似的结果，其采取两步酸催化制备方法，最终得到 98%的甲酯产率。

Obibuzor 等[23] 回收利用果皮中的油脂（游离脂肪酸含量为 25%～26%），当醇油摩尔比为 35∶1、反应温度为 68℃、反应 12h 后，脂肪酸甲酯产率在 97%左右。马传国等[24] 将皂脚先用浓 H_2SO_4 皂化后得到酸值较高的脂肪酸，再以 0.1%浓硫酸作催化剂，甲醇与脂肪酸的比例控制为 1∶1（质量体积比），反应温度 60℃，反应时间 60min，酯化率达到 97.8%。

谢国剑[13] 在对高酸值潲水油制取生物柴油的研究中，采用“边通甲醇蒸气，边蒸馏回收甲醇”的酸催化工艺路线，得到的最佳工艺条件为：醇油摩尔比（10～15）∶1，催化剂用量 5%～7%，温度 85～95℃，反应时间 10h，可获得 90%以上的高酯化率。姚亚光等[25] 研究酸催化地沟油与醇类醇解反应的结果表明，地沟油与甲醇的最佳反应条件为：反应温度 70℃，醇油摩尔比 40∶1，浓 H_2SO_4 质量分数 7%，反应时间 6h，酯化率可达 80%以上；与乙醇的最佳反应条件为：温度 80℃，醇油摩尔比 30∶1，浓 H_2SO_4 质量分数 5%，反应时间 6h，酯化率可达 80%以上。

3.2.1.2 固体酸催化酯化反应

随着环保意识的加强以及绿色化学的发展，人们越来越重视环境友好的催化新工艺过程，固体催化剂代替液体催化剂在精细化工生产过程中的应用研究越来越广泛。

（1）固体超强酸催化

固体超强酸主要以硫酸根负载的金属氧化物为主，即 SO_4^{2-}/M_xO_y。其主要酸种类以 Brönsted 酸为主，其相比于 Lewis 酸更有利于催化醇解反应的发生。这一类催化剂通常需要的反应温度在 120～200℃之间，在使用过程中出现的催化剂性能下降主要源于 SO_4^{2-} 的脱落以及催化剂孔结构被底物或者产物分子堵塞[26]，通常解决后者带来的性能下降一般采用再次煅烧的方法，而为了增强 SO_4^{2-} 和金属氧化物之间的结合稳定性，Rattanaphra 研究组[27,28] 采用的无溶剂法合成的 SO_4^{2-}/ZrO_2 固体超强酸在连续使用 5 次之后性能只下降了约 10%，Jimenez-Morales 研究组[29] 则将合成好的 SO_4^{2-}/ZrO_2 固体超强酸负载在介孔硅材料 MCM-41 上，在连续使用 3 次之后并没有在产物中发现脱落的 SO_4^{2-}。

（2）分子筛固体酸催化

分子筛负载的固体酸最大特点就是具有规则的可调控的孔道结构、比表面积。通常在分子筛中引入 B 酸的方法是引入磺酸基—SO_3H，而连接磺酸基与分子筛之间的基团由于吸电子性质不同，对应的磺酸基的酸性强弱有差别，例如芳基—SO_3H-SBA-15 的酸性要比丙基-SO_3H-SBA-15 的酸性要强，在相同反应条件下，前者的脂肪酸酯化率（56%）要高于后者（38%）。对于另一种孔径可调的无机分子筛 KIT-6，Pirez 研究组[30,31] 合成的平均孔径为 4.9nm 的 $PrSO_3H$-KIT-6 分子筛固体酸，相比 $PrSO_3H$-SBA-15 具有更好的催化性能。

（3）杂多酸催化

杂多酸（heteropoly acid，HPA 或 polyoxometalate，POM）化合物是一类含有氧桥的多核配合物，具有类似于分子筛的笼形结构特征，其特点是低腐蚀性和高活性，但是也能部分溶于极性溶剂，活性易流失。可以通过负载在分子筛上解决这一问题，例如 Duan 等[32,33] 通过分子筛源头合成法引入 HPW（$H_3PW_{12}O_{40}$），合成了疏水的磁性杂多酸分子筛催化剂，在 65℃、醇酸比 6∶1、催化剂添加量 8.2%的条件下催化棕榈酸酯化反应，连续反应 10h，FFA 转化率一直保持在 90%～95%，而通过其他方法制备的杂多酸负载分子筛，在连续反应过程中出现活性连续下降。

（4）碳基固体酸催化

碳基固体酸，是指将高碳生物质原料无氧部分热解或者部分碳化的产物作为载体，通过浓硫酸或其他酸性试剂引入酸性位点得到的催化剂，其疏水性质是其实现稳定催化酯化活性的重要性质之一。Shu 等[34] 采用碳化植物油沥青作为载体，使用 96%的浓硫酸引入磺酸基作为活性位点，在醇油比为 16.8∶1、催化剂质量分数为 0.2%、220℃条件下反应 4.5h，实现 94.8%的 FFA 转化率。除了引入的磺酸基以外，碳基材料上原本存在的羟基（—OH）或羧基（—COOH）都有可能作为活性酸性位点。

（5）复合固体酸催化

无机-有机复合固体酸以 POM-SO_3H 为例子，是离子液体（有机）的负载的杂多酸（无机），其兼具离子液体和杂多酸的高活性，又能够互相结合减少各自在反应体系中的溶解性，保持稳定的催化活性。在微波辅助催化棕榈酸酯化反应中，反应温度为65℃，50min实现97%的FFA转化率，使用6次后活性剩余90%。在此基础之上，Wan等[35] 在其表面覆盖金属有机骨架材料，最高实现94.6%的油酸酯化，6次重复使用无明显活性损失。

（6）离子液体催化

离子液体可以通过改变温度从反应体系析出，容易分离重复使用，所以离子液体也具有固体催化的性质，酸性位点以B酸为主。现在常用于催化酯化反应制备生物柴油的催化剂主要有带有酸根（例如 $HSO_4^-/H_2PO_4^-/HPF_6^-$）的酸性离子液体和带有磺酸基（$—SO_3H$）的酸性离子液体。得益于其液体的属性，离子液体可在更温和的条件下实现高效催化。Zhang等[36] 使用［NMP］［CH_3SO_3］（*N*-甲基-2-吡咯烷酮甲基硫酸盐）液体酸催化，在70℃实现了93.6%～95.3%的油酸酯化率，这与浓硫酸的催化效果相当。Zhen等[37] 制备了对水稳定性好的咪唑丙烷磺酸硫酸氢盐离子液体，并以其作为催化剂进行了大豆油醇解反应制备生物柴油的研究，在醇油比为12∶1、反应温度为120℃、反应时间为8h和催化剂用量4%的条件下，产物中脂肪酸甲酯收率可达96.5%[37]。然而，离子液体作为溶剂存在时问题较多，主要表现为催化剂容易流失，在多相体系中相对固体催化剂难回收，导致反应体系催化能力的下降。离子液体作为催化剂制备生物柴油的研究目前还停留在实验室阶段，没有进行大规模的生产应用，离子液体的稳定性、重复利用率尚待提高。

（7）阳离子交换树脂催化

阳离子交换树脂是近年来用于油脂化降酸生产生物柴油的热点催化剂。目前，研究较多的阳离子交换树脂主要有Amberlyst™、Nafion™、Purolite™以及Relite™等系列[15,38,39]。Amberlyst 15是广泛研究的固体酸树脂催化剂之一，Ozbay等[40] 在60℃、催化剂添加量为2%（质量分数）的条件下反应100min，使用FFA含量为0.47%的原料，获得约为45%的FFA转化率，并与Amberlyst 16、Amberlyst 35和Dowex HCR-W2比较，发现FFA转化率与催化剂比表面积大小正相关，即FFA转化率：A15＞A16＞A35＞Dowex HCR-W2。Park等[41,42] 对比了A15和浓硫酸的活性，发现水分容易引起二者的失活，但他们在另一项研究中发现Amberlyst BD20受水影响较小。Amberlyst BD20是DOW最新开发出的一种专用于生物柴油生产的强酸型阳离子交换树脂固体酸催化剂，具有较强的吸附和溶胀能力，在高甲醇浓度条件下表现出相对较高的酯化效率，但由于受到其比表面积和无孔结构的限制，在催化高酸值油脂（酸值≥100mg KOH/g）相对大孔结构的阳离子交换树脂效率较低。

3.2.1.3 均相酸碱催化醇解反应

（1）均相酸催化醇解反应

Crabbe等[43] 使用棕榈油为原料，在反应温度为95℃、甲醇与棕榈油摩尔比为40∶1、H_2SO_4用量为5%的条件下，反应时间为9h，脂肪酸甲酯产率达到97%，且脂肪酸甲酯产率随H_2SO_4呈线性变化。Freedman等[44,45] 研究了大豆油和丁醇的醇解反应动力学，在用1%的浓硫酸作催化剂、反应温度117℃、丁醇与大豆油摩尔比为 30∶1 的条件下，反应 3h 脂肪酸丁酯收率为 99%；而当温度降低到 65℃，在相同催化剂和醇油摩尔比条件下，需要 50h 脂肪酸丁酯收率才能达到 99%，且发现脂肪酸丁酯随时间的变化呈 S 形曲线。Siler[46] 以向日葵籽油为原料，用不同量的浓硫酸作催化剂，醇（甲醇）油比大于 100∶1 进行醇解反应。发现在高醇油比条件下，随着浓硫酸浓度的增加，脂肪酸甲酯产率随 H_2SO_4 量呈线性变化，与 Crabbe 等使用棕榈油的研究类似。

（2）均相碱催化醇解反应

相对于酸催化的醇解反应，碱催化的醇解反应在反应条件上要相对温和，常用的均相碱催化剂有甲醇钠、氢氧化钠、氢氧化钾、碳酸钠、碳酸钾和有机胺类、胍类化合物等。其中最常用的是金属醇盐，例如甲醇钠，使用量小，反应时间短，反应结束后通过水洗除去。KOH 和 NaOH 由于价格便宜，催化效率相对较高，是目前工业上经常选用的均相碱催化剂。

1）氢氧化钠或氢氧化钾催化

邬国英等[47] 对 KOH 催化油菜籽油制取生物柴油的醇解进行了研究，结果表明，在醇油摩尔比为 6∶1、反应温度为 45℃、催化剂量为 1.1% 的条件下，甲酯产率可达到 70% 以上。Freedman[44] 则采用 1% NaOH 为催化剂对大豆油醇解反应进行了探讨，发现反应温度对反应速率和收率有明显的影响，醇油摩尔比为 6∶1 时，反应温度分别为 60℃、45℃、32℃，反应 0.1h 后，甲酯产率分别可达到 94%、87% 和 64%。王蓉辉等[48] 也以 NaOH 为催化剂，采用正交实验法考察了反应温度、醇油摩尔比、催化剂用量和反应时间等诸条件的影响，得出最佳的反应条件为：反应温度 60℃、醇油摩尔比 6∶1、催化剂用量 0.9%、反应时间 50min，在此条件下甲酯产率可达到 96%。

2）甲醇盐催化

Alcantara 等[49] 在用甲醇钠作催化剂制备生物柴油过程中发现，在 60℃，甲醇与油摩尔比为 7.5∶1，加入质量分数为 1% 的甲醇钠，搅拌转速 600r/min 时，三种甘油酯（甘油三酯、甘油二酯和甘油一酯）基本转化完全。然而，油脂中若含有水，甲醇钠活性将大大降低。Vicente 等[50] 通过实验对甲醇盐、NaOH 和 KOH 进行了比较，证明在甲醇盐的催化下，经分离和纯化后的生物柴油，其甲酯产率可以达到 98%，而用 NaOH 和 KOH 作催化剂时，其产率分别为 85.9% 和 91.7%。其原因是甲醇盐作催化剂时，油脂皂化较少，甲酯在甘油中的溶解也较少，因而提高了产率。

综上可知，均相碱作为催化剂时，价廉易得，反应速率快，得率高，但水的存在常会引起皂化反应，形成的乳化液给后续分离工艺带来困难。游离的脂肪酸则可与碱发生副反应，降低催化剂的作用能力。另外均相催化剂都具有催化剂不易分离回收、污染产品、腐蚀设备的不足。因而，在后处理过程中需大量水洗涤，一方面造成水资源的浪费；另一方面带来工业废水，造成环境污染。

3.2.1.4　固体酸碱催化醇解反应

（1）固体酸催化醇解反应

用于直接催化醇解反应制备生物柴油的固体酸催化剂，以磺酸基负载的金属氧化物为主，例如 SO_4^{2-}/TiO_2、SO_4^{2-}/Al_2O_3、SO_4^{2-}/Fe_2O_3 等，主要通过氢氧化物沉淀法制备。

Furuta[51] 报道了采用硫酸锡、氧化锆（ZrO_2）及钨酸锆等固体超强酸作催化剂在固定床中常压下进行醇解反应。结果表明，对于豆油醇解反应，在钨酸锆/氧化铝催化剂作用下，200～300℃反应，其转化率可达到 90%以上；且在 250℃时反应 100h 后，仍能保持很高的活性。

曹红远等[26] 采用新型固体酸 Zr（SO_4）$_2$·4H_2O 催化大豆油与甲醇的醇解反应制备生物柴油，生物柴油收率可达到 96.6%。Furuta 等[52] 制备了无定形氧化锆、铁、铝、钾掺杂的氧化锆催化剂，研究了 250℃下豆油和甲醇的醇解反应及 175～200℃下辛酸和甲醇的酯化反应，发现铁掺杂和铝掺杂的氧化锆催化剂的催化性能更好，其转化率均达到 95%以上。Furuta 等[51] 还比较了 WO_3/ZrO_2-Al_2O_3、SO_4^{2-}/SnO_2、SO_4^{2-}/ZrO_2-Al_2O_3 三种催化剂在醇解反应中表现出来的催化活性，发现 WO_3/ZrO_2-Al_2O_3 活性最高，豆油转化率约达 90%，而另两种催化剂的转化率分别为 70%和 80%。陈和等[53] 探讨了以 TiO_2-SO_4^{2-}、ZrO_2-Al_2O_3、SO_4^{2-}/ZrO_2-Al_2O_3 固体强酸作为催化剂，进行棉籽油与甲醇醇解反应制备生物柴油实验，结果表明 TiO_2-SO_4^{2-} 与 ZrO_2-Al_2O_3 比改性前的氧化物具有更高的催化活性，在 230℃、醇油摩尔比为 12∶1 及催化剂用量为 2%的条件下，反应 8h 后甲酯的收率可达到 90%以上。曹向禹等[54] 对固体酸 SO_4^{2-}/ZrO_2-TiO_2 催化鱼油醇解反应进行了研究，产率最高可达到 71.6%。

王琳等[55] 采用共沉淀法制备了固体强酸 WO_3/ZrO_2，将其用于葵花籽油醇解制备生物柴油，结果表明，四方晶相 WO_3 的存在对 WO_3/ZrO_2 强酸性非常重要，反应温度 150℃、醇油摩尔比 12∶1、催化剂用量 3%、反应 8h 后葵花籽油的转化率可达到 60%以上。

以上研究可以看出，用于催化醇解反应制备生物柴油的固体酸催化剂种类很有限，且需要的反应条件也较为苛刻，虽然固体酸催化的醇解反应对油脂中的游离脂肪酸和少量水不敏感，但与碱催化工艺比较需要在较高的温度和压力下才能达到预期的产率，因此该工艺尚无工业化应用的报道。

（2）固体碱催化醇解反应

目前，用于制备脂肪酸甲酯的固体碱催化剂主要有金属氧化物及碱土金属化合物、负载型固体碱催化剂、阴离子型层状材料催化剂（水滑石、类水滑石）、强碱性阴离子交换树脂等。

1）金属氧化物及碱土金属化合物催化

金属氧化物和氢氧化物固体碱主要指碱金属和碱土金属化合物，它的碱性源于不同配位环境下 M^{2+} 和 O^{2-} 离子对，低配位的晶体拐角、边界、缺陷部位或高密勒指数面处易呈现强碱性。一般而言，碱金属和碱土金属氧化物催化剂的碱强度随着原子序数的增加而增加，其顺序为 $Cs_2O>Rb_2O>K_2O>Na_2O>BaO>SrO>CaO>MgO$[56]。焙烧温度和前驱体的种类也显著影响碱金属和碱土金属氧化物的碱强度，通常焙烧温度高有利于得到强的碱性位，而不同前驱体煅烧所得碱土金属氧化物的碱强度顺序为碳酸盐＞氢氧化物＞醋酸盐。总之，通过改变制备条件或选择不同的前驱体，可以制备出具有强碱性位甚至超强碱性位的碱金属及碱土金属氧化物，但是由于碱土金属氧化物自身的一些原因，如比表面积相对较低、容易吸收 H_2O 和 CO_2、易与反应物混合形成淤浆而使产物分离困难，且必须要在高温和高真空条件下预处理才能表现出催化活性，因此在实际运用中受到一定限制。

① 碱土金属氧化物催化　此类固体碱已经用于催化甘油三酯酯交换反应制备生物柴油，并且由于 CaO 廉价易得、碱性强、在甲醇中的溶解度小，已有多篇文章报道其在菜籽油、葵花籽油与甲醇酯交换反应中表现出了良好效果。Verziu 等[57] 通过实验发现 CaO 对植物油和甲醇之间的酯交换反应具有良好的催化作用，75℃下油转化率达 97％。然而，催化过程中 Ca^{2+} 会渗出，为了进一步研究 Ca^{2+} 渗出的原因，Kouzu 等[18,19] 发现，反应过程中氧化钙会转变为双甘油钙，并且有文献表明独立制备的甘油钙对酯交换反应亦有活性。Leon-Reina 等[58] 对甘油钙结构及表面性质进行研究，发现甘油钙的晶体结构是通过氢键作用形成的分子四聚体，并且其表面存在非质子化的 O^-，又由于其表面存在长链烃类亲脂基团，加上碱性位点 O^- 存在，正是甘油钙活性较氧化钙高的原因。然而，形成甘油钙造成钙流失，催化剂活性降低，寿命减短，同时，甘油钙又是反应中间体，促进了酯交换反应的进行，究竟利大于弊还是弊大于利还有待进一步探究。除氧化钙外，其他碱土金属氧化物也有所研究。Bancquart 等[59] 采用固体碱 MgO，在 220℃反应条件下催化硬脂酸甲酯与甘油的酯交换反应制备单甘油酯。清华大学王玉军等[3] 发现氧化锶也可用于大豆油脂交换制备生物柴油，该催化剂在 65℃、醇油比 12∶1、反应 30min 条件下可达到 95％以上的转化率，并且循环使用十次依然保持活性。

Gryglewicz 等[60] 还研究了 MgO、$Ca(OH)_2$、CaO、$Ca(CH_3O)_2$、$Ba(OH)_2$ 对醇解反应的催化活性，发现其大小顺序为 $Ba(OH)_2$＞$Ca(CH_3O)_2$＞CaO，MgO 和 $Ca(OH)_2$ 没有表现出催化活性。在有催化活性的三种物质中，$Ba(OH)_2$ 的活性最高，仅比均相催化剂 NaOH 的活性稍低，但由于 $Ba(OH)_2$ 微溶于甲醇，且溶于甲醇后有剧毒，所以 $Ba(OH)_2$ 不适合作为酯交换反应的固体催化剂。

② 不同金属氧化物的复配物催化　相对于单一碱土金属氧化物来说，掺杂碱土金属氧化物具有更高的催化活性。与 CaO 相比，MgO 掺杂的 CaO 具有更高的催化活性，MgO/CaO 具有协同作用的原因可能是降低因与 CO_2 接触而造成的催化剂失活。Ngamcharussrivichai[61] 通过实验发现，CaO/ZnO 对棕榈油和甲醇之间的酯交换反应具有良好的催化作用，加入 Zn 使得催化剂粒径减小，比表面积增大，催化效率提高。碱金属掺杂的 CaO、MgO 也可催化醇解反应，M^+ 取代 M^{2+} 时产生 O^- 中心缺陷。MacLeod 等[62] 以 CaO、MgO 为载体，制备了一系列 Li 和 Na 的固体碱催化剂。该催化剂在 60℃、醇油比 6∶1、反应 3h 条件下可达到 90％以上的转化率，但该催化剂存在部分金属盐随着反应的进行而逐渐脱落的问题。Alonso 等[63] 发现 Li/CaO 催化剂中，Li 的掺杂浓度最好是在 CaO 表面形成饱和 Li^+ 单层，保证反应过程中 Li^+ 不会渗出。

孙广东等[11] 以菜籽油为原料，用 Mg/Al 复合固体作为碱性催化剂制备生物柴油，采用五因子二次正交旋转组合设计，研究得出各因素对产率的影响大小依次是催化剂用量＞醇油比＞搅拌速度＞反应时间＞反应温度。同时得到最佳反应条件为：温度为70℃，催化剂用量为6%，醇油比5∶1，反应时间8h，搅拌强度500r/min，生物柴油的得率可达90%，其指标基本达到美国的ASTM标准和德国的DINE标准。

此外，具有Lewis碱位点的过渡金属及其氧化物也被发现具有催化醇解反应的活性，Ferretto等[64]用红外光谱研究CO_2在TiO_2上吸附状态，发现TiO_2表面形成碳酸氢盐、单齿碳酸盐和双齿碳酸盐。碳酸盐的形成表明，TiO_2表面存在碱性OH^-、碱性氧中心和金属氧对活性中心。McNeff等[65]以大豆油为原料，在17MPa、300～450℃高温高压反应条件下，以多孔的氧化钛为催化剂制备生物柴油，其转化率超过96%，该方法扩大49倍连续反应115h转化率不下降，并且此催化剂也可以用于牛油、海藻油等二十几种油料，转化率均能达85%以上。Gombotz等[66]亦发现氧化锰、氧化钛可同时催化具高游离脂肪酸含量（高达15%）的低品质原料油的酯化和酯交换反应，但未表明Mn、Ti具催化活性的氧化态。TiO_2纳米管也可用来催化大豆油和甲醇酯交换反应，在65℃、催化剂质量为油质量的1%～2%反应条件下，产率高于97%，并且催化剂可重复多次使用。Santiago-Torres等[67]通过实验发现Na_2ZrO_3在65℃、反应3h条件下催化大豆油和甲醇酯交换生成脂肪酸甲酯转化率高达98%。然而，此反应需要甲醇过量，醇油摩尔比40∶1，并且其催化效率低于纳米多孔结构的CaO、MgO。Kawashima等[6]将过渡金属Ti、Mn、Fe、Zr、Ce引入CaO，得到寿命较长的固体催化剂，其中$CaZrO_3$和$CaCeO_3$寿命最长，但原因需进一步研究证明。

2）负载型固体碱催化剂催化

负载型固体碱催化剂因具有制备简单、比表面积相对较大、孔径均匀和碱性强等优点而成为制备生物柴油固体催化剂的研究热点。用于制备生物柴油的负载型固体碱的载体有氧化铝、钙镁氧化物、氧化锆等。负载的前驱体物主要有碱金属、碱金属氧化物、碳酸盐、氟化物、硝酸盐、脂酸盐、氨化物或碱土金属脂酸盐等。这些固体碱的活性位既有碱金属、碱土金属氧化物、氢氧化物等，也有前驱体经高温焙烧后和载体反应生成的活性位。

① 负载型氟化物氧化铝固体碱催化　孟鑫等[68]采用等体积浸渍法制备了KF/CaO催化剂，并将其用于催化大豆油与甲醇发生醇解反应制备生物柴油，当醇与油摩尔比为12∶1、催化剂用量为3%、反应温度为60～65℃、反应时间为1h时，生物柴油的收率可以达到90%。

Adriana等[69]将不同量的KF、LiF和CsF分别负载在Al_2O_3制成固体碱催化剂，发现在400℃煅烧2h后，催化剂中氟原子位表现出碱性降低，而氧原子位表现出相当强的碱性。将制备的催化剂在不同反应温度下，与过量甲醇分别和葵花籽油、菜籽油和大豆油（醇油摩尔比为4∶1）发生醇解反应制备生物柴油，得出在72℃下甲酯产率最高，三种催化剂甲酯产率分别为58%（KF/Al_2O_3）、60%（LiF/Al_2O_3）和70%（CsF/Al_2O_3）。

② 负载型氢氧化钾/钠-氧化铝固体碱催化　Noiroj等[70]以棕榈油为原料，分别用KOH/Al_2O_3和KOH/NaY催化制备生物柴油，发现当KOH的负载量分别为

25%和10%时，生物柴油产率可达到90%以上。Xie等[20]对KNO_3/Al_2O_3固体碱催化大豆油醇解反应进行研究，当KNO_3负载量35%、燃烧温度为500℃（5h）时，大豆油转化率最高可达87.43%。固载化碱土金属是很好的催化剂体系，在醇中的溶解度较低，同时又具有相当的碱度，Kim等[71]研究发现，负载钠碱催化剂$Na/NaOH/\gamma\text{-}Al_2O_3$具有与均相的NaOH相当的醇解催化活性。

③ 天然材料固体碱催化　也有学者研究了以天然材料以及工业废料为原料的固体催化剂，因为这些材料中可能含有具有催化活性的天然成分或者保护活性成分的结构。动物尸骨中的钙主要以磷酸钙的形式存在，通过1073K煅烧后形成羟磷灰石结构，20%油重的催化剂使用量能够实现最高96%的转化率，Smith等[72]通过将牛骨在750℃下煅烧取得的催化剂实现了97%的转化率，他认为是煅烧中形成的氧化钙成分起到了主要的催化作用，也有研究者将棕榈壳灰分通过负载氧化钙得到的催化剂15%油重的填料量最高能实现94%的转化率，来自印度尼西亚的学者Suryaputra等[73]使用当地的一种贝壳作为催化剂前驱体，3%油重的催化剂使用量6h实现95%的转化率，反复活化、使用次数达到3次，也有学者将建筑工地上的废料大理石处理后作为催化剂，在醇油比为9∶1的条件下实现88%的转化率。

3）阴离子型层状材料催化

刘云等[74]采用共沉法制备Zn-Mg-Al类水滑石并且利用X射线衍射（XRD）、红外光谱（IR）等手段对催化剂进行表征，研究Zn-Mg-Al类水滑石及其焙烧产物的醇解反应催化活性。结果表明，Zn-Mg-Al类水滑石及其焙烧产物均具有较高的催化活性。在温度为65℃、醇油摩尔比为9∶1、催化剂用量5%、反应时间为4h的条件下，脂肪酸甲酯得率达到89%。催化剂可重复利用5次，仍保持较高活性。

吕亮[75]利用LDH/LDO以菜籽油为原料制备脂肪酸甲酯，在60～70℃反应温度下，甲酯产率达98.5%以上，且工艺操作简单，可直接获得优质脂肪酸甲酯和副产物甘油，无需精制处理，催化剂可回收再生，整个过程无“三废”污染，但反应时间较长。

Choudary等[76]通过与叔丁氧基钾的四氢呋喃溶液进行离子交换将叔丁氧基离子引入水滑石层间，该材料对酯交换反应也具有很高的催化活性。同时，锌和镧掺杂的水滑石、La_2O_3/ZrO_2、CaO/La_2O_3应用于生物柴油生产也有报道。Corma等[77]发现经煅烧的Li/Al水滑石Lewis碱度高于Mg/Al水滑石或MgO，故其作为固体碱催化剂催化大豆油酯交换具更高的活性。虽然这些催化剂提高了脂肪酸甲酯的产率，并且可以循环利用，但是该催化剂也存在金属离子随着反应进行而逐渐脱落的问题，其稳定性需要进一步验证。

4）有机碱固体催化

① 强碱型阴离子交换树脂催化　谢文磊[78]采用经NaOH溶液预处理过的717型阴离子交换树脂作为催化剂进行了油脂醇解的研究。将大豆油和猪板油以6∶4充分混匀作为原料，加入10%的催化剂，在温度50℃下反应150min。结果显示，在此优化条件下，甘油三酯2-位的脂肪酸的醇解程度较大，并不是完全随机醇解。陈冠益等[79]用D296R对大孔型强碱性阴离子交换树脂进行预处理、转型、再生，用于固定床反应装置内催化棕榈油和甲醇进行连续酯交换反应，在醇油摩尔比为9∶1、

反应温度为55℃、反应时间为1h时，酯交换制备生物柴油的产率达到89.5%。

Shibasaki-Kitakawa等[38,80] 采用不同的离子交换树脂催化天然的甘油三酯和乙醇合成脂肪酸甲酯，探讨了离子交换树脂合成生物柴油的反应机理以及不同种类树脂的反应活性、树脂添加量和醇油摩尔比对醇解率的影响、树脂的再生方式对树脂活性的影响等。结果显示，碱性离子交换树脂比酸性离子交换树脂具有更高的活性，低的交联密度和小的粒度具有更高的活性。

② 含胍基有机化合物催化　烷基胍是一类均相有机强碱，能催化油脂醇解制备生物柴油。Schuchardt等[81] 发现几类催化剂的催化活性主要取决于自身碱性的强弱，其中效果最好的是1,5,7-三氮二环［4,4,0］十-5-烯（TBD）。在甲醇与油摩尔比7∶1、TBD用量2%、反应温度70℃、反应时间3h的条件下，转化率为96.0%，这接近于同样条件下NaOH的催化效率。进一步的研究中，他们还将TBD进行了固定化，但固定化后的催化剂活性略有下降，且仅能重复使用9次。Gelbard等[82] 首先合成了可溶性缩二胍，并将其固定化，然后以胍、缩二胍与固定化缩二胍为催化剂进行了油脂醇解的研究，发现缩二胍的催化效率是胍的30倍；而且缩二胍经固定化后活性没有明显降低，反应30min，重复使用15次后活性没有明显改变(90%)。

综上所述，采用固体催化剂催化油脂酯化、醇解反应制备生物柴油，不仅可避免在传统的均相酸碱催化过程中催化剂分离比较困难、清洗废液多、副反应多和乳化现象严重等问题，而且反应条件温和，催化剂可重复使用，副产物甘油易于回收，过程自动化程度高，设备腐蚀度低，环境污染小。但固体催化剂目前也存在着一些问题，如液固催化涉及的传质阻力，使得固体催化剂往往需要相对苛刻的反应条件才能实现理想的甲酯收率，这使得此类催化剂的优势并不突出；且大多数固体催化剂是粉状物，机械强度低，易和生成的副产物甘油形成浆状物，抑制催化作用，且催化剂在后处理的过程中分离困难。而负载型固体催化剂虽可缓解上述问题，但其上的负载活性成分在反应过程中容易流失，使用寿命不足。

3.2.1.5 超临界

超临界流体在化学反应中既可作为反应介质，也可直接参加反应。超临界流体中的化学反应技术能影响反应混合物在超临界流体中的溶解度、传质和反应动力学，从而提供了一种控制产率、选择性和反应产物回收的方法。所谓超临界状态是指当物质的温度和压力同时超过其临界温度和压力时，气态和液态将无法区分，于是物质处于一种施加任何压力都不会凝聚流动的状态。超临界流体具有不同于气体或液体的性质，它的密度接近于液体，黏度接近于气体，而热导率和扩散系数则介于气体和液体之间。充分运用超临界流体的特点，可以使传统的气相或液相反应转变成一种全新的化学过程，从而大大提高其效率。一般而言，在超临界相中进行的化学反应，由于传递性质的改善，要比在液相中的反应速率有所提高。

超临界法制备生物柴油是一种新兴的工艺技术。超临界甲醇介电常数小，具有疏水性，可以和甘油互溶，能够加快反应速率。超临界酯化/醇解是指在不添加催化剂的条件下，油脂与甲醇在甲醇的超临界状态（$T_c=239.3℃$，$p_c=8.09\text{MPa}$）下进行的反应。在此种状态下，甲醇既可作为反应介质，也可直接参加反应，而且其溶解性相当高。因此油脂与甲醇能够很好地互溶，使反应过程在均相中进行，提高产率。超临界 CO_2 也可以作为小分子共溶剂，减小甲醇与油脂之间的传质阻力，从而大大加快反应速率。

Kusdiana 等[83] 对菜籽油和超临界甲醇反应的动力学进行了研究，发现当甲醇处于超临界状态时，反应速率大大提高，并且此时水的存在不但对产率没有负面影响，一定量的水反而能促进脂肪酸甲酯的生成。Demirbas[84] 考察了棉籽油在甲醇的临界点附近的醇解反应，发现反应在达到临界点后甘油的收率有一个较大的提高，例如 230℃时反应 300s 后甘油的收率只有约 60%，而在 240℃同样的反应时间内甘油的收率上升到约 95%，甲酯产率高达 96.5%。

Imahara 等[7] 在临界状态下加入共溶剂（环己烷、二氧化碳和氮气）制备生物柴油，结果发现生物柴油的产率与共溶剂没有直接关系，但氮气的加入有利于提高产物的氧化稳定性和减少甘油的含量，便于后续分离纯化从而制备出高品位的生物柴油。

由于超临界甲醇工艺需要较高的环境温度，容易导致不饱和脂肪酸甲酯的氧化或水解等副反应，为了减轻这一问题对生物柴油产品质量的影响，He 等[85] 采用了逐步升温的方式，最终反应温度为 310℃，压力 35MPa，甲酯收率最高可达 96%，但这一反应工艺需要更长的反应时间（1500s）。

综上所述，超临界法具有无需催化剂、对环境友好、转化率高、反应分离同时进行、对水分耐受性强、原料适应性广等优点，解决了油脂与甲醇两相的共溶问题，具备反应速率快、转化率高、取材广泛、后续处理简单等优势，是一种很有前景的生产工艺。但由于其反应过程中需要较高的温度和压力，能耗大，反应条件较苛刻，对设备的要求高，操作费用高，这在一定程度上限制了其大规模应用。

3.2.2 酶法

3.2.2.1 概述

生物柴油各种生产方法中，化学法已实现产业化，而酶法工艺仍处于实验室研发阶段。碱催化法虽然具有催化剂廉价易得、转化率较高、反应时间短等优点，但仍存一些缺点：

① 醇用量很大且难以回收；

② 碱液排放造成新的环境污染；

③ 甘油难回收，产物不易分离，后续处理成本大；

④ 对油源品质要求高，其水含量需小于 0.5%、酸值小于 1mg KOH/g，使其对废弃油脂、餐饮油脂的利用率很低；

⑤ 能耗较高、设备要求高、工艺比较复杂。

而生物酶法醇用量小、产物及副产物较易分离且无污染排放、油源品质选择性低、反应条件温和、能耗较低，是一种更节能、环保的工艺。

目前，已报道可催化合成生物柴油的微生物脂肪酶包括：细菌脂肪酶，如洋葱假单胞菌（*Pseudomonas cepacia*）脂肪酶 PS；真菌脂肪酶，如南极假丝酵母（*Candida antarctica*）脂肪酶及其固定化酶 Novozym 435，假丝酵母（*Candida* sp.）99-125 脂肪酶及其固定化酶，米根霉（*Rhizopus oryzae*）脂肪酶，疏棉状嗜热丝胞菌（*Thermomyces lanuginosus*）脂肪酶（Lipozyme TL），脂肪酸甲酯得率一般大于 70%。商品化的脂肪酶已经有 20 种以上，其具体来源如表 3-1 所列。

表 3-1　已商用脂肪酶及其来源

脂肪酶	供货商	脂肪酶	供货商
Alcaligenes sp.	Amano,Meito Sankyo Co.	*Pseudomonas fluorescens*	Amano,Biocatalysts
Aspergillus niger	Amano	*Psedomonas* sp.	Sigma,Boehringer Mannheim
Bacillus subtilis	Towa koso	*Psedomonas qeruginosa*	Amano
Candida cylindracea	Amano，Sigma，Meito Sangyo	*Rhizopus arrhizus*	Boehringer Mannheim
Candida lipolytica	Amano	*Rhizopus delemar*	Sigma,Amano
Geotrichum vcandidum	Amano,Sigma	*Rhizopus japonicus*	Amano,Sangyo
Humicola lanuginose	Amano	*Rhizopus oryaze*	Amano
Mucor meihei	Novo，Amano，Biocatalysts	*Rhizopus* sp.	Amano，Serva，Sangyo，Sigma
Porcine pancreas	Sigma,Amano	*Wheat germ*	Sigma
Ch. viscosum	Asahi,Biocatalysts	*P. mendocina*	Genencor International
P. alcaligenes	Gist-Brocades,Genencor International	*P. cepacia*	Amano，Altus Biologics，Boehringer Mannheim,Fluka
Bacillus. pumilus	Solvay	*C. viscosum*	Asahi,Biocatalysts
T. lanuginosus	Boehringer Mannheim，Novo	*C. antarctica*	Boehringer Mannheim，Novo
C. rugosa	Amano，Genzyme，Sigma,Biocatalysts	*Geotrichum candidum*	Boehringer Mannheim，Novo
Yarrowia lipolytica	Amano		

3.2.2.2　脂肪酶催化生产生物柴油机理及优势

（1）脂肪酶催化生产生物柴油机理

对于酶催化醇解过程的反应机理，人们通常认为是多个顺序水解和酯化过程机理（图 3-1），即在酶催化微水环境中，甘油三酯先水解成甘油二酯和脂肪酸，然后脂肪酸在脂肪酶的催化下和短链醇发生酯化反应，生成脂肪酸短链醇酯；接下来，甘油二酯继续水解成甘油一酯和脂肪酸，再酯化成脂肪酸烷基酯，依次进行顺序水解和酯化反应。直到甘油酯完全水解为甘油，产生的脂肪酸完全酯化合成脂肪酸烷基酯。即脂肪酶催化过程在许多方面与丝氨酸蛋白酶的水解过程相似。酶催化过程借助于酰基-酶中间体的形成。

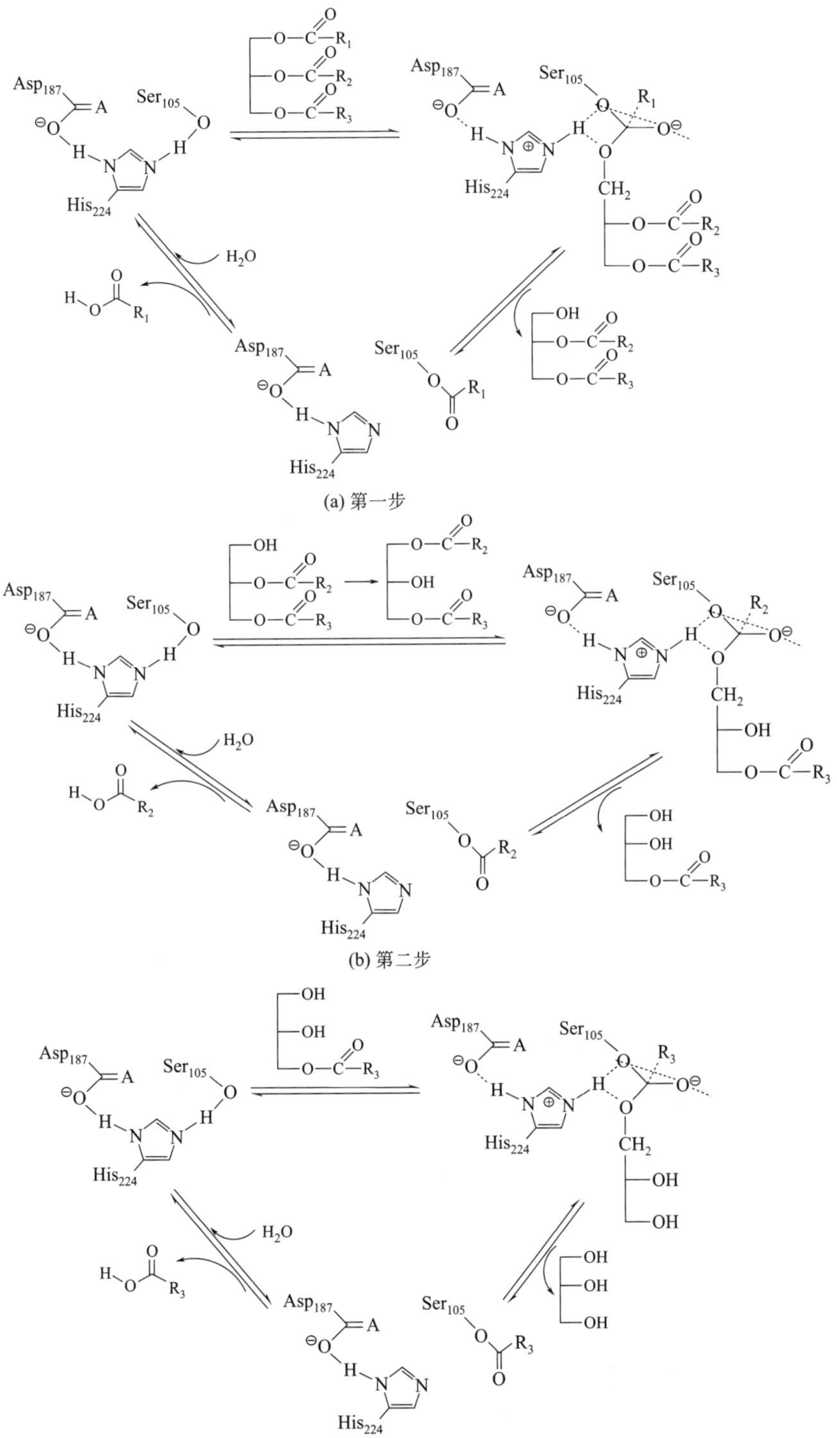

(a) 第一步

(b) 第二步

(c) 第三步

图 3-1　脂肪酶催化制备生物柴油醇解酯化机理

Asp_{187}—187 号天冬氨酸残基；Ser_{105}—105 号丝氨酸残基；His_{224}—214 号组氨酸残基

Fersht 已证明，酶在水溶液中是通过酰基-酶配合物机制水解底物酯，即酶与底物首先通过非共价键形成酶-底物复合物，然后酶活性部位的丝氨酸残基的羟基与底物的羰基形成一个四面体中间物，该中间物分解，释放出醇，形成酰基-酶共价配合物，再经水解形成酶-底物复合物，进一步分解释放出自由酶和产物。

大量的研究表明，脂肪酶在非水相催化转酶化反应过程中也是通过酰基-酶机制。根据这个假设，Marangoni 和 Rousseau 描述了酶促醇解过程的催化机理，简单描述如下：

$$
\begin{aligned}
TAG_1 + E &\rightleftharpoons TAG_1 \cdot E \\
TAG_1 \cdot E &\rightleftharpoons DAG_1 + FA_1 \cdot E \\
DAG_2 + FA_1 \cdot E &\rightleftharpoons TAG_2 \cdot E \\
TAG_2 \cdot E &\rightleftharpoons TAG_2 + E
\end{aligned} \tag{3-3}
$$

式中，TAG 是甘油三酯；DAG 是甘油二酯；FA 是脂肪酸；E 是酶。

许多其他的研究也提出甘油酯-酶复合体参与酶解反应，Kyotani 提出如下机理过程：

$$
\begin{aligned}
TAG_1 + E \rightleftharpoons TAG_1 \cdot E \rightleftharpoons DAG_1 \cdot E + FA_1 \\
DAG_1 \cdot E + FA_2 \rightleftharpoons TAG_2 \cdot E \rightleftharpoons TAG_2 + E
\end{aligned} \tag{3-4}
$$

他认为该假设能更好地拟合分批溶剂系统的酶解过程的实验数据。同时他发现当体系中水含量控制反应过程时，混合物中的水含量影响着每一步的速率常数。

另一个酶促假设是序列水解-酯化过程，即醇解过程是水解过程和酯化过程交互进行的。对于水解过程的酰基-酶复合体反应可以描述如下：

$$
\begin{aligned}
TAG + E \rightleftharpoons TAG \cdot E \rightleftharpoons DAG + FA \cdot E \\
FA \cdot E + H_2O \rightleftharpoons FA + E
\end{aligned} \tag{3-5}
$$

随后的酯化过程是水解过程的可逆反应。在序列水解和酯化过程中，反应方式遵循 Ping-Pong Bi-Bi 反应机理。一般认为水解过程是限速步骤，其反应速率要慢于酯化反应。很显然，在该假设中，水作为反应物参与水解反应，又同时作为酯化反应的产物。很多研究表明序列水解酯化机理部分支持酶促醇解过程。

甘油三酯醇解合成脂肪酸烷基酯过程包括一系列的可逆步骤，甘油三酯分步降解为甘油二酯、甘油一酯，并最终降解为甘油，每一步降解释放 1mol 的脂肪酸酰基，脂肪酸酰基和醇合成为 1mol 脂肪酸烷基酯。反应历程可简单描述如下：

$$
\begin{aligned}
TAG + R'OH &\rightleftharpoons DAG + R'COOR_1 \\
DAG + R'OH &\rightleftharpoons MAG + R'COOR_2 \\
MAG + R'OH &\rightleftharpoons GAG + R'COOR_3
\end{aligned} \tag{3-6}
$$

式中，TAG、DAG、MAG 分别表示甘油三酯、甘油二酯、甘油一酯；R′OH 表示烷基醇；R′COOR 表示脂肪酸烷基酯（FAAE）。

（2）酶法制备生物柴油的优势

目前，生物柴油的工业化生产方法主要是碱催化法。碱催化法生产生物柴油速度快且转化率高，但此法在生产过程中产生废碱液，对环境造成污染，且不能处理废油脂。酸催化法适用于游离脂肪酸和水分含量高的反应体系，产率高，但甲醇用量大，反应时间长，需要较高的反应温度。2001 年，Saka 和 Kusdiana 提出了超临界法。用超临界法生产生物柴油无需催化剂，反应速率快、转化率高，反应分离可同时进行，但反应需在高温高压的条件下进行，对设备要求相当高且能耗巨大。

生物酶法是以脂肪酶为催化剂，催化油脂与短链醇进行酯交换反应。与上述方法相比，生物酶法具有多方面的优势（见表3-2）。相对于酸碱化学法，生物酶法酶交换反应醇消耗量较少，产品回收过程简单，无污染排放，适用范围广。跟超临界法相比，生物酶法又具有反应条件温和、能耗低、对设备要求低等优点。但生物酶法生产生物柴油也存在一些缺点，如生产成本高、反应效率低，阻碍了酶法技术在工业生产上的应用。国内外很多学者针对这些问题进行了探索性研究。如何提高酶法生产效率、降低其生产成本成为目前要解决的首要问题。

表3-2　不同酯交换方法的比较

比较项目	制备方法			
	均相催化	非均相催化	酶催化法	超临界催化法
反应时间	0.5～4h	0.5～3h	1～8h	120～240s
反应条件	0.1MPa，50～100℃	0.1～5.0MPa，530～200℃	0.1MPa，30～60℃	＞8.09MPa，＞239.4℃
催化剂	酸或碱	金属氧化物或碳酸盐	固定化脂肪酶	无
游离脂肪酸	皂化物	甲酯	甲酯	甲酯
产率	正常～高	正常	低～高	高
分离纯化	甲醇、催化剂、皂化物	甲醇	甲醇或乙酸甲酯	甲醇
废弃物	废水	无	无	无
甘油酯纯度	低	低～正常	正常或副产物三乙酰甘油	高
工艺性	复杂	复杂	复杂	简单

3.2.2.3　提高生物酶转酯效率的策略

（1）脂肪酶的选择

通常用于催化合成生物柴油的微生物脂肪酶有酵母脂肪酶、根霉脂肪酶、毛霉脂肪酶、猪胰脂肪酶等。在催化生产生物柴油的反应过程中，不同的脂肪酶表现出的活性和特异性并不完全相同。

在含水的体系中，只有部分脂肪酶表现出较高的催化活性。Kaieda等[86]发现*Rhizopus oryzae*必须在含水率为4%～30%条件下才能较好地催化大豆油甲酯化。分步添加甲醇到反应液中进行反应，转化率可达80%～90%。*Cryptococcus* spp. S-2脂肪酶也是一种需水的脂肪酶，当体系中含水率为100%，醇油比为4∶1，反应120h后，转化率达80.2%。因此，当含有一定量水分的废油被用作底物时，这些酶被认为是一类潜在的有效酶。

另外，还有一部分酶在无水或微水的环境中即可高效地催化底物合成生物柴油。Soumanou等[87]报道，*Rhizomucor miehei*、*Thermomyces Lanuginosa*和*Pseudomonas fluorescens*脂肪酶在水含量极低的正己烷、异辛烷和柴油等有机溶剂中表现出较高的催化活性。其中，*P. fluorescens*脂肪酶还能在不添加任何溶剂、醇油比为

4.5∶1的条件下高效地进行转酯反应，转化率达90%。这归功于*P. fluorescens*脂肪酶具有很好的对甲醇的耐受性。因此，选择一种适合的脂肪酶相当重要，这样才能最大限度地发挥脂肪酶在体系中的催化活性，从而提高生物酶法的生产效率。

（2）反应过程的调控

由于脂肪酶只有在特定的反应条件下才能具有较高的催化活性，所以对于脂肪酶催化生产生物柴油过程中各参数的调控显得尤为重要。一般情况下，影响酶催化生产生物柴油过程的主要因素有酶用量、醇油比、反应温度、体系水含量、反应时间等。

1）酶用量

酶催化生产生物柴油过程中，酶的用量是一个很关键的因素。因为这不仅关系到反应时间和最终的转化率，而且还关系到整个过程的生产成本。众所周知，酶法工艺中，催化剂成本占总成本中较大比重，脂肪酶的使用量直接关系到整个工艺的经济可行性。在实际工业化过程中，酶的用量一般由综合实验优化结果和经济效益来共同决定，即在满足工业化要求的时间和转化率条件下，尽可能使用较少的酶量，以降低生产成本。

2）醇油比

醇油比是指反应体系中加入的短链醇与脂肪酸（以游离态或者甘油酯态存在）的摩尔比。它反映的是反应过程中短链醇的过量程度。当醇油摩尔比等于1∶1（有时称作3∶1，即按甘油三酯计）时，短链醇未过量，为理论摩尔比。一般情况下，由于短链醇对于脂肪酶的毒害作用，酶法制备生物柴油反应过程中采用理论摩尔比。但在实际工业化过程中，鉴于体系的混合问题和过程中短链醇的挥发，一般加入理论摩尔比的1～1.5倍短链醇。

3）反应温度

酶法生产生物柴油的反应温度一般为30～60℃，这完全由酶自身的性质所决定。由于酶的化学本质为蛋白质，过高的温度会使蛋白发生不可逆变性，降低酶的催化活性甚至使酶失活，过低的温度下则酶不能发挥其最高的催化活性，只有在最适温度下，酶的催化活性才能达到最大值。Iso等[88]在使用固定化*P. fluorescens*脂肪酶生产生物柴油过程中发现，反应在50～60℃时的转化率远远高于40℃和70℃时的转化率，且合适的温度大大缩短了反应达到平衡的时间。Kose等[89]对该反应体系中反应温度进行了研究，发现在50℃时，甲醇转化率最高，为91.5%，超过或者低于50℃均会使转化率降低，故该反应体系的最适反应温度为50℃（图3-2）。

在实际操作过程中，要根据所使用的脂肪酶的性质来决定最适的反应温度，该温度一般由实验得到。在工业生产过程中，考虑到脂肪酶的使用寿命，一般情况下反应温度要略低于最适温度。

4）体系水含量

由于原料油与水互不相容，所以酶法合成生物柴油过程属于非水相催化过程，在该过程中，水在维持酶活性中心的构型与构象方面发挥着重要的作用。在无水条件下，酶分子的带电基团和极性基团相互作用产生一种非活性的封闭结构，加入适当的水充当润滑剂，使酶分子柔性增大，从而提高酶活性；水量不足则造成酶分子

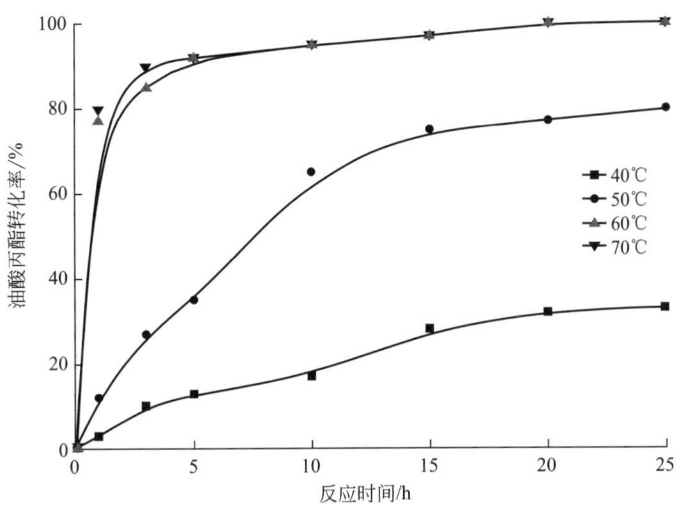

图 3-2　反应温度对固定化荧光假单胞菌脂肪酶生产油酸丙酯的影响

的刚性过大，活性不高。但过量的水会引起酶活性中心水簇的形成，改变酶活性中心结构，从而导致酶活性下降。

与反应温度相仿，反应体系水含量也是一个由酶自身特性决定的参数，如对于 Novozym 435 固定化脂肪酶，其催化过程只需要极其微量的水；而假丝酵母 99-125 脂肪酶的催化过程则需要 10%～20%的水（图 3-3）。所以，体系最适水含量的确定最终应以实验结果为依据，结合所采取的工艺得到体系最优水含量值。

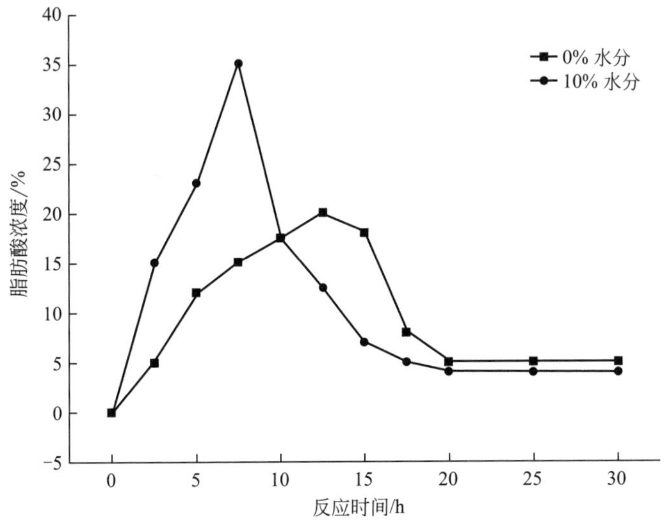

图 3-3　不同水含量对自由脂肪酸转化的影响

（醇油摩尔比为 1∶1，假丝酵母 99-125 脂肪酶用量为 10000U）

5）反应时间

反应时间是指酶反应体系的实际催化时间。需要注意的一点是，反应时间并不是该体系达到反应平衡的时间。在实际的脂肪酶催化过程中，考虑到生产过程中的时空产率，一般取转化率等于或者接近最高转化率的最短时间为该过程的反应时间。

(3) 底物和产物对酶毒性的降低

酶促反应效率低是阻碍酶法生产生物柴油技术产业化的一个主要瓶颈。研究表明，底物甲醇和副产物甘油是造成酶法反应转化率低下的罪魁祸首，它们对反应有强烈的抑制作用。甲醇在油脂中的溶解度很有限，过量的甲醇会在油脂中形成细小微滴，造成酶的大量不可逆失活。甘油易吸附于固定化酶载体的表面，使酶微环境的水活度降低，还会在酶表面形成亲水层，阻碍了疏水性底物的扩散。因此，如何降低或摆脱甲醇和甘油对脂肪酶的毒害作用以提高反应的转化率是酶法生物柴油工作所必须解决的大问题。

1) 释醇法

非极性有机溶剂如正己烷、石油醚、汽油等被公认是能较好地维持脂肪酶稳定性的介质，但这些溶剂对甲醇的溶解能力较差，甲醇对酶的毒害作用仍然存在。Li提出使用叔丁醇作为酶法生产生物柴油的添加溶剂。叔丁醇可以同时溶解甲醇和甘油，而且由于叔丁醇是三级醇，空间位阻较大，在油脂转酯过程中不参与反应。当叔丁醇与油脂体积比为 1∶1、醇油摩尔比为 4∶1 时，反应 12h 后，油菜籽油的转酯率可达 95%，而且固定化酶在使用 200 批次后，其活性基本没有下降。释醇法操作简单，能有效地提高酶的酯交换活力，但在体系加入易燃易挥发的有机溶剂，增加了操作危险系数、环境污染度，还提高了生产成本。

2) 分步添加甲醇法

Shimada 等[90] 首次提出三步添加甲醇法，即将甲醇分三次添加到反应液中，每次添加的甲醇量为反应所需总甲醇量的 1/3。利用三步添加甲醇法，以 Novozym435 为催化剂，反应 48h，油脂转化率达 97.3%（见图 3-4）。

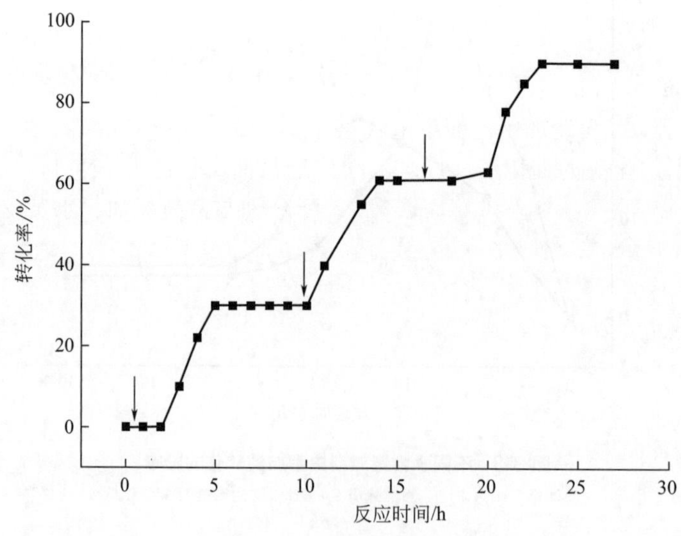

图 3-4　废油作为底物进行反应（箭头表示甲醇加入）

在三步法的基础上，Watanabe 等[91] 又提出了两步添加法。两步添加法的第一步和三步添加法一样，都是添加 1/3 甲醇。第一步反应结束后，反应液中有约 33%的甲酯生成。由于甲醇在甲酯中的溶解度较大，第二步可直接添加 2/3 甲醇。两步法反应时间仅为 34h，转化率高达 96.8%。分步添加法无需额外添加有机溶剂，但在工业生产中这样做无疑会增大设备投资和操作复杂性。

3）洗涤法

Dossat[92] 在用固定化脂肪酶 Lipozyme 催化高油酸葵花籽油与丁醇的半连续化转酯反应过程中，使用水分活度系数为 0.54 的丁醇溶液和 2-甲基-2-丁醇溶液来淋洗反应器，可洗去黏附在固定化酶上的甘油，其中用丁醇溶液淋洗反应器，酶在使用 48h 后转化率仍可达到 80%以上；而没有经过淋洗的，酶的酯交换活力接近 0。吴虹等[93] 用 Novozym435 催化餐饮废油脂转酯生产生物柴油，每次反应后用丙酮洗去固定化酶表面的甘油，然后再进行下一次反应。结果发现，酶的稳定性大为提高，同样反应 4 批次后，产物中的甲酯含量依然可达 88.4%。洗涤法降低了甘油对酶的副作用，大大提高了酶的操作稳定性，但洗涤需用大量的溶剂，因此存在着与释醇法相似的缺点。

4）浸泡法

Samukawa[94] 首次发现用浸泡法对固定化酶进行预处理，可进一步优化脂肪酶，降低甲醇和甘油对脂肪酶的抑制作用。将固定化酶 Novozym435 置于油酸甲酯中浸泡 0.5h，接着用大豆油淋洗，最后在大豆油中浸泡 12h。预处理后，油酸甲酯和大豆油进入载体内，防止大量甲醇和甘油与酶接触，因此酶的活性及稳定性都有所提高。Chen 等[95] 也尝试了很多种方法对 Novozym435 酶进行预处理，其中效果最好的是叔丁醇浸泡法。处理后酶酯交换反应效率比没预处理的提高了 10 倍，效果要好于 Samukawa 等的酯类浸泡法。酯类浸泡法使用油酸甲酯和大豆油作为浸泡溶剂，不存在安全和污染的问题，但效果不够好；叔丁醇浸泡法效果较佳，但叔丁醇有毒，在操作过程中存在安全隐患。

5）替换酰基受体法

近来，Xu[96] 发现用乙酸甲酯代替甲醇不仅可以省去分步添加的麻烦，而且大大提高了固定化酶的催化活性。当乙酸甲酯与油摩尔比为 12∶1，反应 10h 后，甲酯转化率达 92%。而 Modi[97] 则用乙酸乙酯分别与麻疯树油、水黄皮油、葵花籽油进行酯交换反应。在乙酸乙酯与油摩尔比 1∶1 的条件下，反应 12h，最大转换率分别达 91.3%、90%、92.7%。

使用乙酸甲酯或乙酸乙酯作为酰基受体，反应产生的副产物为乙酸三甘油酯，不仅避免了甲醇对脂肪酶的毒害，而且消除了甘油的副作用。此外，乙酸三甘油酯对反应没有负面影响，并具有比甘油更高的商业价值。因此，在酶法生产生物柴油中乙酸甲酯和乙酸乙酯是一类理想的酰基受体，已引起国内外学者的广泛关注。

（4）反应器的选择

酶反应器是酶促过程的核心，许多反应器被用于油脂的改性，如 BSTR、PBR、膜反应器、气升式反应器、流化床反应器、循环流反应器、喷雾反应器、泡沫反应器等，这些反应器有些带有内部或外部的分离耦合单元，有些带有外部或内部的驱动单元。各种反应器的结构特性和反应特性在相关的文献中有许多叙述，这里不再展开介绍。选择反应器没有一个普遍的规律，以下几方面可以作为选择反应器时的参考依据：

① 反应效率（匀质性、底物扩散、酶的活性等）；

② 产物的质量（得率和纯度）；

③ 酶的重复使用；

④ 过程的可操作性和商业化性能；

⑤ 过程的效率；

⑥ 过程的投资成本；

⑦ 过程和产品的灵活性；

⑧ 过程操作、控制和检测的难易。

目前用于生物柴油生产的酶反应器主要是 BSTR 和 PB。大规模的连续生产使用 PBR 反应器是最有效的，可以避免固定化酶的崩溃。为了防止甲醇等短链醇对固定化酶的毒性，Shimada 等[90] 开发了一个带搅拌的三步连续操作的反应器，利用 PBR 进行酶反应，利用 BSTR 来沉降甘油，反应可以连续操作，固定化酶 Novozym435 可以连续使用 100d。聂开立等[98] 开发了适合固定化酶的 PBR 和 BSTR 反应器。在 PBR 中，反应的最高转化率可以达到 96%，并且固定化酶使用半衰期达 200h 以上。聂开立等已申请专利（专利号：ZL200910053566）的适合固定化酶催化生物柴油的 BSTR 包括搅拌釜、过滤器、循环泵、甲醇储罐和出料泵，该 BSTR 固体催化剂回收方便，可以提高催化剂使用寿命，大大降低生物柴油生产成本。

反应时间受以上多因素，如酶用量、醇油比、反应温度、体系水含量等共同影响。当酶量增大时，由于体系中酶催化活性位点增加，反应速率增大，因此反应时间缩短，但酶的成本也会相应增加。而醇油摩尔比改变，一定范围内增加醇用量，底物浓度增大，反应速率也会相应增加；如果醇用量过大，由于短链醇对酶的毒性，会降低反应速率甚至使酶失活。所以，对于反应时间的调控应综合考虑所使用脂肪酶的特性和工艺流程，不能一味追求缩短反应时间，应兼顾整个过程的时空产率和操作成本。

3.2.2.4 酶法制备生物柴油的发展方向

据酶法制备生物柴油工艺的现状，预测其发展方向如下：

① 通过筛选或是利用基因工程技术对现有的脂肪酶进行改造，以获取催化活性更高、对短链醇耐受能力更强的脂肪酶。

② 继续深入研究脂肪酶的固定化方法，寻找更廉价易得并能很好地维持脂肪酶催化活性的载体，使酶催化剂达到工业化生产的要求。

③ 利用酶法对原料油脂品质无特别要求、适应性广的优点，进一步加强对廉价工业废弃油的利用研究，将酶法生产生物柴油的工艺与废油脂的利用结合起来，提高经济效益。

④ 系统比较不同介质、不同酰基受体在酶法生产生物柴油中生产成本、工艺流程、产品后处理的差异，选择合适的反应介质及酰基受体，将有可能优化出一套成

本最为低廉、转化率最高的生产工艺。

⑤ 随着原料油脂价格的上行波动，生物柴油产业利润被压低。而脂肪酸甲酯是一种应用广泛的化工中间体，大量应用于皮革化工和日用化工行业中，以它为中间体进一步转化为其他酯、酯胺、酯磺酸盐和高碳脂肪醇等。利用生物柴油含有大量不饱和双键的结构特点生产高附加值精细化学品，如二聚酸甲酯、可生物降解的润滑油、高级皮革甲酯剂和表面活性剂等，是增加生物柴油综合经济效益和市场竞争力的有效手段之一，也是生物柴油产业可持续发展的重要方向。

3.2.3　生物化学耦合法

我国生物柴油产业发展严重不足，其原因主要是与作物油脂相比，废油脂组分众多，处理技术难度大，生物柴油生产工艺复杂，无法借鉴国外利用作物油脂生产生物柴油的先进工艺。

废油脂的主要成分是游离脂肪酸和甘油酯，化学法转化是在甲醇的参与下，先利用液体或固体酸催化剂将其酯化降酸，再利用液体或固体碱催化剂催化甘油酯转酯化反应生产生物柴油；酶法是在脂肪酶的作用下，同时催化废油脂与甲醇的酯化和转酯化反应生产生物柴油。由于化学液体酸碱法生产过程需水洗除酸碱，生产过程产生大量废液且不利于连续生产，现发展趋势是利用固体酸、固体碱催化剂。现研究的固体酸、固体碱催化剂众多，发展应用前景良好的固体酸催化剂是阳离子交换树脂，但适用于生物柴油生产的高效、低成本固体碱仍处于研究和开发中。酶法生产生物柴油反应温度低（40℃左右），反应条件温和，产物品质高，但反应底物甲醇对脂肪酶具有严重的毒化作用，即使甲醇分次加入仍无法避免其对脂肪酶寿命的严重影响，因而酶法生产生物柴油的成本偏高，无法实现工业化发展。我国生物柴油生产技术主要为液体酸碱法，由企业自主研发，生产效率低下，且二次污染严重。

基于以上问题及利用脂肪酶温和条件下高效水解甘油酯为脂肪酸的优势，中国科学院广州能源研究所的科研人员[99] 创造性地提出了化学固体酸催化联合生物脂肪酶催化两步法制备生物柴油的方法，即化学与生物耦合的方法。按照反应的先后顺序及反应原理的不同，可分为化学生物耦合法和生物化学耦合法。

在化学生物耦合法的基础上，中科院广州能源研究所[100] 继续提出了生物化学耦合法制备生物柴油，即一条脂肪酶水解＋固体酸酯化生物柴油绿色工艺路线（图 3-5)。废油脂的主要成分为脂肪酸和甘油酯，他们首先利用脂肪酶将废油脂中的甘油酯成分水解为脂肪酸与甘油，水解产物脂肪酸进入油相，甘油进入水相，清洁回收甘油后，再利用阳离子交换树脂固体酸催化剂将脂肪酸催化转化为脂肪酸甲酯(生物柴油)。在该工艺过程中，脂肪酶水解甘油酯无需甲醇参与，完全避免了甲醇对脂肪酶使用寿命的影响，固定化脂肪酶可重复使用，且脂肪酶水解甘油酯产生的甘油洁净无毒，品质高，增加了生物柴油生产的经济效益，整个工艺过程能耗低，且无废酸、废碱及废水排放，实现了废油脂生物柴油的高效、清洁和环保生产。目前固定化酶在废油脂水解过程中，已经实现了多批次的重复使用，油脂水解实验表明：水解 24h，菜籽油与地沟油的水解率都可达 80%。有机溶剂乙醚对固定化酶有激活作用，使用不同浓度乙醚水溶液对固定化酶进行处理，酶活性最高提升 60%。连续水解实验表明：连续水解 18 批次，用于地沟油水解的固定化酶酶活性残留率约 70%，菜籽油水解的固定化酶酶活性残留率约 60%。自制固体酸在甲醇用量、耐酸程度方面具有优势，使用自制固体酸催化脂肪酸酯化，3h 酯化率达到 99%以上，催化地沟油降酸重复使用达 50 批次以上。

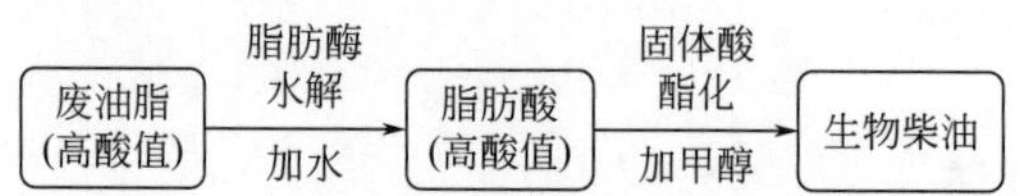

图 3-5 化学生物耦合法制备生物柴油工艺路线

3.2.4 生物柴油制备新技术

近年来出现的新技术方法在一定程度上弥补了传统均相催化或固体催化工艺过程需要反应时间过长或温度过高的缺点，是未来生物柴油新工艺技术的发展方向和重要组成部分。这些新技术主要包括超声波、水力空化和微波强化辅助技术等。

3.2.4.1 超声波辅助技术

(1) 超声波原理

超声波是指振动频率≥20kHz 的一种机械振动波。在弹性介质内，超声波通常以纵波的方式传播，是一种能量的传播。它的特点是频率高，波长短，在一定距离内可以当作是直线传播，具有良好的束射性和方向性。

19 世纪末到 20 世纪初，在物理学上发现了压电效应与反压电效应之后，人们解决了电子学技术产生超声波的方法，超声波得到快速发展，现在已被广泛应用于诊断学、治疗学、工程学、生物学等领域。

在生物柴油制备中运用超声波，主要是因为超声波在反应物料中产生气穴现象，在超声波辐射下，液体振动会产生微小气泡，这些微小气泡空化核在声场作用下振动，并且会在某个振动频率下发生爆破，形成冲击波，可产生局部高温和高压。

① 超声波辐射具有强烈的空化效应，当把超声场引入不互溶的两相体系中时，在体系内部形成大量的小气泡，随着时间的推移，小气泡不断生长，生长到一定直径大小会骤然破裂、崩溃，在骤然破裂的瞬间，气泡四周的两相液体就会立即涌入泡核，从而形成小范围的震荡，因此，在小气泡的局部范围内产生高温高压，从而促进了两相不互溶体系的传质及传热。

② 超声波辐射具有强烈的热效应，能够为体系内部提供一定的热能，升高两相液体的温度，促进传热。

由于超声波辐射能够有效地促进体系内部的传质传热过程，因此，在生物柴油制备过程中引入超声场辐射，可以有效减少催化剂用量，缩短反应时间，减少反应的能量消耗，加快反应速率，强化反应的进行。

（2）超声波在生物柴油中的应用

2004年，Carmen等[101] 研究了添加1%的NaOH为催化剂的菜籽油在超声波频率为28kHz和室温下，反应10min，生成脂肪酸甲酯，转化率高达95%。Colucci等[102] 利用超声波技术来辅助棕榈油醇解反应的连续过程，在醇油摩尔比为6∶1、反应时间为20min的条件下实现了90%的甲酯收率。Hanh等[103] 使用40kHz的超声波辅助油脂与乙醇的醇解反应，在25℃、醇油摩尔比为6∶1、NaOH加入量为1%的条件下，在20min内实现了98%的甲酯收率，同样的条件下，用甲醇代替乙醇，使用KOH替代NaOH，在10min内实现了90%的甲酯收率。

胡爱军等[104] 还研究了超声波辐射对酶法制备生物柴油的影响，发现超声波并没有改变酶的最适反应温度，相同条件下比摇床作用下的酶解反应实现更高的转化率，缩短了酶解反应时间。王亚勤等[105] 使用超声波辅助高酸值油脂固定化脂肪酶酶解制备生物柴油，认为超声波辅助技术有效地提高了酶的转化效率，并且还减少了反应产物和反应体系中的黏性杂质在固定化脂肪酶表面的吸附，以及固定化脂肪酶颗粒的结块，有利于固定化脂肪酶活性的充分发挥以及再生和重复使用。

3.2.4.2　水力空化辅助技术

在研究中，水力空化现象通常这样实现：流体流过一个限流区域（如几何孔板、文丘里管等）时，流体的静压能会迅速向动能转化，产生压降，当压力降至流体的蒸汽压甚至更低时，溶解在流体中的气体会释放出来，同时流体汽化而产生大量空化泡，空化泡随流体在进一步流动过程中，遭遇周围压力增大，被压缩直至崩溃，空化泡崩溃过程发生的瞬间（微秒级）会产生极高的温度和压强，液体质点瞬间以极高的速度冲入空化泡中心并产生强烈的冲击，使液体强烈湍动，不相溶的甲醇和油脂达到迅速乳化。与机械搅拌相比，水力空化的混合效果更好。机械搅拌是宏观混合，水力空化却可以达到微观混合的效果。水力空化混合油/甲醇体系得到的液滴粒径小于1μm，最小粒径可达到（175.4±59.5）nm。水力空化与超声空化产生的原理不同，但在相同的条件下，水力空化混合液相体系的效果比超声空化更好。

计建炳等[106] 采用水力空化醇解反应器优化生物柴油的生产，在醇油摩尔比为6∶1、反应温度为50℃、催化剂为1%KOH的条件下，反应时间比传统反应器缩短1/2～2/3，20min油脂醇解转化率高达99%。周燕君等[107] 采用水力空化强化酸化油脂的酯化降酸反应，在醇酸摩尔比为18∶1、浓硫酸加入量为1.5%、温度60℃、板前压力0.8MPa时，比传统机械搅拌反应节约42%的反应时间。他们还使用水利空化强化甘油三酯与甲醇的醇解反应，在醇油摩尔比6∶1、KOH加入量为0.8%、温度为60℃条件下，甲酯产率达到99%需要的时间缩短1/2。

关于水力空化产生的机理，由于液体结构还不十分清楚，目前尚无明确的理论说明，但是水力空化所产生的与超声空化类似的空化作用及局部高温高压得到了重视。由于水力空化可以通过简单的水力条件形成，而且空化泡和液体一起作整体运动，可在大范围内形成一个均匀的空化场，这克服了超声空化的方向性和局部性，使其大规模工业应用更具优势。

3.2.4.3 微波强化辅助技术

微波以电磁波的形式传递能量。甲醇分子极性较大，内部电荷分布不均衡，在微波辐射下能迅速吸收电磁波的能量。甲醇分子在分子偶极作用下高速振动，产生了大量的热，反应体系的温度迅速升高。另外，酯化反应和醇解反应中底物的活性部位（酯化反应中游离脂肪酸的羧基碳，醇解反应中甘油三酯的酯键）都具有较强的极性（亲电性），能较好地吸收微波，而酯交换反应正是发生在酯键位置，因此微波还具有类似定向聚能的作用，可极大地加速反应。

Suppalakpanya 等[108] 在 70W 微波辐射下，用 FFA 质量分数为 1.7%的棕榈油制备生物柴油。在油醇摩尔比 1∶8.5、KOH 质量分数为 1.5%、常温条件下反应 5min，甲酯转化率达到 98.1%。他们还利用微波辐射技术，以纳米 CaO 为催化剂催化大豆油制备生物柴油。在 65℃、油醇摩尔比 1∶7、催化剂质量分数为 3%，微波功率 300W 的条件下反应 60min，甲酯转化率达到了 96.6%。张方等[109] 以棉籽油为原料，KOH 为催化剂，利用微波辐射强化酯交换反应制备生物柴油。在醇油摩尔比 9∶1、催化剂质量分数为 1.0%、微波功率 360W 的条件下反应 3min，生物柴油产率达到了 94%。

由此可见，在新技术的辅助下，无论是均相催化工艺或是固体催化工艺，反应时间可以大幅缩短，大规模应用可提高生产效率。

3.2.5 生物柴油生产技术的发展趋势

然而，由于生物柴油主要是采用化学法生产，而传统的酸碱催化醇解制备生物柴油仍然存在诸多问题，包括：反应温度较高、工艺复杂；反应过程中使用过量的甲醇，后续工艺必须有相应的醇回收装置，处理过程繁复、能耗高；油脂原料中的水和游离脂肪酸会严重影响生物柴油得率及质量；产品纯化复杂，产物难以回收；而且使用酸碱催化剂产生大量的废水、废碱（酸）液排放容易对环境造成二次污染等。这些尚未完全解决的原料成本高和生产工艺不成熟的问题，成为我国生物柴油难以大规模生产和应用的主要原因。

由于均相催化化学工艺复杂、操作烦琐，增加了生物柴油的生产成本，降低了其市场竞争力。而固体碱催化制备生物柴油，可直接静置分离得到生物柴油和甘油，催化剂可回收，从而避免了均相碱催化醇交换制备生物柴油工艺中产物分离提纯困难、容易造成“三废”污染等问题。因而发展固体催化醇解化学工艺可望克服均相催化剂的缺点，缩短工艺流程，简化产物分离和提纯过程，从而可降低生产成本，提高生物柴油的市场竞争力。

不仅如此，比起传统催化方法，超临界法制备工艺流程具有更多的优势。具体表现为：传统方法是在低温下使用催化剂进行催化，而超临界制备法是在高温高压下反应无需催化剂；传统方法的反应时间为 1～8h，而超临界制备法只需 2～4min，大大缩短了反应时间，并可以进行连续操作；传统方法生产过程中有皂化产物生成，而超临界制备法则不会有皂化产物，从而简化了产品的后续处理过程，降低了生产成本。然而，尽管超临界制备法工艺流程简单，产品收率较高，但由于设备投入太大，目前超临界法尚处于工业化试验阶段。

可见，探寻性能良好的、有工业化应用前景的、可应用于催化制备生物柴油的新型高活性固体催化剂，确保在温和的反应条件下实现较高的生物柴油产率，降低生物柴油的生产成本，具有重要的理论和实际意义。

3.2.5.1　第二代生物柴油

第二代生物柴油，即动植物油脂通过加氢脱氧、异构化等反应得到类似柴油组分的直链烷烃。这一过程类似于石油炼制，即通过催化加氢过程提高原油加工深度、合理利用石油资源、改善产品质量、提高轻油收率。目前炼厂采用的加氢过程主要包括加氢精制和加氢裂化两大类。加氢精制主要目的是除去油品中的硫、氮、氧杂原子及金属杂质，有时还对部分芳烃进行加氢，改善油品的使用性能。

动植物油脂的主要成分为甘油三酯，其中脂肪酸链长度一般为 C_{12}～C_{24}，以 C_{16} 和 C_{18} 居多。油脂中典型的脂肪酸包括饱和酸（棕榈酸、硬脂酸）、一元不饱和酸（油酸）及多元不饱和酸（亚油酸、亚麻酸），其不饱和程度随油脂种类不同而有很大差别。如图 3-6 所示，在催化加氢条件下，甘油三酯将首先发生不饱和酸的加氢饱和反应，并进一步裂化生成包括甘油二酯、单甘油酯及羧酸在内的中间产物，经加氢脱羧基、加氢脱羰基及加氢脱氧反应后，生成正构烷烃。反应的最终产物主要是 C_{12}～C_{24} 正构烷烃，副产物包括丙烷、水和少量的 CO、CO_2。油脂加氢制备生物柴油的十六烷值可达 90～100，无硫和氧，不含芳烃，可作为高十六烷值组分与石

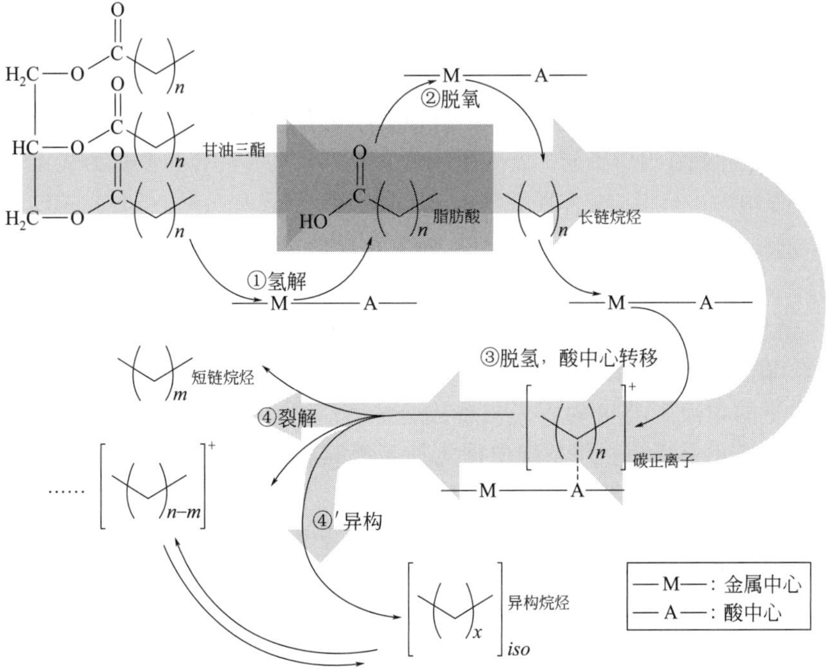

图 3-6　甘油三酯催化加氢脱氧制备第二代生物柴油原理

化柴油以任何比例调和使用。但是由于正构烷烃的熔点较高，使得所制备的生物柴油的浊点偏高。可以通过加氢异构化反应将部分或全部正构烷烃转化为异构烷烃，从而提高其低温使用性能。

3.2.5.2 第三代生物柴油

第三代生物柴油，是利用非油脂类原料，诸如木屑、农作物秸秆等高纤维含量生物质，通过气化或催化加氢、裂解、异构和费-托合成等反应，获得的烃类燃料，也包括以微生物油脂为原料制备的液体燃料[110]。

从原料方面看，第二代生物柴油较第一代生物柴油没有明显区别，但第三代生物柴油拓展了原料的选择范围。研究人员采用生物质气化技术和催化加氢反应来生产直链烷烃，使可选择的原料从菜籽油等油脂拓展到高纤维素含量的非油脂类生物质，如木屑、农作物秸秆和固体废弃物等和微生物油脂。采用非油脂类生物质作为原料，可以避免燃料与食物之间的竞争，降低其生产成本。采用微生物油脂作为原料，具有繁殖速度快、生产周期短、所需劳动力少且不受场地、季节和气候变化影响等优势。

非油脂类生物质气化是指将该原料如木屑、农作物秸秆和固体废弃物等压制成型或经简单的破碎加工处理后，在缺氧的条件下送入气化炉中进行气化裂解，得到可燃气体并进行净化处理且获得产品气的过程。其原理是在一定的热力学条件下借助部分空气或氧气和水蒸气的作用，使非油脂类生物质的高聚物发生热解、氧化、还原、重整反应，热解伴生的焦油进一步热裂化或催化裂化为小分子烃类化合物，获得含 CO、H_2 和 CH_4 的气体。从热量平衡的角度看，生物质气化是一个非常复杂的能量转化过程；从化学反应动力学观点考虑，该过程主要是碳和气化剂之间的固体反应，两者之间的总反应速度除了与化学反应速度有关，还与气化剂和中间生成气向碳表面的分子扩散速度有关。

生物质气化过程主要包括进料、反应、净化和气体利用四个系统。气化工艺的不同会导致热值和燃气组成不同。若采用水蒸气或与氧气、混合介质作为气化剂时，各组分体积分数约为：H_2 20%～26%、CO 28%～42%、CO_2 16%～23%、CH_4 10%～20%、C_2H_2 2%～4%；C_3 以上组分 2%～3%；C_2H_6 1%，其热值为 10～15MJ/m^3；若采用空气作为气化剂，各组分体积分数约为：N_2 50%、CO_2 20%、CO 20%、H_2 10%，其热值为 4～6MJ/m^3；若采用氢气作为气化剂，其热值可达 20MJ/m^3。

以非油脂类生物质为原料制备生物柴油的原理为：通过生物质气化系统把高纤维素含量的非油脂类生物质先制备成合成气，再采用气体反应系统对其进行反应，并在气体净化系统和利用系统中催化加氢使其转化为超洁净的生物柴油。其中利用生物质气化制备合成气，进而合成生物柴油，是生物能源利用的新途径。通过生物质气化得到的合成气主要是利用费-托合成的方法合成甲醇、乙醇、二甲醚、液化石油气等化工制品和液体燃料。由此得到的燃料是理想的碳中性绿色燃料，可以代替传统的煤、石油等用于城市交通和民用燃料。

微生物油脂又称为单细胞油脂，是指由细菌、酵母菌、霉菌和藻类等微生物，在一定条件下利用烃类化合物和普通油脂作为碳源，在菌体内产生的大量油脂。大

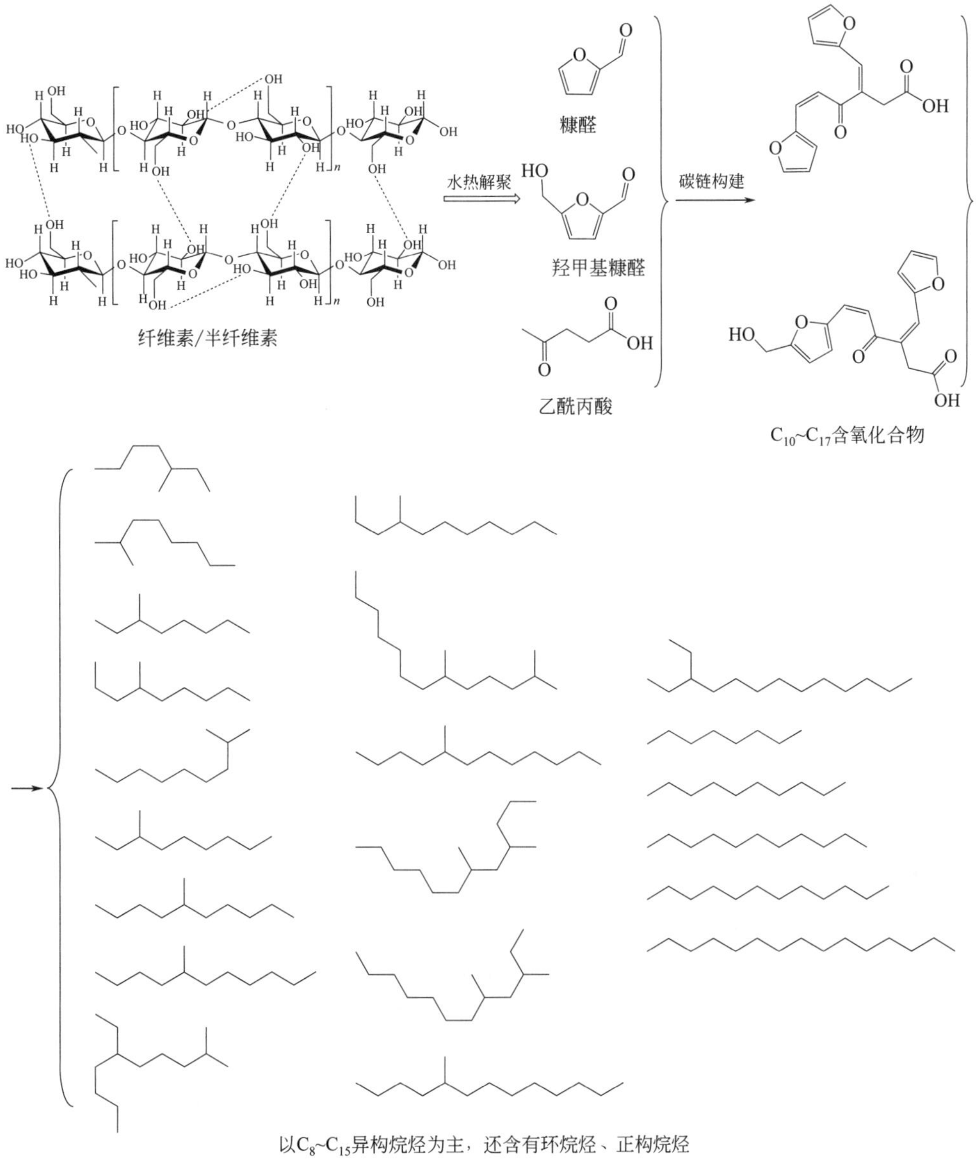

图 3-7　木质纤维素水相催化路线

部分微生物油脂的脂肪酸组成和一般植物油相近，以 C_{16} 和 C_{18} 系脂肪酸为主。

以微生物油脂为原料制备生物柴油最关键的是利用微生物生产精制油脂，其过程包括产油微生物的筛选、菌体的预处理、菌体中油脂的提取与精制，最终会得到高品质的微生物油脂。其工艺过程如图 3-8 所示。

以精制微生物油脂为原料制备生物柴油的基本原理为：高产脂微生物在培养发酵过程中由于其代谢作用在胞内积累了大量的脂肪酸（油脂），将脂肪酸萃取，先纯化出多不饱和脂肪酸，余下的大量脂肪酸与甲醇或乙醇等短链醇进行醇解反应分离出生物柴油和甘油。精制微生物油脂制备生物柴油的工艺流程如图 3-9 所示。

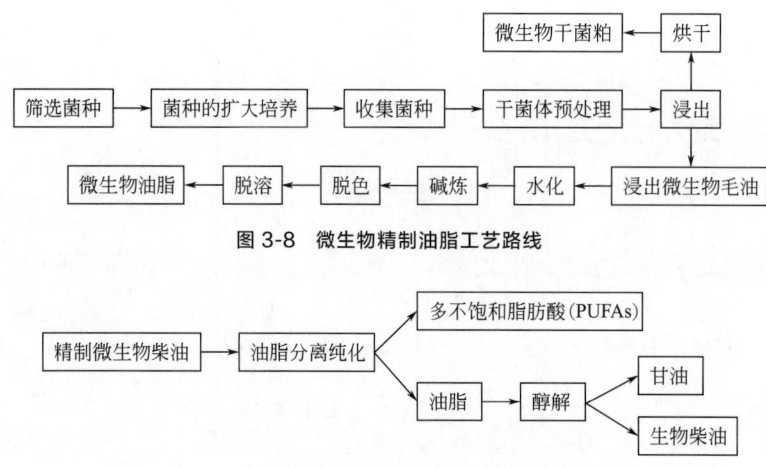

图 3-8 微生物精制油脂工艺路线

图 3-9 精制微生物油脂制备生物柴油工艺路线

3.3 催化剂

催化剂在化学反应中起着降低活化能、促进反应迅速达到平衡的作用。所以催化剂在化学法和酶法制备生物柴油的工艺中有着重要应用。

化学法工艺中，主要将催化剂分为酸性和碱性两种，其中酸性催化剂既可以催化酯化反应，也可以催化醇解反应，但催化醇解反应往往需要更苛刻的反应条件，而碱性催化剂只能催化醇解反应，且催化醇解反应的速率大约是酸催化醇解反应的4000 倍。近年来研究较多的固体催化剂，相对于传统均相催化剂有可重复利用、产物分离纯化容易、环境污染小的优势，但在没有外界物理（超声波、水力空化、微波等）辅助作用情况下，由于传质阻力，往往需要较高的反应条件。

酶法工艺中，脂肪酶作为一类广泛存在的酶，有较大的生理意义和工业应用潜力。相对于酯酶，脂肪酶只有吸附到油水界面才被激活，不水解溶解在液体中的底物。脂肪酶是丝氨酸水解酶，能分解乳化酯类（如三油酸酯和三棕榈酸甘油酯）成为甘油和长链脂肪酸，而对水溶性底物很少显示出活性。相反，酯酶在水溶液中显示了正常米氏动力学。在真核生物中，脂肪酶参与了脂质代谢的多个阶段，包括脂肪的消化、吸收、重组和脂蛋白代谢。在植物中，脂肪酶分布在能源储备组织中。

多相催化剂的使用大大简化了反应产物与催化剂的分离，而且可能实现连续化生产，克服了在传统的酯化、醇解反应的过程中，催化剂与产物的分离较困难、容易产生污染等问题。但多相催化剂的反应时间较长，且由于表面吸附和孔道堵塞等原因，催化剂易失活，需解决其寿命问题。固体酸碱催化剂、固定化酶催化剂由于不具有腐蚀性，容易从产物中分离，不会造成酸碱性废水污染，已成为环保型催化剂之一。在当今提倡绿色革命的大背景下，固体催化剂无疑是一种较好的选择。

3.3.1 酸催化剂

酸催化剂，按照活性位点分为Brönsted酸和Lewis酸：其中Brönsted酸即质子酸，其活性位点包含强极性的—OH基团，在催化过程中能够提供质子H^+；Lewis酸指的是能够接受电子对的物质，一般是配位电子对不饱和的过渡金属阳离子。

3.3.1.1 液体酸催化剂

液体酸催化剂一般指可以与甲醇以任意比例互溶的质子酸，工业上常用的液体酸催化剂主要有硫酸、磺酸、磷酸等。

（1）硫酸

硫酸（H_2SO_4），无水硫酸为无色油状液体，10.36℃时结晶，工业常用的浓硫酸催化剂为质量分数为98.3%的浓硫酸，沸点338℃，相对密度1.84。高浓度的硫酸有强烈吸水性，可用作脱水剂，所以使用浓硫酸为酯化反应催化剂，既可以为游离脂肪酸羰基碳的活化提供足够的质子氢（见图3-10），也能吸收酯化反应中产生的水，促进酯化反应向形成甲酯的方向移动。

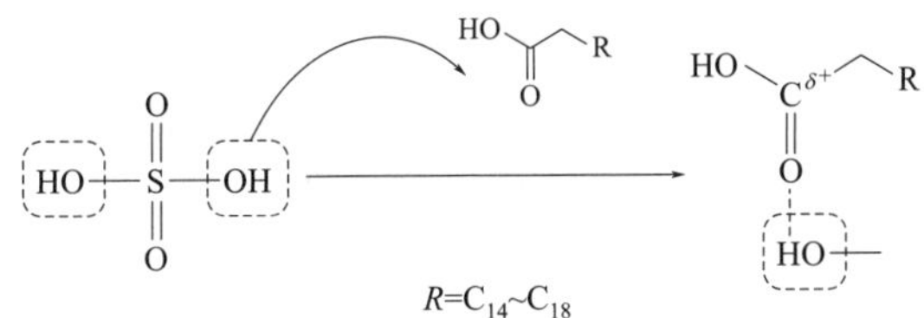

图3-10　浓硫酸提供质子氢活化游离脂肪酸羰基碳

在使用硫酸催化酯化反应的化学工艺中，一般先将1%～2%（相对于油的质量）的浓硫酸与待加入的甲醇均匀混合，再将甲醇/浓硫酸的混合液加入待酯化油脂进行反应。这是因为硫酸与油脂的直接接触有可能导致油脂中不饱和脂肪酸的迅速氧化甚至碳化，且过量（3%及以上）的浓硫酸即使事先与甲醇混合再加入，也有可能导致上述问题的发生。

浓硫酸催化的酯化反应结束后，需要通过水洗来除去浓硫酸催化剂，避免后续醇解反应中使用到的碱催化剂失效。

浓硫酸也可以用来催化醇解反应，但反应温度一般为100～200℃，且需要较高的甲醇浓度。与催化酯化反应不同，浓硫酸催化的醇解反应主要是先对甘油三酯的酯键中的羰基碳进行活化，如图3-11所示。

（2）有机磺酸及其衍生物

对甲苯磺酸［$H_3C(C_6H_4)SO_3H$］是近年来研究较多的液体酸催化剂［图3-12(a)］，常温下为白色针状或粉末状结晶，易溶于水、醇和醚类溶剂，不具有氧化性，但有极强的吸水性质。由于不具有氧化性，所以对设备的腐蚀程度略低于浓硫酸。酸性低于浓硫酸，所以在催化酯化反应时往往需要更长的时间或更高的反应温度。

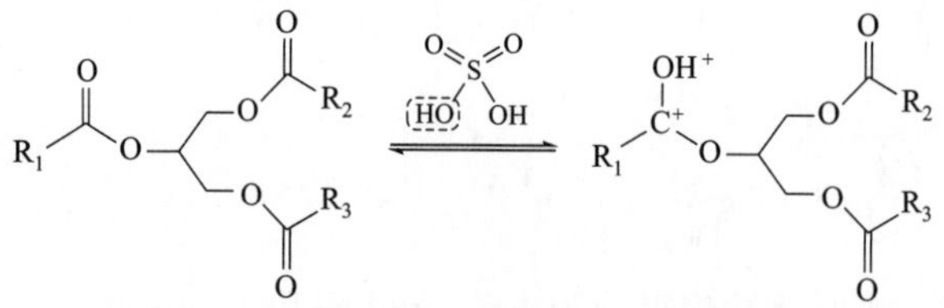

图 3-11 浓硫酸活化甘油三酯酯键羰基碳

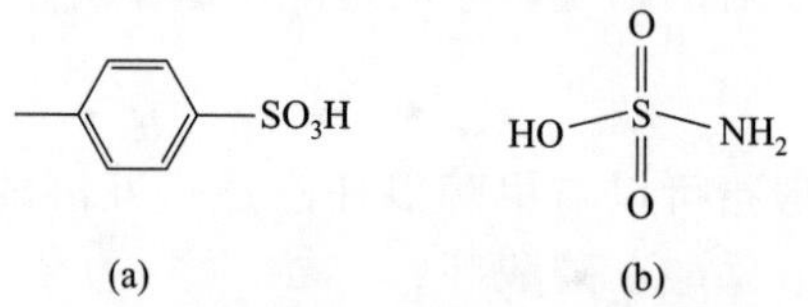

图 3-12 有机磺酸及其衍生物均相酸催化剂

盖玉娟等[111] 使用0.5%的对甲苯磺酸为催化剂，在反应温度 150℃、醇油摩尔比 14∶1 的条件下，反应 4h，甲酯收率为 97%。

氨基磺酸（NH_2SO_3H）在常温下是无色晶体或白色固体粉末［图 3-12(b)］，不吸湿，比较稳定，易溶于水，其水溶液酸性与硫酸、盐酸水溶液相当，又称固体硫酸，具有不挥发、无臭味和对人体毒性极小的特点。但氨基磺酸本身微溶于甲醇或乙醇，一些研究认为其是一种固体催化剂。程正载等[112] 使用氨基磺酸作为一种"固体"酸催化菜籽油制备生物柴油，在氨基磺酸用量为 1%、反应温度 60℃、反应时间为 20℃的条件下，反应 20min 后甲酯的收率达到了 95.6%。

3.3.1.2 固体酸催化剂

固体催化即催化剂与反应底物在反应条件下处于两个不同的相态，固体酸催化剂至少具备 Brönsted 酸或 Lewis 酸中一种酸性质。其中 Brönsted 酸即质子酸，其活性位点包含强极性的羟基基团，在催化过程中能够提供质子 H^+；Lewis 酸指的是能够接受电子对的物质，固体酸 Lewis 酸一般是配位电子对不饱和的过渡金属阳离子。

(1) 固体超强酸

固体超强酸即指负载硫酸根的过渡金属氧化物，主要有 ZrO_2/SO_4^{2-}、Ta_2O_5/SO_4^{2-}、Nb_2O_5/SO_4^{2-}、TiO_2/SO_4^{2-} 等。这些金属氧化物自身都具有 Brönsted 酸性和 Lewis 酸性，SO_4^{2-} 的负载对这些过渡金属氧化物的酸性进行调控。如图 3-13 所示，以 ZrO_2/SO_4^{2-} 为例，SO_4^{2-} 中的两个氧原子（S—O）均与锆原子相连，另外一个氧原子（S═O）与另一锆原子相互作用，增强表面羟基氢的 Brönsted 酸性。固体超强酸的 Brönsted 酸性主要与其中过渡金属原子的电负性有关。一般情况下，过渡金属原子电负性越弱，其与表面羟基的相互作用也就越弱，而导致该羟基的羟基氢很容易被释放，从而表现出较强的 Brönsted 酸性。所以，根据以上几种过渡金属的电负性大小顺序：Zr(1.33)＜Ta(1.50)＜Ti(1.54)＜Nb(1.60)，这几种固体超强酸的 Brönsted 酸酸性顺序为 $ZrO_2/SO_4^{2-} > Ta_2O_5/SO_4^{2-} > Nb_2O_5/SO_4^{2-} > TiO_2/SO_4^{2-}$[10]。

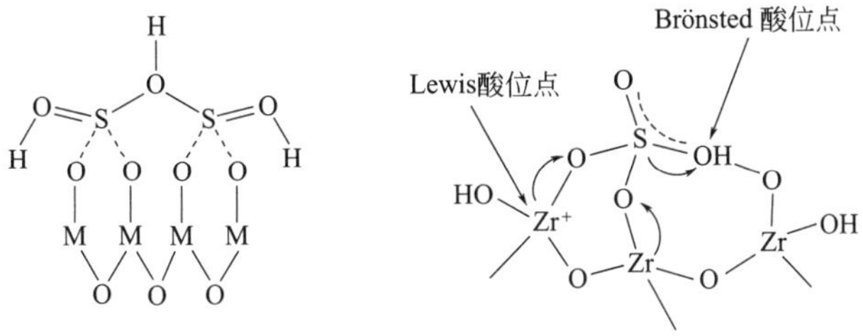

图 3-13　固体超强酸 ZrO_2/SO_4^{2-} 的结构

ZrO_2/SO_4^{2-} 中的 Lewis 酸位点均具有催化酯化反应和醇解反应的活性，其表面未饱和的 Zr^{4+} 位点（表面缺陷位）能直接与游离脂肪酸的羧基羰基碳或甘油三酯酯键羰基碳发生作用，增强其正电性，诱发甲醇的亲核进攻。

采用常规的后负载的方法，即直接将二氧化锆与硫酸混合负载，并在 600～650℃温度下焙烧，得到的 ZrO_2/SO_4^{2-} 固体超强酸的重复使用性一般较差，其主要原因是硫酸根离子极易脱落，及所合成的固体粉末比表面积较低、孔结构不明显等；其次是油脂等反应产物或底物对催化剂表面的覆盖或阻塞。Srinophakun 等[27,28] 采用无溶剂法合成的 ZrO_2/SO_4^{2-} 能够在较为温和的条件下［120～150℃，醇油比 (4～20)∶1］催化肉豆蔻酸与甲醇的酯化反应，催化剂在连续使用 5 次后活性仅损失 10%。Rothenberg 等[113] 也得到了与之相似的结论，并且在使用 5 次之后通过再次焙烧使活性部分恢复。

（2）分子筛固体酸

分子筛是具有规律孔结构的硅氧结构高分子化合物，例如 SBA 和 MCM 系列的分子筛，它们除了具有规整的孔结构之外，表面还具有丰富的硅烷醇结构，保证了它们具有高比表面积的同时，其表面硅烷醇提供的羟基位点能为其改性提供多种可能。磺酸基在阳离子交换树脂中表现出优秀的酯化活性，将其引入分子筛，可以合成具有规律孔道结构的高比表面积分子筛固体酸材料[29,114,115]。Lane 等[116] 使用后合成的方法制备了 SO_3H/SBA-15 固体酸催化剂，能够同时高效催化酯化、醇解反应，他们还发现，连接磺酸基和 SBA-15 的中间基团对固体酸的酸性有影响，当连接基团为芳香基时，由于芳香基苯环具有较强的吸电子能力，导致与其相连接的磺酸基更容易释放出质子氢从未表现出的强 Brönsted 酸性。同时，烃基的引入也会增强催化剂的疏水性质（见图 3-14），与疏水性底物油脂和游离脂肪酸之间的传质阻力能得到进一步改善，是该类催化剂进一步改进的方向之一。

通过改变孔径来适应底物分子尺寸，以减少催化反应过程中的传质阻力，也是多孔型固体酸催化剂改进的方向之一。Wilson 等[117] 使用孔径可调的 KIT-6 型全硅分子筛为载体，并通过扩孔合成了平均孔径分别为 5.2nm、6.2nm、7.0nm 的 Pr-SO_3H/KIT-6 分子筛固体酸催化剂，发现扩孔后的 SO_3H/KIT-6 的活性明显好于未经过处理的 Pr-SO_3H/SBA-15。Dhainaut[114] 和 Woodford 等[118] 通过采用源头合成法合成 SBA-15 分子筛，采用双模板法进行扩孔，合成了具有两个最可及孔径（300nm 和 3～5nm）的多级孔 SBA-15 载体，通过引入磺酸基（—SO_3H），与未经过扩孔处理的 SBA-15 分子筛固体酸催化剂对比表现出更高的酯化效率。

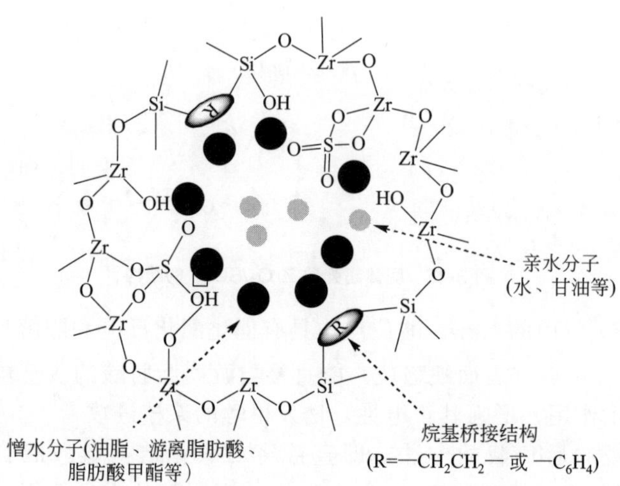

图 3-14 分子筛固体酸中烷基链引入增强分子筛的疏水性质

(3) 杂多酸和负载型杂多酸

杂多酸(HPAs)是由杂原子(如 P、Si、Ge、Fe、Co 等)和多原子(如 V、Nb、Mo、Ta、W 等)按一定的结构通过原子配位桥连的含氧多酸,是一种酸碱性和氧化还原性兼具的双功能绿色催化剂。杂多阴离子结构稳定,性能可以通过元素组成和结构来设计。它们通常具有规整的缩合结构,它们相对于浓硫酸具有强酸性、低毒性、环境友好性等优点。其中常见的杂多酸有 Keggin 型(例如 $H_3PW_{12}O_{40}$、$H_4SiW_{12}O_{40}$、$H_3PMo_{12}O_{40}$ 和 $H_4SiMo_{12}O_{40}$ 等)以及 Wells-Dawson 型(例如 $H_6P_2W_{18}O_{62}$),目前常研究的杂多酸一般为 Keggin 型,其结构如图 3-15 所示[119,120]。Wang 等[121] 发现 $H_3PW_{12}O_{40}$ 能够催化酯化或醇解反应,在 65℃、醇酸比为 2.5∶1、催化剂用量 4%条件下,反应 12h,棕榈酸酯化率可达 97%;在 65℃、醇油比 70∶1、催化剂用量 0.5%条件下,反应 14h,废油脂原料的醇解率可达 87%。

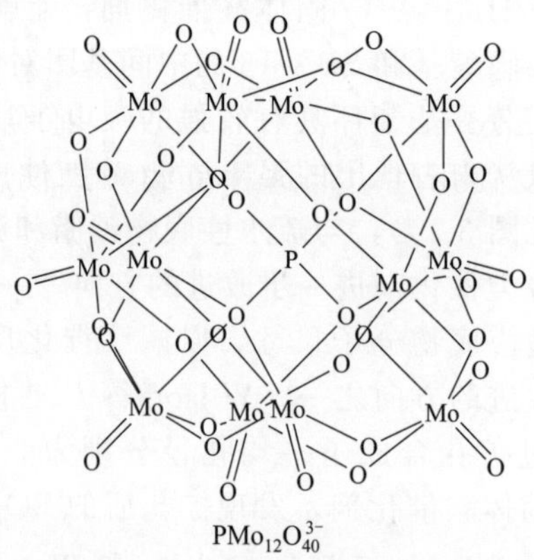

图 3-15 Keggin 型杂多酸结构

但是杂多酸能溶于极性溶剂,造成其与产物分离困难,难以纯化再次利用。目前,有两种方案可解决以上问题。一种方案是通过质子替换(见图 3-16),即将杂多酸中的质子氢部分替换成低价态（Ⅰ价）的金属元素原子（例如 Cs^+），形成不溶于有机溶剂的 $Cs_xH_{3-x}PW_{12}O_{40}$ 杂多酸，Narasimharao 等[122] 采用这种方法合成的 $Cs_{2.3}H_{0.7}PW_{12}O_{40}$ 具有比 SO_4^{2-}/ZrO_2、Nafion 树脂和 HZSM-5 分子筛更强的酯化活性，且重复使用 3 次后无明显活性损失。但这一方法的缺点在于，合成的 $Cs_xH_{3-x}PW_{12}O_{40}$ 杂多酸容易与反应体系混合成乳浊液，导致催化剂分离难度高。

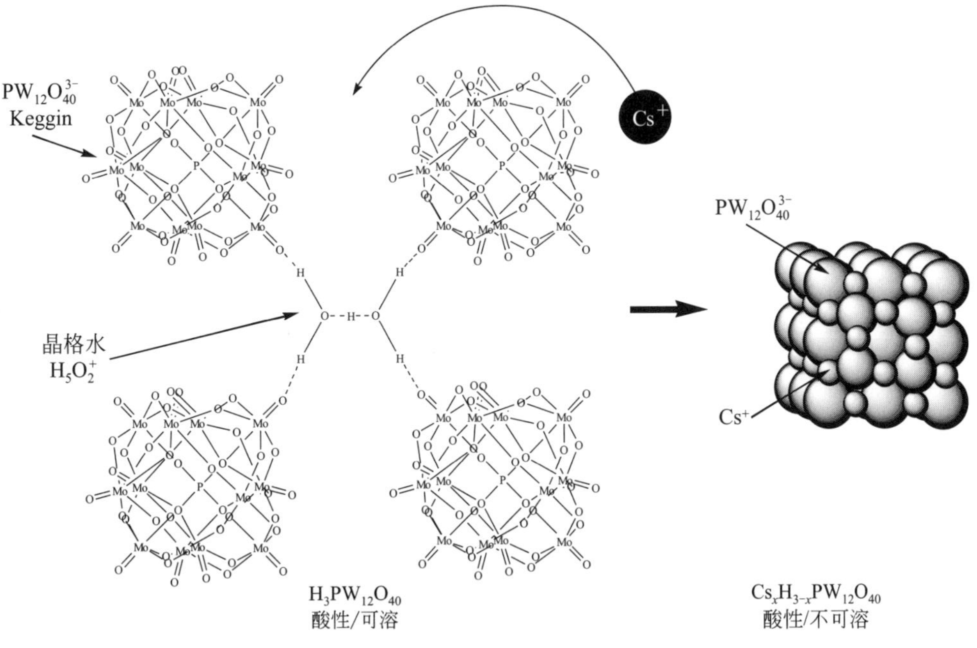

图 3-16　$Cs_xH_{3-x}PW_{12}O_{40}$ 杂多酸

另一种方案就是把杂多酸负载在有机或无机的多孔材料上，例如酸性金属氧化物、酸性沸石、活性炭等。例如，Dalai 等采用 ZrO_2 为负载材料合成的 10%-$H_3PW_{12}O_{40}/ZrO_2$ 负载型杂多酸催化剂，其结构如图 3-17 所示，这种复合型固体酸能够同时提供 Brönsted 酸位点和 Lewis 酸位点，其催化酯化反应过程如图 3-18 所示。Kozhevnikova[123] 和 Dias 等[124] 证明了以上的负载型杂多酸具有一定的酯化活性和重复使用性，但这种负载方式仅属于物理负载，在使用过程中极易流失。

（4）碳基固体酸

碳基固体酸可由含有磺酸基的多苯环化合物在浓硫酸中不完全碳化制备，也可以由 D-葡萄糖、蔗糖、纤维素或者淀粉的直接不完全碳化合成。其中，由生物质纤维素不完全碳化合成的含磺酸基的碳基固体酸广受关注，因为它本身含有高密度的羧基、羟基和磺酸基等亲水基团（见图 3-19），以及多层可活动的疏水碳片层，可与反应底物充分接触。Hara 等[125] 使用微晶纤维素粉末在发烟硫酸中合成了含有磺酸基、羧基和酚羟基的纳米碳片层结构，这种固体酸表现出比磺酸型阳离子交换树脂更强的酸性，是因为部分磺酸基之间的氢键连接以致相互之间的电子吸引。

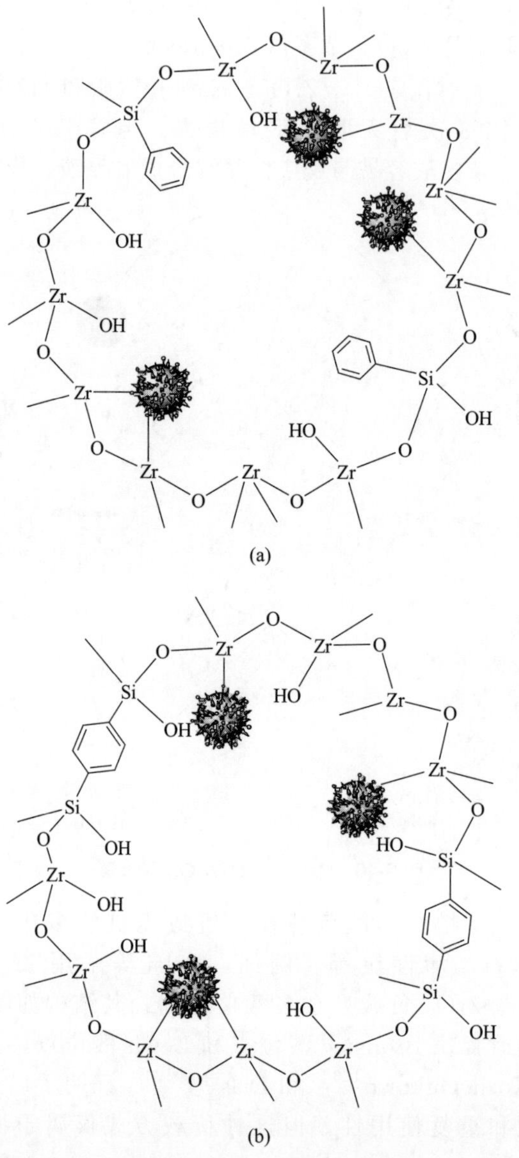

图 3-17 分子筛负载的杂多酸 $H_3PW_{12}O_{40}/ZrO_2$ 结构

Zong 和 Smith 等[72,126] 使用 D-葡萄糖为原始材料合成碳基固体酸催化剂，在表现出更强酸性的同时，也表现出了更好的重复使用性能，在连续使用 15 次之后，仍然保有原始催化活性的 93%。Devi 等[127] 使用水热碳化葡萄糖合成的磺酸型碳微球催化剂，在 55℃下催化油酸和乙醇的酯化反应，相同条件下得到的酯化率优于 Amberlyst 15。Dong 等[128] 基于介孔碳材料，通过过氧化处理和磺化，合成了含有高密度磺酸基，同时具有其他碳基固体酸材料所不具有的规整孔结构的碳基固体酸催化剂。

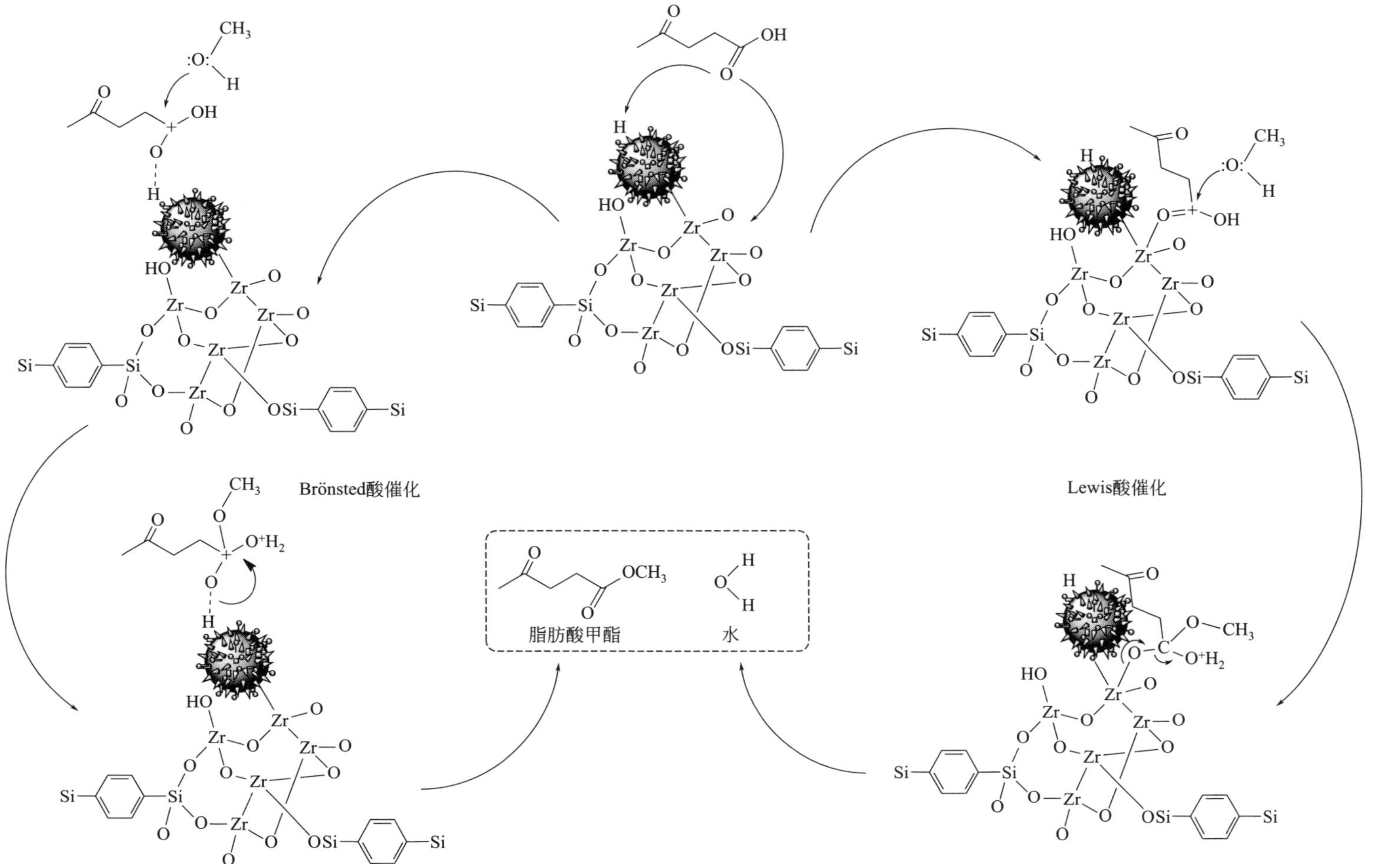

图 3-18　分子筛负载的杂多酸 $H_3PW_{12}O_{40}/ZrO_2$ 催化酯化反应机理

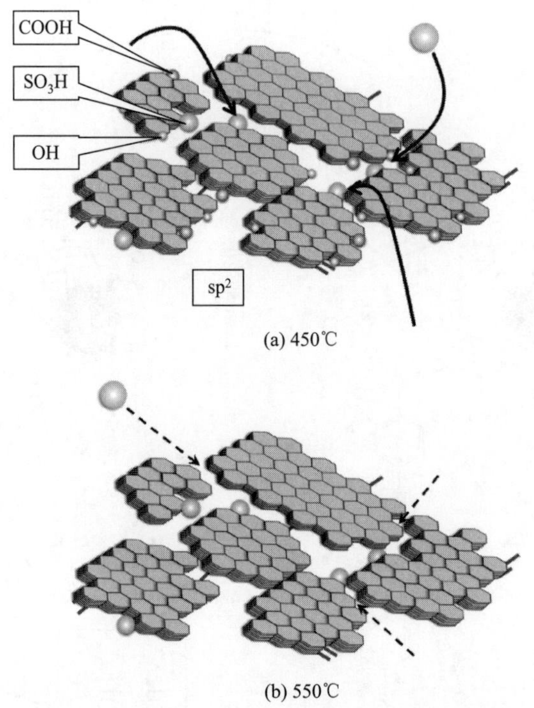

COOH
SO3H
OH
sp2
(a) 450℃
(b) 550℃

图 3-19 不同碳化温度制备碳基固体酸主要功能基团

油脂沥青中通常含有多种稠环芳香化合物，也可以用于碳基固体酸。Wang 等[128] 采用植物油脂沥青和石油沥青为原料合成的磺酸型碳基固体酸催化剂，催化废油脂合成生物柴油，其中的游离脂肪酸酯化率达到了 94.8%（220℃，醇油比 17∶1，催化剂用量 0.2%，时间 4.5h），这种固体酸催化剂也能同时催化醇解反应，甘油三酯的醇解率在以上反应条件下达到了 80.5%。

（5）酸性离子液体和负载型酸性离子液体

离子液体是一类特殊的液体熔融盐，是由可修饰、调变的阴阳离子结构构成的在室温或近室温下呈液态的离子型化合物，其构成如图 3-20 所示。离子液体具有液体酸的高密度酸位点特性、固体酸的不挥发性、稳定性好、溶解性和酸性可调等优点，而离子液体的这些特性兼有了均相催化效率高、多相催化易分离的优点，使其在催化反应中既方便产物分离又有利于催化剂回收。

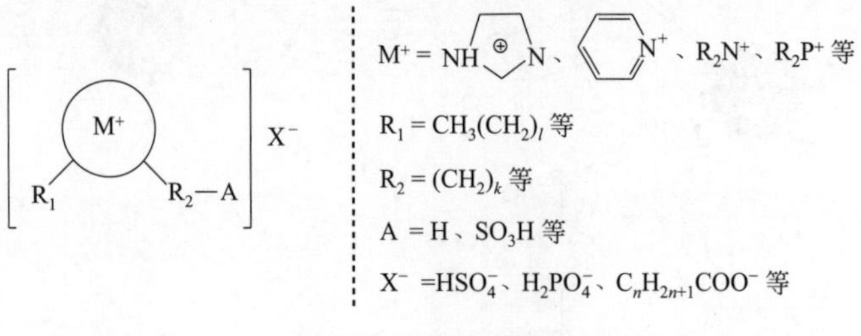

M+
R1
R2—A
X−
M+ = NH N、 N+、R2N+、R2P+ 等
R1 = CH3(CH2)l 等
R2 = (CH2)k 等
A = H、SO3H 等
X− =HSO4−、H2PO4−、CnH2n+1COO− 等

图 3-20 离子液体构成

酸性离子液体例如 [NMP][CH_3SO_3]、[$(CH_2)_4SO_3HPy$][HSO_4] 以及 [C_3SO_3H-mim]HSO_4 已被证实具有催化酯化或醇解反应活性，但它们也具有明显的缺点，即部分离子液体能够微溶于反应体系（甲醇或水中），对其回收和重复使用性产生影响，此外其高黏度导致其在反应体系中分散难、传质阻力大等问题，对其活性发挥产生影响。

与杂多酸的解决方案类似，通过将离子液体负载在多孔材料上能够部分解决上述问题。Liang 等[129] 将 [$SO_3H(CH_2)_3VPy$]HSO_4 离子液体负载在聚苯乙烯树脂材料上，合成的 PDVB-[$SO_3H(CH_2)_3VPy$]HSO_4 负载型固体酸催化剂在连续重复使用 6 次后仍然保持 99%的酯化率，PDVB-[$SO_3H(CH_2)_3VPy$]HSO_4 的稳定活性主要来源于 PDVB 的疏水结构对离子液体的保护，防止了亲水极性液体造成的离子液体流失。Karimi 等[130] 使用磺酸基改性的 SBA-15-Pr-SO_3H 分子筛为载体合成了 [MOIm]-HSO_4@SBA-15-Pr-SO_3H 催化剂，在连续使用 4 批次后无明显活性流失，复合型催化剂的活性在同样反应条件下高于 [MOIm]-HSO_4 和 SBA-15-Pr-SO_3H，这说明二者之间存在协同作用——离子液体的加入带来更多更强的酸性基团，分子筛材料的多孔性质使得酸性位点均匀分散，同时也减少了固液催化的传质阻力。

Wang 等[35] 巧妙地利用了含丙烷磺酸基团的离子液体和杂多酸的性质合成了 [MIMPS]$_3PW_{12}O_{40}$、[PyPS]$_3PW_{12}O_{40}$ 和 [TEAPS]$_3PW_{12}O_{40}$ 三种离子液体-杂多酸复合型固体催化剂，其结构如图 3-21 所示，这种催化剂由于能溶于脂肪酸或多羟基溶剂中但不溶于甲酯溶剂中，同时兼具高熔点的性质，所以能够在酯化反应进行的同时以均相酸的身份参与催化反应，也能在反应结束后将催化剂轻易分离。

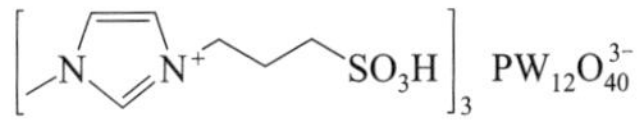

(a) [MIMPS]$_3PW_{12}O_{40}$

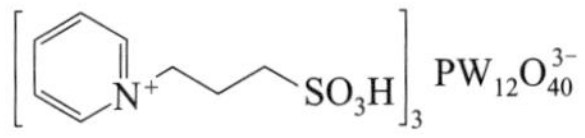

(b) [PyPS]$_3PW_{12}O_{40}$

$$\left[C_2H_5-\overset{C_2H_5}{\underset{C_2H_5}{N^+}}-(CH_2)_3SO_3H \right]_3 PW_{12}O_{40}^{3-}$$

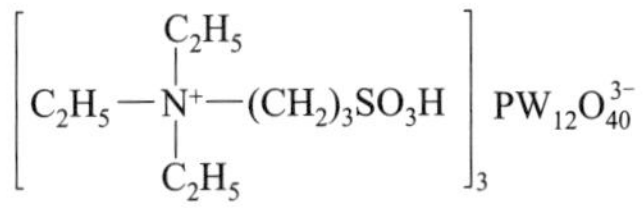

(c) [TEAPS]$_3PW_{12}O_{40}$

图 3-21 离子液体-杂多酸复合型固体酸催化剂

（6）阳离子交换树脂

阳离子交换树脂具有相互交联的高分子骨架和共价结合的酸性位点，常见的具有催化酯化反应的阳离子交换树脂的类型主要有 Amberlyst^{TM} 树脂（例如 Amberlyst BD20、Amberlyst 15、Amberlyst 16、Amberlyst 36 以及 Amberlyst 131）和 Nafion^{TM} 树脂（Nafion SAC-13 和 NR50），其中 Amberlyst BD20 是陶氏化学公司专门针对酸化油脂酯化降酸预处理生产生物柴油所研发生产的一种催化剂，与其配套的 Amberlyst BD19 则主要用于原料油预处理脱水脱杂。这些两大类树脂主要区别在于其骨架结构，其中 Amberlyst 系列树脂的单体是苯乙烯和二乙烯苯，Nafion 系列树脂的单体则是四氟乙烯与全氟-2-(磺酸乙氧基）丙基乙烯基醚。但这两系列树脂的主要功能基团都是磺酸基（—SO_3H），如图 3-22 所示。

(a) 苯乙烯二乙烯苯系

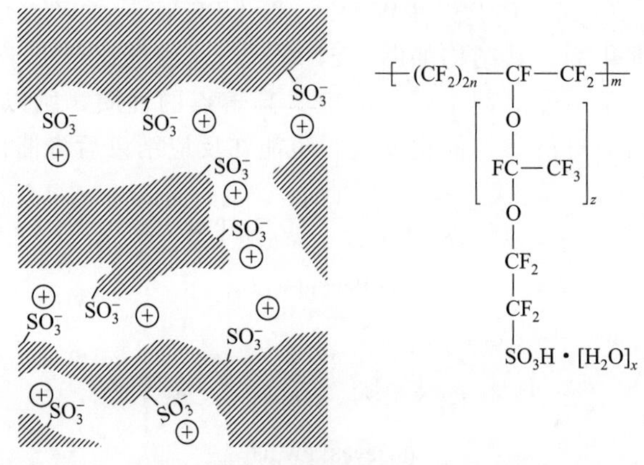

(b) 全氟系

图 3-22 阳离子交换树脂催化剂骨架结构和功能基团

阳离子交换树脂的溶胀性决定其催化活性，也同时决定了其失活的难易程度，其溶胀程度与下列因素有关：

① 所在溶液环境的极性大小；

② 树脂的交联度；

③ 离子交换树脂上的功能基团类型；

④ 交换容量；

⑤ 溶剂化层厚度。

树脂溶胀之后，其比表面积和孔径都会增大，这就会在一定程度上减轻固液催化的传质阻力，提升催化效率。

Amberlyst 15 树脂是常用于催化酯化反应研究的大孔阳离子交换树脂，比表面

积约为 $53m^2/g$，平均孔径（半径）约 15nm，其使用温度上限为 120℃。Kiss 等[113] 使用 Amberlyst 15 催化月桂酸和 2-乙基己醇的酯化反应，反应在 150℃条件下进行，初始阶段表现出高活性，但在 2h 反应后完全失活。Park 等[42] 使用 Amberlyst 15 为催化剂催化酸化油脂和甲醇的酯化反应，反应温度为 80℃，连续使用 5 次后未见活性明显下降。

Nafion NR50 是具有图 3-22 所示结构的全氟结构的阳离子交换树脂，而 Nafion SAC-13 则是将全氟树脂结构与二氧化硅结合的复合型材料，其中 SAC-13 表现出较强的酸性。Goodwin 等[131] 采用 SAC-13 型树脂在 60℃催化长链脂肪酸和短链醇的酯化反应，发现酯化产率随着碳链长度的增加而降低，且在使用长链底物测试其使用寿命时发现其活性损失较快，这可能与底物的极性和底物与材料孔道之间的空间位阻有关，底物分子对孔结构产生阻塞导致活性逐渐下降，表现出使用寿命缩短。他们[132] 还对 SAC-13 的活化和再生条件进行研究，发现反应间隙使用四氢呋喃洗涤树脂，其在重复使用过程中的活性可以保持更长。

EBD 树脂是一种新型的聚苯乙烯-二乙烯苯结构树脂，按照孔径类型分类：EBD-100 为微孔型，EBD-200 和 EBD-300 为大孔型。凝胶型 EBD 树脂的交联度为 5%～8%（二乙烯苯含量），孔径约为 1nm，大孔型 EBD 树脂的交联度为 12%～20%，孔径约为 100nm。Russbueldt 和 Hoelderich[133] 使用上述的 EBD 树脂研究高酸值油脂的酯化反应降酸实验，他们发现凝胶型的 EBD-100 的活性要优于大孔型的 EBD-200 和 EBD-300。这是因为凝胶型树脂具有较好的溶胀性，能够吸收更多甲醇。

离子交换树脂的活性会受到底物原料中的水分和痕量金属离子的影响：水分的吸附造成磺酸基团被水分子包围形成水合阳离子，阻碍底物分子游离脂肪酸和甲醇的接近，金属离子则直接与磺酸基团（$—SO_3H$）中的质子氢发生交换，导致酸性的降低甚至完全丧失。但以上两种失活路径均可逆，树脂在 80～100℃真空短时烘干或直接使用极性溶剂例如甲醇洗涤可以除去吸附的水分，使用强酸例如盐酸或 70%稀硫酸对树脂进行洗涤，可将质子氢重新交换回磺酸基（$—SO_3H$）。

3.3.2　碱催化剂

3.3.2.1　液体碱催化剂

（1）氢氧化钠

氢氧化钠（NaOH），是一种具有强腐蚀性的强碱，一般为片状或块状形态，易溶于甲醇（溶解时放热）并形成碱性溶液，另有潮解性，易吸取空气中的水蒸气（潮解）和二氧化碳（变质）。

氢氧化钠/钾都是常见的催化油脂醇解制备生物柴油的均相碱催化剂，其催化原理如下：

$$NaOH + CH_3OH \rightleftharpoons CH_3ONa + H_2O \tag{3-7}$$

$$CH_3ONa \rightleftharpoons CH_3O^- + Na^+ \tag{3-8}$$

$$NaOH + RCOOH \rightleftharpoons RCOONa + H_2O \tag{3-9}$$

先与甲醇反应生成醇钠或醇钾，之后醇钠或醇钾电离出的甲氧基阴离子作为亲核试剂进攻甘油酯酯键羰基碳形成活性中间体，中间体进一步解离生成少一个酯键的甘油酯和一分子的脂肪酸甲酯。

但氢氧化钠/钾催化剂仅适用于低酸值油脂（酸值低于2mg KOH/g），否则部分催化剂会与油脂中的脂肪酸直接发生反应生成脂肪酸盐（皂），即皂化反应，导致催化剂失活，原料浪费，生成的皂化乳浊液导致反应体系各组分难以分离。

(2) 甲醇钠

甲醇钠甲醇溶液为无色或微黄色黏稠性液体，对氧气敏感，易燃易爆。对空气与湿气敏感，遇水迅速分解成甲醇和氢氧化钠，在126.6℃以上的空气中分解。甲醇钠/钾电离得到的甲氧基阴离子直接作为亲核试剂进攻，发生后续反应。

甲醇钠/钾相对于氢氧化钠/钾具有更强的碱性和更强的催化效率，但其存在易燃易爆的危险性，对反应设备腐蚀风险大，且对水敏感，因此对原料中的水含量要求较为严格。

均相碱催化剂虽然在催化效率上具有优势，例如反应温度低、使用量小、价格便宜，但也存在明显的缺点，例如副产物多（如甘油钠/钾盐、皂等）、不可重复使用、产物需要水洗、甲醇回收使用难度高等缺点。

3.3.2.2 固体碱催化剂

固体碱是指向反应物给出电子或接受质子的固体。作为催化剂，其活性中心具有极强的供电子或接受质子的能力，它有一个表面阴离子空穴，即自由电子中心 O^{2-} 或 O^{2-}—OH。固体碱性催化剂在许多重要的工业反应中有着广阔的应用前景，并且固体碱性催化剂具有液体碱或有机金属化合物碱性催化剂无可比拟的优越性，具有高活性、高选择性、反应条件温和、产物易于分离、可循环使用等诸多优点，近年来引起了国内外学者的普遍关注。但固体碱，尤其是固体碱催化剂也存在诸如制备复杂、成本昂贵、强度较差、极易被大气中的 CO_2 等杂质污染、比表面积较小等不足。因此，固体碱的研究仍处在研发阶段。

(1) 碱土金属氧化物

碱土金属化合物，晶胞结构如图3-23所示，其碱性位主要来源于表面吸附水后产生的羟基和带负电的晶格氧，低配位的晶体拐角、边界、缺陷部位或高密勒指数面处易呈现强碱性，所以对于碱土金属氧化物不同晶面，其碱性顺序为（111）>（110）>（100）。

对于碱土金属而言，其碱性一般随着原子序数的增加而增大，所以就碱性大小而言，BaO>SrO>CaO>MgO。但氧化钡和氧化锶价格较高，钙是最常见的碱土金属元素，广泛存在于石灰岩以及动物的贝壳中，后者经常用作制备钙基固体碱催化剂的原材料。

氧化钙作为一种经典的固体碱催化剂，常用于油脂醇解制备生物柴油。在许多研究中，氧化钙在使用之前通常需要经过煅烧处理来除去表面吸附的二氧化碳和水分，也有研究者通过前驱体合成的方法，合成不同晶面的氧化钙。也有研究者通过将两种碱土金属氧化物相互掺杂，得到碱性更高的晶面结构，例如复合碱土金属氧

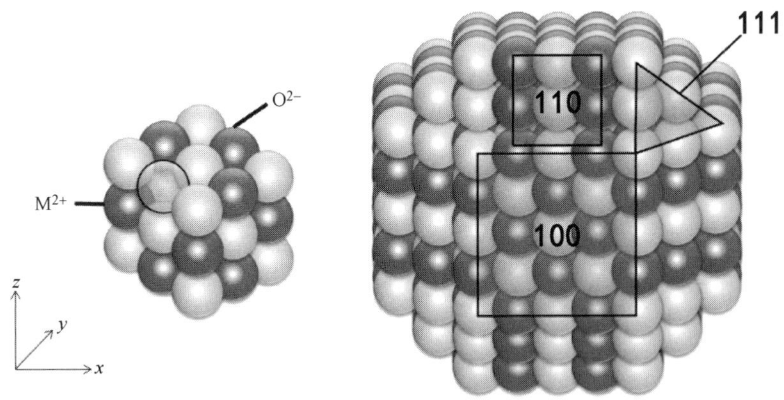

图 3-23　碱土金属氧化物晶胞结构

化物固体碱催化剂 CaO/MgO。一价碱金属元素的掺杂，造成表面 O^- 的形成，会得到碱性更强的晶面，例如 Li/CaO、KF/CaO 等。

一般情况下，氧化钙催化的醇解反应的温度不会超过 75℃，甲酯收率大于 97%。但高活性的氧化钙本身也存在诸多问题，例如与甲醇部分反应生成甲醇钙，或与副产物甘油发生反应生成甘油钙盐，或与微量水发生反应生成微溶的氢氧化钙，游离到反应体系中，造成活性位点的流失。

掺杂使得氧化钙表面形成新的晶体结构，保留碱性位点的同时，能够增强表面晶格强度。通过 KF 掺杂形成更稳定的 $CaKF_3$ 结构[68,134]，与过渡金属共沉淀生成复杂的金属氧化物结构，如 CaMgZn 的混合金属氧化物催化剂，也有希望借助高强度的氧化铝（特别是多孔的 γ-Al_2O_3）掺杂合成寿命较长的 Ca 基催化剂，例如通过与铝盐（硝酸铝、异丙醇铝、偏铝酸钠等）共沉淀或者通过与可溶性 Ca 盐（硝酸钙、氯化钙等）水溶液的浸渍形成 $Ca_xAl_yO_z$ 结构的催化剂[61,74,135-137]。

（2）水滑石类固体碱

阴离子型层柱化合物是指层间具有可交换的层状结构主体，其中比较有代表性的是水滑石类阴离子黏土，主要是水滑石（hydrotalcite）和类水滑石（hydrotaleite like compound），其主体成分一般由两种金属氢氧化物组成，因此又称它们为双金属氢氧化物（layered double hydroxide，LDH），其煅烧产物为双金属氧化物（LDO）。该化合物具有碱活性中心，在醇解反应中有较高的反应活性。水滑石类化合物是一类应用前景广泛的阴离子型层柱材料。

水滑石型化合物又称层状双金属氢氧化物，其通式为 $[M^{2+}_{(1-x)}M^{3+}_x(OH)_2]^{x+}(A_{x/n})^{n-}\cdot yH_2O$，其中 $M^{2+}=Mg^{2+}$、Mn^{2+}、Zn^{2+} 等；$M^{3+}=Al^{3+}$、Fe^{3+}、Cr^{3+} 等；$A=CO_3^{2-}$、Cl^-、NO_3^-、OH^- 等，结构如图 3-24 所示。层中部分 M^{2+} 取代 M^{3+}，使层板带正电荷，层间填充有机、无机阴离子及水分子来平衡电荷，同时，M^{3+} 也可取代 M^{2+}，即 M^{2+}、M^{3+} 可以同晶取代，使得水滑石酸碱性质易于调整。

水滑石的碱性来自于层面上的多氢氧基团，以及层间弱酸阴离子水解产生。不同的水滑石类的碱性强弱与组成中二价金属氢氧化物的碱性强弱基本一致，但由于它一般具有很小的比表面积（5～20m^2/g），表观碱性较小，其较强的碱性往往在其

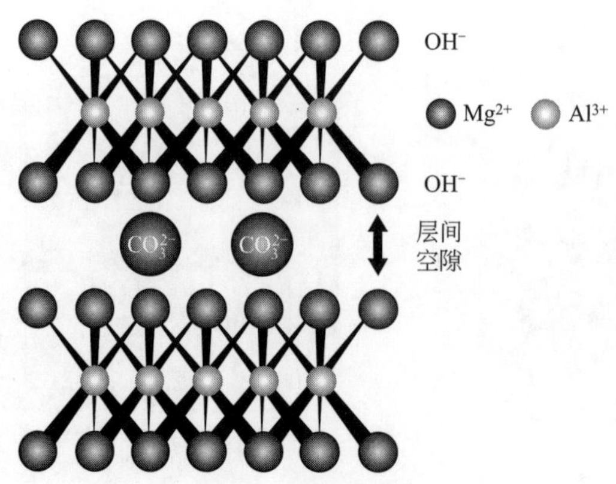

图 3-24 水滑石层状结构

焙烧产物中表现出来。经焙烧的产物一般具有较高的比表面积（200～300m^2/g）、三种强度不同的碱中心，其结构中碱中心充分暴露，表观碱性增强。利用此性质，水滑石类可以作为固体碱催化剂来催化醇解反应制备生物柴油[118]。

（3）阴离子交换树脂

离子交换树脂具有活性高、颗粒大、机械强度高、无污染、无腐蚀和与反应物不互溶等优点，它可克服某些固体酸碱的缺点。离子交换树脂可以重复使用，从而降低了生产成本。然而，由于阴离子交换树脂自身热稳定性差的缺点，限制了其应用。世界上首例采用阴离子交换树脂作为一种固体催化剂生产脂肪酸甲酯生物柴油燃料的技术，就是由日本东北大学和三菱化学公司合作开发成功的（型号 PA306s）。

这种阴离子交换树脂的骨架结构为苯乙烯二乙烯苯共聚物，主要功能基团、碱性的来源是连接在苯环上的季铵盐离子，主要结构如图 3-25 所示。这种树脂（OH 型）的最高使用温度为 60℃，高温情况下使用容易导致季铵盐离子的脱落。

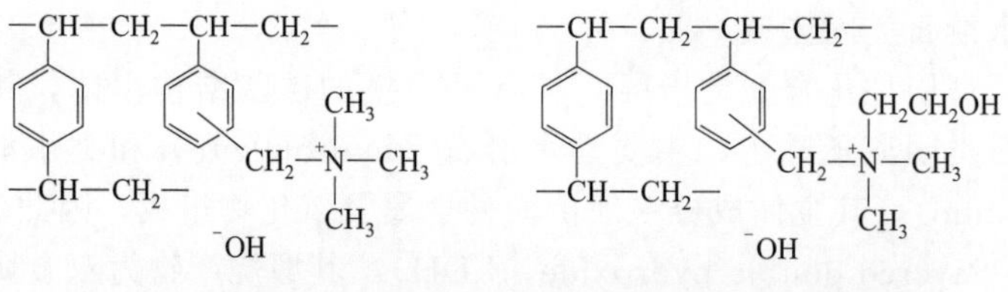

图 3-25 苯乙烯二乙烯苯系阴离子交换树脂骨架结构和功能基团

Shibasaki 等[38,80] 采用了日本三菱化工生产的 4 种阴离子交换树脂（PA308、PA306、PA306s、HPA25）进行了三油酸甘油酯的连续醇解反应，反应温度恒定在 50℃，甲醇流量为三油酸甘油酯流量（物质的量）的 10 倍。结果发现 4 种阴离子交换树脂均表现出较好的醇解活性，顺序为 PA306s＞PA306＞PA308＞HPA25，这与各树脂的交联度、粒径和实际比表面积有关，PA306s 在使用 4 次后甲酯收率维持在 91%左右。在使用一段时间后，树脂因吸附原料中的杂质或反应中的副产物，或部分被阴离子交换树脂中和，而导致活性下降，可以通过以下步骤再生：

① 使用含 5%柠檬酸的乙醇溶液洗去树脂表面吸附的有机物；

② 使用 1mol/L 氢氧化钠水溶液过柱进行 OH^- 交换，结束后用去离子水洗去残

留氢氧化钠溶液；

③ 用无水甲醇洗涤使树脂恢复原有溶胀状态。

除此之外，Indion 810、Amberlite IRA-900、D261 等阴离子交换树脂也常被用作固体碱催化剂催化醇解反应制备生物柴油。以上提到的 7 种树脂材料的主要骨架结构和主要功能基团都相同，决定它们催化效率的因素有交联度、离子交换容量、粒径、持水量（溶胀度）等（见表 3-3）。一般情况下，粒径越小，溶胀度越高［低交联度的树脂（5%DVB 及以下）通常有较好的溶胀度］，交换容量大的阴离子交换树脂具有相对较好的醇解活性，这是因为甘油三酯分子体积较大，对传质系统要求较高，底物分子在树脂内部扩散性越好，催化剂的活性也更容易发挥。且高溶胀度的树脂能够吸附更多甲醇，树脂内部实际醇油比升高，反应速率也因此而加快。

表 3-3　阴离子交换树脂的性质对比

项目	PA306s	PA306	PA308	HPA25	Indion 810	Amberlite IRA-900	D261
交联度(DVB)/%	3	3	4	25	8	8	8
离子交换容量(湿)/[10^3eq/(OH^-·g)]	1.2	1.2	1.5	0.8	1.0	1.1	1.1
粒径/mm	0.15～0.43	0.40～0.60	0.40～0.60	0.40～0.60	0.30～1.20	0.4～1.25	0.32～1.25
持水量/%	66～76	44～50	57～67	58～68	45～55	50～60	50～60
堆积密度/(g/L)	645	645	655	625	670	700	700

（4）胍基固体碱材料

胍基的基本结构来自胍［亦称亚氨脲，$NH_2C(=NH)$］，相对于其他有机碱性功能基团具有更强的 Lewis 碱性（胍基＞季铵碱＞脂肪胺＞芳香胺＞酰胺），在 pH＝7.35 时仍然可以接受质子，形成更稳定的正离子离域化结构，如图 3-26 所示。但大部分含胍基的化合物都具有醇溶性，遇水易分解，需要将其与疏水性固定化载体结合。

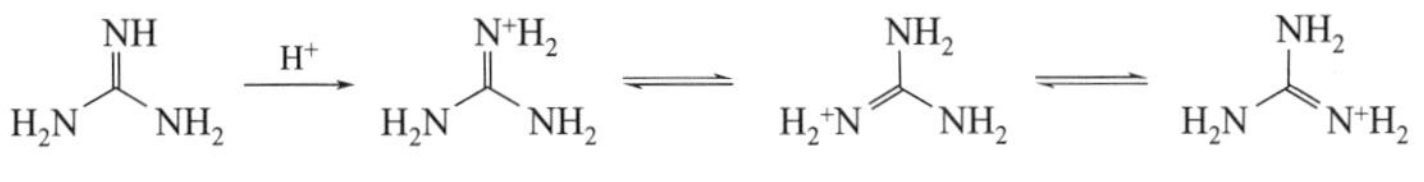

NH / H_2N NH_2 —H^+→ N^+H_2 / H_2N NH_2 ⇌ NH_2 / $H_2{}^+N$ NH_2 ⇌ NH_2 / H_2N N^+H_2

图 3-26　胍基在弱碱性环境中接受质子形成稳定的正离子离域化结构

Bromberg 等[138] 使用 4,4′-亚甲基二（*N*,*N*-二缩水甘油基苯胺）为交联剂，聚六亚甲基双胍（PHMBG）为胍基供体，合成出的不溶于反应体系的胍基固体碱催化剂（见图 3-27）在 70℃、0.5h 内获得了 80%～100%的醇解率，连续使用 15 批次，催化效率仅有 10%～15%的下降。

Balbino 等[139] 用 3-氨丙基三甲氧硅烷和二环己基碳二亚胺（DCC）合成了有机硅材料负载的胍基固体碱催化剂 SiGPMS（见图 3-28），其比表面积高达 300m^2/g，平均孔径 8.4nm。在 80℃、醇油摩尔比 20∶1 条件下，反应 3h，甲酯产率可达 98%。Meloni 等[140] 采用类似的方法，以 SBA-15 为载体，TBD（1,5,7-三氮杂二环［4.4.0］癸-5-烯）为胍基供体，合成出如图 3-29 所示的分子筛负载的有机胍固体碱

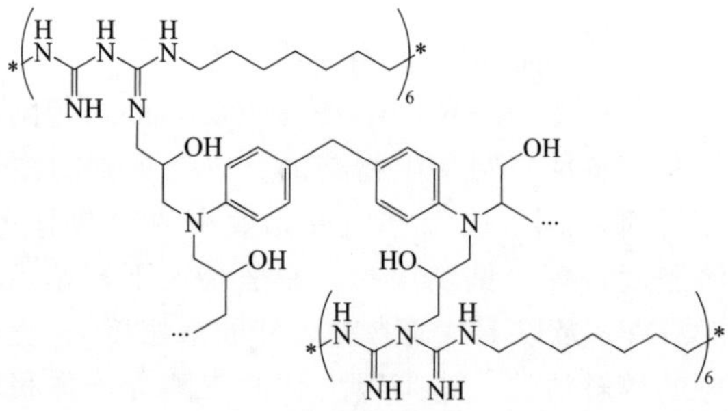

图 3-27 4,4′-亚甲基二（N,N-二缩水甘油基苯胺）/PHMBG 胍基固体碱

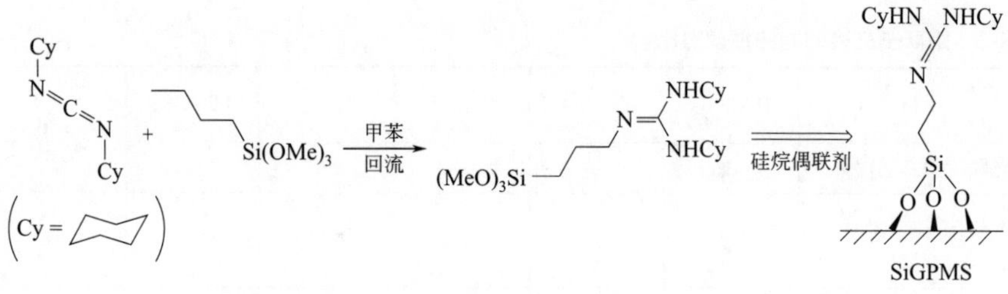

图 3-28 有机硅材料负载的胍基固体碱催化剂 SiGPMS

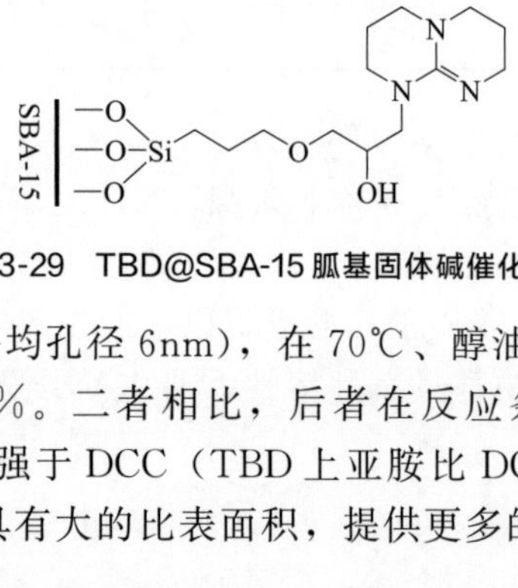

图 3-29 TBD@SBA-15 胍基固体碱催化剂

（比表面积 $600m^2/g$，平均孔径 6nm），在 70℃、醇油比 10∶1 条件下，反应 4h，大豆油甲酯产率达到 100%。二者相比，后者在反应条件上更为温和，原因之一是 TBD 提供的胍基的碱性强于 DCC（TBD 上亚胺比 DCC 上的伯胺更容易接受质子）；二是 SBA-15 载体本身具有大的比表面积，提供更多的有机胍负载位点。

3.3.3 酶催化剂

3.3.3.1 脂肪酶的来源及表达生产

（1）脂肪酶的来源

脂肪酶（lipase，EC 3.1.1.3），又称甘油三酯水解酶，是一类有着独特催化特性的酶。能在油水界面催化长链脂肪酸甘油酯水解及其逆反应，许多脂肪酶还可以催化酯交换反应、酯化反应、醇解反应、酸解反应以及氨解反应等[141]。

到目前为止，脂肪酶和酯类在界面催化反应的机理仍未完全清楚，这是一个需要进一步深入研究的课题。目前在生物柴油合成中使用的脂肪酶见表 3-4[142]。

表 3-4 生物柴油合成中使用的脂肪酶

脂肪酶来源	使用的油脂	反应体系	转化率/%
南极假丝酵母	动植物油脂	分批搅拌罐式反应器(BSTR)、填充床反应器(PBR)、膜反应器	95
假丝酵母	三油酸甘油酯、大豆油、地沟油、猪油、低碳醇	BSTR、固定床反应器,无溶剂和有溶剂体系	95
黑曲霉		固定化酶	
隐球酵母	大豆油、地沟油	BSTR,石油醚为溶剂	96
白地霉		油酸和三油精	62
隐球酵母	植物油	有溶剂和无溶剂体系	80～85
米曲霉	大豆油	游离脂肪酶	90
米曲霉	植物油	固定化细胞	80
得氏根霉	鱼油、乙醇、月桂醇	BSTR,固定化酶,高水含量	
米根霉	植物油、牛油、低碳醇		92
洋葱伯克霍尔德菌	植物油、鱼油、乙醇		93
荧光假单胞菌	三油酸甘油酯、甲醇	BSTR,有溶剂	72
疏棉嗜热丝胞菌	天然三油精、葵花油	BSTR,有溶剂	73～90
米黑根毛霉	葵花油、乙醇	BSTR,无溶剂	80

近年来，脂肪酶的研究重点主要集中在结构特征、作用机理的阐明、动力学、测序及脂肪酶基因的克隆和性能的总体特征上。此外，在开发健全的酶生物反应器系统用于商业用途方面也取得了较大的研究进展[143]。

脂肪酶应用的前景十分广泛，主要包括：有机化学加工、洗涤剂制剂、表面活性剂合成、油脂化学工业、乳品业、造纸、营养、化妆品、药品加工、手性化合物合成等。性质优良的脂肪酶正在逐步应用于商业化的生物转化和合成过程，以脂肪酶为基础的相关技术不断发展，为新化合物的合成提供了便利，这些技术正在迅速扩大脂肪酶的用途。其中，脂肪酶用量最大的商业应用领域在洗涤剂方面。洗涤剂中添加的脂肪酶大约占了脂肪酶总销售量的32%。据估计，每年有1000t的脂肪酶添加到大约13亿吨洗涤剂中[144-147]。

相比于动植物脂肪酶，微生物脂肪酶由于资源丰富、更广的作用pH值和温度、便于工业化大生产等优点而得到广泛的研究。细菌、酵母和霉菌等很多微生物都可以产生脂肪酶。目前脂肪酶的获取方法有提取法、化学合成法、微生物发酵法[148,149]。提取法的资源受到气候、土壤等条件限制，原料成分复杂，分离提纯工艺烦琐；化学合成法成本较高，会造成环境污染；微生物发酵生产脂肪酶，特别是重组脂肪酶在成熟表达系统中生产不会受到环境影响，产物较单纯且成本低、产酶周期短、生产上易于管理，相比于前两种方法有更广阔的前景。所以，微生物发酵法是工业生产脂肪酶制剂的一种经济而实用的方法[150,151]。

随着现代基因工程的飞速发展，越来越多的蛋白质表达系统被开发出来。成熟的蛋白质表达系统一般表达效率高、发酵周期短、产量大和分离纯化简单，已成为脂肪酶高效表达过程中极其重要的材料[152]。

大肠杆菌（*E. coli*）表达系统是细菌表达系统的代表，自20世纪70年代以来，*E. coli* 一直是基因工程中应用最为广泛的表达系统。与其他系统相比，*E. coli* 表达系统具有遗传背景清楚、操作简便、可以大规模发酵培养的优点[153]。

外源蛋白在 *E. coli* 表达系统中的表达量受到很多因素的影响。

① 外源蛋白（特别是真核生物蛋白）在 *E. coli* 中表达时如果出现稀有密码子，就会影响其翻译，甚至可能使其翻译停止。为此，Novagen 公司开发出 Rosetta^{TM} 大肠杆菌菌株，该菌株可提高多种稀有密码子的 tRNA 的含量，从而防止外源蛋白的意外终止。

② 人们发现增强子能够提高蛋白的表达量。罗文新等[154]以烟草花叶病毒5′端非翻译区的Ω序列和T7启动子为调控元件构建了两个 *E. coli* 融合蛋白表达载体，通过对比发现，Ω序列确实增强了蛋白的表达效率。

③ *E. coli* 自身产生的蛋白酶可能会降解外源蛋白，从而影响外源蛋白的表达。Invitrogen 等公司开发出了多种蛋白缺陷型菌株，可以防止外源蛋白被降解，提高某些外摄蛋白的表达水平，同时也可扩大 *E. coli* 表达系统的应用范围。

目前，已经有多种脂肪酶实现了在 *E. coli* 中的表达。Pfeffer 等[155]使用 *E. coli* 成功表达了南极假丝酵母脂肪酶 A，Liu 等[156]则成功实现了南极假丝酵母脂肪酶 B 的表达，但两者的活性分别只有1.7U/mg 和11U/mg。在 *E. coli* 中表达的许多脂肪酶都以无活性的包含体形式存在，需要对其进行复性才能恢复其脂肪酶活力。另外，许多来源于真核生物的蛋白通常具有复杂的三级、四级结构，要求翻译后加工折叠为正确的形式或蛋白进行糖基化等，但是大肠杆菌细胞的内部环境、折叠机制等翻译后加工过程与真核细胞有很大不同，这就阻碍了其在 *E. coli* 表达系统中的正确表达[157]。

应用酿酒酵母表达系统生产外源目的产物已有近30年的历史，最近10年来，酿酒酵母细胞表面展示技术在蛋白质工程中的应用也得到了突飞猛进的发展。该表达系统用于表达外源基因有很多优点：

① 菌体能够以较快速度生长；

② 具有已知真核生物最小的基因组；

③ 质粒 2μm，可作内源表达载体；

④ 含有很强的酵母基因启动子；

⑤ 可对外源蛋白进行翻译后修饰[158,159]。

目前已有不少脂肪酶在酿酒酵母中成功表达。Yamaguchi 等[160]将卡门柏青霉（*Penicillium camembertii*）脂肪酶基因转入酿酒酵母进行了表达，同时对该脂肪酶可能的催化位点进行了点突变，测到胞外脂肪酶酶活有150U/mL。Crabbe 等[161]将人胃脂肪酶重组后在酿酒酵母中实现了表达，90%的酶活存在于细胞壁上，只有10%的酶活存在于发酵上清液中。

但是酿酒酵母表达系统在表达外源蛋白方面也存在一些不足：

① 游离质粒特别是多拷贝质粒常常发生丢失现象，而整合型质粒表达效率不高；

② 重组蛋白的表达量普遍比较低；

③ 外源重组蛋白可能发生过糖基化现象，从而影响目的蛋白的活性。

由于大肠杆菌表达系统在表达真核蛋白时翻译后修饰不足、需要复性，酿酒酵母存在质粒丢失、过糖基化现象等，使得人们将目光转向了特性优良的巴斯德毕赤酵母表达系统。到目前为止，该表达系统已广泛应用于真菌和酵母脂肪酶基因的表达。

袁彩等[162] 将扩展青霉碱性脂肪酶的 cDNA 克隆到质粒 pPIC3.5K，并转入毕赤酵母菌株 GS115 中成功进行了高效表达，目标蛋白占分泌蛋白的 95%，发酵液最高酶活力达到 260U/mL。Cos 等[163] 分别用 pAOX1 和 pFLD1 这两个启动子诱导成功实现了米根霉脂肪酶在毕赤酵母中的表达，结果表明，pFLD1 在诱导表达外源蛋白方面有替代 pAOX1 的潜力，舒正玉等[164] 将克隆得到的黑曲霉脂肪酶基因克隆到质粒 pPIC9K 上，转入毕赤酵母菌株 GS115 中，也实现了该脂肪酶的分泌表达。阎金勇等[165] 也成功实现了 *Geotrichum candidum* Y162 脂肪酶基因在毕赤酵母中的分泌表达，发酵液中最高酶活力达到 55U/mL。

Tan 等[166] 根据 Lip2 脂肪酶的部分氨基酸序列设计引物，PCR 扩增得到脂肪酶成熟肽序列。将该序列克隆到载体中，然后转化到毕赤酵母中进行脂肪酶的分泌重组表达。将重组质粒转化毕赤酵母 GS115 后，利用质粒上的筛选标记，通过高抗生素浓度成功筛选得到脂肪酶高产菌株，在 5L 发酵罐内发酵液中酶活达到 11000U/mL，重组蛋白含量达到 2.3g/L 发酵液。

酵母表达系统是目前真核基因表达系统中应用最普遍的表达系统。酵母作为宿主表达真核基因翻译蛋白具有许多优点。一方面，酵母具有分子遗传的可操作性、像原核生物一样繁殖快、易于培养、便于生产；另一方面，酵母具有真核细胞的特性，能够对外源基因进行正确的翻译后加工、修饰。因此，酵母是外源蛋白表达的理想宿主。

Invitrogen 公司在其操作手册中描述了进行毕赤酵母分批补料发酵的基本方法，但该方法不一定适用于所有蛋白的表达，对某种特定蛋白的表达也不一定是最优的。为此许多学者探索了不同的分批补料发酵的策略对表达外源蛋白的影响。Cos 等[167] 总结了甲醇诱导毕赤酵母分批补料发酵的策略，该策略通常包括 3 个不同的时期。

① 为了在发酵罐中获得一个高细胞密度，需要有一个生长菌体的甘油期。甘油期不依赖于毕赤酵母细胞表型，通常初始甘油浓度为 40g/L。在甘油期末，甘油消耗殆尽，溶氧（DO）值会急剧上升，标志着该时期的结束。

② 甘油期后就进入了转换期。转换期会以一个恒定的速度补加限制性浓度的甘油，以诱导 pAOX1 启动子去阻遏。也可以恒定补加混合底物，包括甘油和甲醇。这个时期的主要目的是为了 pAOX1 启动子完全去阻遏，为细胞进入下一个时期进行诱导做准备。

③ 诱导期是发酵过程中最重要的时期，甲醇可以以不同的策略进行补加。合适的补料策略的选择与表型、操作条件或外源蛋白表达的特性有关，对外源蛋白的表达至关重要。

(2) 脂肪酶的高密度发酵生产

高效的表达系统和手段可以得到足够的产物，而合适的发酵工艺是产业化的保证。从 20 世纪 80 年代起，为了满足生产需求，微生物的发酵已经从普通液体发酵转向了高密度深层发酵。毕赤酵母表达系统在表达外源蛋白时不容易对自身产生毒副作用，其呼吸代谢能力超过了它的发酵性，使得毕赤酵母基因工程菌很容易进行高密度发酵。目前毕赤酵母表达外源蛋白的水平差异很大，相差达到 10000 倍以上。这种表达水平上的差异除了与外源基因本身性质相关外，与发酵条件也有极其重要的关系。毕赤酵母高密度发酵条件主要包括培养基组成、pH 值、温度、溶氧等[168,169]。

培养基的组成在高密度发酵中对细胞生长和外源基因表达有着重要的影响。目前，Invitrogen 公司表达手册中的发酵培养基，如 BMGY/BMMY、BMG/BMM、MGY/MMY 等依然是毕赤酵母高密度培养时常用的种子培养基。BMGY/BMMY、BMG/BMM 培养基中含有保持 pH 值稳定的磷酸盐缓冲液，可以用来表达有活性的外源蛋白。高密度发酵过程中随着菌体的破裂等会有蛋白酶释放到发酵液中，可能会影响甚至降解分泌蛋白，向培养基中加一定量的酪蛋白水解物有助于缓解蛋白酶的影响。毕赤酵母上罐发酵培养基可以选用 FM22 或 BSM 基础盐培养基，这两种培养基没有额外的氨基酸或蛋白等复杂的物质加入，使后续的分离纯化更加简单。同时，盐培养基代替 BMGY/BMMY 培养基将大大降低发酵的成本，更容易实现产业化[170]。

毕赤酵母发酵过程中 pH 值的影响主要体现在以下几个方面：

① 影响酶活性，导致菌体新陈代谢异常；

② 改变细胞膜的通透性，使胞内物质异常排出，影响后续分离纯化；

③ 影响产物特别是分泌型产物的活性。

毕赤酵母的 pH 值生长范围为 3.0～8.0，如果 pH 值太低，菌体的生长就会受到抑制甚至停止。在毕赤酵母高密度发酵脂肪酶的过程中 pH 值会逐渐降低，所以人们一般通过流加碱性液体来实时调节 pH 值。常用的碱液有氨水和 KOH 溶液等，其中氨水既可以作为调节剂，也可以为酵母提供氮源。特别是在生产分泌型外源产物时，合适的发酵液 pH 值不但有助于保持菌种的正常生长，保持外源产物的生物活性，甚至可以减少因菌体死亡破裂而产生的蛋白酶的量，降低蛋白酶的活性，从而最大限度地提高外源产物的产量和生物活性[171]。

毕赤酵母的最适生长温度一般为 28～30℃，如果温度超过 32℃，不但对蛋白表达不利，而且酵母细胞可能会大量死亡。一般来说，温度的升高对脂肪酶的催化活性有利，但是温度过高又会导致酶的构象发生变化，影响酶活性。同时，随着温度提高，菌体自身的酶活性也可能提高，使得细胞更易变老，衰亡期提前到来，进而影响产物的积累。有研究表明，在毕赤酵母高密度发酵的甲醇诱导阶段适当降低温度（如 25℃），能防止蛋白酶的产生，有利于分泌型产物在培养基中的积累[172]。

在酵母发酵过程中（尤其是甲醇营养型酵母），发酵液中溶氧（DO）值是一个非常重要的指标。毕赤酵母作为一种好氧的甲醇营养型酵母在发酵的各个阶段对氧气的需求都很大。在毕赤酵母高密度发酵的过程中溶氧值一般控制在 30%左右。溶氧如果过低，菌体的生长代谢和外源产物的分泌积累都将受到影响，但溶氧过高将导致酵母菌体氧中毒且易使外分泌产物氧化失去生物活性。因此，毕赤酵母高密度发酵过程中保持合适的溶氧对于外源蛋白高效表达是非常重要的[173]。

毕赤酵母的发酵方式根据其补料方式的不同，可以分为批式（batch）、分批补料或流加式（fed-batch）、连续式（continuous）等。

① 批式补料也就是一次性补料方式。该方法是将细胞活化培养后一次性转入生物反应器中，之后发酵液中不再补加其他成分，中途也不放出培养基成分，等发酵结束后一次性放出发酵液，收获目标产物。该方法操作简单，可以减少染菌概率，时间短。但是随着发酵时间延长，营养物质不断消耗，目标产物和其他物质会同时积累，巨大的生长环境变化会导致菌体过早进入衰亡期，影响目标物的积累。

② 分批补料或流加式是将活化的菌体和培养基同时装入生物反应器，在发酵的过程中不断补充新的培养基组分，最终将细胞和目标产物同时收获。该方法能保持培养基中的营养组分基本稳定，避免因培养基组分变化导致细胞生理状态出现较大波动。同时，补料延长了细胞积累目标产物的时间，能得到更多产物[174]。

③ 连续式补料法是将发酵液和活化菌体一起加入生物反应器后，持续补加新的培养基组分，同时又连续取出老的培养基组分。这种培养方法不但可以保证发酵液中营养物质成分的稳定，同时可以保证菌体浓度和产物浓度相对稳定，使菌体的生长处于恒态。另外，持续取料还可以减少副产物和其他不利物质的积累，使菌体的生长和产物的积累一直处于较适的状态。

三种补料方式中，批式补料虽然发酵时间短，但是不利于菌体密度增加和产物大量积累。连续式补料法不断补加营养物质，同时又放出原发酵液，会使发酵产物浓度降低，增加后续处理体积。而分批补料是一种可以同时提高菌体密度和产物浓度的方法。毕赤酵母发酵也常常使用分批补料方式。根据毕赤酵母的生长特点，其补加成分一般包含甘油、甲醇、微量元素、氨水等。其中甘油和甲醇常作为碳源，甲醇同时在诱导阶段作为诱导物，氨水可以作为氮源进行补加，同时也用来调节pH值。

甘油在毕赤酵母生长阶段可作为碳源为菌体提供能量，同时甘油会抑制pAOX1启动子的活性，从而使细胞能够快速达到较高密度。当发酵液中的甘油将要消耗完时，需要补加一定量的甘油保证菌体能够继续生长达到高密度，从而为下一阶段诱导表达外源产物奠定基础。宋留君等考察了不同浓度甘油对毕赤酵母生长和重组水蛭素Ⅱ表达的影响。当培养基中甘油初始浓度为5g/L时，菌体生长速度明显加快；当甘油浓度大于70g/L时，菌体生长受到抑制。这可能是由于过量甘油会造成底物反馈抑制，使菌体生长速度减慢甚至停止。所以发酵过程中要将甘油浓度控制在抑制浓度以下。

在毕赤酵母发酵的诱导阶段，通常补加甲醇作碳源和能量，同时甲醇也作为诱导外源蛋白表达的诱导剂。培养基中甲醇浓度对发酵有较大的影响。甲醇浓度过低则无法提供足够的碳源和能量，甲醇浓度过高将会对毕赤酵母细胞产生毒性，影响菌体的生长和外源蛋白的合成。因此甲醇的补加策略在提高外源蛋白表达量方面显得尤为重要。目前甲醇的补加策略主要有如下3种。

① 溶氧控制甲醇流加　在毕赤酵母发酵过程中，溶氧值可以反映碳源的消耗情

况。当碳源耗完时，溶氧值会上升，此时加入碳源，由于菌体利用碳源消耗溶液中的溶氧，溶氧值将会下降。可以根据这个相关性进行甲醇流加的调节。该方法实施快速，但也可能会因为菌体在其他方面生长受抑制出现溶氧值升高现象，这时补加甲醇就可能过量，从而造成误判。

② 气相色谱检测控制甲醇流加　诱导阶段开始后，每隔一定时间取样，用气相色谱检测甲醇浓度。若甲醇浓度过高，则降低甲醇的流加速率。该方法的优点是能精确测定甲醇浓度，但缺点是具有滞后性，难以实时精确控制甲醇浓度，造成甲醇浓度不稳定。同时，该方法需要定时取样分析，操作复杂，还可能导致染菌，这也限制了该方法的使用。

③ 甲醇传感器在线监测控制甲醇的流加　甲醇传感器可以实时在线监测发酵液中甲醇浓度，灵敏度高，响应时间短，能维持发酵液中的甲醇浓度恒定。但其存在价格昂贵、成本较高的问题。

关键代谢调节物的添加是基于酵母代谢分析的发酵强化手段。如谭天伟等[175]通过测定发酵各阶段的代谢物含量变化规律，发现了脂肪酶生物合成过程中代谢流迁徙现象、代谢物抑制现象。根据代谢组学相关知识，初步建立中心代谢网络模型，找到影响脂肪酶合成的关键性酶。在发酵生产过程中氮源控制阶段，添加维生素作为辅酶，强化细胞转氨酶活力，解除了代谢物对脂肪酶的抑制，并根据发酵不同时期代谢物及 pH 值变化规律，创建了三段控制发酵法，即碳源控制阶段、氮源控制阶段以及碳氮源联合控制阶段，使脂肪酶活力最终连续三个批次达到 10000U/mL。

3.3.3.2 脂肪酶的使用形式

来自胞内脂肪酶及胞外脂肪酶都可用于生物柴油生产。目前应用于生物柴油合成过程的脂肪酶主要有游离酶和固定化酶两种形式。为了降低酶使用成本，生产上都采用固定化酶的形式。闫云君等[176]创新了以海藻酸/明胶、溶胶-凝胶、磁性纳米硅复合颗粒、大孔树脂等为载体的脂肪酶固定化技术工艺，其中大孔树脂固定化脂肪酶技术已获国家发明专利（专利号：ZL200810047857.3）。刘云等[177]探讨了以丙酮、乙醇、乙腈、叔丁醇和乙二醇二甲醚为沉淀剂，戊二醛和二乙烯基苯为交联剂制备高效洋葱伯克霍尔德菌交联酶聚集体工艺技术以及利用分子印迹和界面激活耦合技术进一步调控酶聚集体的催化特性。谭天伟等[178]采用廉价的织物布，经过表面改性，将该脂肪酶固定在织物膜上，进一步研究了织物膜表面亲疏水性对固定化酶酶活性和稳定性的影响，并利用疏水界面的活化作用提高固定化酶在有机相中的催化特性。

虽然脂肪酶选择性好、催化活力高，但若以游离酶的形式直接用于大规模工业生产则会面临很多的问题。因为脂肪酶的化学本质是蛋白质，其催化特性严格依赖于蛋白质的三级结构，这一化学本质决定其在强酸、强碱、有机溶剂等环境中不稳定，容易失活，并且在反应中也存在很多缺点：

① 游离酶自身容易团聚而失活或被降解；

② 游离酶对环境的耐受性差，尤其是在近年发展起来的非水相催化体系中，表现出极低活性和操作稳定性；

③ 游离酶在催化反应完成后，无法与底物和产物分离，影响产品质量；

④ 游离酶无法回收重复使用，难以实现连续操作和自动化。

为了克服上述缺点，人们尝试了各种方法来提高脂肪酶的催化活性和稳定性，包括对脂肪酶进行化学修饰、脂质包衣、固定化等。

（1）游离脂肪酶

一直以来，人们受传统观念的影响，认为酶只有在水相中才能维持催化活性结构。然而随着研究的深入，20 世纪 80 年代，研究发现多种酶不仅能够在有机溶剂中保持稳定，而且还显示出较高的催化活力，并且还具有许多水相催化所不具备的优点，从而打破了酶只有在水相中维持活性结构的传统观念，也为酶学研究和应用带来了一次革命性飞跃，促进了非水酶学的兴起。

相较于水相催化而言，酶在有机溶剂中催化反应的优势在于：

① 有利于疏水性底物的反应，能催化在水相中不能进行的反应；

② 减少由于水引起的副反应，使产物更易于分离纯化；

③ 能够提高酶的稳定性，减少产物和底物抑制。

脂肪酶因其特有的性能（能在油水界面上催化反应）成为研究非水相催化体系的热点，脂肪酶催化反应体系也从水相逐步发展为水-水可溶有机溶剂单相体系、水-有机溶剂两相反应体系、低水有机溶剂、反向胶束体系等。

但是由于游离脂肪酶在有机反应体系中容易失活，导致生产成本过高，使其不能直接用于工业生产中。因此，为了提高脂肪酶对有机溶剂的耐受性及充分发挥脂肪酶的催化能力，人们致力于提高催化有机反应脂肪酶的活性和稳定性。

有机催化反应中，由于脂肪酶的水溶性蛋白质的本质，使其不能均匀地分散于有机溶剂中，导致其催化活性不能得到充分发挥。因而可以通过某种方式增加脂肪酶在有机溶剂中的溶解度，以提高脂肪酶的催化性能。

1）游离脂肪酶的修饰

脂肪酶的化学修饰是指将脂肪酶用双亲分子或烷基化试剂进行化学修饰，使其由亲水性变成疏水性，从而溶于疏水的有机溶剂，使脂肪酶在有机溶剂中有更好的伸展性，这不仅可以增加酶周围底物的浓度，而且大大降低了底物进入酶活性中心的阻力。如 Basri 等[179] 研究了用不同碳链长度的醛类物质对 *Candida rugosa* 脂肪酶进行还原性烷基化修饰。实验结果表明修饰酶在有机溶剂中活性比天然酶要高，而修饰酶本身在非极性溶剂中的活性比在极性溶剂中高，尤其是在非极性有机溶剂中的酶活更高。然而，脂肪酶修饰前后的酶活提高程度取决于醛类分子的种类和大小，用乙醛修饰的酶，其酶活可达到天然酶的 10.5 倍。修饰酶的活性不但得到了大幅提高，其热稳定性也明显强于天然酶，并且随着还原性修饰的醛类分子碳链的增长（疏水作用力增加），酶分子会变得更加紧凑，使分子“刚性”增加，表现出更强的热稳定性。脂肪酶经过烷基化修饰后不仅能均匀地分散于有机溶剂中，而且还能使维持脂肪酶活性的必需水紧紧地限制在其周围，这也是修饰酶不易在有机溶剂中失活的重要原因。赵玮等[180] 用甲醛和戊二醛作偶联剂，共价连接吐温 80 和猪胰脂肪酶，结果表明修饰酶比天然酶的活力要高出许多倍。

表面活性剂包衣脂肪酶使用表面活性剂对脂肪酶分子进行包衣，使表面活性剂的亲水部分与酶连在一起而亲油部分则伸向有机溶剂，从而提高酶在有机溶剂中的溶解度和分散度，使脂肪酶在有机溶剂中的催化活性、稳定性及其对映体选择性都得到提高[180]。宋宝东等[181]对谷氨酸十二烷基酯核糖醇包衣 *Candida rugosa* 脂肪酶进行了一系列研究，结果表明天然酶在有机溶剂体系中几乎不表现活力，而包衣酶却表现出相当高的催化活性和稳定性。Kamiya 等[182]通过实验研究了阳离子表面活性剂与非离子型表面活性剂包衣脂肪酶的性能，结果表明非离子型表面活性剂包衣脂肪酶在异辛烷中催化酯化反应中表现出较高的活性，同时指出由于阳离子表面活性剂头部的阳离子与脂肪酶带负电荷的表面之间的相互作用，会破坏脂肪酶的三级结构，因而降低了酶的催化活性。Thakar 等[183]研究得出，非离子型表面活性剂与阳离子表面活性剂均能使酶活得到提高，但非离子型表面活性剂比阳离子表面活性剂效果更好，而阴离子表面活性剂则对脂肪酶的活性起了抑制作用。此外，周晓云等[184]对脂肪酶在表面活性剂介质中的催化反应动力学进行了研究，结果表明，非离子表面活性剂对碱性脂肪酶的活力有很强的促进作用，而阴离子表面活性剂只有在浓度低于某一临界浓度时才对酶有激活作用。

2）游离脂肪酶反应体系

由于游离脂肪酶不易分离，除直接添加于反应中外，其他应用游离脂肪酶的体系较少，这样的反应体系主要有反胶束体系。反胶束是两亲分子溶解在有机溶剂中自发形成的、热力学稳定、光学透明的球形聚集体。酶溶解在反胶束中形成水合胶束。反胶束体系不仅能极大地提高反应界面，而且表面活性剂层的刚性缓冲了酶分子结构的波动对催化构象的扰动，反胶束“水池”中的水与生物膜表面的水非常相似，能够使酶在反胶束微水池中保持催化活性和稳定性，甚至表现出超活性。如王元鸿等[185]在十六烷基三甲基溴化铵（CTAB）/正己烷和二-(2-乙基己基）磺化琥珀酸钠（AOT）/正己烷反胶束体系中，用柱状假丝酵母脂肪酶催化合成异丁酸异戊酯，结果表明，脂肪酶在 CTAB 和 AOT 反胶束中的活性分别是有机溶剂中反应活性的 6 倍和 4 倍。刘伟东等[186]在 AOT/异辛烷反胶束体系应用 *Candida* sp. 99-125 脂肪酶催化合成生物柴油，以大豆油和甲醇为底物，在水与表面活性剂质量比 W_0 为 11、表面活性剂浓度为 50mmol/L、温度为 40℃、缓冲液 pH 值为 7 的 AOT/异辛烷反胶束体系中，醇油摩尔比为 3∶1，摇床转速为 180r/min，采用 12h 3 次分步加入 1mol 的甲醇，单批最高转化率可以达 90%。

（2）脂肪酶的固定化

固定化方法是生物催化剂实现其工业化应用的重要手段。

与游离酶相比，固定化酶具有以下优点：

① 固定化酶比游离酶稳定性好，适合工业化生产的需求；

② 固定化酶容易与底物、产物分离，易于产品纯化；

③ 固定化酶可以重复使用，降低生产成本；

④ 固定化酶的反应条件易于控制，适合连续的工业化生产。

脂肪酶被固定化后，不仅能够获得很强的操作稳定性，而且还能够很便捷地加以回收重复利用，因而比修饰酶、包衣酶等脂肪酶利用形式具有更多的优点。

3.3.3.3 脂肪酶固定化载体与方法

目前，商品化的脂肪酶已经有20多种，固定化脂肪酶具有较好的热稳定性，便于重复利用，可节约生产成本，在实际生产中有广泛的应用。同其他酶类一样，脂肪酶的固定化方法主要有吸附法、交联法、共价结合法、包埋法等。

表3-5是各种固定化方法的比较[187]。

表3-5 各种固定化方法的比较

方法	优点	缺点
吸附法	制作条件温和、简便、成本低、可再生、可反复使用	载体结合力弱，对pH值、离子强度、温度等因素敏感，易脱落，酶的容量小
共价结合法	载体与偶联方法可选择性大，酶的结合力强，非常稳定	偶联条件激烈，易引起酶失效，成本高，某些偶联试剂有一定毒性
交联法	可用交联试剂多，技术简易，酶的结合力强，稳定性高	交联条件较激烈，机械性能较差
包埋法	包埋材料、包埋方法可选余地大，固定化酶的适用面广，包埋条件较温和	仅用于低分子量的底物，不适用于柱系统，常有扩散限制问题，不是所有单体材料与溶剂都适用于各种酶

由于固定化载体及固定化方法直接影响固定化酶的催化活性及操作稳定性，因此寻找合适的固定化载体及探索新的简单可行的固定化技术一直是研究的热点，国内外研究者在寻找合适的固定化载体与方法上进行了很多探索与尝试。很多材料可以用作酶固定化的载体，如Ulbrich[188]用尼龙6共价结合脂肪酶，获得高稳定性的固定化酶；曹淑桂等[189]以合成的聚乙烯和双亲分子作为固定化载体，固定化*Expansion penicillium*脂肪酶在非水相中催化酯合成和酯交换的活力比其未固定化酶粉分别提高了20倍和44倍；Li[190]使用经硅油疏水处理的聚酯作为*Candida* sp. 99-125脂肪酶固定载体，使固定化酶稳定性大大提高，在非水催化过程中固定化酶由改性前的可使用13批次提高了约4倍、达44批次以上；Sofina等[191]在磁性载体上涂有聚酰胺，通过吸附或共价结合的方法固定铜绿假单胞菌脂肪酶，获得很高的酶活；Wang等[192]使用对β-硫酸酯乙砜基苯胺（SESA）作为偶合剂，将脂肪酶共价固定到丙烯基葡聚糖上；Soares等[193]以戊二醛作交联剂，将褶皱假丝酵母脂肪酶共价结合到孔径可调的二氧化硅（CPS）上；Jose等[194]将猪胰脂肪酶吸附在涂有琼脂糖凝胶的聚乙烯亚胺载体上，再用戊二醛处理后，获得了较好的催化性能。近年来，人们又成功地利用溶胶-凝胶包埋法对不同脂肪酶进行了固定化。

脂肪酶虽是水溶性蛋白质，但是其催化活性中心附近存在一个大的疏水性很强的疏水区域，因此脂肪酶不仅可以通过疏水作用力吸附于疏水固体表面，而且由于疏水固体表面性质接近于脂肪酶的天然底物，使脂肪酶在这一吸附过程中产生界面活化，表现出比游离酶更高的活性。因此疏水性材料或具疏水表面的亲水材料被广泛地应用于脂肪酶的固定化[195]。

吸附法由于具有操作简单、条件温和、对酶的活性与对映体选择性损伤小、有机环境不易解吸附等优点，因此被认为是固定有机催化脂肪酶的最适方法。

疏水性材料作为脂肪酶固定化载体的优点，疏水载体或具疏水表面的载体比具亲水表面的载体更适于用作脂肪酶固定化载体，不仅是由于脂肪酶特有的疏水区域可通过疏水作用力吸附在载体表面而表现出“界面活化”，而且 Wang 等[196] 通过实验研究证实，亲脂性载体不仅对脂肪酶的表面具有很强的亲和力，而且对有机催化中的亲脂性底物也具有强的亲和力，由此，固定化脂肪酶催化反应时其酶分子微环境的底物浓度较高，利于脂肪酶发挥其催化能力。

徐岩和李建波[197] 在论述应用于非水相酶催化反应的脂肪酶固定化载体对固定化脂肪酶活力的影响时指出，酶发挥催化功能所需的结构和构象必须是刚柔相济，而其刚性主要取决于蛋白质分子内氢键以及蛋白质分子与水分子间形成的氢键的比例，比例的不同使酶分子处于“紧密”和“开放”两种状态。这两种状态在酶催化反应时处于一种动态平衡。亲水性强的载体，与水形成氢键的能力强，导致酶分子内氢键形成过多而使酶的构象过于“紧密”，从而掩盖了脂肪的活性中心，酶活下降甚至失活。而疏水性载体可以很好地保持这种平衡，使酶在非水相中表现出更高的活性。但是，Blanco 等[198] 指出，疏水性太强的载体并不一定是最好的，疏水性太强的表面在与水分子接触时，其接触角往往大于 90°，导致水相不能进入内部，因而载体只能在其外部吸附一些酶蛋白，减少了载体的载酶量。

Panzavolta 等[199] 通过研究载体的功能基团对酶吸附的影响发现，交联聚乙烯醇带有的氢键及聚炔丙醇所带有—OH 功能基团对吸附并无影响，并且实验中吸附介质体系的 pH 值对固定化影响不明显，据此得出疏水作用力是主要的作用因素。除了疏水作用力外，一般认为范德华力、静电力等弱作用力也是载体维系脂肪酶的作用力。然而相邻被吸附的酶蛋白间的相互作用力则没有予以考虑，但 Panzavolta 等在得出疏水作用力是主要的作用因素的同时，也指出酶-酶间的作用力相对于酶-载体作用力也相当重要。当酶分子周围存在酶分子时，其洗脱所需的能量会明显提高，也就是发生了“协同吸附”。因此这种作用不能被忽视，它的存在更有利于脂肪酶的固定化。

(1) 固定化介质对固定化酶的影响

脂肪酶固定化可在缓冲溶液及非极性有机溶剂中进行，并且很多研究均表明，在有机溶剂中固定化不仅效率高（几乎可达 100%），所得的固定化脂肪酶的催化活性及稳定性都比在缓冲液中固定化所得固定化酶要高。

高阳等[200] 以不同大孔树脂吸附固定化 *Candida* sp. 99-125 脂肪酶，分别以正庚烷及磷酸盐缓冲液作为固定化介质，发现在正庚烷介质中固定化效率能够达到 98.98%，与采用磷酸盐缓冲液作为介质相比，固定化酶的水解活力和表观酶活回收率分别提高了 4.07 倍和 3.43 倍。以正庚烷为介质固定化脂肪酶催化合成生物柴油，采用三次流加甲醇的方式，单批转化率最高达到 97.3%，连续反应 19 个批次后转化率仍保持为 70.2%。

Pedro 等[201] 用苯乙烯-二乙烯基苯交联聚合物分别在缓冲液和庚烷两种固定化介质中通过物理吸附固定化 *Candida rugosa* 脂肪酶。固定化介质的不同对其水解和合成活力有很大影响，结果显示在庚烷中固定化效果更好。这一结果被解释为酶分子的构象可随着介质的极性改变而发生改变，在缓冲液中，酶分子的亲水性氨基酸残基暴露在水相中；而在低极性的介质中，酶分子的疏水性氨基酸残基则会在其表面。在由水相转变为庚烷时，暴露在酶外表面的氨基酸残基种类及数量会发生变化，而这将直接影响到载体作用的残基种类及反应速率，从而使载体通过更多的酪氨酸、半胱氨酸残基等极性侧链氨基酸残基实现固定化，而更少依赖赖氨酸等非极性侧链氨基酸残基实现固定化。这种固定化方式的改变导致固定化酶活性的改变，所涉及的任何氨基酸残基都应该是处于活性位点的。因此，在这种特殊条件下，除了疏水性载体的疏水性外，低极性的溶剂也能在酶周围创造一个特殊的微环境，使酶活得到提高。

辛嘉英等[202] 用具有一定亲水性的载体在有机溶剂中吸附固定化圆柱状假丝酵母脂肪酶，获得了高达100%的固定化效率。魏纪平等[203] 用极性树脂、硅藻土在有机溶剂中固定化脂肪酶，极性树脂的酶活回收率远高于硅藻土，前者几乎为后者的4倍。他们解释为载体具有一定的亲水性，可在其表面形成一层水膜，酶分子不溶于有机溶剂，只能存在于这层水膜中，因而可以完全地被固定化，它不需要任何键合手段就可以将酶固定在载体上，是一种在微水环境中有效的固定化方法，并且由于固定化酶不需经过冷冻干燥等引起酶失活的除水步骤，因此具有较高的酶活。

蔡宏举等[204] 以苯乙烯（St）为功能单体，二乙烯基苯（DVB）为交联剂，采用固液联合致孔的方式，制备了疏水多孔载体。将多孔载体用于 *Candida* sp. 99-125 脂肪酶的固定化，得780U/g的固定化活力。固定化使酶在30～50℃范围内热稳定性得到了明显的提高，最适反应温度提高了5℃，在pH=6.0～9.0范围内酶的相对活力有所提高，最适pH值不变，仍为8.0。固定化酶单次催化油酸和十六醇的酯化率达98%，其操作稳定性好，连续间歇操作15批，酯化率仍可达到50%。

对于有机介质中固定化脂肪酶，其活性相较于缓冲液中固定化酶活性的提高取决于脂肪酶的种类。Mustranta 等[205] 用阴离子交换树脂吸附固定化，固定化介质为缓冲液和正己烷。柱状假丝酵母脂肪酶在正己烷中固定化比在缓冲液中固定化具有更高的活性，但是对于荧光假单胞菌脂肪酶而言，不同固定化介质对其活性影响则不大。

（2）固定化脂肪酶应用形式

1）多孔载体固定化脂肪酶

多孔物质由于其多孔性与大的比表面积，使其具有很强的吸附能力与很大的吸附量，因而常被用作酶固定化的载体。由于酶分子属于大分子物质，其分子量为2000，分子直径约为4nm，因此，为了避免酶进入载体受到限制，载体孔径应为蛋白分子直径的4～5倍。酶固定在多孔结构载体上可以使其均匀分布于载体表面，从而避免酶聚合、自降解、蛋白酶水解等导致酶活降低的因素，因此即使多孔载体固定化酶对酶蛋白本身结构稳定性不产生影响，但却能提高酶的操作稳定性。

大孔树脂、硅藻土、陶瓷、孔径可调的二氧化硅等多孔性材料都可用来固定脂肪酶。如 Talukder 等[206] 用商品化的大孔树脂 CRB02（功能基团为聚苯乙烯交联的 *N*-甲基葡糖胺）吸附固定化脂肪酶，获得了催化性能较好的固定化脂肪酶。Yu 等[207] 用 CRB02 型大孔树脂固定化 *Candida rugosa* 脂肪酶，所得固定化酶在异辛烷中催化月桂酸与丙醇的酯化反应活性比游离酶提高了50%，对映体选择性是游离酶的 2.2 倍。Petkar 等[208] 将亲水性大孔树脂聚甲基丙烯酸酯用不同碳链加以修饰以获得具疏水表面的固定化载体，其中十八烷基修饰的聚甲基丙烯酸酯对不同来源的三种脂肪酶（*Humicola lanuginosa* 脂肪酶、*Candida antarctica* 脂肪酶、*Rhizomucor miehei* 脂肪酶）进行吸附固定化，结果显示三种固定化脂肪酶均具有很高的转酯化活性。

2）包衣固定化脂肪酶

脂肪酶的表面活性剂包衣或脂质包被及固定化使其在有机催化中都能表现出较高的活性和稳定性。前者虽然能够增加脂肪酶在有机介质中的分散度，并且避免了酶直接与有机溶剂的接触，从而提高酶的反应活性和稳定性，但是由于酶在诸如转酯化等反应后难以与反应体系分离，使得后续的分离操作变得相当困难，无法做到酶的重复使用；而后者用于催化有机溶剂中的反应时，虽然能够重复使用，但脂肪酶与有机溶剂直接接触可能导致蛋白质的变性失活。因此若将包衣与固定化两种手段结合起来，则所得到的脂肪酶一方面由于受到表面活性剂分子的保护变得更耐有机溶剂，从而提高酶的活性；另一方面也提高了操作稳定性与可重复使用性。

Fukunaga 等[209] 将脂质包衣的假单胞菌脂肪酶在无水条件下以疏水的交联树脂预聚物进行固定化，并研究这种可溶于有机溶剂的包衣酶固定化后在有机溶剂中催化酯化反应的性能。结果表明制备的固定脂肪酶在苯中催化酯合成反应以及在不同有机溶剂中催化转酯化反应均表现出很高的活性和稳定性。Thakar 等[183] 先用表面活性剂包衣 *Candida rugosa* 脂肪酶，再将包衣酶固定化于硅胶上，然后用所得脂肪酶在正己烷中催化丁酸与乙醇反应合成丁酸乙酯，结果显示，非离子型表面活性剂 CTAB 和 TritonX-100 包衣的脂肪酶固定化后，其酯化活性分别为对照酶（固定化的游离酶）活性的 2.5 倍和 7 倍。

宋宝东等[210] 探索了用表面活性剂包衣固定化脂肪酶。他们先以 AB-8 型大孔树脂固定化 *Candida rugosa* 脂肪酶，然后用谷氨酸双十二烷基酯核糖醇进行包衣，并用所得的包衣固定化脂肪酶在有机溶剂中催化酶合成反应。结果表明包衣固定化酶较未包衣的固定化酶比活提高了 60%～90%。

3）膜布织物固定化脂肪酶

为避免传统颗粒状固定化酶催化过程中甘油易于堵塞颗粒孔径的问题，北京化工大学谭天伟等[211] 采用膜布或纤维织物布固定化酶，酶以化学交联或吸附形式固定在膜布或织物表面上。通过对膜布或织物的表面改性，控制底物油脂及产物如甘油在膜布及织物上的吸附。将固定化酶膜或织物布以卷绕的形式，放进筒式反应器中，进行酶催化反应。该新型酶反应器混合均匀，扩散阻力小，可及时消除甘油对酶的毒性。固定化酶膜或织物布在使用酶活降低时，容易拆换，并可重新固定化酶而重复使用。

（3）固定化脂肪酶的界面激活

由于脂肪酶活性位点包含一个可移动的“盖子”结构，在脂肪酶未活化时，“盖子”覆盖在活性中心上；当存在疏水界面时，这个“盖子”能够开启，从而表现出催化活性，这一现象被称为“界面活化”。当以疏水性载体固定化脂肪酶后，脂肪酶即可被激活。而为使固定化脂肪酶获得更进一步的活化，则可以用非极性有机溶剂对其进行预处理。

Maruyama 等[212] 为了使 *Rhizopus japonicus* 脂肪酶获得高的酯交换活性，他们以不同的脂肪烃-水对脂肪酶进行处理，油-水界面能使脂肪酶的“盖子”打开，从而在正己烷中表现出很高的酯交换活力。实验结果表明烷烃类的激活剂对脂肪酶激活作用显著，同时激活程度与所用激活剂种类有很大关系，规律为随着碳链长度的增加，其活化作用越来越显著，当碳链长度为十四碳时达到最大，然后随着碳链的增长，活化作用又逐渐降低。

Foresti[213] 等以疏水性载体聚丙烯（PP）粉末吸附固定化 *Candida rugosa* 脂肪酶，并将其应用于无溶剂体系中催化合成油酸乙酯。脂肪酶吸附于 PP 上之后，他们用正辛烷、异辛烷和正十四烷与缓冲液以不同比例混合，然后对固定化脂肪酶进行“界面活化”，结果表明激活效果与所用烷烃种类关系不大，但与烷烃/缓冲液的比例密切相关，在烷烃/缓冲液比例为 5/95 时，获得最佳激活效果。经活化后，固定化酶的比活提高了 30%。

（4）有机溶剂前处理

Panzavolta 等[199] 将脂肪酶在 40℃的有机溶剂（庚烷、甲苯、氯仿）中处理一段时间，然后用不同的载体固定化，真空干燥后所得固定化酶比直接固定化酶在有机溶剂介质中反应酶活都高。Talukder 等[206] 用 CRB02 型大孔树脂固定化脂肪酶，在固定化前，先用异丙醇处理脂肪酶，然后立即进行吸附固定化。异丙醇与固定化的双重处理使脂肪酶的活性与稳定性比单一处理大大提高。其活性提高幅度取决于异丙醇与缓冲液的体积比及酶的种类。实验结果显示，*Rhizopus oryzae* 脂肪酶（ROL）被活化最为显著。ROL 经双重处理后在异辛烷中催化月桂酸与月桂醇酯化的比活力分别是未经处理的游离酶、单独固定化酶、异丙醇处理的游离酶活性的 3.3 倍、2.5 倍、1.5 倍。通过检测，得知脂肪酶经异丙醇处理后酶构象中的 α-螺旋含量增加，从而增加了脂肪酶的稳定性；并且脂肪酶经过极性有机溶剂处理后，酶的构象即从非疏水性的“关闭”状态（活性位点被“帽子”覆盖）变为更加疏水的“开放”状态（活性位点暴露），因此增加了疏水底物结合的能力这一动力学限制步骤，从而增加了脂肪酶的酯化活性。

（5）甲醇及盐溶液的前处理

Lu 等[214] 使用甲醇及低浓度盐溶液处理固定化脂肪酶，脂肪酶活力得到明显提高。底物及其类似物可以诱导催化剂脂肪酶的活性构象，通过类“分子印迹”的原理，调控酶蛋白分子构象，提高脂肪酶的催化活性。但脂肪酶催化豆油醇解反应体系中，甲醇是脂肪酶的强烈抑制剂，过高的浓度会导致脂肪酶的不可逆失活。在低浓度条件下（0～20%），甲醇溶液处理可以提高脂肪酶对甲醇的耐受性；而高浓度下（>40%），甲醇对脂肪酶的抑制起主导作用，预处理效果不佳。水和低浓度甲醇预处理还会清除部分杂蛋白，从而提高脂肪酶的催化活力。另外，甲醇和水作为反应底物，可以诱导脂肪酶的活性构象，改善酶分子表面水的分布状态，从而提高脂肪酶的催化活性和甲醇耐受性，达到提高脂肪酶甲醇“免疫力”的效果，同时过高的甲醇浓度会使得预处理效果下降。

盐可以和固定化酶分子相结合，平衡酶分子表面电荷，维持酶蛋白稳定构象，从而提高其操作稳定性。用1mmol/L盐溶液预处理固定化酶，可以使反应初速率由7%提高到接近20%，也可以提高平衡转化率8%左右。根据文献报道，1mmol/L的$MgCl_2$和$CaCl_2$预处理效果最好，在甲醇浓度较高的情况下（醇油摩尔比3∶1），转化率仍能够维持在70%以上[215]。因此，低浓度的盐溶液处理脂肪酶可以提高该固定化酶的活性和甲醇耐受稳定性。

（6）添加剂对脂肪酶反应过程的激活

近年来的一些研究表明，利用合适的添加剂辅助反应，可以在一定程度上提高游离酶的催化活性及稳定性。Ooe等[216]在研究膜凝乳蛋白酶在有机溶液中的催化活性时，发现β-环糊精的加入可以在很大程度上提高膜凝乳蛋白酶的催化活性。其在研究β-环糊精糖酯对可溶性膜蛋白酶稳定性的影响时，指出在水相环境中，β-环糊精糖酯作为添加剂可以在极大程度上提高膜蛋白酶稳定性及催化活性。同时Hasegawa等[217]研究指出，β-环糊精可以提高蛋白酶的催化稳定性及催化活性。Yoon等[218]研究了不同聚合度的PVA、PEG及TritonX-100等表面活性剂作为添加剂对猪胰淀粉酶（PPA）催化活性的影响，指出不同类型的表面活性剂作为添加剂，对酶催化反应有着不同的影响，适宜的表面活性剂会在很大程度上提高酶催化反应的活性及稳定性，而不合适的添加剂则会导致酶失活。Nie等[219]在对脂肪酶催化生产生物柴油的研究中发现，利用环糊精作为添加剂辅助游离脂肪酶催化合成脂肪酸甲酯，转化率、催化稳定性及酶用量方面均优于固定化酶催化；同时，葡萄糖、蔗糖、可溶性淀粉以及PVA、PEG等高聚物均可在不同程度上提高游离脂肪酶的催化活性。研究开发合适的添加剂，使其辅助游离酶催化油脂类化合物合成，可以在一定程度上解决固定化酶所具有的缺点，同时降低生产成本，扩展酶催化反应的适用范围。

（7）极性有机溶剂后处理

在用多孔性载体固定化脂肪酶催化甲醇与甘油三酯的转酯化反应中，固定化脂肪酶容易受到短链醇的毒害而损失活性。而Wu等[220]认为这种转酶反应活性的降低主要是由于物理因素，例如甲醇或乙醇与甘油三酯互不相溶，导致当醇被吸附在固定化酶的空隙时，脂肪酸甘油酯进入固定化酶的通道就会被封锁，因而转酯反应就会停止，而甲醇比油脂更容易吸附于固定化酶。基于上述认识，他们首先提出用一种理想的溶剂清洗回收固定化酶以使其重生，而该溶剂不仅对脂肪酶无害，而且对动植物油及甲醇或乙醇都有很好的溶解性。实验中他们将固定化酶（新固定的及回收的）先用3～8碳醇（1-丙醇、异丙醇、1-丁醇、异丁醇）浸泡0.5～1.5h，除去醇后，再用植物油深度浸泡0.5～48h，发现酶活得到了显著提高或重生。以商品化的Novozyme 435为研究对象，结果表明，预处理的比不作预处理的固定化酶活力增加了8～10倍，并且回收固定化酶再生后可恢复到未受毒害前的水平。

近年来，人们在脂肪酶的工程化应用方面开展了很多有意义的研究，但迄今为止，尚无一个公认最好的方法。随着非水酶学的兴起，人们纷纷提出了许多提高有机催化脂肪酶活性和稳定性的简便易行的有效方法，这些方法包括酶的改造、反应介质的优化、反应体系的优化三个方面，极大地促进了脂肪酶在有机催化反应中的应用，同时脂肪酶的工业化应用也展现出更为广阔的前景。

3.4 反应动力学

3.4.1 化学反应动力学

化学反应动力学是用数学方程来定量描述化学反应过程的一种方法。在生物柴油的制备研究中，通过对反应过程化学动力学的探讨，可以知道如何控制反应条件，以提高主反应速率，增加生物柴油的产量；可以知道如何抑制或减慢副反应的速率，以减少原料的消耗，减轻分离操作的负担，并提高反应的有效产量。不仅如此，通过反应速率的定量研究，还可以对生物柴油的工业化过程进行最佳设计，为最佳控制提供理论基础。

3.4.1.1 酯化反应动力学

生物柴油制备过程中的酯化反应是生产过程中预酯化工艺发生的主要反应，即游离脂肪酸与甲醇反应生成脂肪酸甲酯和水的反应。目前碱催化生产生物柴油过程已经十分成熟，对醇解过程动力学研究也比较深入，但是对其预处理过程的探讨却不甚广泛。而酯化动力学对于利用价格低廉、游离脂肪酸含量较高的油脂生产生物柴油的过程研究来说，显得十分重要。

(1) 酯化反应机理

在酯化反应中，根据 Fischer-Speier 酯化反应机理，通常由羧酸提供羟基（羧酸与某些叔醇酯化时，羟基由叔醇提供）。首先是羧酸的羰基质子化，使羰基碳的亲核性增强，容易和醇发生亲核取代，然后质子转移，水分子脱除，进而形成酯。其反应历程如图 3-30 所示。

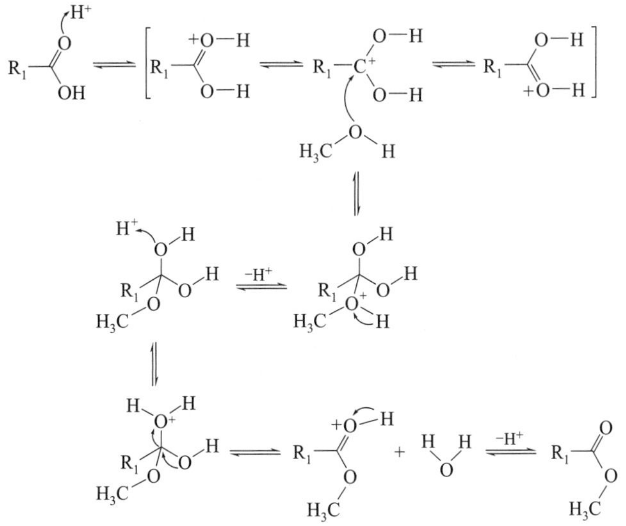

图 3-30　酯化反应历程

(2) 酯化反应动力学

酯化反应动力学方程可以描述为：

$$r=[H^+]\frac{[RCOOH][CH_3OH]-\dfrac{[RCOOCH_3][H_2O]}{K}}{K} \tag{3-10}$$

$$K=\frac{[RCOOCH_3][H_2O]}{[RCOOH][CH_3OH]} \tag{3-11}$$

式中 r——酯化速率；

K——速率常数。

根据酯化反应方程式：

$$RCOOH + CH_3OH \rightleftharpoons RCOOCH_3 + H_2O \tag{3-12}$$

脂肪酸消耗的速率可表述为：

$$-\frac{d[RCOOH]}{dt}=k[RCOOH]^{\alpha}[MeOH]^{\beta}-k'[RCOOCH_3]^{\gamma}[H_2O]^{\lambda} \tag{3-13}$$

式中 α、β、γ、λ——脂肪酸、甲醇、甲酯和水的反应级数；

k、k'——正、逆反应的反应常数。

一般情况下，甲醇的浓度会过量，所以有 $[MeOH]\gg[RCOOH]$，$[RCOOCH_3]$，$[H_2O]$，因此上式中的 $[MeOH]^{\beta}$ 可被看作常数，此外，过量的甲醇会推动反应向脂肪酸消耗的方向进行，所以有 $k\gg k'$，$k'[RCOOCH_3]^{\gamma}$ $[H_2O]^{\lambda}$ 项可以忽略不计，所以式 (3-13) 可以简化为：

$$-\frac{d[RCOOH]}{dt}=k''[RCOOH]^{\alpha} \tag{3-14}$$

设脂肪酸的转化率为 x，式 (3-14) 经过积分变形后，可以得到：

$$\ln(1-x)=k_0t \tag{3-15}$$

式中 k_0——Arrhenius 方程 $k_0=k''e^{\frac{E_a}{RT}}$ 中的频率因子；

k''——指前因子。

可见，$\ln(1-x)$ 与 t 呈线性关系，实验并记录不同反应时间点的 t 和 $\ln(1-x)$，作 $\ln(1-x)$-t 线性方程，斜率即为 k_0。

基于 Arrhenius 方程 $k_0=k''e^{\frac{E_a}{RT}}$ 的对数变形式：

$$\lg k_0=\frac{E_a}{2.303R}\times\frac{1}{T}+\lg k'' \tag{3-16}$$

可作不同温度下的 $\lg k$-$\frac{1}{T}$ 线性方程，由斜率解出反应的活化能 E_a。活化能越低，说明势垒越低，反应进行得也越容易，可用来判断和比较催化剂性能。

(3) 酯化反应影响因素

1) 温度、醇油比对酯化反应的影响

曲面相应法常用于研究多因素作用下的化学反应中各个因素对化学反应影响的优先程度中，温度、醇油比和催化剂用量一般是常研究的 3 个变量，大多数研究认为这三者的有限程度为温度＞醇油比＞催化剂用量。

① 反应温度的影响　酯化反应是吸热反应，由于传质阻力的影响，固体酸催化剂催化酯化反应所需要的反应温度一般高于液体酸催化剂。

Mushtaq 等[221] 采用 SO_3/SiO_2 和 BF_3/SiO_2 为混合催化剂（1∶1），在 30～65℃范围内催化酸值为 13mg KOH/g 的麻疯树油的酯化反应，他们认为温度升高导致酯化率上升的原因一是酯化反应本身是吸热反应，二是升高温度降低了反应体系的黏度，减少了固液多相催化的传质阻力。同时，他们还发现，65℃条件下，两种催化剂单独催化的转化率（SO_3/SiO_2，92.2%；BF_3/SiO_2，66.4%）低于二者 1∶1 混合后的混合催化剂 $SO_3/BF_3/SiO_2$ 的催化效率（98.2%），推测可能是在此温度条件下，是 SO_3/SiO_2（Brönsted 酸）与 BF_3/SiO_2（Lewis 酸）两种酸协同作用的结果。

当反应温度高于 64.7℃（甲醇沸点）时，反应一般需要在带压反应釜中进行。Fu 等[222] 采用 Amberlyst BD20 和自制的大孔阳离子交换树脂为催化剂催化高酸值油脂制备生物柴油，在 80℃时获得最高活性 Amberlyst BD20 并获得 95%的酯化率，自制的大孔树脂只有约 85%。随着反应温度继续上升到 110℃，Amberlyst BD20 酯化率并没有明显提升，但大孔树脂的酯化率上升到了 98.2%。这主要是因为，BD20 作为一种凝胶型树脂，其活性位点大多分布于树脂表面，容易与底物接触从而起到催化作用，而大孔树脂的活性位点主要存在于其孔道结构中，温度较低时，底物分子热运动程度较低，不足以克服传质阻力的影响，催化剂活性难以发挥。但当温度逐渐升高，分子热运动随之加剧，高比表面积的大孔树脂具有更多活性位点的优势得以发挥，而 BD20 由于活性位点数量有限，升高温度对其活性发挥不构成影响。

② 醇油比的影响　酯化反应的化学计量比是 1∶1，但通常为了促进成酯反应的进行会加入过量的甲醇。对于液体酸催化的酯化反应，一般情况下会存在最佳醇油比，即随着加入甲醇比例的增加，酯化率会出现先升高后降低的现象，因为过量甲醇的加入会稀释催化剂浓度。而对于固体酸催化的酯化反应，随着甲醇量的增加，酯化率会出现一个平台，即随着甲醇比例增加酯化率没有显著提升，这时应当从工业应用的角度，例如成本、甲醇回收能耗、产品品质方面，去综合权衡最佳甲醇浓度的选择。

对于阳离子交换树脂，其在甲醇溶液中的溶胀性不可忽略，因为树脂结构发生溶胀后，其比表面积和孔径分布都会发生改变（由于现有技术的限制，湿态情况下物质的比表面积和孔径还没有理想的测试技术），催化性能也会随之改变。Fu 等[222] 在考察凝胶树脂和大孔树脂在不同甲醇浓度下的催化性能，发现低甲醇浓度下，凝胶树脂的活性远低于大孔树脂，但当反应体系醇酸比由 5∶1 提升为 10∶1 时，凝胶树脂的活性却提升到了大孔树脂的水平。这是因为随着极性组分甲醇浓度的提高，凝胶树脂发生溶胀导致孔结构的出现和比表面积的提升（见图 3-31），从而其活性得以发挥。

2）水对酯化反应的影响

Canakci 等[223] 的研究结果显示，当原料油中水含量达到 5%时，以豆油为原料，3%的硫酸为催化剂，甲醇与油的摩尔比为 6∶1，60℃反应 96h 后转化率只有

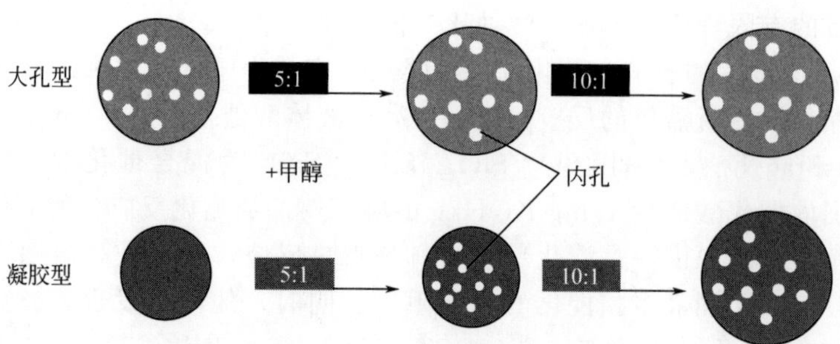

图 3-31 大孔型树脂和凝胶型树脂的溶胀

5.6%；相同情况下原料中无水时，转化率可以达到95.1%。因此，要想保持最终的转化率在90%以上，必须使含水量在0.5%以下。在 Suppes 等[224] 的研究中也发现了相似的情况，他们认为较高的水含量会导致甲酯收率降低，很可能是因为水的存在能形成单独的相，从而把甲醇和催化剂从油中萃取出来，弱化了酯化反应能力。

Tesser 等[225] 以阳离子交换树脂 Amberlyst 15 和 Relite CFS 为阳离子交换树脂固体酸催化剂研究了油酸与甲醇的酯化反应中，水对催化剂性能的影响，建立了水分子与活性功能基团相互作用的模型，如图 3-32 所示，他们认为阳离子交换树脂的磺酸基功能基团通常会与 4～6 个水分子结合，对阳离子交换树脂的催化性能产生负面影响。Fu 等[222] 基于此模型，使用凝胶型树脂 Amberlyst BD20 催化剂催化油酸的酯化反应，进一步推断并论证了此模型的正确性：发现催化反应体系中的水含量与脂肪酸的酯化效率存在着很好的线性关系，并建立了如式（3-17）所示的线性方程。

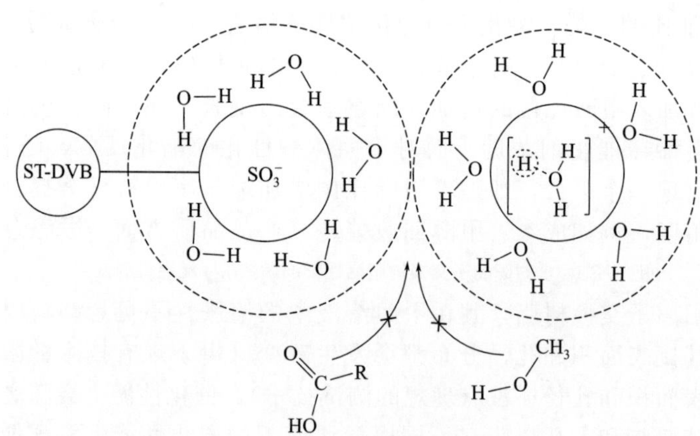

图 3-32 苯乙烯二乙烯苯系阳离子交换树脂磺酸基水合阳离子的形成

ST-DVB—苯乙烯二乙烯苯

$$(a_i N_i - b_i w) \times \overline{TOF}_i \sim t = M_{\mathrm{FFA}} \tag{3-17}$$

式中，w 表示原料中含有水的质量；b 为单位原料水含量影响到的活性位点的数目（也反映了单个活性位点所吸附的水分子的平均个数），所以 bw 即表示受水分子影响的活性位点的总数目；N 为单位质量树脂的活性位点总数；a 反映了当前条件下可用活性位点的比例，所以 aN 即表示当前条件下单位质量的树脂催化剂所包含的活性位点的总数；TOF（turn of frequency）原本表示转化数，即单个活性位点在单位时间内所转化的底物分子数，而式（3-18）中的 $\overline{TOF}$ 则用来表示反应时间内单位数量的活性位点的平均转化数；t 为反应时间；M_{FFA} 表示被酯化的游离脂肪酸数量。

于是，用于反映原料中含有的水影响程度的斜率绝对值 $|k|$ 可用式（3-18）表示：

$$|k| = b_i \times \overline{TOF}_i \times t \tag{3-18}$$

Fu 等[222] 还研究了温度对 $|k|$ 值的影响，发现随着温度的上升，$|k|$ 值发生了如图 3-33 所示的变化，总体来说，$|k|$ 随着温度的上升而下降，这说明升高温度有利于降低原料中含有的水对树脂活性的负面影响：升高温度，反应体系内分子的热运动加剧，凝胶树脂表面形成的水合阳离子的稳定性减弱，其解聚速率开始超过其生成速率，原料中含有的水的负面影响因此而被弱化。$|k|$ 变化的拐点出现在 80～90℃之间，说明在此温度范围内水合阳离子的稳定性急剧下降。

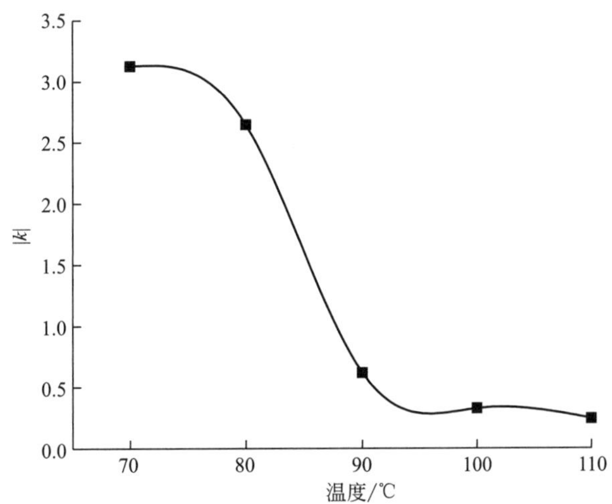

图 3-33　水对阳离子交换树脂活性影响指数|k| 随温度的变化

3.4.1.2　醇解反应动力学

（1）醇解反应机理

不同于酯化反应，用于催化醇解反应制备生物柴油的催化剂既可以是碱，又可以是酸：碱性催化剂包括氢氧化钠、氢氧化钾、各种碳酸盐以及钠钾的醇盐；酸性催化剂包括硫酸、磷酸或盐酸等。两种催化剂催化醇解反应的机理不尽相同。

1）酸催化醇解反应

酸催化醇解反应的机理如图 3-34 所示。甘油三酯上的酯键羰基碳质子化形成碳正离子，与醇发生亲核反应得到四面中间体，最后生成新的脂肪酸酯。当原料中含有游离脂肪酸和水时，游离脂肪酸会与甲醇发生酯化反应生成甲酯和水，而水的存在会降低醇解率，因为醇解过程中生成的碳阳离子容易与水反应生成碳酸，从而降

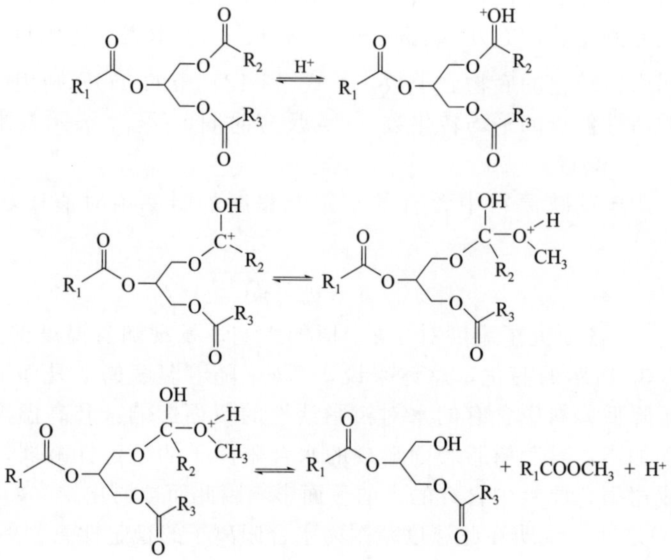

图 3-34 酸催化醇解反应的机理

低生物柴油的收率。

2）碱催化醇解反应

在碱性催化剂催化的醇解反应中，真正起活性作用的是甲氧基阴离子，如图 3-35 所示。首先形成烷氧阴离子 RO^-，RO^- 攻击原料甘油酯中 sp^2 杂化的第一个接基碳原子（sp^2 杂化是指第一个羰基碳原子的 s 轨道与 2 个 p 轨道杂化生成三个能量相同的轨道），从而形成四面体结构的中间体，接着四面体结构的中间体与醇反应生成新的烷氧阴离子 RO^-，最后四面体结构的中间体重排生成脂肪酸酯和甘油二

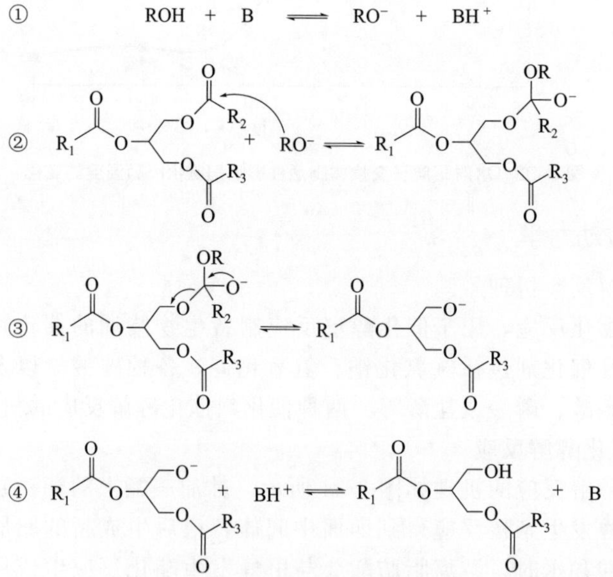

① $ROH + B \rightleftharpoons RO^- + BH^+$

②

③

④

图 3-35 碱催化醇解反应的机理

酯。新形成的烷氧阴离子 RO^-，便成为新的亲核试剂，顺次反应，完成醇解，如图 3-35 中的反应式②、③和④所示。

碱催化醇解反应的速率很快，是酸催化的 4000 倍。但是碱催化剂对原料中的游离脂肪酸和水更敏感，游离脂肪酸容易与碱反应生成皂，皂在反应体系中起到乳化剂的作用，产品甘油可能与脂肪酸甲酯发生乳化而无法分离。而水会使产物甲酯水解成脂肪酸，使反应体系变得更加复杂。

3）多相酸催化醇解反应

多相酸催化的醇解反应以 ZrO_2/SO_4^{2-} 固体酸的催化反应为例来说明，如图 3-36 所示。

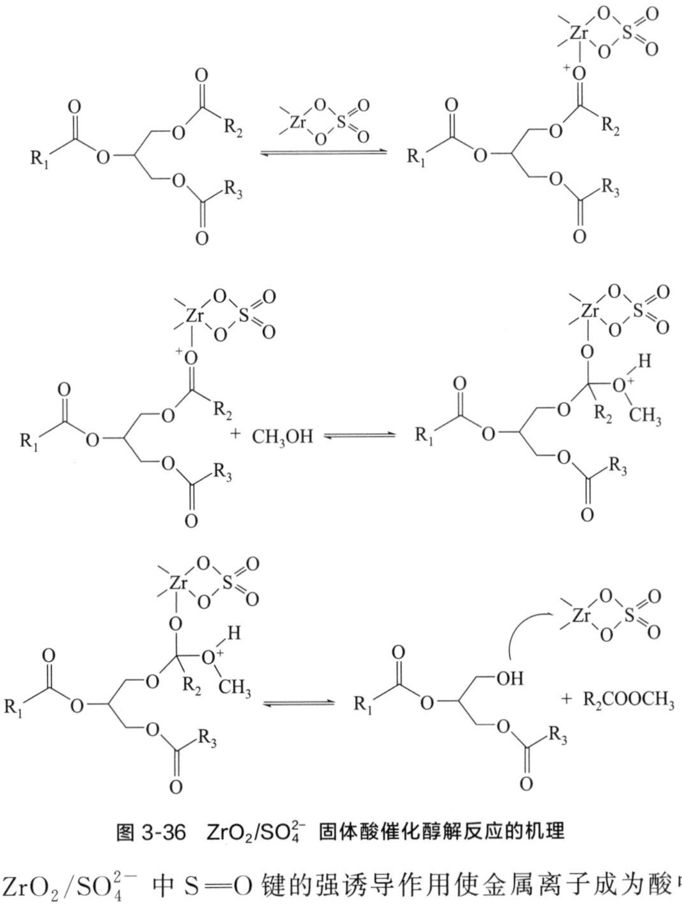

图 3-36　ZrO_2/SO_4^{2-} 固体酸催化醇解反应的机理

由于 ZrO_2/SO_4^{2-} 中 S═O 键的强诱导作用使金属离子成为酸中心，显示酸性，吸附羰基负电中心氧原子，使羰基质子化；乙醇或甲醇的亲核进攻形成一个四面体中间体；质子迁移和中间体断裂。

4）多相碱催化醇解反应

多相碱催化以碱土金属氧化物氧化钙为例，其具体反应过程如图 3-37 所示。多相碱催化剂催化醇解反应的限速步骤是甲醇形成甲氧基的过程：由于 CaO 表面的 O^{2-} 具有强的电负性，能够促进甲醇的羟基氢电离，在 Ca^{2+} 的辅助下，甲醇在固体碱催化剂表面发生解离吸附，形成具有强亲核试剂甲氧基团；甲氧基进一步亲核进

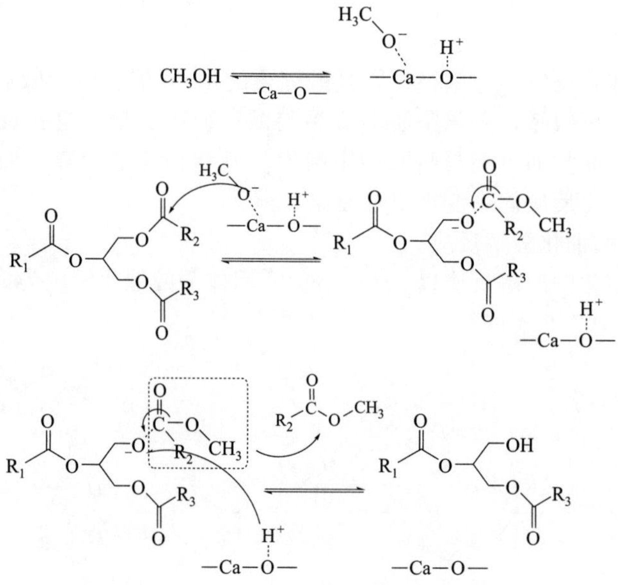

图 3-37 碱土金属氧化物催化醇解反应的机理

攻甘油三酯的酯键羰基碳正电中心，形成以羰基碳为体心的四面体结构中间体，羰基碳的碳氧单键也因此被削弱发生断裂，形成一分子的脂肪酸甲酯和甘油二酯阴离子；甲醇解离吸附产生的羟基氢与甘油二酯阴离子结合形成甘油二酯。如此循环 2 次，完成甘油三酯的醇解反应。

5）超临界醇解反应

超临界醇解反应是一种无催化剂的醇解反应。超临界甲醇和甘油三酯进行醇解的反应机理如图 3-38 所示。

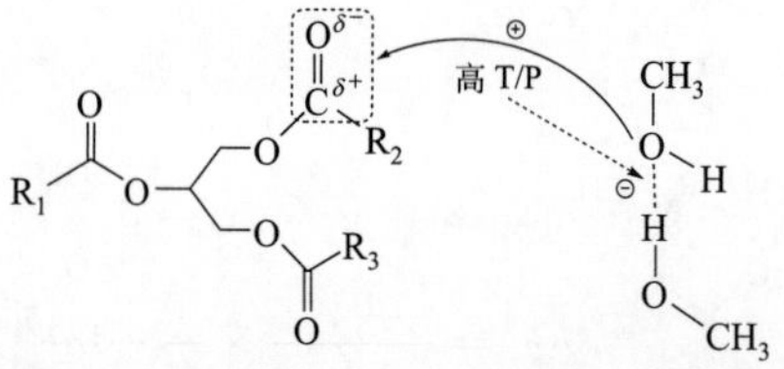

图 3-38 甲醇在超临界状态下直接进攻酯键羰基碳

此反应机理假设在高压下，醇分子直接进攻甘油三酯的羧基，并且在超临界状态下，由于高温高压，氢键被显著削弱，这使得甲醇可以作为自由单体而存在。最终，醇解反应通过甲醇盐的转移来完成。通过相似的途径，甘油二酯转化生成脂肪酸甲酯和甘油一酯，甘油一酯进一步反应生成脂肪酸甲酯和甘油。

(2) 醇解反应动力学

醇解制备生物柴油的反应速率方程式如下：

$$r=-\frac{\mathrm{d}c_{\mathrm{Me}}}{\mathrm{d}t}=kc_{0}^{\alpha}c_{\mathrm{Me}}^{\beta} \tag{3-19}$$

式中　c_{Me}——甲醇浓度，mol/L；

c_0——甘油三酯浓度，mol/L；

t——时间，s；

α——原料油的反应级数；

β——甲醇的反应级数；

k——反应速率常数，$(mol/L)^{1-\alpha-\beta}/s$。

在甘油三酯大量过剩的条件下，在反应过程中可认为浓度保持不变，即 c_0 为一常数。则式（3-19）可简化为：

$$r=-\frac{dc_{Me}}{dt}=k_0c_{Me}^{\beta} \tag{3-20}$$

上式两边同时取对数，则可以得到：

$$\lg\left(-\frac{dc_{Me}}{dt}\right)=\lg k_0+\beta\lg c_{Me} \tag{3-21}$$

在一定温度下，k 和 β 为常数，因此 $\lg\left(-\frac{dc_{Me}}{dt}\right)$ 与 $\lg c_{Me}$ 呈线性关系。因此，在反应系统中，只需要在不同的反应时间测得甲醇的浓度，得到 c_{Me}-t 关系图。再在不同 c_{Me} 处求出相应的斜率 $\frac{dc_{Me}}{dt}$，然后再将不同 c_{Me} 和对应的 $\frac{dc_{Me}}{dt}$ 取对数，作 $\lg\left(-\frac{dc_{Me}}{dt}\right)$-$\lg c_{Me}$ 关系图，根据其斜率即可求得相应组分甲醇的反应系数 β，根据截距可求得速率常数 k。

又根据 Arrhenius 活化能公式：

$$k_0=k''e^{\frac{E_a}{RT}} \tag{3-22}$$

式中　k_0——反应速率常数；

k''——频率因子；

E_a——活化能。

将上式两边同时取对数，可得到：

$$\lg k_0=\frac{E_a}{2.303R}\times\frac{1}{T}+\lg k'' \tag{3-23}$$

由此可以看出，以 $\lg k$ 对 $\frac{1}{T}$ 作图，可以得到一条直线，从直线的斜率可求出活化能 E_a，由截距可求出频率因子 k''。

Noureddini 等[226] 将甘油三酯醇解反应细分成三步，即：

$$\begin{aligned}
&TG+CH_3OH \underset{k_2}{\overset{k_1}{\rightleftharpoons}} DG+R_1COOCH_3\\
&DG+CH_3OH \underset{k_4}{\overset{k_3}{\rightleftharpoons}} MG+R_2COOCH_3\\
&MG+CH_3OH \underset{k_6}{\overset{k_5}{\rightleftharpoons}} GL+R_3COOCH_3
\end{aligned} \tag{3-24}$$

总反应

$$TG+3CH_3OH \underset{k_8}{\overset{k_7}{\rightleftharpoons}} GL+3RCOOCH_3 \tag{3-25}$$

式中，TG、DG、MG、GL 分别表示甘油三酯、甘油二酯、单甘油酯和甘油，$k_1 \sim k_8$ 分别表示各反应的反应系数。对于每一反应底物和产物，其动力学方程可表示为：

$$\frac{d[TG]}{dt}=-k_1[TG][MeOH]+k_2[DG][MeOH]-k_7[TG][MeOH]^3+k_8[MeOH][GL]^3$$

$$\frac{d[DG]}{dt}=k_1[TG][MeOH]-k_2[DG][FAME]-k_3[DG][MeOH]+k_4[MG][FAME]$$

$$\frac{d[MG]}{dt}=k_3[DG][MeOH]-k_4[MG][FAME]-k_5[MG][MeOH]+k_6[GL][FAME]$$

$$\frac{d[FAME]}{dt}=k_1[TG][MeOH]-k_2[DG][FAME]+k_3[DG][MeOH]-k_4[MG][FAME]$$

$$+k_5[MG][MeOH]-k_6[GL][FAME]+k_7[TG][MeOH]^3-k_8[GL][FAME]^3$$

$$-\frac{d[MeOH]}{dt}=\frac{d[FAME]}{dt}$$

$$\frac{d[GL]}{dt}=k_5[MG][MeOH]-k_6[GL][FAME]+k_7[TG][MeOH]^3-k_8[GL][FAME]^3 \tag{3-26}$$

式中，MeOH 为甲醇，FAME 为脂肪酸甲酯。

基于以上方程，Noureddini 等[226] 又使用 Arrhenius 活化能公式结合 MATLAB 数值模拟软件。计算出每一步醇解反应的活化能，如表 3-6 所列。

表 3-6 MLAB 数值模拟得到的分步醇解反应活化能

反应	活化能/(kJ/mol)	反应	活化能/(kJ/mol)
TG→ DG	50.8	DG ← MG	40.6
TG ← DG	34.8	MG → GL	33.6
DG → MG	70.2	MG ← GL	47.6

但这与 Reyero 等[227] 得到的结果略有出入，他们使用氢氧化钠为催化剂，研究了葵花籽油的醇解反应动力系学过程，发现甘油三酯醇解生成甘油二酯（TG → DG）的活化能（48.7kJ/mol）要低于单甘油酯醇解生成甘油（MG → GL）的活化能（53.9kJ/mol）。这可能与不同脂肪酸侧链组成的甘油三酯的种类有关，也有可能与数值模拟软件中并未考虑催化剂的作用效果有关。

Noureddini 等[226] 在进一步的研究中还发现，TG → DG 和 TG ← DG 都是吸热反应，但随着反应温度的上升，TG → DG 的反应速率增长要大于 TG ← DG，这一结论同样适用于 DG → MG 和 DG ← MG；但反应 MG → GL 和 MG ← GL 的反应速率都随着温度上升而出现下降，但 MG → GL 的速率下降幅度要小于 MG ← GL，所以在反应后期，大量甘油的生成并不会抑制反应向生成脂肪酸甲酯的方向进行。

(3) 醇解反应影响因素

1) 水分和游离脂肪酸对酸碱催化醇解反应的影响

① 游离脂肪酸对醇解反应的影响　碱催化醇解反应对于原料中游离脂肪酸有严格的限制，当其含量较高时，反应的收率就会降低。当游离脂肪酸含量不高于5%时，需要添加过量的碱催化剂来弥补催化剂由于中和这些酸形成皂所造成的损失，形成的皂与甘油一起被分离掉，或者是通过水洗除去；当游离脂肪酸含量超过5%时，反应产生的皂会导致甲酯与甘油分离困难，并在水洗过程中促进乳化的形成。通常要求游离脂肪酸含量在0.5%以内。

Freedman等[45] 分别以等质量的精制植物油和粗植物油为原料生产脂肪酸甲酯，发现精制油的甲酯收率为93%～98%。而粗植物油甲酯收率仅为67%～86%。这主要就是由于粗植物油中含有6.66%的游离脂肪酸。Vicente等[50] 认为，生物柴油的收率和甲酯含量与植物油的类型无关，但是会随着油脂中脂肪酸含量的升高而下降；另外，根据物料平衡，由于甘油三酯皂化、甲酯溶解于甘油，收率也会降低。

当采用酸催化醇解反应时，游离脂肪酸不如在碱催化过程中影响大。在酸催化剂存在下，不仅油可以与醇发生醇解反应，油中的游离脂肪酸和醇还可以发生酯化反应，生成脂肪酸甲酯，也即生物柴油。因此，当原料油含有较高的游离脂肪酸时，常通过用酸催化的方法事先将游离脂肪酸转化成相应的甲酯。

② 水分对醇解反应的影响　水分的存在会导致酯水解，进而发生皂化反应，引起乳化，同时它也能减弱催化剂活性。水不仅存在于原料油中，而且会在碱金属的氢氧化物与醇反应中生成。Freedman[45] 指出，原料油的游离脂肪酸含量应小于0.5%。所用的催化剂甲醇钠或氢氧化钠也必须无水，并且减少与空气的接触，空气中的水分和二氧化碳会降低催化剂的活性。

Ma等[228] 研究发现，在碱催化牛脂和甲醇进行醇解反应时，水的存在对于反应的影响比游离脂肪酸的影响还要严重。不仅如此，如果水和游离脂肪酸同时存在，二者会产生协同作用，负面作用更加明显。为了得到最好的转化率，应使水含量在0.06%（质量分数）以下，牛脂的游离脂肪酸含量在0.5%以下。

Bikou等[229] 从动力学上研究了水分对于棉籽油和乙醇醇解过程的影响，研究结果发现，随着水分含量的增加，油的转化率不断下降，当水分在乙醇和水的混合物中摩尔分数占到4.4%时，甘油三酯的转化率小于50%。但Kusdiana[83,230] 的研究表明，在使用超临界甲醇制备生物柴油时，原料中的水分几乎不对甲酯产率产生影响。

因此，为解决酸值和水分的影响，工业上一般采用“两步法”制备生物柴油，首先对原料预处理，以脱除油中的水分、游离脂肪酸；其次进行醇解法制备生物柴油。工业上脱酸方法很多，其中最广泛的是酯化法、物理精炼法、碱炼法等。

2) 醇油比影响

醇油比是影响醇解反应的最重要的因素之一。理论上醇油比为3∶1，但试验发现，当醇油摩尔比为3∶1时反应并不完全，最后产品中甲酯含量很低。

鞠庆华等[231] 发现，当醇油摩尔比为1∶1时，反应30min即基本达平衡；当醇油摩尔比为6∶1时，产品中甲酯含量达到最高；而醇油摩尔比大于10∶1时，反应1h才基本趋于平衡，最终产品中油酸甲酯含量却没有明显提高。且过量的甲醇不仅使甘油的分离更加困难，而且也提高了回收甲醇的费用。

Freedman等[44] 研究了醇油摩尔比对多种植物油甲酯产率的影响［摩尔比（1～6）∶1］。发现大豆油、葵花籽油、花生油和棉籽油的结果相似，在摩尔比为6∶1时转化率最高。较高的醇油摩尔比能使醇解在较短时间内完成，且与油的种类关系不大。在花生油醇解过程中，使用6∶1的醇油摩尔比的实验组的甘油产量远远高于3∶1实验组。菜籽油的酯化过程在1%的氢氧化钠或氢氧化钾催化下，使用6∶1的醇油比能取得最好的转化效果；但若含有大量游离脂肪酸，在使用酸作催化剂的情况下，所需醇油比高达15∶1。然而适宜的醇油摩尔比与催化剂种类有关，对大豆油与丁醇的醇解反应，酸催化的醇油摩尔比为30∶1，碱催化的醇油摩尔比为6∶1，两者在相同的反应时间内得到脂肪酸酯的产率相近。

3）催化剂的影响

常用的醇解反应催化剂种类有碱、酸和脂肪酶。碱作催化剂的醇解反应速率较酸作催化剂的反应速率快，然而，如果油脂中含有较高的游离脂肪酸和水的含量，这时使用酸作催化剂比较合适。酸可以是硫酸、磷酸、盐酸或有机磺酸；碱可以是氢氧化钠、甲醇钠、氢氧化钾、甲醇钾等。

在碱催化剂中，甲醇钠效果比氢氧化钠好，因为在氢氧化钠和甲醇混合过程中有少量水产生。在以碱作为催化剂时，碱首先与原料油中的游离脂肪酸发生中和反应，当原料油中游离脂肪酸浓度较大时，中和游离脂肪酸消耗掉的碱量也相应增加，此时若加入的NaOH的量太小，可能全部被游离脂肪酸所中和而没有起到催化剂的作用，所以适当增加NaOH的量有利于催化反应的进行。然而，当NaOH过量时，会增加反应液中乳胶状物质的生成，使反应物黏度加大直至最终形成凝胶，从而使甘油的分离更加困难，导致产品中甲酯含量下降。

4）反应时间的影响

醇解反应转化率随反应时间的增加而增加，而反应速率则会逐渐加快，然后逐渐减慢，直至基本不变，即反应达到平衡。

据Freedman报道[44]，花生油、葵花籽油和大豆油在相同的条件下（醇油比6∶1，0.5%甲醇钠，60℃），反应1min产率在80%左右；反应1h，产率可达到93%～98%。

Ma等[228] 研究了牛羊油与甲醇的醇解反应，因甲醇与油脂互不相溶，反应初始的1min内，速率较慢，1～5min内，速率大大增加，甲酯的产率很快从1%提高至38%，5min后，反应速率又逐渐下降，甲酯产率缓慢增加，直至反应15min左右时达到最大。

5）反应温度的影响

醇解反应是吸热反应，不同的原料有不同的适宜温度。Freedman等[46] 对精炼大豆油与甲醇（醇油比6∶1）在添加1%氢氧化钠催化剂、不同反应温度下的醇解反应进行了研究，结果表明：反应0.1h后，在反应温度60℃、45℃和32℃下甲酯的产量分别为94%、87%和64%；反应1h后，60℃和50℃实验组甲酯产率基本相同，而在 32℃下甲酯的产量较低。

而根据盛梅等[232] 的研究，当反应 10min 时，温度分别为 25℃、45℃和 60℃，相应生成甲酯的含量分别为 81%、83%和 88%。可见即使在室温（25℃）条件下，反应的初速率也较大，而提高温度后初速率变化并不明显，当反应缓慢趋于平衡时，产品中甲酯含量也没有明显提高。

3.4.2 酶促反应动力学

3.4.2.1 酶催化水解反应机理及影响因素

研究已证明脂肪酶能够在水相或无水相中催化甘油三酯的醇解、酸解，反应的酶动力学与 Ping-Pong Bi-Bi 机制相一致。

对于这个机制，酶必须首先与底物 A 结合，然后释放产物 P 并形成酶产物 E′。然后底物 B 与 E′结合，形成 E′B 复合物，复合物分解成游离酶 E 和第 2 个产物 Q。所以，对于 Ping-Pong Bi-Bi 机制来说，不形成三元复合物。这种反应的一般稳态简图是：

$$E+A \underset{k_{-1}}{\overset{k_1}{\rightleftharpoons}} EA \xrightarrow{k_2} E'+B \underset{k_{-3}}{\overset{k_3}{\rightleftharpoons}} E'B \xrightarrow{k_4} E \tag{3-27}$$

这个机制的速率方程、稳态的米氏常数和酶物料平衡分别是：

$$v=k_4[E'B] \tag{3-28}$$

$$K_m^A=\frac{k_{-1}+k_2}{k_1}=\frac{[E][A]}{[EA]} \quad K_m^B=\frac{k_{-3}+k_4}{k_3}=\frac{[E'][B]}{[E'B]} \tag{3-29}$$

$$[E_T]=[E]+[EA]+[E']+[E'B] \tag{3-30}$$

假设 E′浓度呈稳定状态，则又能得到 E 和 E′之间的关系：

$$[E]=\frac{k_4}{k_2}\times\frac{K_m^A}{K_m^B}\times\frac{[E'][B]}{[A]} \tag{3-31}$$

用总酶浓度（$v/[E_T]$）对速率方程进行标准化、代换和重排以后，得到 Ping-Pong Bi-Bi 机制的速率方程：

$$\frac{v}{V_{max}}=\frac{[A][B]}{(k_4/k_2)K_m^A[B]+K_m^B[A]+[A][B](1+k_4/k_2)} \tag{3-32}$$

式中，$V_{max}=k_{cat}[E_T]$，$k_{cat}=k_4$。对于该反应的限速步骤是 E′B 转变成 EQ 的情况（即 $k_2 \gg k_4$），上式简化成：

$$\frac{v}{V_{max}}=\frac{[A][B]}{aK_m^A[B]+K_m^B[A]+[A][B]} \tag{3-33}$$

式中，$\alpha=k_4/k_2$。

对于底物浓度 B 固定，即［B］不变的情况，式(3-33) 可简化为：

$$\frac{v}{V'_{max}}=\frac{[A]}{K'+[A]}$$

$$V'_{max}=\frac{V_{max}[B]}{K_m^B+[B]} \tag{3-34}$$

$$K'=\frac{aK_m^A[B]}{K_m^B+[B]}$$

根据底物 B 在不同固定浓度时 K' 和 V_{max} 的测定值，可以得到 V_{max}、aK_m^A 和 K_m^B 的估算值。V'_{max} 与底物 B 浓度呈双曲线关系［图 3-39(a)］，所以利用非线性回归法将 V'_{max}-[B] 实验数据拟合，能得到 V_{max} 和 K_m^B 的估算值。K' 也与底物 B 浓度呈双曲线关系［图 3-39(b)］，所以利用非线性回归法将 K'-[B] 实验数据拟合，可以得到 aK_m^A 和 K_m^B 的估算值。

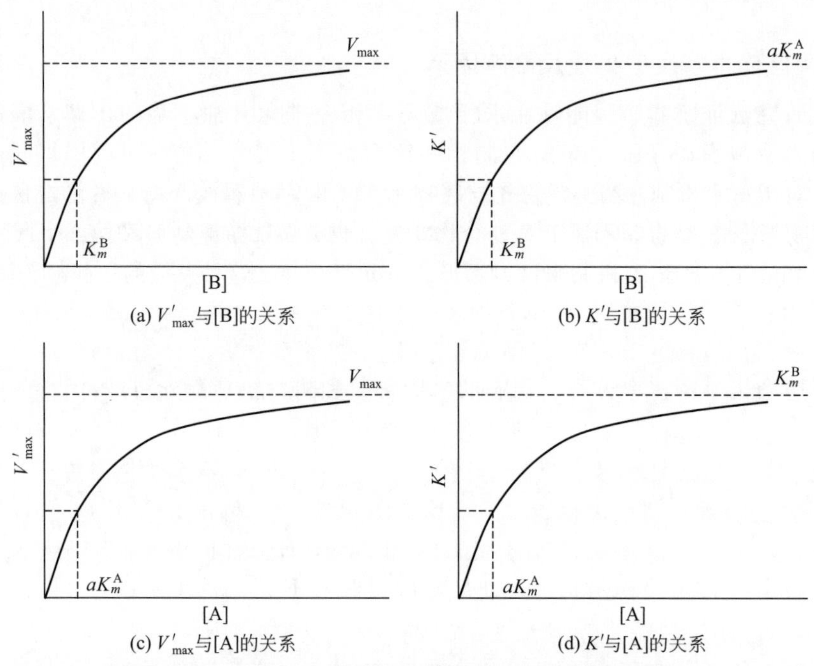

(a) V'_{max}与[B]的关系　(b) K'与[B]的关系　(c) V'_{max}与[A]的关系　(d) K'与[A]的关系

图 3-39　Ping-Pong Bi-Bi 机制下酶与固定底物浓度的依赖关系

对于底物 A 的浓度保持不变的情况，式(3-33) 可简化为：

$$\frac{v}{V'_{max}}=\frac{[B]}{K'+[B]}$$

$$V'_{max}=\frac{V_{max}[A]}{aK_m^A+[A]} \tag{3-35}$$

$$K'=\frac{aK_m^B[A]}{aK_m^A+[A]}$$

根据底物 A 在不同固定浓度时 K' 和 V'_{max} 的测定值，可以得到 V_{max}、aK_m^A 和 K_m^B 的估算值。V'_{max} 与底物 A 浓度呈双曲线关系［图 3-39(c)］，所以利用非线性回归法将 V'_{max}-［A］实验数据拟合，能得到 V_{max} 和 aK_m^A 的估算值。K' 也与底物 A 浓度呈双曲线关系［图 3-39(d)］，所以利用非线性回归法将 K'-［A］实验数据拟合，可以得到 aK_m^A 和 K_m^B 的估算值。

3.4.2.2 酶催化醇解反应机理及影响因素

1973 年，Brockerhoff[233] 提出了脂肪酶活性中心氨基酸假想排列顺序。如图 3-40 所示。反应底物沿酯基 C—O 轴固定，反应性丝氨酸与反应性组氨酸形成 C—O—H—N 氢键，此特殊二维排列可以捕获丝氨酸质子。组氨酸上的 N_{δ_1} 可与天冬氨酸上羰基形成氢键，邻接丝氨酸的亮氨酸残基使活性中心具有疏水性和空间位阻。脂肪酶和甘油三酯反应时，甘油三酯异头碳 C* 与键合及催化反应无关，因而与脂肪酶的非立体定向性无关。

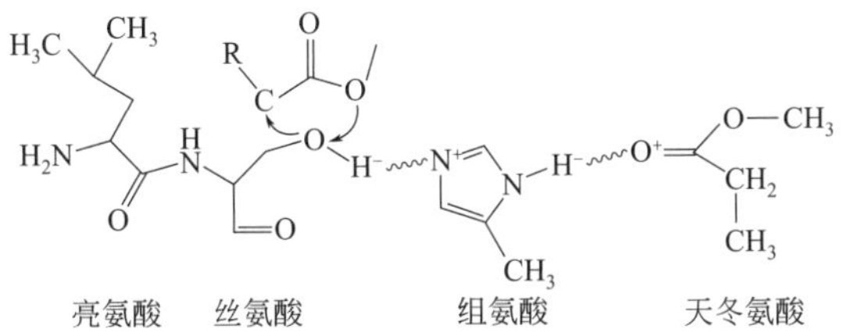

图 3-40　脂肪酶活性中心氨基酸假想排列

脂肪酶的催化机制分为两步：第一步，脂肪酶和酰基底物结合，形成一个中间复合物；第二步，亲核试剂（醇、水、胺类等）进攻中间复合物羰基碳，形成产物，同时作为催化剂的酶重新释放出来。如图 3-41 所示。

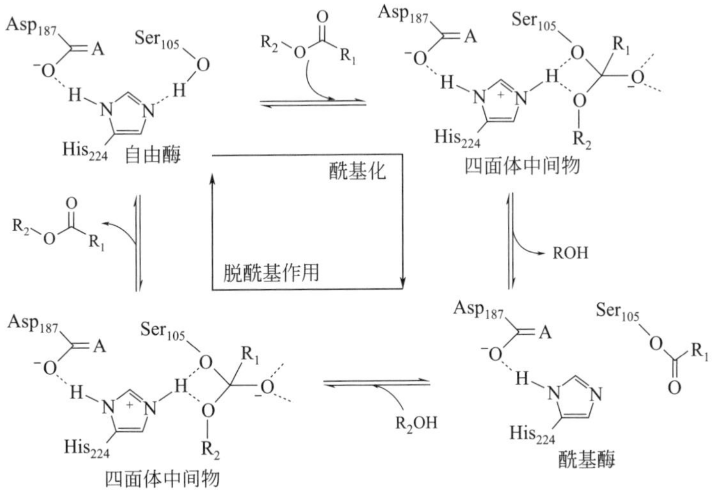

图 3-41　脂肪酶催化机制

在酶催化合成生物柴油反应过程中，酰基底物为脂肪酸甘油酯，其进入脂肪酶的活性位点后，首先与脂肪酶以氢键结合，在脂肪酶的催化作用下，甘油基部分脱离，释放出一个脂肪酸分子的甘油酯（甘油），底物中的一个脂肪酸分子仍然结合在脂肪酶分子上，然后亲核试剂（此处为短链醇）进攻结合在酶分子上的脂肪酸酰基碳，生成产物脂肪酸短链醇酯，同时脂肪酶分子恢复原始构象，继续催化下一次反应的发生。

参考文献

[1] 刘玉兰. 植物油脂生产与综合利用 [M]. 北京: 中国轻工业出版社, 1999.

[2] 闵恩泽, 姚志龙. 近年生物柴油产业的发展——特色、困境和对策 [J]. 化学进展, 2007, (Z2): 1050-1059.

[3] 亓荣彬, 朴香兰, 王玉军, 等. 第二代生物柴油及其制备技术研究进展 [J]. 现代化工, 2008, 28(3): 27-30.

[4] 吴谋成. 生物柴油 [M]. 北京: 化学工业出版社, 2008.

[5] Aranda D A G, Santos R T P, Tapanes N C O, et al. Acid-catalyzed homogeneous esterification reaction for biodiesel production from palm fatty acids [J]. Catalysis Letters, 2008, 122(1-2): 20-25.

[6] Kawashima A, Matsubara K, Honda, K. Development of heterogeneous base catalysts for biodiesel production [J]. Bioresource Technology, 2008, 99(9): 3439-3443.

[7] Imahara H, Xin J Y, Saka S. Effect of CO_2/N_2 addition to supercritical methanol on reactivities and fuel qualities in biodiesel production [J]. Fuel, 2009, 88(7): 1329-1332.

[8] 何湘君, 聂勇, 陆向红. 水力空化强化制备生物柴油过程的研究 [J]. 精细石油化工进展, 2011, 12(5): 47-51.

[9] Ng J H, Leong S K, Lam S S, et al. Microwave-assisted and carbonaceous catalytic pyrolysis of crude glycerol from biodiesel waste for energy production [J]. Energy Conversion and Management, 2017. 143: 399-409.

[10] Su F, Guo Y. Advancements in solid acid catalysts for biodiesel production [J]. Green Chemistry, 2014, 16(6): 2934-2957.

[11] 孙广东, 刘云, 翟龙霞. 非均相固体碱催化剂制备生物柴油的工艺优化 [J]. 农业工程学报, 2008, 24(5): 191-195.

[12] Kulkarni M G, Dalai A K. Waste cooking oil-an economical source for biodiesel: A review [J]. Industrial & Engineering Chemistry Research, 2006, 45(9): 2901-2913.

[13] 谢国剑. 高酸值潲水油制备生物柴油的研究 [J]. 化工技术与开发, 2005, 34(2): 37-39.

[14] Shashikant V, Shariff R, Nordin L, et al. Estimation of above ground biomass of oil palm trees by PALSAR [C]. 2012 IEEE Colloquium on Humanities, Science & Engineering Research (Chuser 2012), 2012: 838-841.

[15] He B Q, Shao Y X, Ren Y B, et al. Continuous biodiesel production from acidic oil using a combination of cation-and anion-exchange resins [J]. Fuel Processing Technology, 2015, 130: 1-6.

[16] Zhang H M, Ozturk U A, Wang Q W, et al. Biodiesel produced by waste cooking oil: Review of recycling modes in China, the US and Japan [J]. Renewable & Sustainable Energy Reviews, 2014, 38: 677-685.

[17] Gebremariam S N, Marchetti J M. Economics of biodiesel production: Review [J]. Energy Conversion and Management, 2018, 168: 74-84.

[18] Kouzu M, Kasuno T, Tajika M, et al. Calcium oxide as a solid base catalyst for transesterification of soybean oil and its application to biodiesel production [J]. Fuel, 2008, 87(12): 2798-2806.

[19] Kouzu M，Kasuno T，Tajika M，et al. Active phase of calcium oxide used as solid base catalyst for transesterification of soybean oil with refluxing methanol [J]. Applied Catalysis A:General，2008，334(1-2)：357-365.

[20] Xie W L，Peng H，Chen L G. Transesterification of soybean oil catalyzed by potassium loaded on alumina as a solid-base catalyst [J]. Applied Catalysis A:General，2006，300(1)：67-74.

[21] Zhang J J，Jiang L F. Acid-catalyzed esterification of *Zanthoxylum* bungeanum seed oil with high free fatty acids for biodiesel production [J]. Bioresource Technology，2008，99(18)：8995-8998.

[22] Siti Zullaikah，Lai C C，Vali S R，et al. A two-step acid-catalyzed process for the production of biodiesel from rice bran oil [J]. Bioresource Technology，2005，96(17)：1889-1896.

[23] Obibuzor J U，Abigor R D，Okiy D A. Recovery of oil via acid-catalyzed transesterification [J]. Journal of the American Oil Chemists Society，2003，80(1)：77-80.

[24] 马传国，司罐彬，侯华锋. 皂角制备生物柴油的研究 [J]. 中国油脂，2006，31(4)：59-61.

[25] 姚亚光，纪威，符太军. 酸催化地沟油与醇类酶化反应研究 [J]. 粮食与油脂，2005，(10)：20-22.

[26] 曹红远，曹维良，张敬畅. 固体酸 $Zr(SO_4)_2 \cdot 4H_2O$ 催化制备生物柴油 [J]. 北京化工大学学报，2005，32(6)：61-63.

[27] Rattanaphra D，Harvey A P，Thanapimmetha A，et al. Kinetic of myristic acid esterification with methanol in the presence of triglycerides over sulfated zirconia [J]. Renewable Energy，2011，36(10)：2679-2686.

[28] Rattanaphra D，Harvey A P，Thanapimmetha A，et al. Simultaneous transesterification and esterification for biodiesel production with and without a sulphated zirconia catalyst [J]. Fuel，2012，97：467-475.

[29] Jimenez-Morales I，Santamaria-Gonzalez J，Maireles-Torres P，et al. Calcined zirconium sulfate supported on MCM-41 silica as acid catalyst for ethanolysis of sunflower oil [J]. Applied Catalysis B：Environmental，2011，103(1-2)：91-98.

[30] Gopinath S，Kumar P S M，Arafath K A Y，et al. Efficient mesoporous SO_4^{2-} /Zr-KIT-6 solid acid catalyst for green diesel production from esterification of oleic acid [J]. Fuel，2017，203：488-500.

[31] Pirez C，Caderon J M，Dacquin J P，et al. Tunable KIT-6 mesoporous sulfonic acid catalysts for fatty acid esterification [J]. Acs Catal，2012，2(8)：1607-1614.

[32] Duan X X，Liu Y，Zhao Q，et al. Water-tolerant heteropolyacid on magnetic nanoparticles as efficient catalysts for esterification of free fatty acid [J]. Rsc Advances，2013，3(33)：13748-13755.

[33] Duan X X，Sun G R，Sun Z，et al. A heteropolyacid-based ionic liquid as a thermoregulated and environmentally friendly catalyst in esterification reaction under microwave assistance [J]. Catalysis Communications，2013，42：125-128.

[34] Shu Q，Gao J X，Nawaz Z S，et al. Synthesis of biodiesel from waste vegetable oil with large amounts of free fatty acids using a carbon-based solid acid catalyst [J]. Applied Energy，2010，87(8)：2589-2596.

[35] Wan H，Chen C，Wu Z W，et al. Encapsulation of heteropolyanion-based ionic liquid within the metal-organic framework MIL-100(Fe) for biodiesel production [J].

Chemcatchem，2015，7（3）：441-449.

[36] Zhang L，Xian M，He Y C，et al. A Bronsted acidic ionic liquid as an efficient and environmentally benign catalyst for biodiesel synthesis from free fatty acids and alcohols [J]. Bioresource Technology，2009，100（19）：4368-4373.

[37] Zhen B，Li H S，Jiao Q Z，et al. $SiW_{12}O_{40}$-based ionic liquid catalysts：catalytic esterification of oleic acid for biodiesel production [J]. Industrial & Engineering Chemistry Research，2012，51（31）：10374-10380.

[38] Shibasaki-Kitakawa N，Honda H，Kuribayashi H，et al. Biodiesel production using anionic ion-exchange resin as heterogeneous catalyst [J]. Bioresource Technology，2007，98（2）：416-421.

[39] Bringue R，Ramirez E，Iborra M，et al，F. Influence of acid ion-exchange resins morphology in a swollen state on the synthesis of ethyl octyl ether from ethanol and 1-octanol [J]. Journal of Catalysis，2013，304：7-21.

[40] Ozbay N，Oktar N，Tapan N A. Esterification of free fatty acids in waste cooking oils（WCO）：Role of ion-exchange resins [J]. Fuel，2008，87（10-11）：1789-1798.

[41] Park J Y，Wang Z M，Kim D K，et al. Effects of water on the esterification of free fatty acids by acid catalysts [J]. Renewable Energy，2010，35（3）：614-618.

[42] Park J Y，Kim D K，Lee J S. Esterification of free fatty acids using water-tolerable Amberlyst as a heterogeneous catalyst [J]. Bioresource Technology，2010，101：S62-S65.

[43] Crabbe E，Nolasco-Hipolito C，Kobayashi G，et al. Biodiesel production from crude palm oil and evaluation of butanol extraction and fuel properties [J]. Process Biochemistry，2001，37（1）：65-71.

[44] Freedman B，Pryde E H，Mounts T L. Variables affecting the yields of fatty esters from transesterified vegetable-oils [J]. Journal of the American Oil Chemists Society，1984，61（10）：1638-1643.

[45] Freedman B，Butterfield R O，Pryde E H. Transesterification kinetics of soybean oil [J]. Journal of the American Oil Chemists Society，1986，63（10）：1375-1380.

[46] Siler-Marinkovic S，Tomasevic A. Transesterification of sunflower oil in situ [J].Fuel，1998，77（12）：1389-1391.

[47] 邬国英，林西平，巫森鑫. 棉籽油间歇式酯交换反应动力学的研究 [J]. 高效化学工程学报，2003，17（3）：314-315.

[48] 王蓉辉，曹祖宾，王亮. 葵花籽制备生物柴油的研究 [J]. 广州化工，2006，34（1）：34-36.

[49] Alcantara R，Amores J，Canoira L，et al. Catalytic production of biodiesel from soybean oil，used frying oil and tallow [J]. Biomass Bioenergy，2000，18（6）：515-527.

[50] Vicente G，Coteron A，Martinez M，et al. Application of the factorial design of experiments and response surface methodology to optimize biodiesel production [J]. Industrial Crops and Products，1998，8（1）：29-35.

[51] Furuta S，Matsuhashi H，Arata K. Biodiesel fuel production with solid amorphous-zirconia catalysis in fixed bed reactor [J]. Biomass Bioenergy，2006，30（10）：870-873.

[52] Furuta S，Matsuhashi H，Arata K. Biodiesel fuel production with solid superacid catalysis in fixed bed reactor under atmospheric pressure [J]. Catalysis Communica-

tions，2004，5（12）：721-723.

［53］ 陈和，王金福. 固体酸催化棉籽油酯交换制备生物柴油［J］. 过程工程学报，2006，6（4）：571-575.

［54］ 曹向禹，宋旭梅. 固体酸催化酯交换鱼油的研究［J］. 中国油脂，2004，29（4）：41-43.

［55］ 王琳，王宇，张惠. 固体酸 WO_3/ZrO_2 制备生物柴油的研究［J］. 化工科技，2008，16（3）：32-36.

［56］ Hattori H. Heterogeneous basic catalysis［J］. Chemical Reviews，1995，95（3）：537-558.

［57］ Verziu M，Coman S M，Richards R，et al. Transesterification of vegetable oils over CaO catalysts［J］. Catalsis Today，2011，167（1）：64-70.

［58］ Leon-Reina L，Cabeza A，Rius J，et al. Structural and surface study of calcium glyceroxide，an active phase for biodiesel production under heterogeneous catalysis［J］. Journal of Catalysis，2013，300：30-36.

［59］ Bancquart S，Vanhove C，Pouilloux Y，et al. Glycerol transesterification with methyl stearate over solid basic catalysts I. Relationship between activity and basicity［J］. Applied Catalysis A:General，2001，218（1-2）：1-11.

［60］ Gryglewicz S. Rapeseed oil methyl esters preparation using heterogeneous catalysts［J］. Bioresource Technology，1999，70（3）：249-253.

［61］ Ngamcharussrivichai C，Totarat P，Bunyakiat K. Ca and Zn mixed oxide as a heterogeneous base catalyst for transesterification of palm kernel oil［J］. Applied Catalysis A：General，2008，341（1-2）：77-85.

［62］ MacLeod C S，Harvey A P，Lee A F，et al. Evaluation of the activity and stability of alkali-doped metal oxide catalysts for application to an intensified method of biodiesel production［J］. Chemical Engineering Journal，2008，135（1-2）：63-70.

［63］ Alonso D M，Mariscal R，Granados M L，et al. Biodiesel preparation using Li/CaO catalysts：Activation process and homogeneous contribution［J］. Catalysis Today，2009，143（1-2）：167-171.

［64］ Ferretto L，Glisenti A. Surface acidity and basicity of a rutile powder［J］. Chemistry of Materials，2003，15（5）：1181-1188.

［65］ McNeff C V，McNeff L C，Yan B，et al. A continuous catalytic system for biodiesel production［J］. Applied Catalysis A:General，2008，343（1-2）：39-48.

［66］ Gombotz K，Parette R，Austic G，et al. MnO and TiO solid catalysts with low-grade feedstocks for biodiesel production［J］. Fuel，2012，92（1）：9-15.

［67］ Santiago-Torres N，Romero-Ibarra I C，Pfeiffer H. Sodium zirconate（Na_2ZrO_3）as a catalyst in a soybean oil transesterification reaction for biodiesel production［J］. Fuel Processing Technology，2014，120：34-39.

［68］ 孟鑫，辛忠. KF/CaO 催化剂催化大豆油酯交换反应制备生物柴油［J］. 石油化工，2005，34（3）：282.

［69］ Adriana M，Nadine E，Lorraine C，et al. Transesterification of acrylates by heterogeneous basic catalysis［J］. Appl Catal a-Gen，2013，468：1-8.

［70］ Noiroj K，Intarapong P，Luengnaruemitchai A，et al. A comparative study of KOH/Al_2O_3 and KOH/NaY catalysts for biodiesel production via transesterification from palm oil［J］. Renewable Energy，2009，34（4）：1145-1150.

［71］ Kim H J，Kang B S，Kim M J，et al. Transesterification of vegetable oil to biodiesel using heterogeneous base catalyst [J] . Catalysis Today，2004，93 (5)：315-320.

[72] Smith S M，Oopathum C，Weeramongkhonlert V，et al. Transesterification of soybean oil using bovine bone waste as new catalyst [J] . Bioresource Technology，2013，143：686-690.

[73] Suryaputra W，Winata I，Indraswati N，et al. Waste capiz (Amusium cristatum) shell as a new heterogeneous catalyst for biodiesel production [J] . Renewable Energy，2013，50：795-799.

[74] 刘云，孙广东，吴谋成. Zn-Mg-Al 类水滑石催化剂催化制备生物柴油的研究 [J] . 中国粮油学报，2009 (1)：75-79.

[75] 吕亮，吴国强，段雪. 水滑石的制备、表征及其在酯交换反应中的应用 [J] . 精细石油化工，2001，1：9-12.

[76] Choudary B M，Kantam M L，Reddy C V，et al. Mg-Al-O-*t* -Bu hydrotalcite：a new and efficient heterogeneous catalyst for transesterification [J] . Journal of Molecular Catalysis A：Chemical，2000，159 (2)：411-416.

[77] Corma A，Iborra S，Miquel S，et al. Catalysts for the production of fine chemicals - Production of food emulsifiers，monoglycerides，by glycerolysis of fats with solid base catalysts [J] . Journal of Catalysis，1998，173 (2)：315-321.

[78] 谢文磊. 强碱性阴离子交换树脂多相催化油脂的酯交换 [J] . 应用化学，2001，18 (10)：846-848.

[79] 陈冠益，王祎，赵鹏程，等. D296R 固定床催化酯化制备生物柴油 [J] . 天津大学学报：自然科学与工程技术版，2015 (1)：1-6.

[80] Shibasaki-Kitakawa N，Tsuji T，Chida K，et al. Simple continuous production process of biodiesel fuel from oil with high content of free fatty acid using ion-exchange resin catalysts [J] . Energy & Fuels，2010，24：3634-3638.

[81] Schuchardt U，Vargas R M，Gelbard G. Transesterification of soybean oil catalyzed by alkylguanidines heterogenized on different substituted polystyrenes [J] . Journal of Molecular Catalysis A：Chemical，1996，109 (1)：37-44.

[82] Gelbard G，Vielfaure-Joly F. Polynitrogen strong bases as immobilized catalysts for the transesterification of vegetable oils [J] . Comptes Rendus De L Academie Des Sciences Serie Ii Fascicule C-Chimie，2000，3 (7)：563-567.

[83] Kusdiana D，Saka S. Kinetics of transesterification in rapeseed oil to biodiesel fuel as treated in supercritical methanol [J] . Fuel，2001，80 (5)：693-698.

[84] Demirbas A. Biodiesel from sunflower oil in supercritical methanol with calcium oxide [J] . Energy Conversion and Management，2007，48 (3)：937-941.

[85] He H Y，Wang T，Zhu S L. Continuous production of biodiesel fuel from vegetable oil using supercritical methanol process [J] . Fuel，2007，86 (3)：442-447.

[86] Kaieda M，Samukawa T，Matsumoto T，et al. Biodiesel fuel production from plant oil catalyzed by *Rhizopus oryzae* lipase in a water-containing system without an organic solvent [J] . Journal Bioscience Bioengineering，1999，88 (6)：627-631.

[87] Soumanou M M，Bornscheuer U T. Improvement in lipase-catalyzed synthesis of fatty acid methyl esters from sunflower oil [J] . Enzyme and Microbial Technology，2003，33 (1)：97-103.

[88] Iso M，Chen B X，Eguchi M，et al. Production of biodiesel fuel from triglycerides and alcohol using immobilized lipase [J] . Journal of Molecular Catalysis B-Enzymatic，2001，16 (1)：53-58.

[89] Kose O, Tuter M, Aksoy H A. Immobilized Candida antarctica lipase-catalyzed alcoholysis of cotton seed oil in a solvent-free medium [J]. Bioresource Technology, 2002, 83(2): 125-129.
[90] Shimada Y, Watanabe Y, Sugihara A, et al. Enzymatic alcoholysis for biodiesel fuel production and application of the reaction to oil processing [J]. Journal of Molecular Catalysis B: Enzymatic, 2002, 17(3-5): 133-142.
[91] Watanabe Y, Shimada Y, Sugihara A, et al. Continuous production of biodiesel fuel from vegetable oil using immobilized *Candida antarctica* lipase [J]. Journal of the American Oil Chemists Society, 2000, 77(4): 355-360.
[92] Dossat V, Combes D, Marty A. Lipase-catalysed transesterification of high oleic sunflower oil [J]. Enzyme and Microbial Technology, 2002, 30(1): 90-94.
[93] 吴虹，宗敏华，娄文勇，等. 超声作用下的酶促废油脂转酯反应 [J]. 华南理工大学学报（自然科学版），2006(5): 68-71.
[94] Samukawa T, Kaieda M, Matsumoto T, et al. Pretreatment of immobilized Candida antarctica lipase for biodiesel fuel production from plant oil [J]. Journal of Bioscience and Bioengineering, 2000, 90(2): 180-183.
[95] Chen G Y, Ying M, Li W Z. Enzymatic conversion of waste cooking oils into alternative fuel-biodiesel [J]. Applied Biochemistry and Biotechnology, 2006, 132(1-3): 911-921.
[96] Xu Y Y, Du W, Liu D H. Study on the kinetics of enzymatic interesterification of triglycerides for biodiesel production with methyl acetate as the acyl acceptor [J]. Journal of Molecular Catalysis B-Enzymatic, 2005, 32(5-6): 241-245.
[97] Modi M K, Reddy J R C, Rao B V S K, et al. Lipase-mediated conversion of vegetable oils into biodiesel using ethyl acetate as acyl acceptor [J]. Bioresource Technology, 2007, 98(6): 1260-1264.
[98] 聂开立，王芳，邓利，等. 间歇及连续式固定化酶反应生产生物柴油 [J]. 生物加工过程，2005(1): 58-62.
[99] 付俊鹰，凡佩，邢世友，等. 大孔强酸型阳离子交换树脂的制备及催化制备生物柴油 [C]. 第二届能源转化化学与技术研讨会会议指南 2015, 2015: 114.
[100] 吕鹏梅，刘莉梅，杨玲梅，等. 苯乙烯型阳离子交换树脂催化废煎炸油的酯化反应 [J]. 农业机械学报，2014(11): 201-205.
[101] Carmen J C, Roeder B L, Nelson J L, et al. Ultrasonically enhanced vancomycin activity against *Staphylococcus epidermidis* biofilms in vivo [J]. Journal of Biomateriais Applications, 2004, 18(4): 237-245.
[102] Colucci J A, Borrero E E, Alape F. Biodiesel from an alkaline transesterification reaction of soybean oil using ultrasonic mixing [J]. Journal of the American Oil Chemists Society, 2005, 82(7): 525-530.
[103] Hanh H D, Nguyen T D, Okitsu K, et al. Biodiesel production by esterification of oleic acid with short-chain alcohols under ultrasonic irradiation condition [J]. Renewable Energy, 2009, 34(3): 780-783.
[104] 胡爱军，郑捷. 超声波辐射对酶法制备生物柴油的影响 [J]. 天津科技大学学报，2007, 22(1): 29-32.
[105] 王亚勤，陆向红，俞云良. 强化技术在生物柴油制备过程中的应用进展 [J]. 化工进展，2009, 28(6): 942-947.
[106] 计建炳，徐之超，王建黎. 水力空化制备生物柴油的方法: CN 200510011603.2 [P].

2007-02-21.

[107] 周燕君. 水力空化技术强化乌桕油制备生物柴油的研究. [D]. 杭州：浙江工业大学，2009.

[108] Suppalakpanya K，Ratanawilai S B，Tongurai C. Production of ethyl ester from esterified crude palm oil by microwave with dry washing by bleaching earth [J].Applied Energy，2010，87(7)：2356-2359.

[109] 张方，王璐，李春. 微波强化棉籽油制备生物柴油的研究 [J]. 应用化工，2010，6：850-853.

[110] 李俊妮. 第三代生物柴油研究进展 [J]. 精细与专用化学品，2012，20(1)：33-35.

[111] 盖玉娟，战风涛，吕志凤，等. 对甲苯磺酸催化制备生物柴油的研究 [J]. 粮油加工，2009(6)：62-64.

[112] 程正载，林素素，王洋，等. 氨基磺酸非均相催化菜籽油及废油脂制备生物柴油 [J]. 可再生能源，2012，30(6)：82-87.

[113] Kiss A A，Dimian A C，Rothenberg G. Solid acid catalysts for biodiesel production—Towards sustainable energy [J]. Advanced Synthesis & Catalysis，2006，348(1-2)：75-81.

[114] Dhainaut J，Dacquin J P，Lee A F，et al. Hierarchical macroporous-mesoporous SBA-15 sulfonic acid catalysts for biodiesel synthesis [J]. Green Chemistry，2010，12(2)：296-303.

[115] Pirez C，Wilson K，Lee A F. An energy-efficient route to the rapid synthesis of organically-modified SBA-15 via ultrasonic template removal [J]. Green Chemistry，2014，16(1)：197-202.

[116] Zuo D H，Lane J，Culy D，et al. Sulfonic acid functionalized mesoporous SBA-15 catalysts for biodiesel production [J]. Applied Catalysis B：Environmental，2013，129：342-350.

[117] Wilson K，Lee A F. Rational design of heterogeneous catalysts for biodiesel synthesis [J]. Catalysis Science & Technology，2012，2(5)：884-897.

[118] Woodford J J，Dacquin J P，Wilson K，et al. Better by design：nanoengineered macroporous hydrotalcites for enhanced catalytic biodiesel production [J].Energy & Environmental Scionce，2012，5(3)：6145-6150.

[119] Sepulveda J H，Vera C R，Yori J C，et al. $H_3PW_{12}O_{40}$ (HPA)，An efficient and reusable catalyst for biodiesel production related reactions. esterification of oleic acid and etherification of glycerol [J]. Quimica Nova，2011，34(4)：601-606.

[120] Talebian-Kiakalaieh A，Amin，N A S，Zarei A，et al. Transesterification of waste cooking oil by heteropoly acid (HPA) catalyst：Optimization and kinetic model [J].Applied Energy，2013，102：283-292.

[121] Wang L T，Dong X Q，Jiang H X，et al. Ordered mesoporous carbon supported ferric sulfate：A novel catalyst for the esterification of free fatty acids in waste cooking oil [J]. Fuel Processing Technologx，2014，128：10-16.

[122] Narasimharao K，Brown D R，Lee A F，et al. Structure-activity relations in Cs-doped heteropolyacid catalysts for biodiesel production [J]. Journal of Catalysis，2007，248(2)：226-234.

[123] Alsalme A M，Wiper P V，Khimyak Y Z，et al. Solid acid catalysts based on $H_3PW_{12}O_{40}$ heteropoly acid: Acid and catalytic properties at a gas-solid interface [J]. Journal of Catalysis，2010，276(1)：181-189.

[124] Oliveira C F，Dezaneti L M，Garcia F A C，et al. Esterification of oleic acid with ethanol by 12-tungstophosphoric acid supported on zirconia [J]. Applied Catalysis A:General，2010，372(2)：153-161.

[125] Hara M，Yoshida T，Takagaki A，et al. A carbon material as a strong protonic acid [J]. Angewandte Chemie International Edition，2004，43(22)：2955-2958.

[126] Zong M H，Duan Z Q，Lou W Y，et al. Preparation of a sugar catalyst and its use for highly efficient production of biodiesel [J]. Green Chemistry，2007，9(5)：434-437.

[127] Devi B L A P，Reddy T V K，Lakshmi K V，et al. A green recyclable SO_3H-carbon catalyst derived from glycerol for the production of biodiesel from FFA-containing karanja (*Pongamia glabra*) oil in a single step [J]. Bioresource Technology，2014，153：370-373.

[128] Wang L T，Dong X Q，Jiang H X，et al. Preparation of a novel carbon-based solid acid from cassava stillage residue and its use for the esterification of free fatty acids in waste cooking oil [J]. Bioresource Technology，2014，158：392-395.

[129] Liang X Z. Novel efficient procedure for biodiesel synthesis from waste oils using solid acidic ionic liquid polymer as the catalyst [J]. Industrial & Engineering Chemistry Research，2013，52(21)：6894-6900.

[130] Karimi B，Vafaeezadeh M. SBA-15-functionalized sulfonic acid confined acidic ionic liquid：A powerful and water-tolerant catalyst for solvent-free esterifications [J]. Chemical Communications，2012，48(27)：3327-3329.

[131] Liu Y J，Lotero E，Goodwin J G. Effect of carbon chain length on esterification of carboxylic acids with methanol using acid catalysis [J]. Journal of Catalysis，2006，243(2)：221-228.

[132] Mo X，Lopez D E，Suwannakarn K，et al. Activation and deactivation characteristics of sulfonated carbon catalysts [J]. Journal of Catalysis，2008，254(2)：332-338.

[133] Russbueldt B M E，Hoelderich W F. New sulfonic acid ion-exchange resins for the preesterification of different oils and fats with high content of free fatty acids [J]. Applied Catalysis A：General，2009，362(1-2)：47-57.

[134] Islam A，Taufiq-Yap Y H，Chu C M，et al. Transesterification of palm oil using KF and $NaNO_3$ catalysts supported on spherical millimetric gamma-Al_2O_3 [J].Renewable Energy，2013，59：23-29.

[135] Baskar G，Selvakumari I A E，Aiswarya R. Biodiesel production from castor oil using heterogeneous Ni doped ZnO nanocatalyst [J]. Bioresource Technology，2018，250：793-798.

[136] Song X H，Wu Y F，Cai F F，et al. High-efficiency and low-cost Li/ZnO catalysts for synthesis of glycerol carbonate from glycerol transesterification：The role of Li and ZnO interaction [J]. Applied Catalysis A:General，2017，532：77-85.

[137] Nagaraju G，Shivaraj Udayabhanu，Prashanth S A，et al. Electrochemical heavy metal detection，photocatalytic，photoluminescence，biodiesel production and antibacterial activities of Ag-ZnO nanomaterial [J]. Materials Research Bulletin，2017，94：54-63.

[138] Bromberg L，Fasoli E，Alvarez M，et al. Biguanide-，imine-，and guanidine-based networks as catalysts for transesterification of vegetable oil [J]. Reactive & Func-

tional Polymers，2010，70（7）：433-441.

[139] Balbino J M，de Menezes E W，Benvenutti E V，et al. Silica-supported guanidine catalyst for continuous flow biodiesel production［J］. Green Chemistry，2011，13（11）：3111-3116.

[140] Meloni D，Monaci R，Zedde Z，et al. Transesterification of soybean oil on guanidine base-functionalized SBA-15 catalysts［J］. Applied Catalysis B: Environmental，2011，102（3-4）：505-514.

[141] Palocci C，Falconi M，Alcaro S，et al. An approach to address *Candida rugosa* lipase regioselectivity in the acylation reactions of trytilated glucosides［J］. Journal of Biotechnology，2007，128（4）：908-918.

[142] 王巍杰，杨永强，吴尚卓. 脂肪酶催化合成生物柴油的研究进展［J］. 生物技术通报，2010，3：54-57.

[143] 王炳武，谭天伟. 脂肪酶的研究与工业化应用进展［J］. 江西庐山，2006：21-23.

[144] 王小花，洪枫，陆大年，等. 脂肪酶在纺织工业中的应用［J］. 毛纺科技，2005，6：22-24.

[145] 张国艳，曹淑桂. 酶法手性拆分技术研究和应用的最新进展［J］. 吉林大学学报：理学版，2008，46：997-1000.

[146] 孙立水，高强，李荣勋. 酯酶和脂肪酶对映选择性的改进技术［J］. 化工技术与开发，2008，37：32-35.

[147] 王庭，秦刚. 脂肪酶及其在食品工业中的应用［J］. 肉类研究，2010，1：72-74.

[148] Sharma R，Chisti Y，Banerjee U C. Production，purification，characterization，and applications of lipases［J］. Biotechnology Advances，2001，19（8）：627-662.

[149] Balashev K，Jensen T R，Kjaer K，et al. Novel methods for studying lipids and lipases and their mutual interaction at interfaces. Part I. Atomic force microscopy［J］. Biochimie，2001，83（5）：387-397.

[150] Jaeger K E，Eggert T. Lipases for biotechnology［J］. Current Opinion in Biotechology，2002，13（4）：390-397.

[151] Pandey A，Benjamin S，Soccol C R，et al. The realm of microbial lipases in biotechnology［J］. Biotechnologyand Applied Biochemistry，1999，29：119-131.

[152] Jaeger K E，Reetz M T. Microbial lipases form versatile tools for biotechnology［J］.Trends in Biotechnology，1998，16（9）：396-403.

[153] 谢磊，孙建波，张世清，等. 大肠杆菌表达系统及其研究进展［J］. 华南热带农业大学学报，2004，10：16-20.

[154] 罗文新，张军，杨海杰，等. 一种带增强子的原核高效表达载体的构建及初步应用［J］. 生物工程学报，2000，16：578-581.

[155] Pfeffer J，Rusnak M，Hansen C E，et al. Functional expression of lipase A from *Candida antarctica* in *Escherichia coli*-A prerequisite for high-throughput screening and directed evolution［J］. Journal of Molecular Catalysis B:Enzymatic，2007，45（1-2）：62-67.

[156] Liu D，Schmid R D，Rusnak M. Functional expression of *Candida antarctica* lipase B in the *Escherichia coli* cytoplasm—a screening system for a frequently used biocatalyst［J］. Applied Microbiology and Biotechnology，2006，72（5）：1024-1032.

[157] 郭钦，张伟，阮晖，等. 酿酒酵母表面展示表达系统及应用［J］. 中国生物工程杂志，2008，28：116-122.

[158] 刘文，王洪海，等. 酵母表达基因工程产物特性分析［J］. 生物工程进展，2001，21：

74-76.

[159] Schousboe I. Triacylglycerol lipase activity in bakers-yeast (*Saccharomyces-Cerevisiae*) [J] . Biochimica Et Biophysica Acta, 1976, 424 (3): 366-375.

[160] Yamaguchi S, Mase T, Takeuchi, K. Secretion of monocylglycerol and diacylglycerol lipase from *Penicillium-Camembertii* U-150 by *Saccharomyces-Cerevisiae* and site-directed mutagenesis of the putative catalytic sites of the lipase [J] .Bioscience Biotechnology and Biochemistry, 1992, 56 (2): 315-319.

[161] Crabbe T, Weir A N, Walton E F, et al. The secretion of active recombinant human gastric lipase by *Saccharomyces cerevisiae* [J] . Protein Expression and Purification, 1996, 7 (3): 229-236.

[162] 袁彩，林琳，施巧琴，等. 扩展青霉碱性脂肪酶基因在毕赤酵母中的高效表达 [J] . 生物工程学报，2003，19：231-235.

[163] Cos O, Resina D, Ferrer P, et al. Heterologous production of *Rhizopus oryzae* lipase in Pichia pastoris using the alcohol oxidase and formaldehyde dehydrogenase promoters in batch and fed-batch cultures [J] . Biochemical Engineering Journal, 2005, 26 (2-3): 86-94.

[164] 舒正玉，杨江科，徐莉，等. 黑曲霉脂肪酶基因的克隆及其在毕赤酵母中的表达 [J] . 武汉大学学报：理学版，2007，53：204-208.

[165] 阎金勇，杨江科，徐莉，等. 白地霉 Yl62 脂肪酶基因克隆及其在毕赤酵母中的高效表达 [J] . 微生物学报，2008，48：184-190.

[166] Wen S, Yang J G, Tan T W. Full-length single-stranded PCR product mediated chromosomal integration in intact Bacillus subtilis [J] . Journal of Microbiological Methods, 2013, 92 (3): 273-277.

[167] Cos O, Ramon R, Montesinos J L, et al. Operational strategies, monitoring and control of heterologous protein production in the methylotrophic yeast *Pichia pastoris* under different promoters: A review [J] . Microbial Cell Factories, 2006, 5:17.

[168] Cereghino G P L, Cereghino J L, Ilgen C, et al. Production of recombinant proteins in fermenter cultures of the yeast *Pichia pastoris* [J] . Currene Opinion in Biotechnology, 2002, 13 (4): 329-332.

[169] 黄平. 脂肪酶工程菌发酵条件优化及脂肪酶的定点突变 [D] . 福州：福建师范大学学报，2008.

[170] Reuss R M, Stratton J E, Smith D A, et al. Malolactic fermentation as a technique for the deacidification of hard apple cider [J] . Journal of Food Science, 2010, 75 (1): C74-C78.

[171] 卢其湘，赵树进. 外源基因在毕赤酵母中表达的优化 [J] . 氨基酸和生物资源，2005，27：27-29.

[172] 宋留君，周长林，窦洁，等. 甘油对毕赤酵母高密度发酵表达重组水蛭素 Ⅱ 的影响 [J] . 中国药科大学学报，2006，37：371-374.

[173] 周祥山，范卫民，张元兴. 不同甲醇流加策略对重组毕赤酵母高密度发酵生产水蛭素的影响 [J] . 生物工程学报，2002，18：348-351.

[174] Wood M J, Komives E A. Production of large quantities of isotopically labeled protein in *Pichia pastoris* by fermentation [J] . Journal of Biomolecular Nmr, 1999, 13 (2): 149-159.

[175] 田野，段开红，谭天伟，等. 蛋白酶对假丝酵母 *Candida* sp. 99-125 脂肪酶生物合成过程的影响 [J] . 吉林农业，2011，(3): 78-80.

[176] 闫云君，刘云，刘涛，等. 一种固定化脂肪酶的制备方法：ZL200810047857.3 [P]. 2008.

[177] 刘云，王玲，林亲雄. 利用菜籽油脱臭馏出物制备生物柴油新工艺 [J]. 化学工程，2009 (3)：58-61.

[178] 高静，王芳，谭天伟，等. 固定化脂肪酶催化废油合成生物柴油 [J]. 化工学报，2005，56：1727-1730.

[179] Basri M，Ampon K，Yunus W M Z W，et al. Enzymatic synthesis of fatty esters by alkylated lipase [J]. Journal of Molecular Catalysis B：Enzymatic，1997，3 (1-4)：171-176.

[180] 赵玮，袁均林，杨旭，等. 吐温修饰脂肪酶的研究 [J]. 化学与生物工程，2005，10：14-16.

[181] 宋宝东，吴金川，张敏卿，等. 表面活性剂包衣酶用于催化有机溶剂中的反应 [J]. 化学工程，2002，30：45-49.

[182] Kamiya N，Murakami，E，Goto，M，et al. Effect of using a co-solvent in the preparation of surfactant-coated lipases on catalytic activity in organic media [J]. Journal of Fermentation and Bioengineering，1996，82 (1)：37-41.

[183] Thakar A，Madamwar D. Enhanced ethyl butyrate production by surfactant coated lipase immobilized on silica [J]. Process Biochemistry，2005，40 (10)：3263-3266.

[184] 周晓云，包广粮，钟卫鸿，等. 脂肪酶在表面活性剂介质中的催化反应动力学研究 [J]. 浙江工业大学学报，2000，28：18-23.

[185] 王元鸿，诸莹，刘锦林，等. 反胶束体系中脂肪酶催化合成异丁酸异戊酯 [J]. 高等学校化学学报，2004，25：1648-1688.

[186] 刘伟东，聂开立，鲁吉珂，等. 反胶束体系中脂肪酶催化合成生物柴油 [J]. 生物工程学报，2008，(1)：142-146.

[187] Malcata F X，Reyes H R，Garcia H S，et al. Immobilized lipase reactors for modification of fats and oils：A review [J]. Journal of the American Oil Chemists Society，1990，67 (12)：890-910.

[188] Ulbrich R，Golbik R，Schellenberger A. Protein adsorption and leakage in carrier enzyme-systems [J]. Biotechnology and Bioengineering，1991，37 (3)：280-287.

[189] 曹淑桂. 有机溶剂中酶催化研究的新进展——酶催化活性和选择性的控制与调节 [J]. 化学通报，1995，5：5-13.

[190] Li W N，Chen B Q，Tan T W. Comparative study of the properties of lipase immobilized on nonwoven fabric membranes by six methods [J]. Process Biochemistry，2011，46 (6)：1358-1365.

[191] Sofina E Y，Mukhitdinova L N，Rakhimov M M. Immobilization of lipase from *Pseudomonas aeruginosa* on magnetic carrier modified by polyamide [J]. Khimiya Prirodnykh Soedinenii，1998 (6)：812-817.

[192] Wang C，Wang F，Cao G M，et al. Immobilization of lipase by covalent binding on crosslinked allyl dextran [J]. International Conference on Biorelated Polymers Controlled Release Drugs and Reactive Polymers，1997：102-103.

[193] Soares C M F，Santana M H A，Zanin G M，et al. Covalent coupling method for lipase immobilization on controlled pore silica in the presence of nonenzymatic proteins [J]. Biotechnology Progress，2003，19 (3)：803-807.

[194] Jose C，Toledo M V，Nicolas P，et al. Influence of the nature of the support on the catalytic performance of CALB：experimental and theoretical evidence [J] .Catalysis Science & Technology，2018，8 (14)：3513-3526.

[195] Palomo J M，Segura R L，Fernandez-Lorente G，et al. Glutaraldehyde modification of lipases adsorbed on aminated supports：A simple way to improve their behaviour as enantioselective biocatalyst [J] . Enzyme and Microbial Technology，2007，40 (4)：704-707.

[196] Wang H X，Wu H，Ho C T，et al. Cocoa butter equivalent from enzymatic interesterification of tea seed oil and fatty acid methyl esters [J] . Food Chemistry，2006，97 (4)：661-665.

[197] 徐岩，李建波. 微生物脂肪酶的固定化及其在非水相催化中的应用研究 [J] . 工业微生物，2001，31：45-48.

[198] Blanco R M，Terreros P，Munoz N，et al. Ethanol improves lipase immobilization on a hydrophobic support [J] . Journal of Molecular Catalysis B-Enzymatic，2007，47 (1-2)：13-20.

[199] Panzavolta F，Soro S，D' Amato R，et al. Acetylenic polymers as new immobilization matrices for lipolytic enzymes [J] . Journal of Molecular Catalysis B-Enzymatic，2005，32 (3)：67-76.

[200] 高阳，谭天伟，聂开立，等. 大孔树脂固定化脂肪酶及在微水相中催化合成生物柴油的研究 [J] . 生物工程学报，2006，1：114-118.

[201] Pedro K C N R，Parreira J M，Correia I N，et al. Enzymatic biodiesel synthesis from acid oil using a lipase mixture [J] . Quimica Nova，2018，41 (3)：284-291.

[202] 辛嘉英，李树本，徐毅，等. 脂肪酶的固定化及其在有机酶促反应中稳定性研究 [J] . 分子催化，1999，13：103-108.

[203] 魏纪平，熊宁波，张国政. 有机溶剂中脂肪酶固定化的研究 [J] . 天津轻工业学院学报，2003，1：21-23.

[204] 蔡宏举，王满意，周鑫，等. 大孔载体制备及其固定化脂肪酶 [J] . 化工学报，2007，6：1529-1534.

[205] Mustranta A，Forssell P，Poutanen K. Applications of immobilized lipases to transesterification and esterification reactions in nonaqueous systems [J] . Enzyme and Microbial Technology，1993，15 (2)：133-139.

[206] Talukder M M R，Tamalampudy S，Li C J，et al. An improved method of lipase preparation incorporating both solvent treatment and immobilization onto matrix [J] . Biochemical Engineering Journal，2007，33 (1)：60-65.

[207] Yu H W，Wu J C，Ching C B. Enhanced activity and enantioselectivity of *Candida rugosa* lipase immobilized on macroporous adsorptive resins for ibuprofen resolution [J] . Biotechnology Letters，2004，26 (8)：629-633.

[208] Petkar M，Lali A，Caimi P，et al. Immobilization of lipases for non-aqueous synthesis [J] . Journal of Molecular Catalysis B-Enzymatic，2006，39 (1-4)：83-90.

[209] Mine Y，Zhang L，Fukunaga K，et al. Enhancement of enzyme activity and enantioselectivity by cyclopentyl methyl ether in the transesterification catalyzed by *Pseudomonas cepacia* lipase co-lyophilized with cyclodextrins [J] . Biotechnology Letters，2005，27 (6)：383-388.

[210] 宋宝东，邢爱华，吴金川，等. 表面活性剂包衣的固定化脂肪酶在有机介质中催化酯化反应 [J] . 化学工程，2004，5：3.

[211] 程媛媛，陈必强，谭天伟. 以天然纤维织物为载体固定化脂肪酶 [J]. 北京化工大学学报，2008，6: 71-74.

[212] Maruyama T，Nakajima M，Ichikawa S，et al. Oil-water interfacial activation of lipase for interesterification of triglyceride and fatty acid [J]. Journal of the American Oil Chemists Society，2000，77 (11)：1121-1126.

[213] Foresti M L，Alimenti G A，Ferreira M L. Interfacial activation and bioimprinting of *Candida rugosa* lipase immobilized on polypropylene: effect on the enzymatic activity in solvent-free ethyl oleate synthesis [J]. Enzyme and Microbial Technology，2005，36 (2-3)：338-349.

[214] Tan T W，Lu J K，Nie K L，et al. Biodiesel production with immobilized lipase: A review [J]. Biotechnology Advances，2010，28 (5)：628-634.

[215] 杨立荣，吴坚平，姚善泾. 高浓度盐系统中脂肪酶的固定化及其催化活力 [J]. 有机化学，2002，3: 189-193.

[216] Ooe Y，Yamamoto S，Kobayashi M，et al. Increase of catalytic activity of alpha-chymotrypsin in organic solvent by co-lyophilization with cyclodextrins [J] .Biotechnology Letters，1999，21 (5)：385-389.

[217] Hasegawa M，Yamamoto S，Kobayashi M，et al. Catalysis of protease/cyclodextrin complexes in organic solvents -Effects of reaction conditions and cyclodextrin structure on catalytic activity of proteases [J]. Enzyme and Microbial Technology，2003，32 (3-4)：356-361.

[218] Yoon S H，Robyt J F. Activation and stabilization of 10 starch-degrading enzymes by Triton X-100，polyethylene glycols，and polyvinyl alcohols [J]. Enzyme and Microbial Technology，2005，37 (5)：556-562.

[219] Nie K L，Wang M，Zhang X，et al. Additives improve the enzymatic synthesis of biodiesel from waste oil in a solvent free system [J]. Fuel，2015，146: 13-19.

[220] Li S F，Fan Y H，Hu R F，et al. *Pseudomonas cepacia* lipase immobilized onto the electrospun PAN nanofibrous membranes for biodiesel production from soybean oil [J]. Journal of Molecular Catalysis B-Ernzymatic，2011，72 (1-2)：40-45.

[221] Mushtaq M，Tan I M，Sagir M，et al. A novel hybrid catalyst for the esterification of high FFA in Jatropha oil for biodiesel production [J]. Grasas Y Aceites，2016，67 (3)：ISO.

[222] Fu J Y，Chen L G，Lv P M，et al. Free fatty acids esterification for biodiesel production using self-synthesized macroporous cation exchange resin as solid acid catalyst [J]. Fuel，2015，154: 1-8.

[223] Canakci M，Van Gerpen J. Biodiesel production from oils and fats with high free fatty acids [J]. Transactions of the Asae，2001，44 (6)：1429-1436.

[224] Suppes G J，Dasari M A，Doskocil E J，et al. Transesterification of soybean oil with zeolite and metal catalysts [J]. Applied Catalysis A: General，2004，257 (2)：213-223.

[225] Tesser R，Casale L，Verde D，et al. Kinetics and modeling of fatty acids esterification on acid exchange resins [J]. Chemical Engineering Journal，2010，157 (2-3)：539-550.

[226] Noureddini H，Zhu D. Kinetics of transesterification of soybean oil [J]. Journal of the American Oil Chemists Society，1997，74 (11)：1457-1463.

[227] Reyero I，Arzamendi G，Zabala S，et al. Kinetics of the NaOH-catalyzed transes-

terification of sunflower oil with ethanol to produce biodiesel [J] . Fuel Processing Technology，2015，129：147-155.

[228] Ma F，Clements L D，Hanna M A. The effects of catalyst，free fatty acids，and water on transesterification of beef tallow [J] . Transactions of the Asae，1998，41（5）：1261-1264.

[229] Bikou E，Louloudi A，Papayannakos N. The effect of water on the transesterification kinetics of cotton seed oil with ethanol [J] . Chemical Engineering & Technology，1999，22 (1)：70-75.

[230] Saka S，Kusdiana D. Biodiesel fuel from rapeseed oil as prepared in supercritical methanol [J] . Fuel，2001，80 (2)：225-231.

[231] 鞠庆华，曾昌凤，郭卫军. 酯交换发制备生物柴油的研究进展 [J] . 化工进展，2004，23 (10)：1053-1057.

[232] 盛梅，郭登峰，张大华. 大豆油制备生物柴油的研究 [J] . 中国油脂，2002，27 (1)：70-72.

[233] Brockerhoff H. Model of pancreatic lipase and orientation of enzymes at interfaces [J] . Chemistry and Physics of Lipids，1973，10 (3)：215-222.

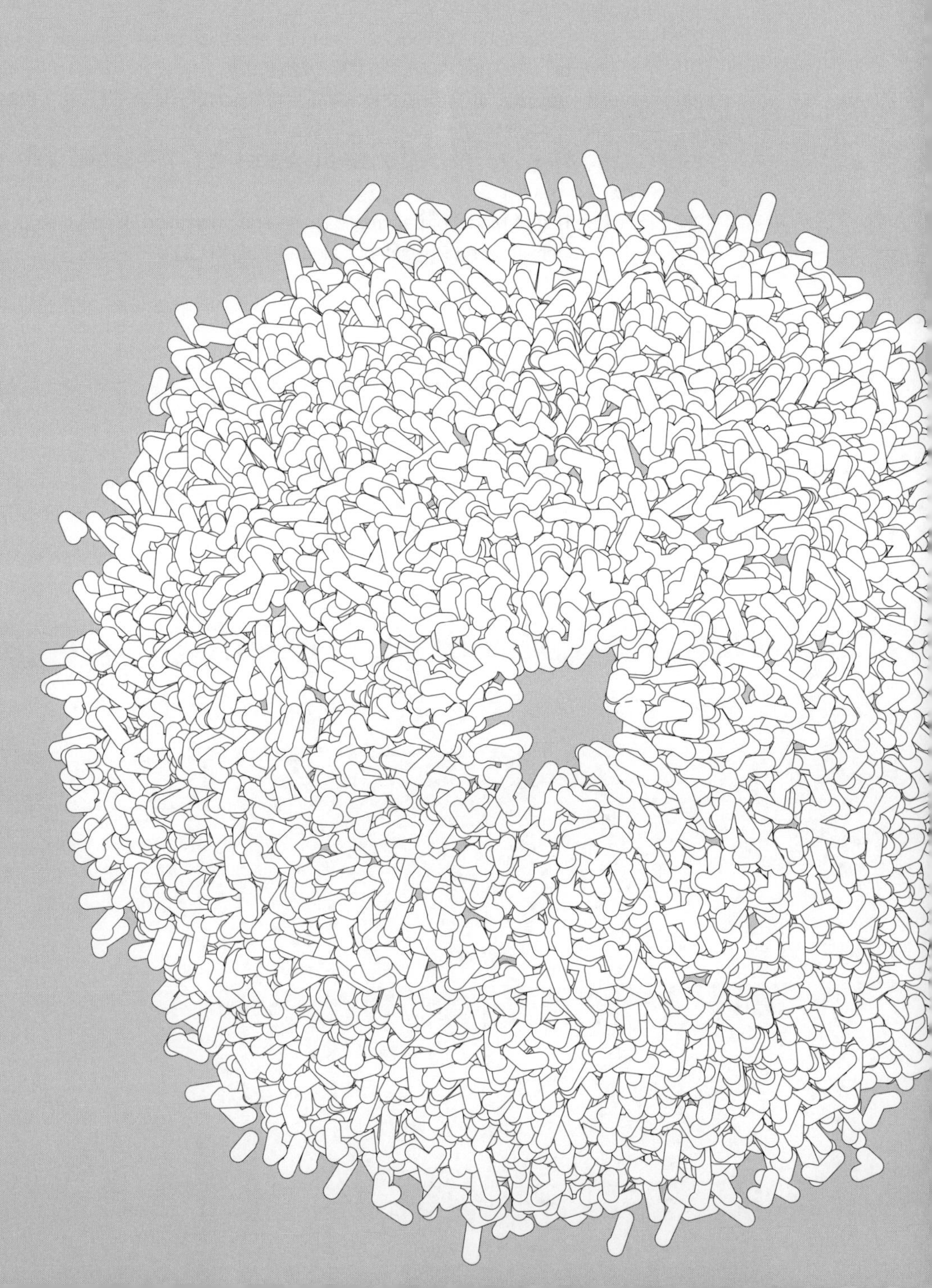

第4章

生物柴油制备工艺

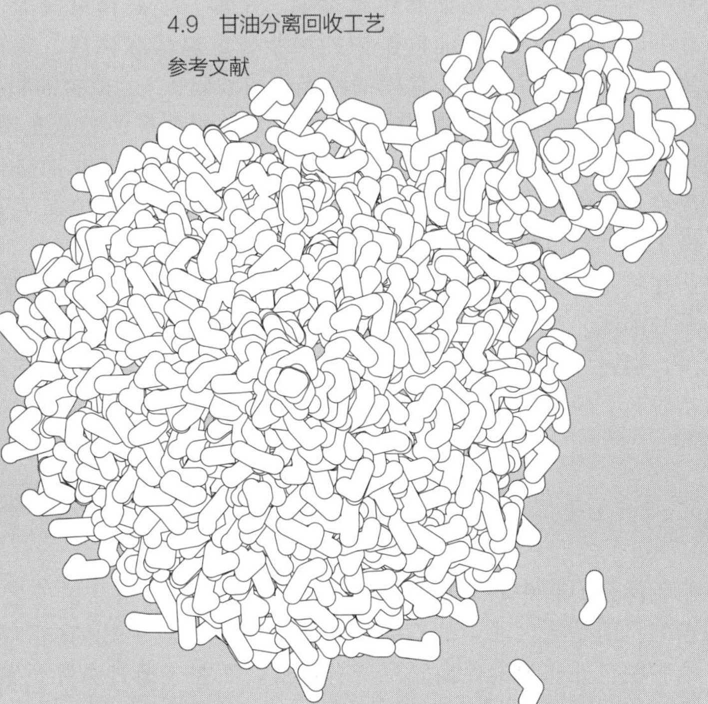

由于生产生物柴油的原料不同，其生产工艺也不同，因此，相应生产工艺有不同的设计要求。目前，国内外生物柴油制备工艺主要包括化学法、生物法、超临界法、离子液体催化法、微波及多种传质与反应相耦合法等。早在20世纪40年代许多生物柴油生产工艺被陆续开发出来，最早的酯交换工业生产过程采用的是带回流的间歇式反应釜，目前，国内外年产万吨级以下的生物柴油工厂通常采用间歇式操作。但是，大规模的生物柴油生产则采用连续化的生产设备。酯交换法是目前制备生物柴油的主要方法，酯交换反应体系中油脂和甲醇（或其他醇类）互不相溶的特性决定了酯交换过程的复杂性。近年来，许多国内外的研究人员提出了强化生物柴油制备过程的工艺技术，形成了多种多样的生物柴油生产工艺和技术装备。除了化学法制备生物柴油工艺外，研究用生物酶法合成生物柴油工艺也成为许多研究人员感兴趣的课题，国内清华大学和北京化工大学取得了不少的研究成果，且完成了相关研究项目的中试。

4.1 原料预处理

生物柴油生产原料来源广泛，主要包括动植物油脂、废弃油脂、微生物油脂和农林废弃物等。其中，动物油脂包括猪油、牛油、羊油和鱼油等，植物油脂既包括大豆、菜籽、棕榈和棉籽等油料作物的油脂，也包括麻疯树、黄连木、文冠果、油茶、光皮树和无患子等木本非食用油料作物的油脂[1-3]。植物油脂是目前全球生物柴油生产的主要原料，如美国使用大豆油，欧盟使用菜籽油和从东南亚进口的棕榈油，中国在使用少量棉籽油的同时，也在积极开发和使用木本非油料作物油脂。废弃油脂包括废弃食用油脂、油脂生产工业上的副产酸化油及粮食加工副产物的低品质油脂等。微生物油脂也可以作为生产生物柴油的原料，是由酵母、霉菌、细菌和藻类等微生物在特定的条件下产生的，与植物油脂一样，微生物油脂主要由甘油三酯、少量的单甘油酯、双甘油酯及游离脂肪酸等组成[4]。另外，锯末和秸秆等农林废弃物气化后，通过费-托合成也可用于生产生物柴油的原料。生物柴油原料预处理过程主要包括脱色、脱杂、脱胶、脱水等。

4.1.1 脱色

油脂色泽是油脂中各种色素的综合体现，随着油脂品质的劣变，其色泽加深。油脂脱色的目的是除去油中的有害成分，并尽可能减少甘油酯和油的破坏，使损失最少。油脂脱色并非理论性地脱尽所有色素，而在于通过去除色素、微量金属（铁、铜、磷、钙和镁）、皂、微量杂质、气味、硫化物、过氧化物、醛、酮、胶质和其他的微量物质获得油脂色泽的改善并为油脂脱臭等深加工提供合格的原料。

脱色方法大体分为物理法和化学法。物理法主要是吸附、液-液萃取、离子交换等，而化学法主要包括氧化、还原、加热、氢化等。其中物理吸附脱色法在工业上应用最广泛，它是利用某些具有较强选择性吸附作用的物质，在一定条件下吸附色素和其他杂质以进行净化的方法。各种化学脱色法都是将色素转变成无色或浅色物质。就传统的化学漂白而言，主要分为氧化漂白和还原漂白。一般来说，氧化型漂白剂主要是氧化降解并脱除油脂中色素而提高白度，还具有一定的脱色功能。还原型漂白剂主要用于脱色，即通过减少油脂本身的发色基团而提高白度，另一作用是能有效地脱去油脂的颜色并提高白度。

由于地沟油的有色杂质多，成分复杂，需要采用化学法和物理法相结合才能达到最佳脱色效果。综合考虑各种脱色剂的性质和成本分析，工业上常采用活性白土作为脱色剂。活性白土是以膨润土为原料，经酸化处理后得到的具有较高活性吸附剂，不仅对油脂具有吸附色素和有机分子的脱色能力，还能去毒、除杂、脱味[5,6]。

图 4-1 是原料油脱色工艺示意。

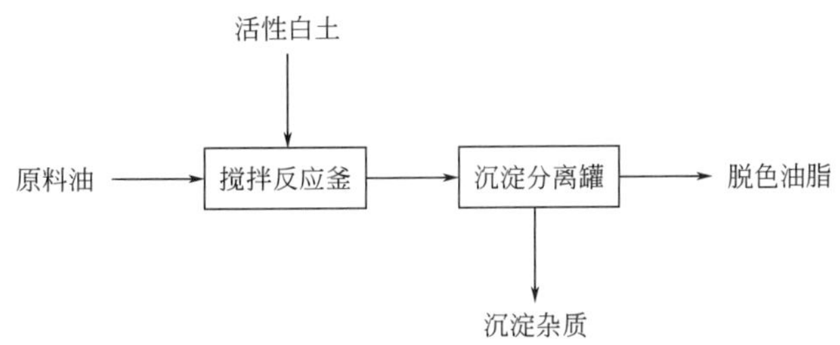

图 4-1　原料油脱色工艺示意

4.1.1.1　活性白土用量对脱色效果的影响

活性白土用量较少时，吸附效果不明显，脱色率随着活性白土用量的增加而增加。当活性白土达到一定用量时，脱色率开始降低。这是因为白土中有游离的氧，对油脂具有催化氧化作用，使得油脂色泽变化更复杂。在现有色素加深的同时，无色前体形成色素，且其他色素可能被破坏，色素的吸附性降低，影响脱色效果。

4.1.1.2　脱色时间对脱色率的影响

在 10～30min 范围内，脱色率随时间的延长而提高。这是由于脱色时间越长，活性白土与油的接触越充分，酸性氧化物向活性白土表面扩散增强，传质速率加快，吸附性提高；但当脱色时间超过 30min 后，吸附效果反而下降。这可能是因为活性白土吸附量达到饱和，褪色幅度缓慢。再延长脱色时间，会使废油脂与空气的氧化反应速率加快，超过活性白土吸附色素的速率，导致废油脂的质量恶化、油色回升，因此脱色率反而会下降。

4.1.1.3 脱色温度对脱色率的影响

脱色温度在较低范围时，脱色效率随油的温度升高会迅速提高，这是由于随油的温度升高，加快了传质速率，使分子较快地与活性白土结合，提高了吸附效率，从而提高了脱色率。但当温度超过 70℃后，脱色效率随温度升高明显降低。这是由于温度过高会加速油脂被空气氧化的速度，导致颜色加深，脱色率有所下降。而且在活性白土的活性质点上发生的催化氧化、聚合、缩合、分解异构速率加快，反应产物可能会从活性白土表面脱落下来，重新回到油中成为新的色素物，这也会降低脱色效率。

4.1.2 脱杂、脱胶

劣质原料油中含有的磷脂、蛋白质和糖基甘油二酯等杂质，因为与油脂组成溶胶体系而被称为胶溶性杂质[7]。这些胶溶性杂质的存在不仅降低了油脂的使用价值和存储稳定性，而且在制备生物柴油的过程中，产生一系列不良影响。如用未经预处理的原料直接反应，含有的胶质会消耗掉几乎全部的酸碱催化剂，造成反应速率极低甚至无法反应，同时，在较高的温度下，酯化-酯交换反应会使胶溶性杂质凝结在一起，粘在反应容器底部，形成很难清除的沥青状黑块，不仅易堵塞排渣口，而且每次反应都需要人工清理，常常使连续反应工艺中断，造成工艺操作的复杂化。除此之外，胶质会使反应过程的水洗阶段产生过度的乳化作用，使油、皂不能很好地分离，即皂脚夹带中性油的量增加，导致原料消耗增加，同时使油中含皂增加，也增加了水洗的次数及水洗引起的油脂损失和二次污染。对于劣质油脂原料，可用硫酸酸化。浓硫酸具有强烈的脱水性，能把油脂胶质中的氢和氧以 2∶1 的比例吸出而发生炭化现象，使胶质与油脂分开。浓硫酸也是一种强氧化剂，可使部分色素氧化破坏而起到脱色作用。稀硫酸是强电解质，电离出的离子能中和胶体质点的电荷，使之聚集成大颗粒而沉降。稀硫酸还有催化水解的作用，使磷脂等胶质发生水解而易于从油脂中去除。

图 4-2 是原料油脱杂、脱胶工艺示意。

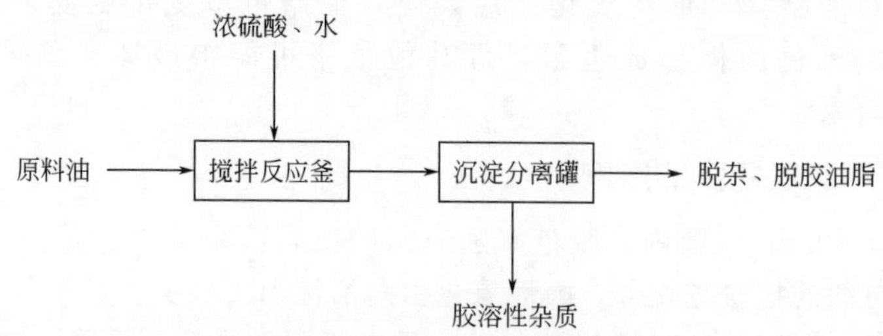

图 4-2 原料油脱杂、脱胶工艺示意

将水化好的原料保持温度和搅拌速率，然后均匀地加入浓硫酸，酸的用量根据原料质量而定，一般用量为油重的 2%左右，由于原料不同应该作小试实验后具体确定。加入酸时，油脂颜色逐渐变深，胶溶性杂质凝聚成褐色或黑色絮状物并沉淀。搅拌一段时间，再加入一定量的水（或直接蒸汽搅拌时的冷凝水）将硫酸稀释，稀硫酸使杂质进一步沉淀，然后静置沉降，最后将杂质和废水排出。

4.1.3 脱水

原料油中的水分一般是生产或储运过程中直接带入或伴随磷脂、蛋白质等亲水物质混入的，常常与油脂形成油包水（W/O）乳化体系。工业上一般做法是将反应容器的排气口打开，然后在一定的搅拌强度下，将原料加热到 105℃并保持 0.5h 左右，通过抽真空设备，使水分以蒸汽的方式排出釜外，水蒸气经冷凝后流入水收集罐，从而达到去除水分的目的。图 4-3 是原料油脱水工艺示意。原料中如果存在水分，对于酯化-酯交换整个反应都会产生不利影响，酯化反应目的是使游离脂肪酸在酸性催化剂作用下与甲醇反应生成脂肪酸甲酯，并同时使酸值降到 1mg KOH/g 或 1mg KOH/g 以下，因为该过程与水解反应互为逆反应，所以反应在有水存在时会使酯化反应过早达到平衡，使酸值无法降低和无法获得更多的脂肪酸甲酯，造成原料浪费、生物柴油得率降低，同时酸值过高使后续酯交换反应难以进行。而酯交换反应过程中混入水分不但消耗催化剂，且体系中的游离脂肪酸会与碱催化剂反应生成稳定的皂，使反应极慢、酯交换不完全，造成整个生产工艺时间延长、生物柴油转化率降低，所以对于原料中的水分和反应过程中生成水的去除是极其必要的。

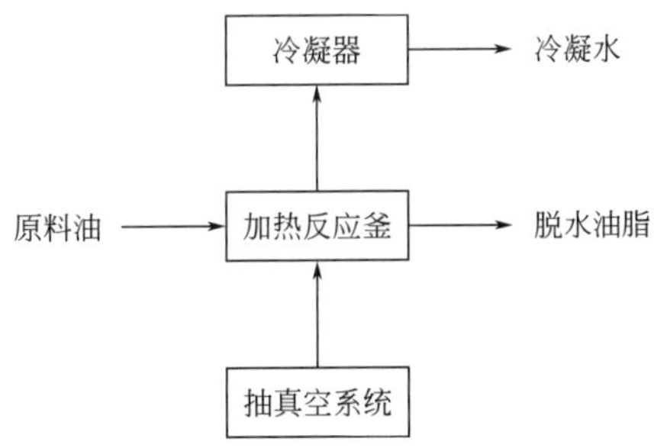

图 4-3　原料油脱水工艺示意

4.2 间歇法生物柴油生产工艺

间歇法生物柴油生产工艺主要应用于年生产规模在 1 万吨以下的生物柴油制备企业，大部分设备采用间歇方式进行操作，生产规模较小，自动化程度较低，普遍采用酸碱作为酯交换催化剂，两种催化条件既可采用均相催化，也可以采用非均相催化来实现，目前，国内外应用较多的是均相催化工艺，但是，由于非均相催化具有催化剂可重复利用、后续产品纯化精制步骤较简单等优点，逐渐成为科研工作者的研究开发热点[8]。

4.2.1 预酯化工艺

酯化反应是一类有机化学反应，是醇与羧酸或含氧无机酸生成酯和水的反应。分为羧酸与醇反应、无机含氧酸与醇反应和无机强酸与醇的反应三类。制备生物柴油原料的废弃油脂中往往含有大量的脂肪酸，在采用传统的碱催化工艺制备过程中，容易产生催化剂失活及皂化、乳化等操作问题。碱催化工艺的酯交换反应要求油脂酸值最好不超过 5mg KOH/g[9]。因此，对于高酸值原料油脂，需要进行预酯化处理，然后在碱性催化剂下进行转酯化处理，即两步法制备生物柴油。通常采用固体酸为催化剂，对酸值高达 140mg KOH/g 的废弃油脂（简称酸化油）进行预酯化处理，可满足碱催化工艺的酯交换反应要求。

高酸值原料预酯化反应流程见图 4-4，在连接有甲醇回流装置的降酸反应釜中加入一定量的酸催化剂，将高酸值酸化油与甲醇按一定比例均匀混合，泵入反应罐中，加热并搅拌反应一段时间后，将反应混合物泵入分离罐，静置一段时间后分离出粗生物柴油和甘油等，反应釜内的甲醇蒸气通过冷凝器进入甲醇回收罐。

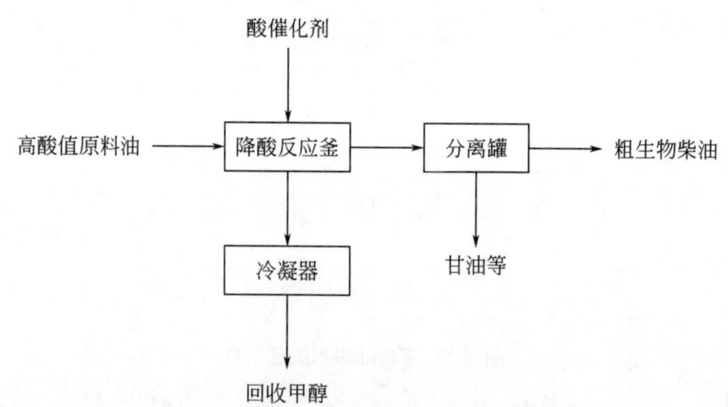

图 4-4 高酸值原料预酯化工艺示意

降酸预酯化率计算公式：

$$酯化率(\%)=\frac{反应前原料酸值-反应后原料酸值}{反应前原料酸值}\times 100$$

许多研究结果表明，高酸值油脂原料预酯化率受以下条件的影响。

4.2.1.1 反应过程水分对酯化率的影响

高酸值原料降酸反应过程中会有少量水分的生成，反应体系中的水分会导致脂肪酸甲酯的水解，降低酯化反应效率。王存文等[10] 发现，原料油中水分含量直接影响预酯化后的酸值；水分含量高的原料油，预酯化后产物的酸值也高。

4.2.1.2 醇油摩尔比对酯化率的影响

甲醇与油脂进行酯交换反应的理论摩尔比为 3∶1。相关实验表明，随着醇油摩尔比的增加，反应酯化率呈上升趋势，醇油摩尔比为 8∶1 时，酸值降低幅度最大，酯化率达到最高值。原因是反应体系中，过量的甲醇不仅有利于平衡反应向生成脂肪酸甲酯的方向移动，而且有利于酸催化剂的电离使催化效率提高。摩尔比大于 8∶1 时，由于大量甲醇对原料油反应物的过度稀释以及甲醇挥发时导致大量热量的损失，引起温度的下降，从而导致酯化率下降。因此，反应体系的醇油摩尔比控制在 8∶1 时比较合适，既能使反应获得较高的转化率，也能避免过量甲醇在循环时增加反应系统的能耗和减轻副产物的分离难度。

4.2.1.3 催化剂用量对酯化率的影响

随着催化剂用量的增加，酯化率相应提高，当催化剂用量为油重的 3%时，酯化率达到最大值，再增加催化剂用量，酯化率反而会有所下降。这是因为催化剂用量过少时，没有足够的酸性中心，催化作用差，反应进程缓慢。由于催化剂用量的加大，自然会增加油脂的酸值，导致酯化率下降。

4.2.1.4 反应时间对酯化率的影响

游离脂肪酸和甲醇的酯化反应是一个平衡反应，在发生酯化反应的同时也会发生脂肪酸甲酯的水解反应。实验表明，在固体酸催化剂的作用下，原料的酸值迅速降低，反应 1h，酸值由开始的 140mg KOH/g 降到 61.5mg KOH/g；2h 后大部分的游离脂肪酸转化为脂肪酸甲酯，反应基本达到平衡，酸值的降低变得很缓慢。继续反应 3h，酸值仅降低了 2.9mg KOH/g。前 2h 的反应时间内，酸值的降低比较显著，再延长反应时间，酸值没有明显降低。在反应开始阶段，随着反应时间的增加，酯化率迅速提高。当反应达到一定时间后，油脂的酯化率达到最大值。此时反应已经达到平衡。超过一定反应时间后，再延长反应时间，酯化率稍有下降。这是由于反应时间过长而加剧了逆反应的结果，但影响不大。

4.2.1.5 反应温度对酯化率的影响

初始温度较低时，随着反应温度的升高，油脂的酯化率迅速增大，在设定温度达到最大值。当反应温度继续升高，接近或超过甲醇的沸点时，酯化率有所下降。这是因为反应系统中的甲醇挥发和泄漏损耗增加，致使参与酯化反应的底物甲醇减少了。

4.2.1.6 搅拌速率对酯化率的影响

在不加搅拌的情况下，酯化反应进行得很慢，酯化率很低。当搅拌速率在一定范围内，随着搅拌速率的增加，酯化率有明显的增大。这是由于增大搅拌速率可以增强反应系统中的传质作用，使反应进程加快，酯化率升高。但搅拌速率对酯化反应的促进作用是有限的，搅拌速率达到一定程度时，酯化率变化缓慢，再提高搅拌速率反而会使酯化率成稍微下降的趋势。这是由于搅拌速率的增大导致反应体系温度的升高，引起甲醇大量挥发，从而导致酯化率略有降低。

4.2.2 间歇催化工艺

4.2.2.1 均相间歇酸催化工艺

对含有较多水分和酸值较高的原料油脂，例如酸化油、餐饮废油等，在反应体系中，游离脂肪酸与碱催化会反应生成皂，使产物甘油与脂肪酸甲酯产生乳化而无法分离；所含的水则会引起酯水解，进一步加剧皂化反应的发生，最终减弱催化剂活性，因此，采用酸催化工艺比较合理。原料油脂中的少量水对酸催化工艺没有不利影响，游离脂肪酸则可以在酸催化下与甲醇发生酯化反应而转化成生物柴油，不会发生皂化和乳化现象。相比于碱催化，酸催化工艺也有以下缺点：反应时间较长，需要的反应温度和压力较高，醇油比高，能耗较大，对酯化反应釜设备要求防腐性能较高[11]。常用的酸催化剂主要有浓硫酸、苯磺酸和酸性离子交换树脂等[12]。

图 4-5 是高酸值原料油均相间歇酸催化工艺示意。该工艺主要的技术条件包括：a. 反应温度在 100℃以上；b. 反应釜内压力在 0.5MPa 以上；c. 催化剂用量占油脂总量的 0.5%～1.5%；d. 反应时间应保持在 2～10h；e. 油脂转化率一般在 80%～95%之间。

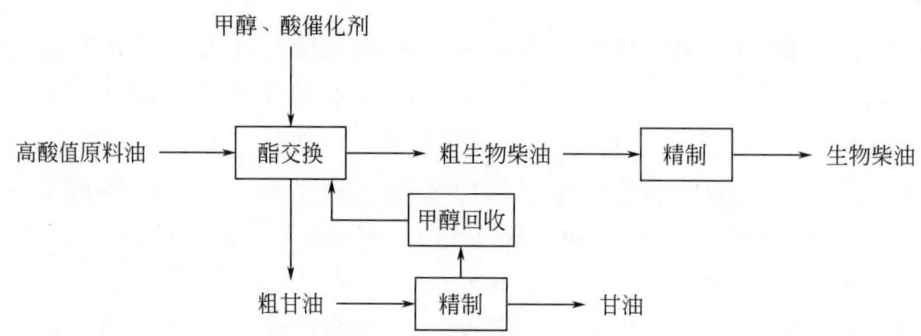

图 4-5 高酸值原料油均相间歇酸催化工艺示意

4.2.2.2 均相间歇碱催化工艺

均相碱催化技术与酸催化相比，具有反应条件温和、反应时间短、腐蚀性小、反应釜材质要求低等优点；碱催化工艺是不可逆过程，在低温下可获得较高油脂转化率。但是，碱催化技术的原料适应性较差，对水分的含量要求低，一般小于 0.5%，游离脂肪酸含量<3%。碱催化剂的种类较多，常用的有氢氧化钠、氢氧化钾、甲醇钠和甲醇钾等[13,14]。

均相间歇碱催化工艺如图 4-6 所示，主要步骤包括：a. 甲醇与碱催化剂的混合；b. 酯交换反应；c. 粗生物柴油和粗甘油的精制；d. 甲醇的回收和利用。

均相碱催化的主要工艺条件有：a. 醇油比（4～10）∶1，最常用的是 6∶1；b. 酯交换温度范围从常温至 85℃，但由于醇类易挥发，一般为 60～65℃；c. 碱催化剂用量占油脂总量的 0.3%～1.5%；d. 反应时间从 20min 至 3h；e. 油脂转化率为 85%～95%。

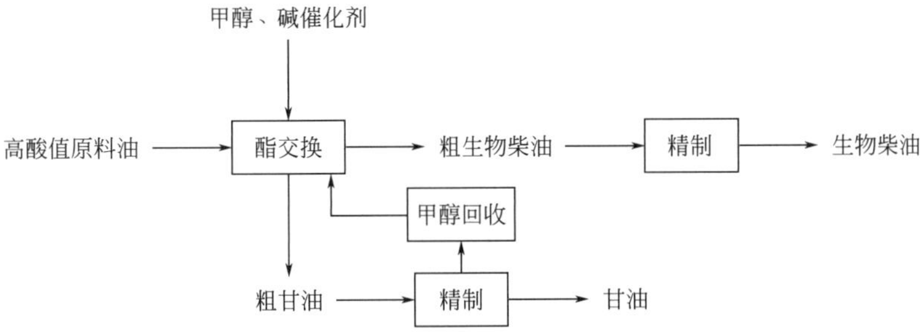

甲醇、碱催化剂
高酸值原料油
酯交换
粗生物柴油
精制
生物柴油
甲醇回收
粗甘油
精制
甘油

图 4-6　高酸值原料油均相间歇碱催化工艺示意

4.2.2.3　均相间歇酸碱催化工艺

酸碱催化工艺是指在酸性催化条件下，原料油中的游离脂肪酸先于醇进行酯化反应，得到脂肪酸甲酯，当原料中的游离脂肪酸完全转化成脂肪酸甲酯后再在碱催化作用下完成油脂与醇的酯交换过程，其工艺流程如图 4-7 所示。具体步骤包含以下 3 个阶段。

① 预酯化降酸阶段　此阶段主要进行酸催化预酯化反应，将原料油脂中的游离脂肪酸含量尽可能降到最低值，然后通过蒸发器除去甲醇和水分，为下一阶段做准备。

② 酯交换阶段　经过预处理的油脂进入酯交换反应罐，同时通入甲醇和少量氢氧化钠作为催化剂，在一定的温度和压力下进行酯交换反应，即生成粗生物柴油（主要成分为脂肪酸甲酯），然后通过静置分离出粗甘油的粗生物柴油进入下一阶段的精制处理。

③ 精制阶段　该阶段主要包括甘油、甲醇的分离提纯和粗生物柴油的精制；通过重力沉淀使大部分甘油和粗生物柴油分离出来，然后进入蒸发器把剩余的甲醇和甘油去除，最后通过中和、水洗、干燥等精制工序得到合格的生物柴油。

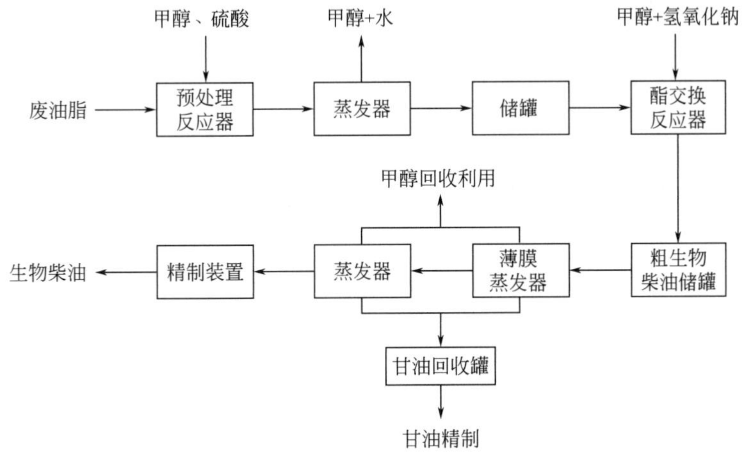

图 4-7　均相间歇酸碱催化工艺示意

4.3 连续法生物柴油生产工艺

均相间歇生物柴油生产工艺虽然适用于生产规模较小的生物柴油生产企业，但是由于间歇式生物柴油生产工艺存在产品质量不稳定、能耗大、生产操作费用高和存在安全与环保等问题，因此，不利于生物柴油的产业化与可持续发展。如今间歇式生产工艺逐渐被连续化生产取代，连续化生产工艺对生物柴油生产成本的降低、工业规模化生产、产业发展都起着非常重要的作用。同时，生物柴油可采用均相催化和非均相催化这两种工艺来实现连续化生产。

4.3.1 均相连续催化工艺

均相连续催化工艺是目前国内外应用广泛的生物柴油制备技术，该工艺具有生产条件要求温和、脂肪酸甲酯转化率高、自动化程度较高、管理简便、可连续大规模生产等特点。主要典型的工艺包括国内普遍使用的酸碱两步法连续生产生物柴油工艺、德国鲁奇的两级连续醇解工艺（Lurgi 工艺）、德国汉高的碱催化连续高压醇解工艺（Henkel 工艺）、德国 Connemannn 公司的连续分离生物柴油技术（Connemannn 工艺）、德国 Sket 公司的连续脱甘油醇解工艺（CD 工艺）和法国某石油研究院研发的 Esterfip-H 生物柴油生产工艺。

4.3.1.1 两步法生产生物柴油工艺

高酸值油脂因其含有较多的脂肪酸，不适宜直接用碱性催化剂，因为在反应过程中，游离脂肪酸与碱反应产生的皂会在体系中起到乳化剂作用，使产物甘油和脂肪酸甲酯产生乳化而无法分离；所含的水则能引起酯水解，从而进一步引起皂化反应，最终减弱催化剂活性。采用酸催化剂比较合理，因为少量水对酸催化工艺没有不利影响，而原料中的游离脂肪酸则可以在酸催化下与甲醇发生酯化反应而转化成生物柴油，不会发生乳化和皂化反应。所以两步法先用酸性催化剂对游离脂肪酸进行预酯化降酸，然后再用酸性催化剂进行转酯化反应生成生物柴油。

两步法的第一步是预酯化反应，是原料油中的游离脂肪酸和甲醇在浓硫酸做催化剂的情况下发生反应，主要生成脂肪酸甲酯（生物柴油）和水的反应，同时还伴随着原料油中的甘油三酯和甲醇反应生成甲酯、甘油一酯、甘油二酯、甘油的副反应，预酯化的反应温度应控制在 90～110℃，常压环境下进行。第二步是酯交换反应，是原料油中甘油酯和甲醇碱在反应釜生成脂肪酸甲酯（生物柴油）和甘油的反应过程中，同时也会有少量的甘油一酯、甘油二酯生成。此段工艺中加热介质均用热蒸汽加热（温度 110℃左右，压力 0.15MPa）。

酸性催化剂常用的有：a. 浓硫酸（视原料与反应情况，用量为 1%～20%）；b. HCl 气体的甲醇饱和溶液（用量 5%左右）；c. BF_3 的甲醇溶液（用量 12%～

14%）。由于碱性催化剂可与脂肪酸反应，所以甲酯化不能用碱催化剂。醇酸体积质量比为（1～1.2）∶1。甲醇用量越大，反应越完全，但反应后回收成本也越大。实践表明，当醇酸体积质量比超过 1.2∶1 时，继续增大甲醇用量，效果不明显，一般以（1～1.2）∶1 比较合理。反应压力、温度及搅拌等工艺条件都与油脂醇解相同。

目前普遍使用的高酸值油脂制备生物柴油工艺见图 4-8，主要步骤包括：a. 在反应釜内，高酸值的油脂和甲醇在固体酸催化剂作用下发生预酯化降酸反应，反应温度为 110℃左右，压力约 0.15MPa，反应时间约 2h；b. 降酸后的混合物进入下一个反应釜与甲醇碱进行酯交换反应，反应温度为 110℃左右，压力约 0.15MPa，反应时间约 3h；c. 酯交换的产物通过离心机进行分离，分离出的粗生物柴油（主要成分是脂肪酸甲酯）泵入甲醇分离塔，蒸馏去除甲醇后的产物进入后序的精制工序得到合格的生物柴油；d. 经过离心分离得到的粗甘油通过蒸馏塔去除甲醇后可到较纯的甘油产品；e. 反应过程中分离出来的甲醇通过精馏塔提纯后可回收重复利用。

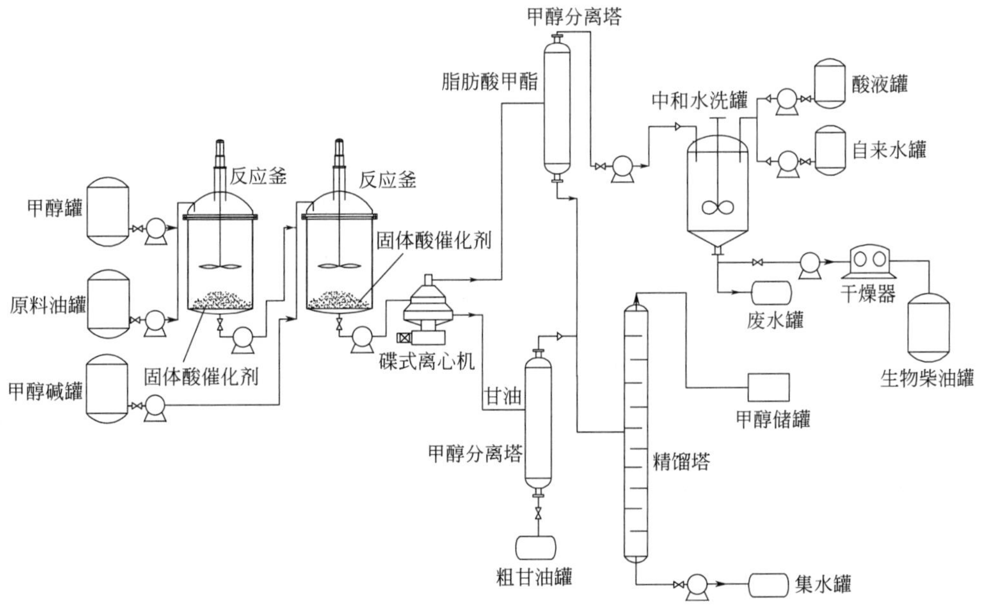

图 4-8　酸碱两步法工艺示意

酸碱两步法工艺的特点：a. 适合于高酸值的废油脂，采用固体酸催化剂可大大降低酯化反应对反应釜的防腐要求；b. 该工艺可实现连续化生产，反应过程较温和，对设备的压力要求不高，压力在 0.5MPa 以下，反应温度在 60～110℃之间；c. 工艺流程成熟，产品质量稳定优良，产品得率较高；d. 甲醇回收较完全，可最大限度循环利用，有利于降低运行成本。

4.3.1.2　Lurgi 生物柴油生产工艺

酸碱均相催化法中，代表性的工艺有鲁奇公司使用液碱催化技术的两级连续醇解工艺，是目前世界上使用最为广泛的一种工艺，如图 4-9 所示。该工艺以精制油脂为原料，采用二段酯交换和二段甘油回炼工艺，催化剂消耗低。油脂、甲醇与催

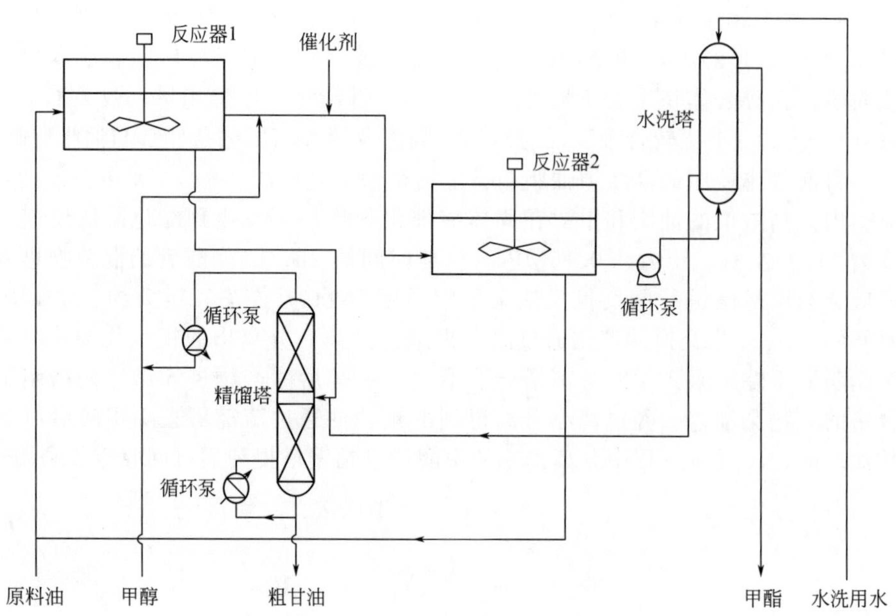

图 4-9 Lurgi 生物柴油生产工艺示意

化剂在一级反应器中进行酯交换反应后，分离出甘油，再进入二级反应器与补充的甲醇和催化剂进行反应，反应产物沉降分离出粗甲酯后，再经水洗和脱水得到生物柴油。油脂转化率可达 96%，过量的甲醇可以回收继续作为原料进行反应。该工艺的优势在于二级反应器后分离出的甲醇、甘油及催化剂的混合物作为原料返回一级反应器参加反应，可减少催化剂用量。

鲁奇工艺的特点：a. 原料适应性较强，特别适合酸值较高的废油脂；过程连续，对反应过程压力要求不高；b. 双反应器系统，其中获得专利的甘油错流结构能实现转化率最大化，甲醇可回收及循环利用；c. 封闭循环水洗系统能减少废水排放，通过重力沉降实现相分离。

4.3.1.3 Sket 生物柴油生产工艺

德国一家公司近年研究开发的一种 CD 生物柴油生产工艺是一种连续的、适合于工业化规模生产的技术。该工艺主要设备有酯交换装置、甲醇回收装置、甘油水浓缩装置和甘油蒸馏装置。在第一级反应器中先对油脂进行醇解、甘油沉降并分离，上层粗脂肪酸甲酯在第二级反应器中进一步酯交换后，沉降分离甘油，上层粗酯通过第一级分离器洗涤除去甘油。物料再进入第三级反应器，并补充甲醇与催化剂，再进行酯交换反应。然后依次通过二级分离器含水的萃取缓冲溶剂，脱除甲醇甘油皂以及催化剂。进一步汽提除醇后，洗涤干燥而得生物柴油。由于采用了连续脱甘油技术，可以使醇解反应的平衡不断向右移动，从而获得极高的转化率。

CD 工艺的主要特点：a. 工艺成熟，可间歇或连续操作，反应条件温和，适合于优质原料，设备投入相对较低；b. 常压及 65～70℃下操作，能耗低，产品质量优良，安全稳定；c. 采用两级酯交换可使甘油含量低于 0.15%，采用三级酯交换则甘油含量降到 0.05%以下；d.原料需精制，控制酸值小于 0.5mg KOH/g，工艺流程复杂，甘油回收能耗高，“三废”排放多，设备腐蚀严重。

4.3.1.4 Henkel 生物柴油生产工艺

德国的 Henkel 工艺是将过量的甲醇、原料油和催化剂预热到 240℃，送入压力为 9MPa 的反应器，反应的油脂和甲醇体积比为 1∶0.8，反应后甲醇和甲酯分离。甘油相经过中和提纯后得到甘油，同时回收的甲醇可重新在酯交换过程中使用。甲酯相经过水洗后可除去残留的催化剂、溶解皂和甘油，然后再经过分离塔加以分离。用稀酸洗涤可把残留的皂从甲酯中分离出来。最后，产物经过蒸发除去醇和水后可得到精制生物柴油。

图 4-10 是 Henkel 生物柴油生产工艺流程，该工艺可使原料中的甘油三酯转化率接近 100%，游离脂肪酸可以大部分与甲醇发生酯化反应生成脂肪酸甲酯，但同时在上层甲酯相和下层甘油相之间存在部分皂化物，因此后续需要除皂中和洗涤和干燥等工序。该工艺的优点是可使用高酸值原料，催化剂用量少，工艺流程短，得到的产品质量高、颜色浅、纯度高、甘油酯含量低，适合规模化连续生产；缺点是反应条件苛刻，对反应器要求高，甘油回收能耗较高，投资较大，浊点较高，由于经过蒸馏抗氧化性较差。

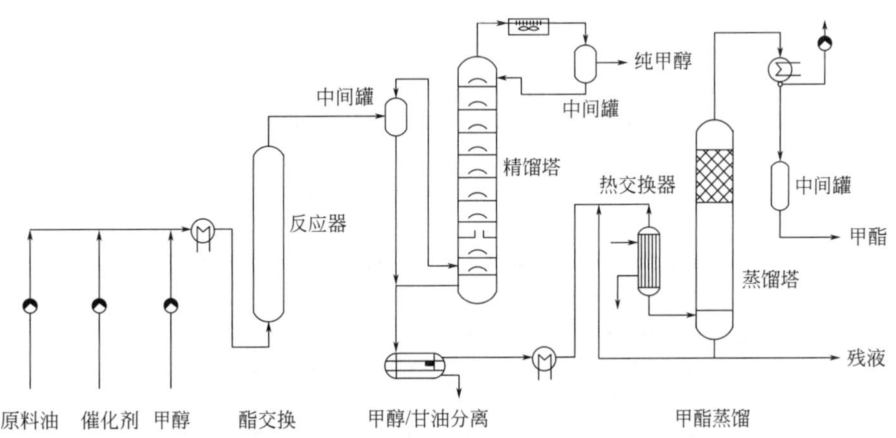

图 4-10　Henkel 生物柴油生产工艺示意

4.3.1.5 Connemann 生物柴油生产工艺

Connemann 工艺是指菜籽油和甲醇在烧碱催化剂存在的条件下发生连续甲酯化的反应，图 4-11 是 Connemann 生物柴油生产工艺示意，目前在德国已有多家工厂可以生产出高质量的生物柴油。

菜籽油加热后加入甲醇和催化剂进行第一级反应，菜籽油被部分酯化，生成的甘油与甲醇混合物被连续带出，用离心机来分离第一级反应部分甲酯化的物料。分离出菜籽油、甲酯、甘油和甲醇混合物，甲醇与甘油在后续工艺中被回收。菜籽油甲酯混合物在第二级反应中进一步甲酯化，再次加入甲醇与催化剂，在第二级反应中菜籽油几乎被甲酯化，用离心机再次分出反应后的两相。经过两级甲酯化反应后

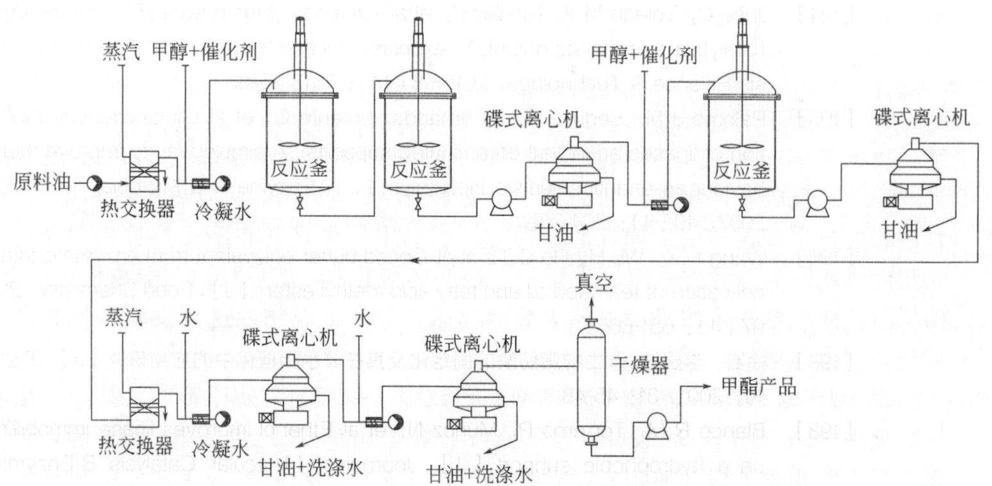

图 4-11 Connemann 生物柴油生产工艺示意

产物进入水洗工艺，水洗步骤分两次进行，第一次水洗时使用普通水，第二次使用加酸水，用离心机来分离洗涤水。水洗后的菜籽油甲酯经过真空干燥再通过换热冷却可得生物柴油。

Connemann 工艺的特点：a. 甲酯纯度高，原料适应广，动植物油脂均可；b. 由于工艺分两步完成酯交换反应，每次反应生成的甘油都被离心分离，油料转化率高达 99%以上；c. 因甲酯纯度高，按该工艺生产的甲酯的纯度可以和蒸馏脂肪酸甲酯相比；d. 该工艺不适用于游离脂肪酸含量高的酸化油或粗油料。

4.3.2 非均相连续催化工艺

均相催化工艺需要排放大量的废酸和废碱，对周围环境污染较大，为了克服均相催化的缺点，近年来许多专家和学者致力于非均相催化工艺的研究和开发，尤其以固定床反应器为核心的催化剂和催化工艺为主[15,16]。法国石油研究院成功开发了一种新工艺，该工艺采用尖晶石结构的固体催化剂来进行连续制备生物柴油的多相催化，目前，16 万吨/年的工业化装置已投入运行，该工艺流程示意如图 4-12 所示。

Esterfip-H 工艺的主要生产步骤：a. 油脂和醇先混合预热；b. 第一次酯交换反应；c. 醇回收和甘油收集；d. 第二次酯交换反应；e. 醇和甘油回收；f. 生物柴油精制。

Esterfip-H 工艺的主要条件：a. 醇油比范围（4～20）：1，其中 6：1 最为常用；b. 温度范围为常温到 250℃，压力范围为常压至 15MPa；c. 催化剂用量占油脂量的 0.1%～1.5%；d. 反应停留时间 6～10min；e. 油脂转化率 85%～95%。

Esterfip-H 工艺的主要特点：该工艺无需酸碱中和步骤和洗涤步骤，废水废渣排放较少；在第一个反应器发生主要反应，分离甘油后，在第二个反应器完成反应，通过蒸馏可实现甲醇的循环利用；靠重力可实现生物柴油和甘油的分离，无需离心设备，甲酯纯度可高达 99%，甘油纯度通过蒸馏可达 98%。

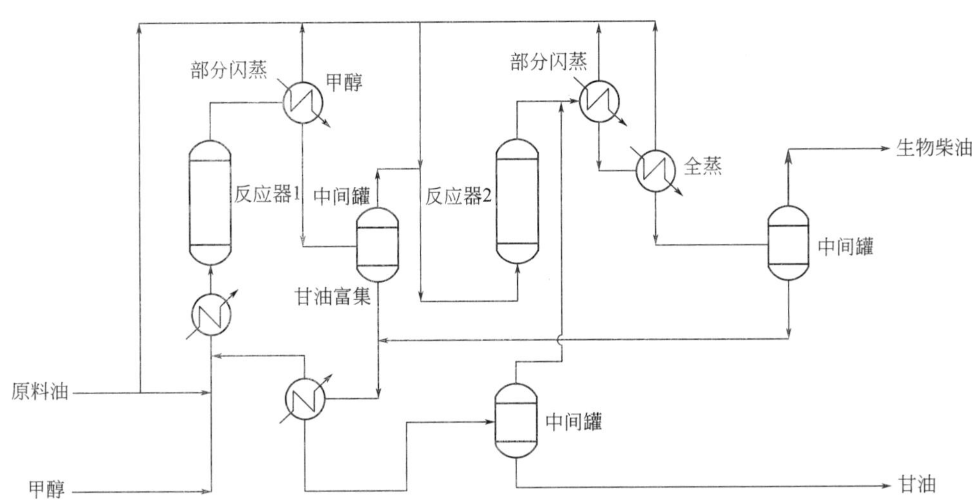

图 4-12　Esterfip-H 工艺示意

目前，无论是连续均相催化制备生物柴油还是非均相催化制备工艺，基本上都是成熟的工业化技术，每种工艺都有各自的优点和缺点，在连续化工业生产时，应该根据每种原料的特点选择最适合的工艺路线，这样才能达到最佳的生物柴油产品收率。

表 4-1 是目前常用的不同化学法制备生物柴油工艺的比较情况。

表 4-1　主要化学法制备生物柴油工艺的比较

工艺名称	催化剂种类	工艺条件	原料适应性	规模/（万吨/年）	产品收率	优缺点
Lurgi	均相碱催化 $NaOCH_3$	常压，温度 60℃	不适于高酸值原料	4～25	99%	优点：产品质量高，不需要离心分离；缺点：工艺流程长，原料适应性差
CD	均相碱催化 $NaOCH_3$ 或 NaOH	压力为常压，温度 65～75℃	适于游离脂肪酸小于 2%的原料	3.5～50	收率大于 98%，粗甘油纯度 80%	优点：产品质量高，不需要离心分离；缺点：工艺流程长，原料适应性差
Henkel	碱催化剂	压力：9～10MPa，温度 220～240℃	不适于高酸值的原料	1～10	收率 99%，粗甘油纯度 92%	优点：产品纯度高，甘油酯含量低；缺点：高能耗，产品抗氧化性较低
BIOX	碱催化剂	常温，常压	游离脂肪酸含量低于 30%	0.5～4	油脂转化率达到 99%	优点：条件温和，操作弹性大；缺点：产品后处理复杂，“三废”排放多
Esterfip-H	非均相固体碱催化	加温加压	游离脂肪酸含量小于 0.25%	规模大于 10	甲酯纯度 99%，甘油纯度 98%	优点：能耗低，无离心设备；缺点：原料适应性较差

4.4 生物法生物柴油生产工艺

由于传统的化学法具有较多的缺点，近年来国内外有不少学者研究用生物酶法来制备生物柴油。生物法制备生物柴油主要是指采用酶作为制备生物柴油的催化剂，通过控制反应体系的温度、溶解氧和pH值等工艺条件，使油脂、甲醇转化为脂肪酸甲酯和甘油等产物，最后经过分离和提纯可得到较高收率的生物柴油和甘油。生物法具有工艺流程简单、反应条件温和、选择性高、甲醇用量少、生成的甘油易回收且无废水外排等特点。最常用的酶催化剂主要有脂肪酶，脂肪酶能高效地催化醇和脂肪酸甘油酯进行酯交换反应，但是生物法也存在以下缺点：a. 酶价格高，反应时间较长；b. 在反应过程中，脂肪酶容易收到过量甲醇、pH值、溶解氧和温度等条件影响，因此，需要严格控制反应体系的工艺条件，以免造成酶失活而导致失去催化能力，影响生物柴油的收率。

脂肪酶主要有酵母脂肪酶、假单胞菌脂肪酶、假丝酵母脂肪酶、根霉脂肪酶、毛霉脂肪酶和猪胰脂肪酶等[17,18]。脂肪酶选择性好、催化活性高，假丝酵母脂肪酶催化转化棕榈油与甲醇的底物，反应时间约4h，脂肪酸甲酯收率可达78.6%；以正丙醇为底物时，反应8h，转化率最高可达96.0%。但是，由于脂肪酶的价格昂贵，作为催化剂使用成本较高，限制了其在工业规模生产生物柴油中的应用，生物法制备过程中急需解决生产催化剂的一些问题：a. 如何采用脂肪酶固定化技术，提高其重复利用次数；b. 如何将整个能产生脂肪酶的细胞作为生物催化剂。

固定化脂肪酶作为生物柴油生产的催化剂可大大提高酶的稳定性和重复使用次数，从而降低使用成本。丹麦诺维信公司生产的固定化假丝酵母脂肪酶，在30℃条件下反应48h，脂肪酸甲酯转化率可达97.3%。日本大阪市立工业研究所解决了用发酵法生产生物柴油的技术难题，成功开发使用固定化脂肪酶连续生产生物柴油的技术，大大降低了生产成本，没有废液排放。反应在30℃下进行，转化率为95%，脂肪酶连续使用100d仍不失活。清华大学应用化学研究所提出了利用新型有机介质体系进行酶促油脂原料和甲醇进行生物柴油制备的新工艺，从根本上解决了传统工艺中反应物甲醇及副产物甘油对酶反应活性及稳定性的负面影响，使酶的使用寿命延长了数十倍。图4-13为该工艺的流程示意。

该工艺主要特点：

① 脂肪酶不需要任何处理就可以直接连续使用，具有良好的操作稳定性，能连续运转9个月以上；

② 整个工艺流程操作简单，脂肪酸甲酯转化率达90%以上；

③ 该工艺技术可转化较高酸值的废弃油脂，大大降低了脂肪酶的使用成本，有利于生物酶法制备生物柴油的产业化发展。

生物酶法反应条件温和，产物易分离，醇用量小。但是，使用酶催化成本很高，这些酶大多是一些价格很昂贵的天然酶，比一般催化剂价格高出很多，且反应物甲

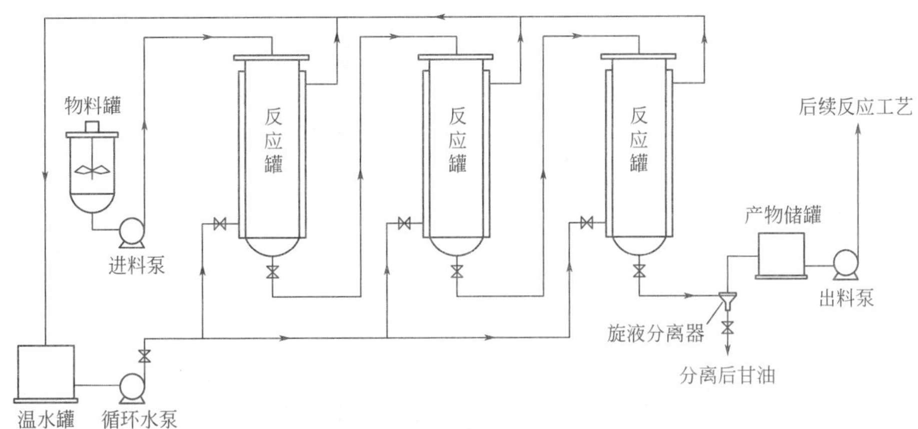

图 4-13 生物酶法制备生物柴油工艺示意

醇容易导致酶失活，副产物甘油影响酶的反应活性及稳定性。目前工业不能广泛应用连续酶催化工艺生产生物柴油还是基于经济考虑，只有采用固定化脂肪酶来解决反应过程中酶催化剂易流失的问题，做到生产过程与酶生物工程结合，研发出一种简单低廉的连续工艺技术，才有可能实现生物酶法制备生物柴油的工业化生产。

4.5 其他新型生物柴油生产工艺

4.5.1 超临界生物柴油制备工艺

超临界技术制备生物柴油工艺是指在超临界反应物（如甲醇）条件下进行的无催化剂参与的酯交换反应。2001 年，日本京都大学 Saka 等[19] 首次发表了利用超临界甲醇法制备生物柴油的研究论文，该研究结果表明，菜籽油和甲醇在 350℃下按醇油摩尔比为 42∶1 进行反应，4min 后的甲酯转化率为 95%；同时还研究了游离脂肪酸和水对酯交换反应活性的影响，在催化剂存在的条件下，游离脂肪酸和水都会降低反应活性，但是在超临界甲醇的反应体系中，游离脂肪酸和水几乎不影响酯交换活性。水在超临界甲醇的反应中有利于产品的分离，这是因为甘油溶解于水中比在甲醇中稳定。游离脂肪酸在超临界条件下可以起到一定的催化作用，同时也可以与甲醇发生酯化反应转化成生物柴油。国内的武汉工程大学王存文等[20] 也对超临界制备生物柴油技术进行了深入研究，研究表明，酯交换反应时间大大缩短，反应 4～5min 后甲酯转化率可达到 95%以上，原料适应性广，无需催化剂，几乎没有废弃物产生，甘油等副产物分离简单[21]。

图 4-14 是王存文等[20] 设计开发的一种连续超临界法制备生物柴油的扩大实验装置，反应器为单管，材质为 1Ni18Cr9Ti，长 6m，型号为∅37mm×2.5mm。该反应装置最高设计温度为 500℃，最大压力为 50MPa，可在设定的条件下进行稳定良好的定态反应。该工艺具有以下优点：反应时间短，无需催化剂，转化率高，产物分离简单，产品质量高，反应后的产物可不经过冷凝器，直接进行闪蒸操作；反应体系的热量和过量的甲醇能回收进行循环利用。

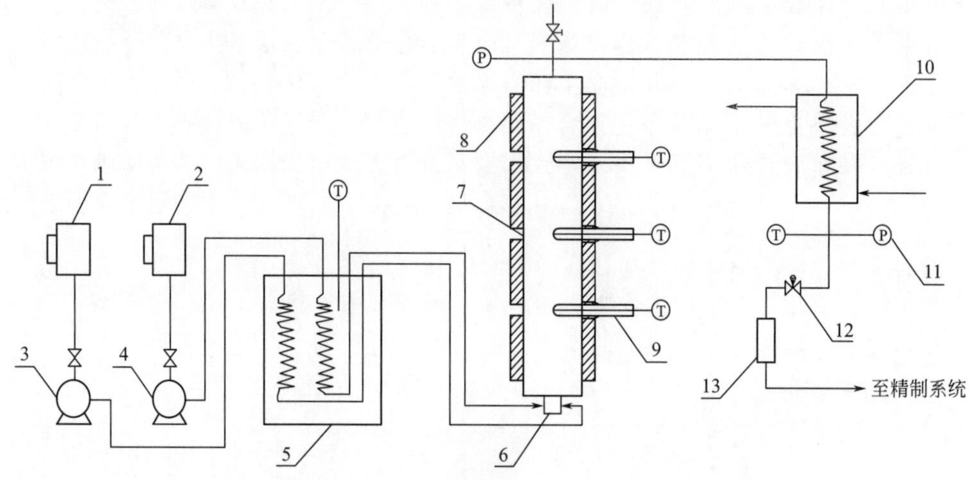

图 4-14 连续超临界法制备生物柴油扩大实验装置示意

1—原料油计量罐；2—甲醇计量罐；3，4—高压计量泵；5—预热器；6—预混合器；7—管式反应器；8—管式电阻炉；9—控温热电偶；10—冷凝器；11—压力传感器；12—背压阀；13—产品储罐

尽管超临界制备生物柴油技术具有化学法所没有的许多优点，但是该工艺的反应器需耐高温高压与腐蚀性，设备投资费用增加，能耗大，最终成本高于常温常压下的化学酯交换反应。且实验结果和中试结果表明，超临界条件下生产一段时间以后管道会出现结焦，管道堵塞，所以难以实现大规模工业化应用。

4.5.2 离子液体制备工艺

离子液体作为一种新型的液体酸催化剂，它同时拥有液体酸的离子密度反应活性位和固体酸的不挥发性，其结构和酸性具有可调性，催化剂和产物易分离，热稳定性高，是一种很好的绿色溶剂和催化剂。离子液体克服了非均相固体酸催化剂活性低的缺点，同时又保留了固体酸催化剂环境友好的优点，近年来越来越受到人们的广泛关注。

在国内，许多学者对离子液体制备生物柴油技术进行了深入的研究，吴芹等[22] 提出了以磺酸类离子液体为催化剂，采用酯交换法制备生物柴油的新工艺。在反应温度为 170℃、甲醇与棉籽油摩尔比为 12∶1、离子液体用量为棉籽油总质量的 1% 条件下，反应 5h 后，脂肪酸甲酯收率可达到 90%以上。通过简单蒸馏除去甲醇后，离子液体催化剂可重复使用多次。该工艺技术的优点有：经过简单处理后，离子液体催化剂可重复使用；基本无设备腐蚀现象，生产过程环境友好，设备投资和操作费用较低，具有很好的产业化前景。

4.5.3 加氢裂化制备工艺

通过加氢裂化技术也可生产生物柴油，目前，国内外的许多学者已成功开发了几种新工艺。芬兰纳斯特（Neste）石油公司研究表明，将基于生物质的可再生燃料生产组合到炼油厂中，可带来增效的新机遇，可为现代超低硫柴油的生产提供优质的生物柴油组分，为此，欧洲开发的第二代合成柴油技术应运而生。将植物油、动物脂肪经预处理后用于生产柴油工艺，通过加氢得到合成柴油。加氢裂化工艺不联产丙三醇，可将植物油转化为高十六烷值、低硫柴油，产率为 75%～80%。该工艺采用常规的炼油厂加氢处理催化剂和氢气，可供炼油厂选用，因有氢气可用，可方便地与炼油厂组合在一起。该工艺的特征是可按需要灵活地生产有优化浊点的柴油，除密度外，纯合成柴油产品符合欧洲 EN 590 和 WWFC-4 标准的所有要求。这种合成柴油工艺现已作为生产生物柴油的新方法而被引入欧洲，成为现代超低硫柴油（ULSD）总组成中优质的柴油——生物燃料组分。芬兰纳斯特石油公司正在帕尔沃（Porvoo）炼油厂建设加氢法 17 万吨/年生物柴油装置，这将是第一套采用纳斯特石油公司新一代生物质制油工艺的装置。加氢法从可再生原材料生产柴油燃料，可灵活地使用各种植物油和动物脂肪，此工艺可将脂肪酸加氢转化为烷烃和异构烷烃。此外，道达尔也在利用炼油装置开展生产柴油的前期工作。

4.5.4 反应精馏耦合制备工艺

反应蒸馏反应器是将反应过程和蒸馏过程耦合在一起，在蒸馏分离反应产物和原料的过程中，打破体系的化学反应平衡，使反应向正反应方向连续进行，同时也破坏了反应器中的气液平衡，加快了传质分离，提高了产率。原料油脂先从顶部进入蒸馏反应器，再与塔底再沸器产生的甲醇蒸汽充分接触，局部达到很高的醇油比；每个塔板可看作一个微型反应器，提高了反应进行的程度。甲醇蒸气在塔顶冷凝器冷凝，回流进入反应系统；再沸器将产物中的甲醇蒸出，然后进入反应系统重复利用，从而大大降低了甲醇用量。在反应温度 65℃，醇油摩尔比 4∶1 的条件下，反应 3min，生物柴油的产率可达 94.4%。生产能力比目前其他反应器高 6～10 倍，而反应时间缩短到其他反应器的 1/30～1/20。王金福等[23] 利用反应分离耦合技术，通过低沸点的低碳醇的大量循环，将酯交换反应的产物脂肪酸酯和甘油从反应体系中分离出来，采用该工艺降低了反应体系产物的浓度，加快了反应速率，提高了设备的生产能力，从而有效地降低了生物柴油的生产成本。

图 4-15 是反应精馏工艺示意。

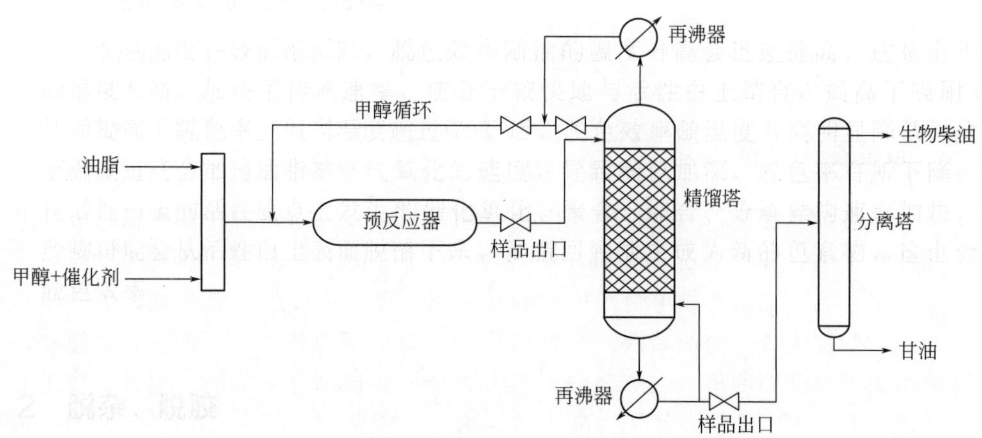

图 4-15 反应精馏工艺示意

4.5.5 反应膜分离耦合制备工艺

油脂和甲醇的酯交换反应为平衡反应，使用膜反应器可将反应产物和原料分开，从而推动反应平衡向有利于产物方向进行，提高反应物的产率，反应膜分离工艺流程如图 4-16 所示。

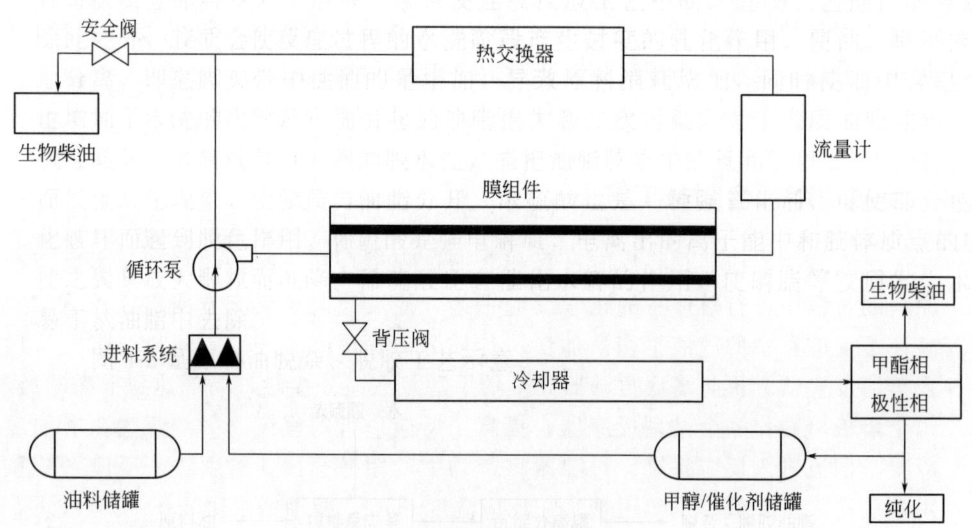

图 4-16 反应膜分离工艺示意

Dube 等[24] 采用内径 6mm、外径 8mm、膜孔径 0.05μm、长度 1200mm 的多孔碳膜构建的反应器。以芥花籽油为原料制备生物柴油，反应温度为 65℃，以 2%（质量分数）浓硫酸作催化剂时，转化率随流体流速的增加而增大，在流速为 6.1mL/min 时，转化率达到最高 64%；以 1%NaOH 为催化剂时，流速从 2.5mL/min 提高到 6.1mL/min，转化率从 95%仅增加到 96%，基本无变化。膜反应器制备生物柴油技术虽可以及时地将产物分离出来，但是存在反应过程中原料混合不充分等问题。

4.5.6 鼓泡床反应制备工艺

Joelianingsih[25] 提出了一种新型的制备生物柴油反应技术，具体流程见图 4-17。

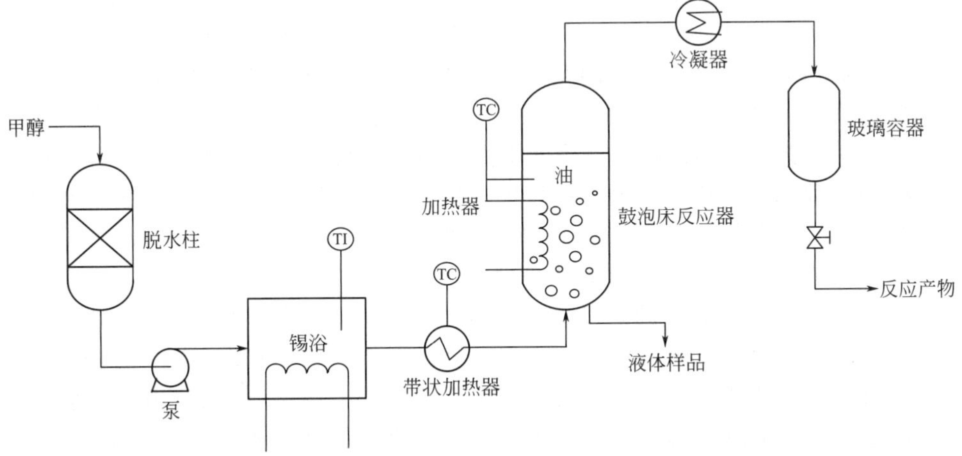

图 4-17　鼓泡床工艺示意

该技术的核心是鼓泡床反应器，甲醇通过锡浴装置后加热为过热的甲醇蒸气，在反应器内，甲醇蒸气与油脂充分接触后发生反应，得到收率较高的脂肪酸甲酯。

4.6 生物柴油工艺的主要反应器

生物柴油是利用动植物油脂与甲醇或乙醇等短链醇进行酯交换制备的脂肪酸甲酯。目前工业化生产生物柴油的主要方法是化学催化法，反应基本上是在搅拌式反应釜中进行，该过程装置简单，传质能满足一般性要求，但是存在反应时间长、原料消耗大、搅拌设备耗能大、需多次酯交换以提高转化率等问题。由于油脂和甲醇为不相溶体系，传质阻力大，反应受到限制。从热力学上看，油脂和甲醇的酯交换反应为可逆反应，限制了反应进行的程度。为提高油脂的转化率，甲醇必须过量，导致产物难分离、甲醇回收成本高。许多国内外学者从强化油脂和甲醇的相溶性和打破酯交换反应的热力学平衡两个思路出发，将一些传统反应器和一些研发的新型反应器应用于生物柴油的制备，取得了良好的效果。

4.6.1 搅拌式反应釜

搅拌式反应釜是生物柴油生产中使用的主要设备之一，图 4-18 是夹套式搅拌反应釜结构图。搅拌式反应釜能使甲醇和催化剂在油脂中很好地接触、混合，大大增加了脂肪酸甲酯的产率。搅拌反应釜主要由筒体、传热装置、传动装置、轴封装置和各种接管组成。釜体内筒通常为一圆柱形壳体，它提供反应所需空间；传热装置的作用是满足反应所需温度条件；搅拌装置包括搅拌器、搅拌轴等，是实现搅拌的工作部件；传动装置包括电动机、变速器、联轴器及机架等附件，它提供搅拌的动力；密封装置是保证工作时形成密封条件，阻止介质向外泄漏的部件。

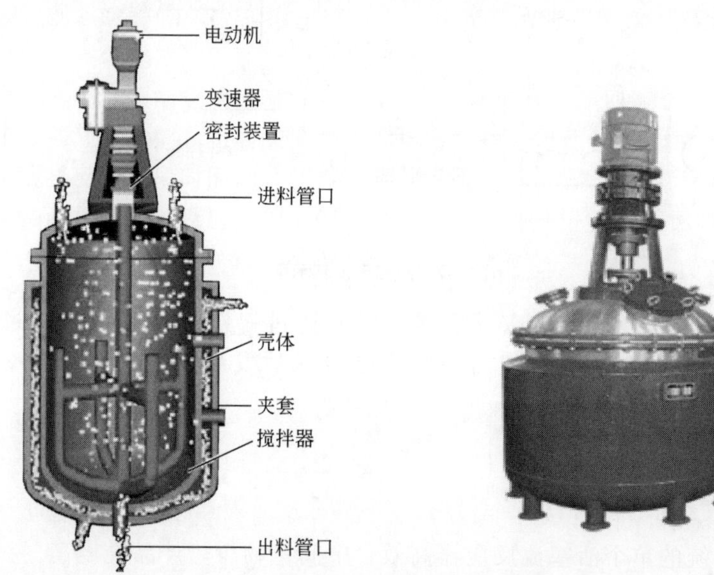

图 4-18　夹套式搅拌反应釜结构

反应釜由釜体、锅盖、搅拌器、电加热油夹管、支承及传动装置、轴封装置、溢油槽等组成，并配有电加热棒及测温、测压表。搅拌形式一般有锚式、桨式、涡轮式、推进式或框式。支承座有悬挂式和支承式两种。夹套内放置导热油或蒸汽，由锅炉或导热油炉输送，夹套上开有进油、排油、溢测量、放空及电热棒、测温等接管孔。夹套外壁焊接支座，锅体下部开有放料口。釜体内筒通常为一圆柱形壳体，它提供反应所需空间；传热装置的作用是满足反应所需温度条件；搅拌装置包括搅拌器、搅拌轴等，是实现搅拌的工作部件；传动装置包括电机、减速器、联轴器及机架等附件，它提供搅拌的动力；轴封装置是保证工作时形成密封条件，阻止介质向外泄漏的部件。

4.6.2 管式反应器

管式反应器是化工生产过程中很常见的设备，又称活塞流反应器或平推流反应器，物料由反应器的一端流入，一边流动一边反应，当从一端流出时已达到一定的转化率，物料在反应器内流动时没有返混现象，反应速度快，过程连续稳定，容易实现自动控制。目前已有不少人将此类反应器应用到生物柴油的制备过程中，图 4-19 是一种活塞流反应器外形图。

图 4-19　活塞流反应器外形图

刘伟伟等[26] 设计了活塞流反应器（ϕ15mm×6000mm）来制取生物柴油，反应温度 65℃，醇油摩尔比 6∶1，每克油的催化剂 KOH 用量为 0.012g，停留时间约为 17min，得到粗产品中甲酯含量 96.3%，纯化后提高到 98.6%，产品的其他燃料特性与德国现行生物柴油标准相符。Stiefel 等[27] 改进了工艺流程，采用两个活塞流反应器串联，中间设分离装置，将重相甘油从下端分离出来。采用间歇釜式反应器的最优反应条件，并在后一个反应器中另外添加 0.002g/g 油的催化剂。这种工艺流程，比传统的单个活塞流反应器高效，中间产物少，产品纯度高。在实现同样的转化率前提下，体积是连续搅拌釜式反应器的 1/2，温度降低 10℃。活塞流反应器的长径比太大，操作要求高，难以达到稳态，设备投资与泵输送成本高，这些问题限制了其在生物柴油大规模工业生产上的应用。

物料在管式反应器内的滞留时间影响甲酯产率，延长滞留时间，能提高转化率，但延长时间导致流速变慢，出现油和甲醇分层流动，反应物混合不均匀，也会导致生物柴油产率降低。针对这一问题，Harvey 等[28] 在管式反应器的基础上加上振荡设备，开发出了振荡流反应器，振荡流反应器通过调节振荡频率来调节反应物在反应器内的流动状态，获得了很好的传质、传热效果。在甲醇菜籽油摩尔比为 1.5∶1、催化剂为 NaOH（32.4g/L 甲醇）、60℃下反应 30min，甲酯收率即达 99%；反应 40min，甲酯收率可进一步提高到 99.5%。由于管式反应器耐高温高压，加工制造方便，经常被用到超临界甲醇制备生物柴油工艺中。在管式反应器中采用超临界法制备生物柴油，反应时间大大缩短，而且在多数情况下不采用催化剂，减少了粗产品精制过程中的污染问题。另外，反应在逐渐升温过程中进行，有效降低了不饱和脂肪酸在高温下发生的副反应，提高了生物柴油的产率。

旋转管式反应器（rotating tube reactor）的设计是利用离心力而形成一层高强度混合的液层薄膜，该薄膜传质传热效率高。这是靠高剪切力诱导反应器内流体的波动涟漪效应，从而形成更高比表面积来实现的，同时有利于反应器出口处自发相间分离，极大缩短了停留时间。Lodha 等用旋转管反应器在碱催化剂下对菜籽油进行酯交换反应。在大气压力和低工作温度（40～60℃）下，反应器（直径 3in，1in=2.54cm）转速 500r/min，停留时间 40s，甘油三酸酯转化率超过 98%。

4.6.3 固定床反应器

固定床反应器是指凡是流体通过不动的固体物料所形成的床层而进行反应的装置。其中尤以用气态的反应物料通过由固体催化剂所构成的床层进行反应的气-固相催化反应器占最主要的地位。其反应速率较快，催化剂不易磨损，可以较长时间连续使用。近年来固定床反应器在生物柴油领域也得到了广泛的应用。Siti 等[29] 采用固定床反应器，开发了一种以脂肪酶催化连续生产生物柴油的工艺。试验以固定化脂肪酶 Novozyme435 催化废棕榈油与甲醇进行酯交换反应，叔丁醇为助溶剂（与原料油体积比 1∶1），在醇油摩尔比 4∶1、反应温度 40℃、反应 3h 条件下，用响应面法对床层高度和物料流量进行优化得到床层高 10.53cm，物料流量 0.57mL/min，此时脂肪酸甲酯的产率为 79%。Chen 等[30] 设计的三级固定床反应器，以废食用油脂为原料，采用固定化假丝酵母脂肪酶为催化剂，采用分级流加甲醇的方式，每级醇油摩尔比为 1∶1，反应液流量为 1.2mL/min，反应温度 45℃，在此条件下，反应产物中甲酯质量分数可达到 91.08%。张冠杰[31] 采用滴流床反应器进行生物柴油的制备，结果表明：在 36cm 的床层中，反应温度 65℃，醇油摩尔比为 6∶1，NaOH 为催化剂，单程生物柴油收率达 95.3%，经成本核算，采用滴流床反应器生产工艺比间歇搅拌釜工艺增加 22%的税利。固定床反应器在生物柴油生产中展示优越性的同时，也有一定的缺点：催化剂载体导热性不良，液体流速受压降限制又不能太大，则造成床层中传热性能较差，也给温度控制带来困难；不能使用细粒催化剂，否则流体阻力增大，破坏了正常操作，所以催化剂的活性内表面得不到充分利用。另外，催化剂的再生、更换也不方便。

图 4-20 是一种固定床生物反应器结构示意。

4.6.4 静态混合反应器

霍稳周[32] 利用静止混合元件设计的静态混合反应器，物料在反应器内不断改

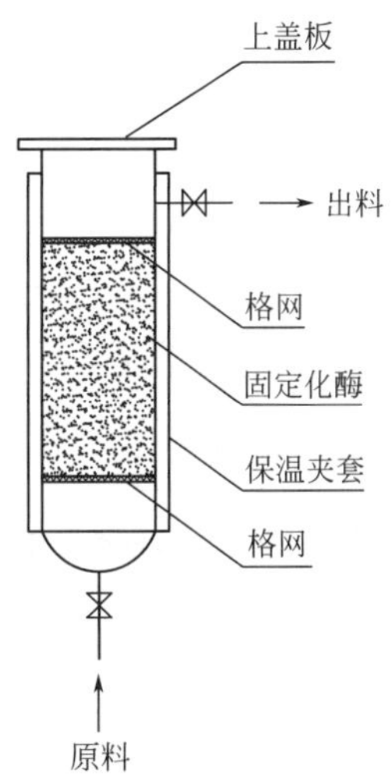

图 4-20　固定床生物反应器结构示意

变流动方向，可形成良好的径向混合效果，将此反应器应用于生物柴油的生产，极大地强化了微观混合和微观传质，在不使用催化剂或使用极小量的催化剂、甲醇棉籽油摩尔比为 15∶1、循环物料速率为进料量的 95%、反应温度 130℃、压力 0.8MPa 的条件下进行酯交换反应 1h 后，测得脂肪酸甘油三酸酯转化率为 100%，脂肪酸酯相中甲酯的质量分数为 94.8%。

图 4-21 是一种静态混合反应器结构示意。

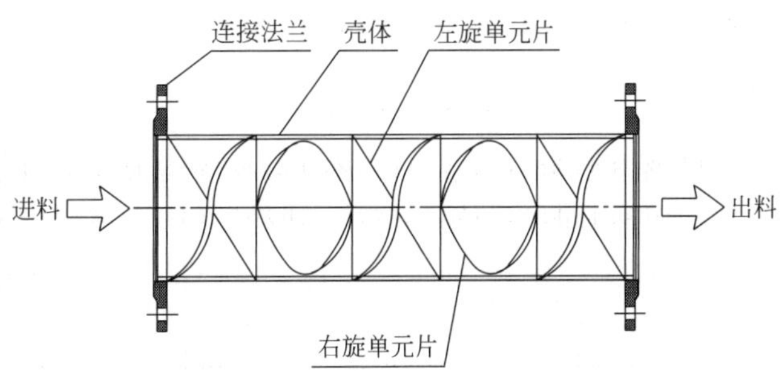

图 4-21　静态混合反应器结构示意

4.6.5　水力空化反应器

水力空化原理是流体经过一个收缩装置（几何孔板、文丘里管）时会产生压降，当压力降至液体的饱和蒸气压甚至负压时，流体气化而产生大量汽泡；汽泡在随流体进一步流动的过程中，遇到周围流体压力的恢复，体积将急剧缩小直至溃灭。在此过程中，产生高温高压，并使流体强烈湍动，不相容的甲醇和油脂达到迅速乳化，同时由于大量汽泡的产生，极大地提高了两相的接触面积，加快了反应速率，图 4-22 是一种利用水力空化反应装置的流程示意。计建炳[33] 采用水

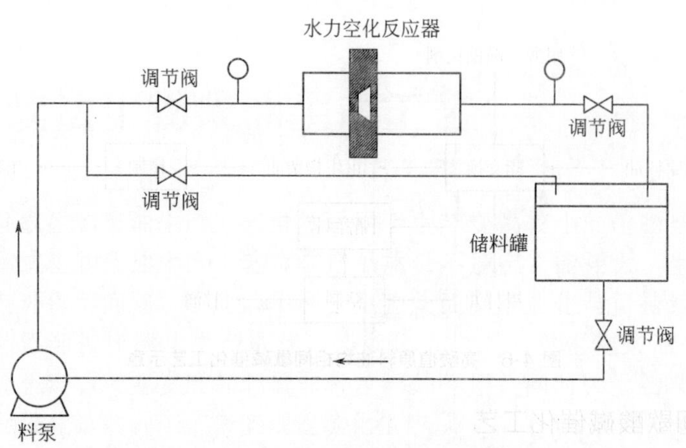

图 4-22 水力空化反应装置的流程示意

力空化反应器优化生物柴油的生产，在醇油摩尔比为 6∶1、反应温度 50℃、催化剂为 1%的 NaOH 条件下，反应时间比传统反应器缩短 1/3～1/2，20min 油脂酯交换转化率高达 99%。但在水力空化反应器中，由于空化作用产生的乳化效果，增加了产物分离的难度。

4.6.6 塔式反应器

为了增强传质效率，并实现能在高转化率前提下简化产品的分离纯化过程，Behzadi 等[34] 设计了一种新型可连续操作的不锈钢气液塔式反应器（ϕ0.38m×2.3m）。原料油被预热后经高压喷嘴分散成直径 100～200μm 的液滴，以雾状从反应器上部喷进，溶有催化剂的甲醇相气化后从底部进入，气液逆流接触。反应器温度维持在 70～90℃，当 NaOH 用量为 5～7g/L 甲醇、V（甲醇相）=17.2L/h、V（油相）=10L/h 时，甘油三酸酯转化率可达 94%～96%。该流程不需要设额外装置分离甲醇，反应速率快，反应时间缩短到数秒。连续气液塔式反应器（continuous gas-liquid reactor）在实现较高转化率前提下，提升反应温度，使其不受甲醇沸点限制，极大地加快了反应速率，这是液-液反应所不能达到的。但是反应器体积大，设备投资高。图 4-23 是一种塔式反应器结构示意。

4.6.7 微反应器

微尺度下传热传质的强化对其中所发生的物理化学过程有很大的改善，正因为如此，微通道反应器（microchannel）引起了学术界的关注。Sun 等[35] 用催化剂 0.01g KOH/g 油，n（甲醇）∶n（油）=6∶1，在 ϕ0.25mm 的微通道反应器里停留 5.89min，脂肪酸甲酯收率达到 99.4%。图 4-24 是一种微反应器结构示意。

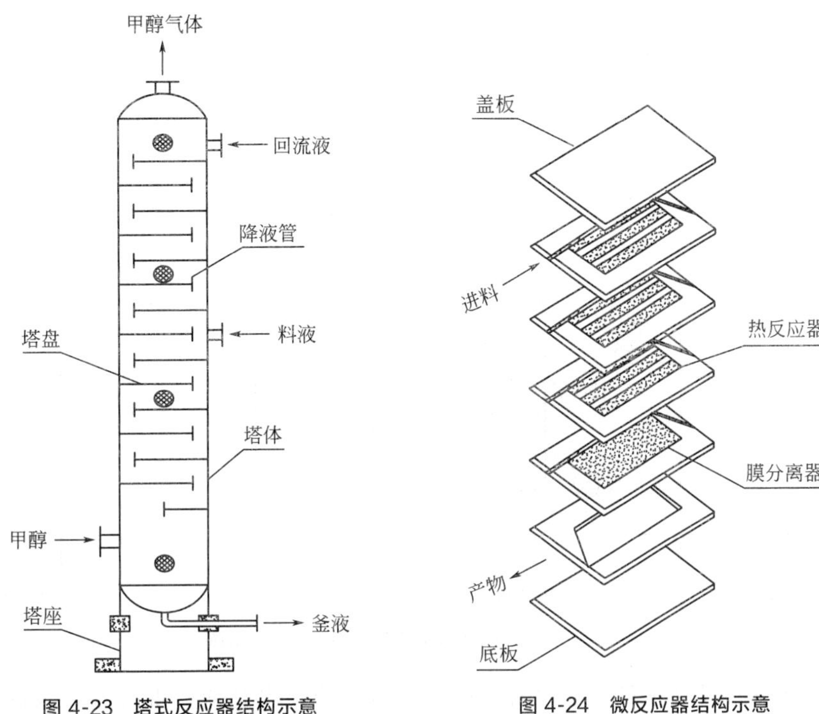

图4-23　塔式反应器结构示意

图4-24　微反应器结构示意

Wen等[36] 采用Z型微通道反应器，在更加温和的条件下、更短时间内得到更高的甲酯收率。n(甲醇)∶n(油) =9∶1，催化剂NaOH用量为0.012g/g油，56℃下停留时间28s，甲酯的收率达99.5%。和传统生物柴油反应器比较，微通道反应器明显提高了转化率、降低能耗，安全性能好、对环境友好、操作简单，且没有工业生产上普遍存在的“放大效应”，但是设备投资相当高，不利于降低生产成本。

4.6.8 环流反应器

闻建平[37] 设计的环流反应器，在内部设置有导流筒和气、液、固三相分离器，能有效增加其局部的高径比，以消除反应器内的死区，提高传质和反应效率。反应器外部设置有外循环回路。空化喷嘴可使甲醇和油脂迅速乳化，增加两相接触面积，强化酯交换过程。同条件下和搅拌釜反应器相比，反应时间可缩短10%。

图4-25是一种环流反应器结构示意。

4.6.9 旋转填料床反应器

Chen等[38] 开发的旋转填料床生物柴油反应器，由旋转的床层和外筒组成，床

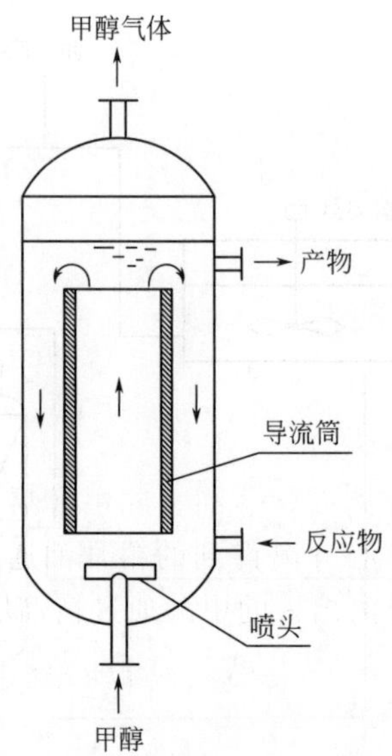

图 4-25　环流反应器结构示意

层是用直径为 0.022cm 的 304 不锈钢丝做成的环形填料堆成的圆筒，内径 1.15cm，外径 6.35cm，能以 150～1500r/min 的转速转动，基于床层圆筒平均半径，可产生 (0.94～94)g（g 为重力加速度）的离心加速度。大豆油和甲醇通过液体分布器进入反应器的床层内侧，在离心力作用下，通过床层进行酯交换反应。经过优化得到最佳条件：油流量 271mL/min、甲醇流量 69mL/min、醇油摩尔比 6∶1、反应时间 0.72min、床层转速 900r/min、反应温度 60℃、催化剂为油质量的 3%，脂肪酸甲酯的产率为 97.3%，生产能力为 0.828mol/min。旋转填料床反应器因其能产生强大的离心力，用于气-液体系能获得良好的传质和微观混合效果。与其他连续式生物柴油反应器相比，在较短的反应时间内能获得较高的转化率和生产能力。

图 4-26 是一种旋转填料床反应器结构示意。

目前，生产成本高仍是制约生物柴油推广的关键因素。采用廉价原料能有效降低生物柴油生产成本。研究开发高效、节能的生物柴油反应器也是降低生产成本的有效途径。研究者将传统的管式反应器和固定床反应器用于生物柴油的制备过程中，这些反应器展示出优越性的同时，也暴露出一些缺点。管式反应器酯交换过程连续稳定，容易实现自动化控制，反应速率快，但反应器内油脂和甲醇的混合不充分，影响了传质，若使用超临界的甲醇参与反应，解决了油脂和甲醇不相溶的问题，但反应消耗甲醇量大，高温高压操作环境对反应器材料提出较高的要求。固定床反应器用于非均相催化制备生物柴油过程，简化了后续分离工艺，减少了环境污染物排放，但催化剂载体往往导热性较差，给温度控制带来困难，催化剂的再生、更换也不方便。相对于传统的反应器，研究者开发的新型反应器优点突出。反应精馏反应器，将反应过程和分离过程结合起来的膜反应器和反应蒸馏反应器，简化了生物柴油制备工艺流程，反应的同时及时地分离了反应产物，打破了酯交换反应平衡，提高了油脂转化率，有效地降低了成本。振荡流反应器、静态混合反应器、水力空化反应器，强化了油脂和甲醇

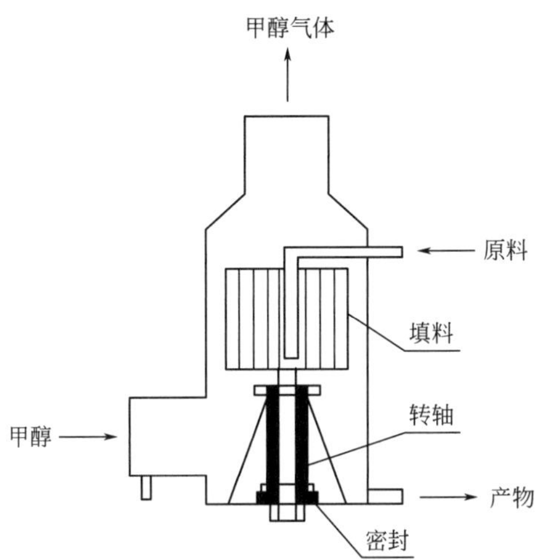

图 4-26　旋转填料床反应器结构示意

混合效果，很好地解决了动植物油和甲醇体系的不相溶性，从而提高了反应效率。新型反应器性能优异，但实现工业化生产应用还需要进一步研究。由于生物柴油的原料油种类较多，原料不同采用的生产工艺差别较大，因此反应器的选择也要因地制宜，综合考虑多方面因素，以期最大限度地降低生产成本。

4.7 生物柴油精制工艺

生物柴油制备过程中，酯交换生成的反应物有粗生物柴油（主要成分是脂肪酸甲酯）、过量的甲醇、甘油和催化剂等，从反应釜泵出的反应物直接进入分离罐，经过一段时间静置分层，上层为轻相粗生物柴油，下层为重相甘油和甲醇等。由于粗生物柴油含有少量未分离的甲醇、甘油等物质，需要进一步进入蒸馏提纯系统，经过减压蒸馏系统可分离出合格的生物柴油。

工业上生物柴油蒸馏设备包括蒸馏塔、再沸器、多级冷凝器、真空泵、成品泵和测压等部分。影响减压蒸馏质量的几个工艺条件主要有半成品中水分、甲醇及可挥发物含量、蒸馏温度、真空度、冷却温度等。

4.7.1 低沸点物质含量的影响

粗生物柴油分离出甘油后，还含有少量的小分子有机物、水分和残留甲醇等物质，在减压蒸馏过程中，这些物质只能有两个去向：一是成为不凝气体直接进入真空泵；二是在冷凝器中被冷凝后混入成品。无论哪一种去向都不是我们想要的，进入真空泵会增大真空泵抽气负荷，降低真空度，如果混入成品肯定会影响成品质量，成品直接被影响的指标有水分超标、闪点降低和稳定性差，还带有较大刺激性气味等。要解决上述问题，必须将分离甘油之后的半成品在进入蒸馏塔之前进行前馏分蒸馏，因为前馏分蒸馏要除去的是低沸点的物质，所以蒸馏条件不必太高，根据试验情况和实际生产情况，总结出了如下工艺条件：a. 前馏分塔温度控制在 90℃；b. 真空度小于 10kPa；c. 蒸馏时间 1h 左右。

按上述条件操作即可在前馏分蒸馏中有效地除去低沸点的有机物、水分和甲醇等。对提高成品的闪点、水分等指标有明显作用。

4.7.2 蒸馏温度和真空度的影响

油脂在加热过程中，当温度上升到一定程度时就会发生热分解，产生一系列低分子物质。热分解产物主要是低级醛或羧酸等具有刺激性臭味的小分子有机物，能刺激鼻腔并有催泪作用。油脂的热分解程度与加热的温度有关。不同种类的油脂，其热分解的温度不同，目前国内生物柴油厂所用的生产原料大多为地沟油和潲水油，包括各种各样的动物油和植物油，成分非常复杂。另外，油脂加热至 240℃时可能会引起热化聚合，由于氧是促进油脂氧化聚合的重要因素，而高真空度下几乎没有氧气存在，但除了氧气是促进油脂热氧化聚合的重要因素外，铁、铜等金属也能催化该聚合反应。所以在蒸馏分离时，温度不能过高。在生产中，出现过塔釜蒸馏温度超过 270℃时，在真空泵排气口排放出具有强烈刺激性的气味，说明此时油脂已经出现明显分解。生物柴油的主要成分是软脂酸、硬脂酸、油酸、亚油酸等长链饱和与不饱和脂肪酸同甲醇或乙醇所形成的酯类化合物。这些我们需要的物质其实是碳分子数在 18 个左右的长碳链有机化合物。因为它们由不同有机物组成，在同一环境中没有一个固定的沸点。但是我们要收集的这些物质的沸点又比较接近，沸程范围比较小。蒸馏温度过高时，还可能将部分高碳甲酯一起蒸发回收进入成品中，直接影响生物柴油指标。所以减压蒸馏温度最好不超过 240℃，真空度应稳定在 1kPa 以内，才能保证减压蒸馏顺利平稳的进行。

4.7.3 真空设备的选择

生物柴油的减压蒸馏最重要的条件之一，就是系统真空度，真空度越低，沸程也越低，生产中既能保证成品油质量，又能减小能耗。要在生产中保持一个又高又稳定的真空度，选择合适的真空泵类型就尤为重要。

国内生物柴油生产厂常用的真空泵有以下几种。

(1) 喷射真空泵

喷射真空泵是利用文丘里效应的压力降产生的高速射流把气体输送到出口的一种动量传输泵。

（2）新型高效蒸汽喷射真空泵、汽水组合喷射真空泵以及多级蒸汽喷射真空泵

以其真空度范围广，可以直接抽吸水蒸气等可凝性气体和带有颗粒状的介质油泵，结构简单，操作方便，无运转部件，维修量小等优点在传统油脂加工行业应用中非常广泛。缺点是蒸汽耗量大，运行费用高，在高真空时抽不凝性气体量有限，油脂蒸发时还存在着一些可凝性气体会随蒸汽排出，对环境不利，不适合大规模生产企业使用。

（3）水环真空泵

水环真空泵结构简单，制造精度要求不高，容易加工。操作简单，维修方便。泵腔内没有金属摩擦表面，无需对泵内进行润滑，抽气范围广。缺点是真空度低，不能抽吸带有颗粒状的介质，使它在应用上受到很大的限制，但可用在脱水脱色等真空泵要求不高的环境中。

（4）罗茨-水环真空泵机组

罗茨-水环真空泵机组是以罗茨泵为主泵，以水环泵为前级泵串联而成的。罗茨-水环真空泵机组选用水环泵作为前级泵比其他真空泵更为有利，它克服了单台水环泵使用时极限压力低（根据使用要求，多级串联后机组的极限压力可设计非常高）和在一定压力下抽气速率低的缺点，同时保留了罗茨泵能迅速工作，有较大抽气速率的优点。尤其能够适应抽除大量的可凝性蒸汽，特别是当气镇油封机械真空泵排除可凝性蒸汽能力不够，或使用的溶剂能使泵油恶化而影响性能，或者是真空系统不允许油污的时候更为明显。当配有防爆电动机及电器时，在遵守相应的安全规则的条件下，还可抽除易燃易爆的气体。因此罗茨-水环真空泵机组在油脂化工行业得到了越来越广泛的应用。

4.7.4　冷却温度的影响

物料成分、蒸馏温度、系统真空度是减压蒸馏最重要的几个条件，但是要保证生物柴油精制后质量，馏出物的冷却温度控制也是非常重要的环节，如果馏出物即生物柴油的出料温度没有控制好，会导致成品油在最终进入成品油槽时因温度过高和空气中氧气接触后，发生氧化变色、变性，降低成品质量。所以必须保证在成品油进入成品油槽时的最高温度不能高于大气温度 30℃。

4.8　甲醇分离回收工艺

对于甲醇和其他物质的混合液，采用两塔工艺回收甲醇，如图 4-27 所示，整个甲醇提纯回收流程如下。

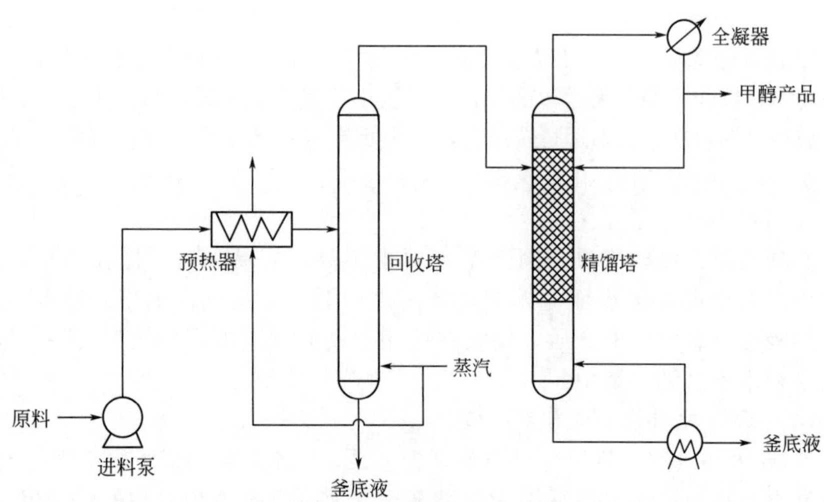

图 4-27 甲醇分离回收工艺流程示意

原料为甲醇混合液，经预热器加热到泡点进入回收塔；经回收塔将原料中的杂质从塔底排出，塔顶得到浓度较高的甲醇蒸气；甲醇蒸气直接引入精馏塔精馏，精馏塔顶可获得高纯度的甲醇。回收塔塔底产品为甲醇含量极低的水溶液，可直接排放。回收塔的目的是初步提纯甲醇并除去大量的杂质，这样在精馏塔中可减少处理量，相比单塔精馏，能耗更低，操作弹性也更大。针对回收塔要求有很高的甲醇回收率，原料从塔顶直接加入，不设回流装置。此外考虑到塔底浓度已经接近水，该工艺采用直接蒸汽加热，省去了再沸器，简化了附属设备。采用直接蒸汽的另一个好处是对蒸汽压要求更低，这是因为省去了间接加热的温度差。

该流程在回收塔前设置原料预热器，这样可减少原料温度的波动对塔分离性能的影响。加热介质采用低压蒸汽，通过蒸汽压很容易调节加热效果稳定流程工况。考虑到塔釜排放液中杂质较多，故不利用回收塔塔底排放液的热能。

在生物柴油制备过程中，为了使反应能生成尽可能多的脂肪酸甲酯，必须用过量的甲醇参与反应，这样，产物除了主要的粗生物柴油外还有大量的甲醇。为了节约生产成本，过量的甲醇可以通过精馏等设备进行提纯回收，回收后的甲醇可作为反应物参与反应。

甲醇回收工艺上常用的精馏设备主要有精馏填料塔，精馏塔由填料、塔内件及筒体构成。填料分规整填料和散装填料两大类。塔内件有不同形式的液体分布装置、填料固定装置或填料压紧装置、填料支承装置、液体收集再分布装置及气体分布装置等。与板式塔相比，新型的填料塔性能具有生产能力大、分离效率高、压力降小、操作弹性大、持液量小等优点。

精馏塔是一种以塔内的填料作为气液两相间接触构件的传质设备。精馏塔的塔身是一直立式圆筒，底部装有填料支承板，填料以乱堆或整砌的方式放置在支承板上。填料的上方安装填料压板，以防被上升气流吹动。液体从塔顶经液体分布器喷淋到填料上，并沿填料表面流下。气体从塔底送入，经气体分布装置（小直径塔一般不设气体分布装置）分布后，与液体呈逆流连续通过填料层的空隙，在填料表面上，气液两相密切接触进行传质。填料塔属于连续接触式气液传质设备，两相组成沿塔高连续变化，在正常操作状态下，气相为连续相，液相为分散相。当液体沿填料层向下流动时，有逐渐向塔壁集中的趋势，使得塔壁附近的液流量逐渐增大，这种现象称为壁流。壁流效应造成气液两相在填料层中分布不均，从而使传质效率下降。

因此，当填料层较高时需要进行分段，中间设置再分布装置。液体再分布装置包括液体收集器和液体再分布器两部分，上层填料流下的液体经液体收集器收集后，送到液体再分布器，经重新分布后喷淋到下层填料上。

图 4-28 是工业上用于甲醇精馏提纯的一种常见精馏塔结构。

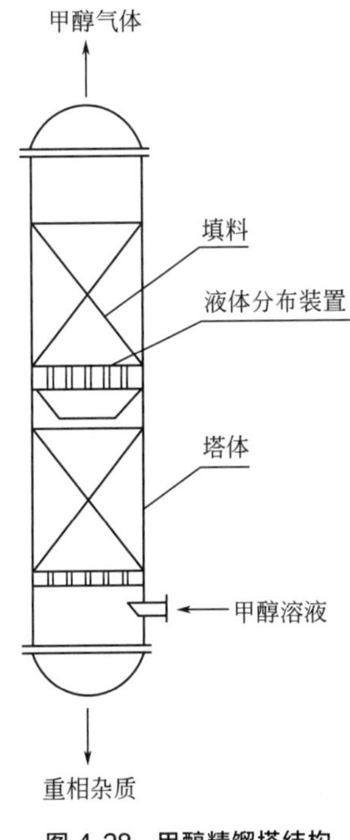

图 4-28　甲醇精馏塔结构

4.9 甘油分离回收工艺

生物柴油生产过程中会产生副产物粗甘油，大约每生产 1t 生物柴油可产生 0.1t 的甘油。通过酯交换得到的副产物甘油，里面含有催化剂、发生副反应生成的皂、少量未反应的油脂和未蒸出的甲醇，还有微量的蛋白质、烃类、色素、沉淀物和水分，为了得到精制甘油必须先经过净化分离以上杂质。目前，国内外主要的甘油回收工艺有离子交换法、减压蒸馏法、分子蒸馏法、离子交换-管道薄层蒸发法。

4.9.1 离子交换工艺

目前，采用离子交换法对甘油进行精制已经实现了工业化生产，主要步骤包括：a.粗甘油、水、稀硫酸（阳离子交换剂）与压缩空气进入离子交换塔后，排出处理后的稀甘油、废水及回收阳离子交换剂废液；b.稀甘油进入阴离子交换塔；c.经过阳离子和阴离子交换后的稀甘油放入储存罐，然后进入蒸发罐；d.产生的废水经过酸碱中和后排放。

离子交换工艺具有投资额小、费用低、操作过程简便、产量大、品质高等特点。

4.9.2 减压蒸馏工艺

减压蒸馏是分离可提纯有机化合物的常用方法之一，特别适用于那些在常压蒸馏时未达到沸点就已经受热分解、氧化或聚合的物质。减压蒸馏装置通常由加热系统、真空系统和冷凝系统组成。该工艺主要步骤有：a.常压下利用甲醇回收塔分离粗甘油中的甲醇，精馏过程中通过调节回流比来控制甲醇的纯度；b.启动真空系统，减压条件下脱除粗甘油中的水；c.高真空条件下塔釜缓慢升温，调节真空度，保持塔釜温度小于204℃，在塔顶得到略带黄色的甘油；d.有色甘油与粉状活性炭混合后脱色，再经抽滤后得到无色的甘油产品。

4.9.3 分子蒸馏工艺

分子蒸馏是靠不同物质分子运动平均自由程的差别实现分离，由于轻重分子的自由程不同，因此，不同物质的分子从液面逸出后移动距离不同，从而达到物质分离的目的。分子蒸馏主要由4个阶段组成：a.分子从液相主体向蒸发表面扩散；b.分子在液层表面上的自由蒸发；c.分子从蒸发表面向冷凝面飞射；d.分子在冷凝面上冷凝。

分子蒸馏与普通蒸馏的区别：a.分子蒸馏可以在任何温度下进行，普通蒸馏只在沸点温度下分离；b.分子蒸馏过程中，从蒸发表面逸出的分子直接飞射到冷凝面上，中间不与其他分子发生碰撞，所以，分子蒸馏过程是不可逆的；普通蒸馏是蒸发与冷凝的可逆过程，液相和气相间可以形成相平衡状态；c.分子蒸馏过程是液层表面上的自由蒸发，没有鼓泡现象，普通蒸馏有鼓泡、沸腾现象。

分子蒸馏的优点：分子蒸馏技术无毒害、无污染、无残留，可得到纯净安全的甘油；操作工艺简单、设备少、产品耗能小。分子蒸馏的缺点：设备价格昂贵，要求体系压力达到的真空度较高，对材料密封要求高，设备加工难度较大。

4.9.4 离子交换-管道薄层蒸发工艺

离子交换-管道薄层蒸发工艺是将离子交换法和蒸馏相结合用来纯化甘油的一种技术。将粗甘油加入酸化反应器中，用稀硫酸调节 pH 值至 5～6，在 50℃左右酸化处理 30min；上层酸化油返回生物柴油制备系统作为生物柴油生产原料，下层甘油溶液进入中和反应器，用氢氧化钡溶液调节 pH 值后静置分层，产生的硫酸钡沉淀从反应器底部排出，得到的稀甘油溶液依次通过阳离子交换柱、阴离子交换柱以及阴阳离子混合交换柱，除去各种杂质得到甘油稀溶液；甘油稀溶液进入短程管道蒸发器，进行薄层高效快速连续蒸发浓缩，得到高纯度的甘油产品，产生的水蒸气经冷凝后，循环用于粗甘油的稀释。

离子交换-管道薄层蒸发工艺特点：流程简单、效率高、可降低甘油回收精制成本。

4.9.5 甘油分离精制流程

酯交换后的粗甘油精制过程主要包括以下几个步骤。

4.9.5.1 酸处理

在粗甘油样中加入溶剂和无机酸溶液，调节溶液 pH 至酸性，加热搅拌，中和碱催化剂，同时将皂转化为脂肪酸，使之浮于液面而除去，所用无机酸可以为盐酸、硫酸。溶剂可以用甲醇、水。通过测定酸处理之后下层溶液中的甘油含量，计算酸处理甘油回收率。

4.9.5.2 脱胶

酸处理过后钠皂基本转化为脂肪酸静置分层除去，未反应彻底的钠皂可能还存在于甘油样中，加入絮凝剂，少量成胶体分散的皂和其他带电荷的杂质在絮凝剂金属离子的作用下产生电中和而聚沉，常用的脱胶试剂有硫酸铝和 $FeCl_3$。

4.9.5.3 碱中和

经脱胶过滤后所得到的酸性滤液中还含有过量的 $FeCl_3$，通过碱处理中和酸，减少对蒸发器的腐蚀，并将 $FeCl_3$ 转化为 $Fe(OH)_3$ 沉淀，同时吸附杂质，通过过滤除去。同时酸处理之后分离过程中还可能存在没有分离干净的脂肪酸，通过减中和，能够将其以皂的形式固定下来，防止脂肪酸在蒸馏的过程中随甘油一起蒸出，影响甘油质量，碱中和过程中加入碱液多少，与甘油质量、回收率以及蒸发操作有很大的关系，碱用量太少，酸性条件下甘油容易分子内脱水生成丙烯醇或者丙烯醛（酮）类中间体等有刺激性的物质，脂肪酸不能以皂的形式固定下来，蒸馏过程中随甘油一起蒸出，造成甘油损失和质量下降，加碱过量，甘油容易聚合，蒸发水分时容易产生泡沫，易于跑料，造成额外的甘油损失，降低得率。

4.9.5.4 甘油浓缩和过滤除盐

经过碱中和之后，将粗甘油样减压蒸馏至110℃，蒸发除去水，过滤除去析出盐。

4.9.5.5 甘油精制的影响条件

根据甘油的用途不同以及生产过程中对经济消耗的不同，可以采用不同的精制方法。一般情况下，采用蒸馏、脱色精制，或精馏、脱色精制和离子交换法。蒸馏、脱色精制得到的甘油主要为工业用甘油。若甘油作为特殊用途，如药用、食用等，无论采用哪一种精制方法，都必须经过离子交换工序才能保证甘油符合质量标准要求，影响甘油精制的主要工艺条件如下。

（1）pH值对甘油得率的影响

因为在碱性条件下，甘油、皂、甲醇和甲酯混合在一起成胶状体，要把它们一一分开，用沉降或离心法非常困难。所以，在甘油的分离过程中，需要用酸中和下层液到一个合适的pH值，这样，就可以用沉降法或离心法将它们分开（不过用沉降法需要很长的时间才能分层，所以最好用离心分离中和后的粗甘油，不但分离效果好，而且分离时间也很短）。相关实验表明：pH值的大小对甘油的得率影响很大，pH值太大，甘油不易分离；pH值太小，甘油得率不高。

（2）减压蒸馏温度对甘油得率的影响

随着蒸馏温度的升高，甘油的得率增加，当温度达到200℃时甘油得率达到最高，蒸馏温度为214℃时甘油的得率反而下降。所以，粗甘油减压蒸馏过程中必须要控制好温度。这是因为甘油的沸点常压下为290℃，甘油在204℃时就会发生聚合和分解，并且随着温度的上升副反应加剧。为了使甘油能在低于204℃的条件下汽化，必须要减压蒸馏，这样在164℃时甘油开始汽化，蒸馏温度可不超过204℃。

图4-29是酸碱两步法制备生物柴油中分离甘油的工艺示意。从粗生物柴油混合

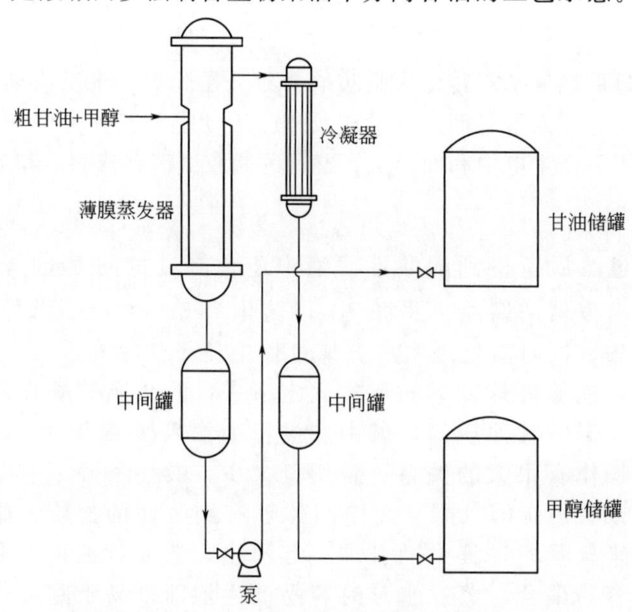

图4-29 酸碱两步法制备生物柴油中分离甘油的工艺示意

物分离得到的粗甘油（如果用碱性催化剂，粗甘油体系会显碱性），需要用硫酸或盐酸调整粗甘油的 pH 值，在甘油分离罐中静置至完全分层，下层为甘油、水和甲醇的混合物，用一定浓度的氧氧化钾完全中和至中性后，泵入薄膜蒸发器，上层的甲醇气体通过冷凝器后自流入中间罐和甲醇回收储罐，下层的甘油流入中间罐后再泵入甘油储罐。

目前，在大规模生物柴油制备过程中，甘油的分离提纯设备主要有薄膜蒸发器。薄膜蒸发器是通过旋转刮膜器强制成膜，并高速流动，热传递效率高，停留时间短(10～50s)，可在真空条件下进行降膜蒸发的一种新型高效蒸发器。它由一个或多个带夹套加热的圆筒体及筒内旋转的刮膜器组成。刮膜器将进料连续地在加热面刮成厚薄均匀的液膜并向下移动；在此过程中，低沸点的组分被蒸发，而残留物从蒸发器底部排出。升膜蒸发器是一种将加热室与蒸发室（分离室）分离的蒸发器。加热室实际上就是一个加热管很长的立式固定管板换热器，料液由底部进入加热管，受热沸腾后迅速汽化；蒸汽在管内迅速上升，料液受到高速上升蒸汽的带动，沿管壁形成膜状上升，并继续蒸发。汽液在顶部分离，二次蒸汽从顶部溢出，完成液则由底部排出。加热管一般采用 5～25mm 的无缝管，管长与管径比在常压下为 100～150，在减压下为 130～180。这种蒸发器适用于蒸发量较大、有热敏性和易产生泡沫的溶液，不适用于黏度很大、容易结晶或结垢的物料。

常用的薄膜蒸发器主要有升膜蒸发器和降膜蒸发器两种结构。降膜蒸发器与升膜蒸发器结构基本相同，主要区别在于原料液是从加热室的顶部加入，在重力的作用下沿管内壁形成膜状下降，并进行蒸发，浓缩液从加热室的底部进入分离器内并从底部排出，二次蒸汽由顶部溢出。由于二次蒸汽的流向与料液的流向一致，所以能促进料液的向下运动并形成薄膜。在每根加热管的顶部必须装有降膜分布器，以保证每根管子的内壁都能为料液所湿润，并不断有液体缓慢流过，否则，一部分管壁形成干壁现象，不能达到最大的生产能力，甚至不能保证产品质量。降膜蒸发器适用于热敏性物料，不适于易结晶、结垢或黏度很大的物料。图 4-30 是升膜蒸发器的结构示意，图 4-31 是降膜蒸发器的结构示意。

薄膜蒸发器与常规膜式蒸发器相比，具有下列特点。

1）极小的压力损失

在旋转刮板薄膜蒸发器中，物料“流”与二次蒸汽“流”是两个独立的“通道”；物料是沿蒸发筒体内壁（强制成膜）降膜而下；而由蒸发面蒸发出的二次蒸汽则从筒体中央的空间几乎无阻碍地离开蒸发器，因此压力损失（或称阻力降）极小。

2）可实现真正真空条件下的操作

正是由于二次蒸汽由蒸发面到冷凝器的阻力极小，因此，可使整个蒸发筒体内壁的蒸发面维持较高的真空度（可达－750mmHg 以上，1mmHg≈133Pa），几乎等于真空系统出口的真空度。由于真空度提高，有效降低了被处理物料的沸点。

3）高传热系数，高蒸发强度

物料沸点的降低，增大了与热介质的温度差；呈湍流状态的液膜，降低了热阻；同样，抑制物料在壁面结焦、结垢，也提高了蒸发筒壁的分传热系数；高效旋转薄膜蒸发器的总传热系数可高达 8000kJ/(h·m^2·℃)，因此其蒸发强度很高。

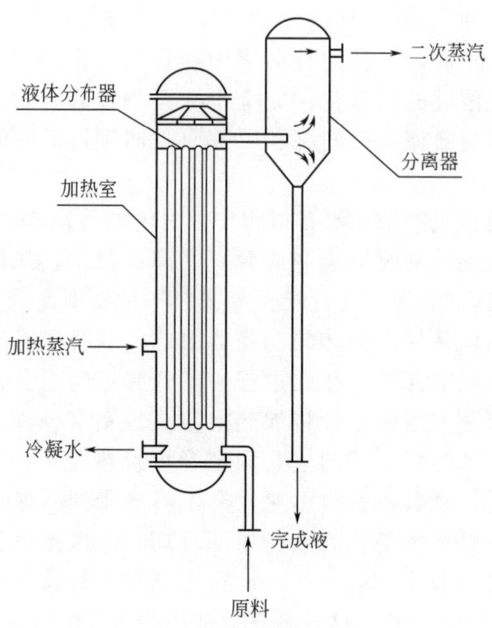

图 4-30　升膜蒸发器的结构示意

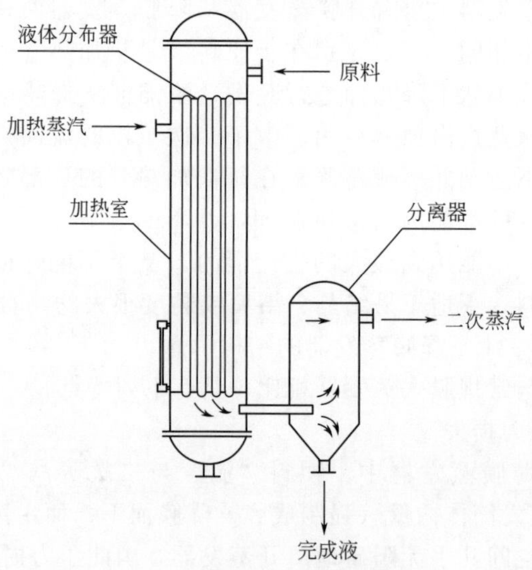

图 4-31　降膜蒸发器的结构示意

4）低温蒸发

由于蒸发筒体内能维持较高的真空度，被处理物料的沸点大大降低，因此特别适合热敏性物料的低温蒸发。

5）过流时间短

物料在蒸发器内的过流时间很短，小于 10s；对于常用的活动刮板而言，其刮动物料的端面有导流的沟槽，其斜角通常为 45°，改变斜角的角度，可改变物料的过流时间，物料在刮板的刮动下，呈螺旋下降离开蒸发段。缩短过流时间，有效防止产品在蒸发过程中的分解、聚合或变质。

6）可利用低品位蒸汽

蒸汽是常用的热介质，由于降低了物料的沸点，在保证相同 Δt 的条件下，就可降低加热介质的温度，利用低品位的蒸汽，有利于能量的综合利用。特别适宜作为多效蒸发的末效蒸发器。

7）适应性强、操作方便

独特的结构设计，使薄膜蒸发器可处理一些常规蒸发器不易处理的高黏度、含颗粒、热敏性及易结晶的物料。旋转薄膜蒸发器操作弹性大，运行工况稳定，且维护工作量小，维修方便。

参考文献

[1] Bian J，Xiao M，Wang S J，et al. Graphite oxide as a novel host material of catalytically active Cu-Ni bimetallic nanoparticles [J]. Catalysis Communications，2009，10(11)：1529-1533.

[2] Xu C，Wang X，Zhu J W，et al. Deposition of Co_3O_4 nanoparticles onto exfoliated graphite oxide sheets [J]. Journal of Materials Chemistry，2008，18(46)：5625-5629.

[3] Pham T A，Kumar N A，Jeong Y T. Covalent functionalization of graphene oxide with polyglycerol and their use as templates for anchoring magnetic nanoparticles [J]. Synthetic Metals，2010，160(17-18)：2028-2036.

[4] 张薇，李鱼，黄国和. 微生物与能源的可持续开发 [J]. 微生物学通报，2008，9(35)：1472-1478.

[5] 张锦德. 金属皂的制备及应用 [J]. 日用化学工业，1991，6：33-35.

[6] Atadashi I M，Aroua M K，Aziz A R A，et al. Refining technologies for the purification of crude biodiesel [J]. Applied Energy，2011，88(12)：4239-4251.

[7] Ulusoy Y，Tekin Y，Cetinkaya M，et al. The engine tests of biodiesel from used frying oil [J]. Energy Sources，2004，26(10)：927-932.

[8] 林伟彬. 分布式生物柴油生产工艺及装置的研究和开发 [J]. 微生物学通报，2011：10-11.

[9] 嵇磊，张利雄，徐南平，等. 利用高酸值餐饮废油脂制备生物柴油 [J]. 石油化工，2007，36(4)：393-396.

[10] 王存文，周俊锋，陈文，等. 连续化条件下超临界甲醇法制备生物柴油 [J]. 化工科技，2007，15(5)：28-33.

[11] 陈颖，汪大海，王宝辉. 均相催化废餐饮油制备生物柴油工艺研究 [J]. 石化技术与应用，2008，26(5)：415-420.

[12] 李秋家. 肥皂和甘油生产分析 [M]. 北京：化学工业出版社，1985.

[13] Noiroj K，Intarapong P，Luengnaruemitchai A，et al. A comparative study of KOH/Al_2O_3 and KOH/NaY catalysts for biodiesel production via transesterification from palm oil [J]. Renewable Energy，2009，34(4)：1145-1150.

[14] 吴道银，王新雨，等. 影响碱催化酯交换制备生物柴油各因素分析［J］. 粮食与油脂，2010，10：10-12.

[15] 熊道陵，舒庆，李英，等. 生物柴油催化合成研究进展［J］. 江西理工大学学报，2012，33（1）：10-17.

[16] 陈安，余明，徐焱，等. 利用地沟油开发生物柴油——固酸、固碱两步非均相催化［J］. 中国油脂，2007，32（5）：40-43.

[17] 薛建平，唐良华，苏敏，等. 生物酶法生产生物柴油的研究进展［J］. 生物技术，2008，18（3）：95-97.

[18] Shimada Y，Watanabe Y，Sugihara A，et al. Enzymatic alcoholysis for biodiesel fuel production and application of the reaction to oil processing［J］. Journal of Molecular Catalysis B：Enzymatic，2002，17（3-5）：133-142.

[19] Saka S，Kusdiana D. Biodiesel fuel from rapeseed oil as prepared in supercritical methanol［J］. Fuel，2001，80（2）：225-231.

[20] Ilham Z，Saka S. Dimethyl carbonate as potential reactant in non-catalytic biodiesel production by supercritical method［J］. Bioresource Technology，2009，100（5）：1793-1796.

[21] Glisic S，Skala D. The problems in design and detailed analyses of energy consumption for biodiesel synthesis at supercritical conditions［J］. Journal of Supercritical Fluids，2009，49（2）：293-301.

[22] 吴芹，陈和，韩明汉，等. B 酸离子液体催化棉籽油油脂交换制备生物柴油［J］. 石油化工，2006，35（6）：583-586.

[23] 王金福，陈和，王德峥. 利用反应分离过程耦合技术制备生物柴油的工艺方法：CN1710026A［P］. 2005-12-21.

[24] Dube M A，Tremebla Y A Y，Liu J. Biodiesel production using a membrane reactor［J］. Bioresource Technology，2007（93）：639-647.

[25] Joelianingsih，Nabetani H，Sagara Y. A continuous-flow bubbic column reactor for biodiesel production by non-catalytic transesterification［J］. Fuel，2012，96：595-599.

[26] 刘伟伟，吕鹏梅，李连华，等. 活塞流反应器制备生物柴油［J］. 化学工程，2008. 36（8）：62-65.

[27] Stiefel Scott，Dassori Gustavo. Simulation of biodiesel production through transesterification of vegetable oils［J］. Ind Eng Chem Res，2009，48：1068-1071.

[28] Harvey A P，Mackley M R，Thomas Seliger. Process intensification of biodiesel production using a continuous oscillatory flow reactor［J］. Journal of Chemical Technology and Biotechnology，2003，78：338-341.

[29] Halim Siti Fatimah Abdul，Kamaruddin Azlina Harun，Fernando W J N. Continuo-us biosynthesis of biodiesel form waste cooking palm oil in a packed bed reactor［J］. Bioresource Technology，2009（100）：712-716.

[30] Chen Yingming，Xiao Bo，Chang Jie，et al. Synthesis of biodiesel from waste cooking oil using immobilized lipase in fixed bed reactor［J］，Energy Conversion and Management，2009（50）：668-673.

[31] 张冠杰，朱建良. 在滴流床反应器中油脂醇解反应的初步研究［J］. 化工时刊，2004，18（9）：34-36.

[32] 霍稳周，马皓，陈明，等. 生物柴油的生产方法：CN1952047A［P］. 2007-04-25.

[33] 计建炳，许之超，王建黎，等. 水力空化制备生物柴油的方法：CN1301312C［P］.

2007-02-21.

[34] Behzadi Sam，Farid Mohammed M. Production of biodiesel using a continuous gas-liquid reactor [J]. Biorescource Technology，2009，100：683-689.

[35] Sun Juan，Ju jingxi，Ji Lei，et al. Synthesis of biodiesel in capillary microreactors [J]. Ind Eng Chem Res，2008，47：1398-1403.

[36] Wen Z，Yu X，Tu S，et al. Intensification of biodiesel synthesis using zigzag micro-channel reactors [J]. Bioresource technology. 2009，100 (12)：3054-3060.

[37] 闻建平，卢文玉，贾晓强，等. 以环流反应器生产生物柴油的方法：CN1970692A [P]. 2007-05-30.

[38] Chen Yihung，Huang Yuhang，Lin Ronghsien，et al. A continous-flow biodiesel production process using a rotating packed bed [J]. Bioresource Technology，2010 (101)：668-673.

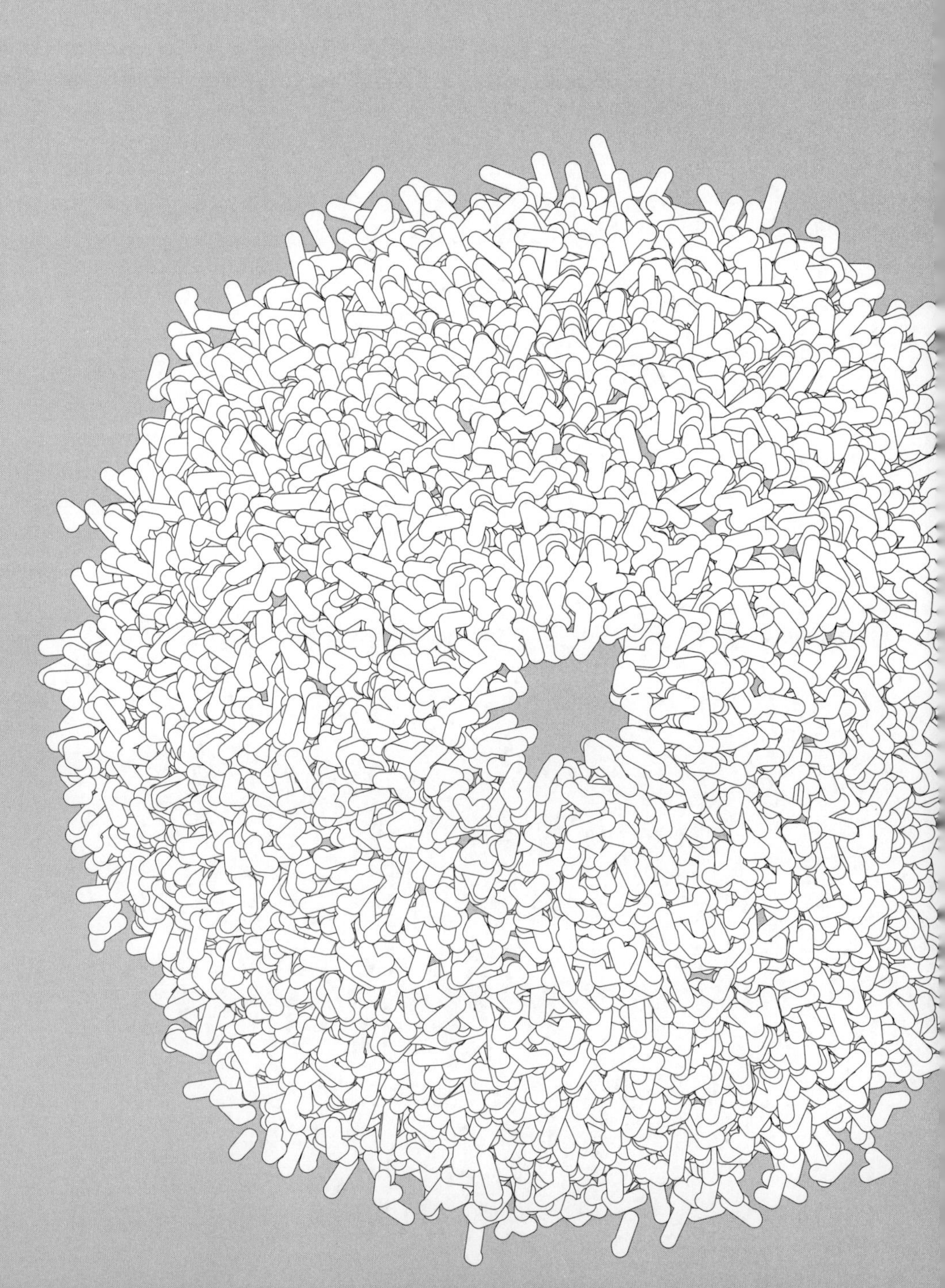

第5章

生物柴油标准及评价指标

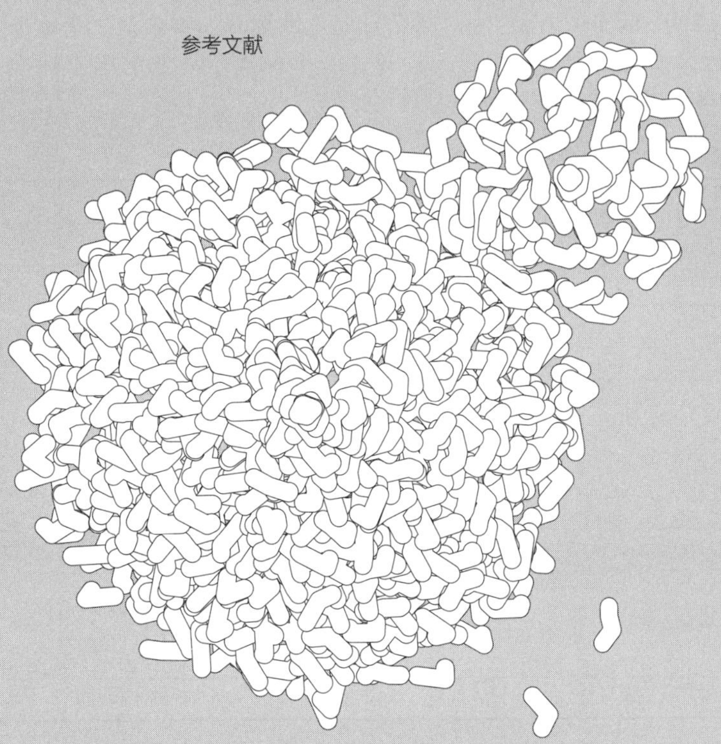

标准是产品、加工工艺以及相关配套服务的技术规范性文件。标准化过程是开发一种新产品及其市场推广应用的关键步骤。标准通过建立质量控制、安全和检测方法的规范要求来保障社会经济和管理的有序进行。对于生物柴油的生产和销售企业以及用户来说，标准至关重要。同时，政府有关部门也需要标准来评价和管理安全和环境污染方面的风险。随着生物柴油在全球的推广应用，生物柴油标准化也经历了由简单到逐步完善的过程。

5.1 欧盟生物柴油标准

欧盟是生物柴油生产和应用最早的地区，也是开展生物柴油标准化工作最早的地区。针对生物柴油在使用过程中暴露出的问题，欧盟各国对生物柴油标准进行了相应的改进和修订，而随后在各国标准基础上出现的欧盟标准更是全球生物柴油标准的指导性文件，对世界其他国家和地区的生物柴油生产、应用以及标准的制定都起着巨大的影响作用。

2003 年 2 月，欧洲标准化委员会批准了 2 个生物柴油标准，即脂肪酸甲酯作为车用柴油用途的 EN 14214：2003 标准[1] 以及脂肪酸甲酯作为取暖油用途的 EN 14213：2003 标准[2]。从 2003 年 7 月起，欧盟开始实施这 2 个标准，最迟到 2004 年 1 月，欧盟所有国家必须执行，且与这 2 个标准不一致的国家标准必须在 2004 年 1 月前废除，欧盟生物柴油标准见表 5-1。

表 5-1 欧盟生物柴油标准

标准	生物柴油			车用柴油	
	EN 14213	EN 14214	试验方法	EN 590	试验方法
实施时间	2003-07	2012		2013	
应用范围	FAME（取暖油用）	FAME（车用）		车用柴油	
密度(15℃)/(kg/m^3)	860～900	860～900	ISO 3675	820～845	ISO 3675 ISO 12185
运动黏度(40℃)/(mm^2/s)	3.5～5.0	3.5～5.0	ISO 3104	3.5～5.0	ISO 3104
闪点(闭口)/℃	≥120	≥101	ISO 3679	≥55	ISO 2719
硫含量(质量分数)%	≤0.0010	≤0.0010	ISO 20846 ISO 20884	≤0.0050	ISO 20846 ISO 20847 ISO 20884
10%康氏残炭(质量分数)/%	≤0.3		ISO 10370	≤0.3	ISO 10370

续表

标准	生物柴油			车用柴油	
	EN 14213	EN 14214	试验方法	EN 590	试验方法
灰分(质量分数)/%				≤0.01	ISO 6245
硫酸盐灰分(质量分数)/%	≤0.02	≤0.02	ISO 3987		
总污染物/(mg/kg)	≤24	≤24	EN 12662	≤24	EN 12662
水含量/(mg/kg)	≤500	≤500	ISO 12937	≤200	ISO 12937
铜片腐蚀(50℃,3h)/级	≤1	≤1	ISO 2160	≤1	ISO 2160
十六烷值	≥51	≥51	ISO 5165	≥51.0	ISO 5165
十六烷值数				46.0	ISO 4264
酸值/(mg KOH/g)	≤0.5	≤0.5	EN 14104		
氧化安定性 诱导期(110℃)/h 总不溶物/(g/m³)	4.0	8.0	EN 14112	25	ISO 12205
甲醇含量(质量分数)/%		0.2	EN 14110		
甲酯含量(质量分数)/%	≥96.5	≥96.5	EN 14103		
单甘酯含量(质量分数)/%	≤0.8	≤0.7	EN 14105		
二甘酯含量(质量分数)/%	≤0.2	≤0.2	EN 14105		
三甘酯含量(质量分数)/%	≤0.2	≤0.2	EN 14105		
游离甘油含量(质量分数)/%	≤0.02	≤0.02	EN 14105 EN 14106		
总甘油含量(质量分数)/%		≤0.25	EN 14105		
碘值/(g/100g)	≤130	≤120	EN 14111		
亚麻酸甲酯(质量分数)/%		≤12.0	EN 14103		
多不饱和酸甲酯含量(双键≥4)%	≤1	≤1	EN 15779		
磷含量/(mg/kg)	≤10	≤4.0	EN 14107		
一价金属(Na+K)/(mg/kg)		≤5	EN 14108 EN 14109		
二价金属(Ca+Mg)/(mg/kg)		≤5	EN 14538		
净热值/(MJ/kg)	35		DIN 51900		
馏程 250℃回收体积分数/% 350℃回收体积分数/% 95%回收温度/℃	≤65 ≥85 ≤360				ISO 3405
润滑性				460	ISO 12156-1
磨痕直径 60℃/μm					EN 14078
脂肪酸甲酯含量(FAME)/%				5	
多环芳烃含量(质量分数)/%				≤11	EN 12916

由表 5-1 可见，欧盟车用生物柴油标准 EN 14214 是当时乃至目前世界上要求最严格的生物柴油标准。欧盟标准 EN 14213、EN 14214 是在欧盟各国生产和应用生物柴油的经验基础上，结合各国在生物柴油标准实施过程中出现的问题，参考各国标准的修订经验，尤其是意大利、德国和法国的生物柴油标准而综合制定的。欧盟生物柴油标准对全球生物柴油标准化产生了巨大的影响。我国 2007 年实施的首个国家标准《柴油机燃料调合用生物柴油（BD100）》(GB/T 20828—2007）有部分指标是参照欧盟标准制定的。

2003 年 12 月，欧洲标准化委员会通过了 TC19 技术委员会对欧盟车用柴油标准 EN 590 进行了修订（见表 5-1)，2004 年 7 月正式实施，标准编号为 EN 590：2004，即满足欧Ⅳ排放标准的车用柴油标准。该标准应用范围包含 B5 调和燃料，即加有不超过 5%脂肪酸甲酯的车用柴油，前提是脂肪酸甲酯必须满足欧盟标准 EN 14214。目前这两个标准的最新版本是《液体石油产品——用于在柴油发动机和加热应用中使用的脂肪酸甲酯（FAME)——要求和试验方法》(EN 14214：2012)。EN 14214：2012 对闪点、单酯含量、磷含量要求更加严格，提高了生物柴油的氧化安定性能。而在欧盟尤其是在德国以前主要是将 BD100 用于车用和农业机械，随着欧洲排放法规的日益严格，在车用方面现在主要是将生物柴油和矿物柴油调和使用，欧盟颁布的《汽车燃料—柴油—要求和试验方法》EN 590：2004[3] 就规定了柴油中允许添加不超过 590（体积比）的脂肪酸甲酯，而最新颁布的《车用燃料—柴油—要求和试验方法》(EN 590：2013) 中对脂肪酸甲酯允许添加量为不超过 790（体积比），添加和未添加脂肪酸甲酯的柴油执行的标准要求都是一样的。

目前，欧盟在 EN 590 车用柴油标准中规定，生物柴油脂肪酸甲酯的体积分数不能超过 5%，但是随着生物柴油应用的逐步普及以及生物柴油产量的逐年增加，提高车用柴油中生物柴油调和比例越来越得到各方的认同。最近，欧洲标准化委员会对欧盟标准 EN 590：2004 进行修订，形成 EN590：2017，增加生物柴油的调和比例，使其体积分数达到 7%，并逐步增加到 10%，同时有可能增加 EN 15751 作为生物柴油调和燃料氧化安定性的评价方法。根据脂肪酸乙酯的标准化情况，将来也有可能允许满足相应标准的脂肪酸乙酯调和到矿物柴油中，但最终产品也应满足修订后的欧盟标准 EN 590 的要求。

5.1.1 奥地利生物柴油标准

20 世纪 90 年代，欧盟各国先后制定了生物柴油国家标准。奥地利是世界上第一个颁布生物柴油国家标准的国家。奥地利标准研究院于 1991 年制定了菜籽油酸甲酯标准 ONC1190，1995 年对该标准进行了修订；经过几年的使用后，1997 年又颁布了新的奥地利生物柴油国家标准 ONC1191，应用范围由原来的菜籽油酸甲酯扩大为脂肪酸甲酯；ONC1191 标准于 1999 年又进行了修订[4,5]。

奥地利生物柴油标准如表 5-2 所列。

表 5-2　奥地利生物柴油标准

标准号	ONC1190		ONC1191	
实施时间	1991-02	1995-01	1997-07	1999-12
应用范围	RME	RME	FAME	FAME
密度(15℃)/(kg/m^3)	860～900	870～890	850～890	850～890
运动黏度/(mm^2/s) 20℃ 40℃	6.5～9.0	6.5～8.0	3.5～5.0	3.5～5.0
闪点(闭口)/℃	≥55	≥100	≥100	≥100
冷滤点/℃	≤−8	0(夏天), −15(冬天)	0(夏天), −15(冬天)	0(夏天), −15(冬天)
硫含量(质量分数)%	≤0.02	≤0.02	≤0.02	≤0.003
100%残炭(质量分数)/%	≤0.1	≤0.05	≤0.05	≤0.05
硫酸盐灰分(质量分数)/%	≤0.02	≤0.02	≤0.02	≤0.02
水含量/(mg/kg)				≤300
总污染物/(mg/kg)				≤20
水分沉积物	清澈,室温下无游离水和固体沉渣	清澈,室温下无游离水和固体沉渣	清澈,室温下无游离水和固体沉渣	
十六烷值	≥48	≥48	≥49	≥49
酸值/(mg KOH/g)	≤1	≤0.8	≤0.8	≤0.8
甲醇含量(质量分数)/%	≤0.3	≤0.20	≤0.20	≤0.20
游离甘油含量(质量分数)/%	≤0.03	≤0.02	≤0.02	≤0.02
总甘油含量(质量分数)/%	≤0.25	≤0.24	≤0.24	≤0.24
碘值/(g/100g)			≤120	≤115
亚麻酸甲酯(质量分数)/%			≤15	≤15
磷含量/(mg/kg)		≤20	≤20	≤20

注：RME 指油菜籽甲酯；FAME 指脂肪酸甲酯；下同。

相对 1991 年 ONC1190 菜籽油酸甲酯标准，1995 年修订的标准对密度和运动黏度的要求范围更窄，闪点提高，酸值进一步降低，游离甘油和总甘油含量也稍有降低，增加了磷含量指标要求；由于应用范围的扩大，由原来的单一原料拓展到动植物油脂。因此 1997 年 ONC1191 菜籽油甲酯标准对密度的要求有所放宽，运动黏度由 20℃改为 40℃，十六烷值由 48 增加到 49，同时增加了碘值和亚麻酸甲酯含量两项指标要求。

1999 年修订的 ONC1191 菜籽油酸甲酯标准主要内容有：硫含量由≤0.02mg/kg 降低到≤0.0003mg/kg；碘值修改为≤115g/100g；取消了水分和沉积物项目，改为水含量和总污染物指标。

5.1.2 法国生物柴油标准

法国从 20 世纪 90 年代开始使用生物柴油，生物柴油标准化过程随即展开，1990 年法国石油研究院开始进行生物柴油技术规范的研究工作。1993 年以官方文件的形式公布了生物柴油技术规范，其主要应用范围是菜籽油酸甲酯，且质量分数不超过 5%的调和组分与矿物柴油调和成柴油机燃料；1994 年公布了作为质量分数不超过 5%调和成家用取暖油的生物柴油技术规范；1997 年对上述 2 个规范进行了修订，应用范围扩大到植物油酸甲酯。

法国生物柴油具体技术规范见表 5-3[5]。

表 5-3 法国生物柴油标准

实施时间	1993-12	1994-08	1997-08	1997-08
应用范围	RME①	RME②	VOME①	VOME②
密度(15℃)/(kg/m^3)			870～890	870～890
运动黏度(40℃)/(mm^2/s)			3.5～5.0	3.5～5.0
95%回收温度/℃			≤360	≤390
闪点(闭口)/℃			≥100	≥100
倾点/℃			≤−10	≤0
硫含量(质量分数)/%			≤0.02	≤0.003
100%残炭(质量分数)/%			≤0.3	≤0.8
水含量/(mg/kg)	≤200	≤200	≤200	≤200
十六烷值			≥49	≥49
酸值/(mg KOH/g)	≤1	≤1	≤0.5	≤0.5
甲醇含量(质量分数)/%	≤0.1	≤0.1	≤0.1	≤0.1
甲酯含量(质量分数)/%	≥96.5	≥96.5	≥96.5	≥96.5
单甘酯含量(质量分数)/%			≤0.8	≤0.8
二甘酯含量(质量分数)/%			≤0.2	≤0.2
三甘酯含量(质量分数)/%			≤0.2	≤0.2
游离甘油含量(质量分数)/%	≤0.03	≤0.02	≤0.02	≤0.02
总甘油含量(质量分数)/%	≤0.25	≤0.24	≤0.24	≤0.24
碘值/(g/100g)			≤115	≤135
磷含量/(mg/kg)	≤10	≤10	≤10	≤10
一价金属(Na+K)/(mg/kg)	≤5	≤5	≤5	≤5

① ≤5%柴油调和组分；
② ≤5%家用取暖油组分。

由表 5-3 可见：法国 1993 年和 1995 年执行的柴油和家用取暖油调和用生物柴油的标准相对而言指标少，要求比较宽松，如酸值规定为≤1mg KOH/g，对十六烷值、残炭、硫含量、闪点等指标都无要求；1997 年对上述两个技术规范进行了修订，增加了密度、运动黏度、馏程、闪点、倾点、硫含量、残炭、十六烷值、单甘酯含量、二甘酯含量、三甘酯含量、碘值等项目，酸值指标进一步严格到≤0.5mg KOH/g，几乎已经具备了后来执行的欧盟标准的雏形，甲醇含量和水含量指标要求甚至比后来的欧盟标准还要严格。家用取暖油与柴油调和用生物柴油标准的区别只有家用取暖油中馏点、倾点更高，10%残炭指标要求也更宽松 3 处。

虽然 1997 年修订后的标准适用范围由菜籽油甲酯扩大到植物油酸甲酯，但其对倾点的要求又限制了一些植物油，如棕榈油、椰子油等的应用。

5.1.3 德国生物柴油标准

德国是目前世界范围内生物柴油产量最大的国家之一。在使用方式上，德国以前主要以 100%纯生物柴油作为车用和农业机械用燃料，但由于欧洲排放法规的逐步严格和汽车业界的质疑，目前，在车用方面主要以体积分数为 5%的生物柴油与矿物柴油调和使用。20 世纪 90 年代初，德国标准化研究院（the German Standardization Institute）开始负责制定生物柴油标准。1994 年，公布了应用范围为植物油酸甲酯的德国国家标准 DIN V 51606。该标准基于矿物柴油制定的指标和分析方法，只是增加了部分指标以适应生物柴油特性。

经过几年的应用，1997 年对 DIN V 51606 标准进行了修订，应用范围扩大为脂肪酸甲酯，以标准号 DINE 51606 发布。指标修订主要体现在：闪点要求提高了 10℃；用分析生物柴油灰分的“硫酸盐灰分”指标取代原分析柴油的“灰分”指标；残炭由测定 10%蒸余物改为测定 100%残炭；增加了碱金属含量指标。德国生物柴油标准见表 5-4[5,6]。

表 5-4　德国生物柴油标准

项目	DIN V 51606	DINE 51606
实施时间	1994-06	1997-09
应用范围	VOME	FAME
密度(15℃)/(kg/m^3)	850～900	875～900
运动黏度(20℃)/(mm^2/s)	3.5～5.0	3.5～5.0
闪点(闭口)/℃	≥100	≥110
冷滤点(夏季/春秋季/冬季)/℃	0/−10/−20	0/−10/−20
硫含量/(质量分数)%	≤0.01	≤0.01
灰分(质量分数)/%	≤0.01	
硫酸盐灰分(质量分数)/%		≤0.03
100%残炭(质量分数)/%		≤0.05
10%残炭(质量分数)/%	≤0.3	
水含量/(mg/kg)	≤300	≤300

续表

项目	DIN V 51606	DINE 51606
总污染物/(mg/kg)	≤20	≤20
铜片腐蚀(50℃,3h)/级	≤1	≤1
十六烷值	≥49	≥49
酸值/(mg KOH/g)	≤0.5	≤0.5
甲醇含量(质量分数)/%	≤0.3	≤0.3
单甘酯含量(质量分数)/%	≤0.8	≤0.8
二甘酯含量(质量分数)/%	≤0.1	≤0.4
三甘酯含量(质量分数)/%	≤0.1	≤0.4
游离甘油含量(质量分数)/%	≤0.02	≤0.02
总甘油含量(质量分数)/%	≤0.25	≤0.25
碘值/(g/100g)	≤115	≤115
磷含量/(mg/kg)	≤10	≤20
一价金属(Na+K)/(mg/kg)		≤10

同时在该相应的法规中也明确了所指的生物柴油是满足 AGQM 标准的，即相当于欧盟 EN 14214 标准的生物柴油。如果生物柴油的质量指标达不到该标准，则这样的“生物柴油”将享受不到任何上述法规所规定的税收减免。这样的“生物柴油”在能源领域使用时将按照普通柴油的标准被征收 47.04 欧分/L 的税收。

5.1.4 捷克生物柴油标准

从 1990 年开始，捷克共和国就生物柴油在拖拉机上的应用进行了长期试验，随后由发动机制造商和交通部合作进行生物柴油的标准化工作。1994 年，推出了应用范围为菜籽油酸甲酯的标准 CSN 656507，1998 年进行了标准修订。

捷克共和国生物柴油标准见表 5-5[5]。

表 5-5 捷克生物柴油标准

实施时间	1994-11	1998-09
应用范围	RME	RME
密度(15℃)/(kg/m^3)	855～885	870～890
运动黏度/(mm^2/s)		
20℃	6.5～9.0	
40℃		3.5～5.0
馏程		
300℃回收体积分数/%	≤5	
360℃回收体积分数/%	≥95	

续表

闪点(闭口)/℃	56	110
冷滤点/℃	−5/−15	−5
倾点/℃	−8/−20	
硫含量(质量分数)/%	≤0.02	≤0.02
硫酸盐灰分(质量分数)/%	≤0.02	≤0.02
100%残炭(质量分数)/%		≤0.05
10%残炭(质量分数)/%	≤0.3	
水含量/(mg/kg)	≤1000	≤500
总污染物/(mg/kg)	≤20	≤24
铜片腐蚀(50℃,3h)/级	≤1	≤1
十六烷值	≥48	≥49
酸值/(mg KOH/g)	≤0.5	≤0.5
甲醇含量(质量分数)/%	≤0.3	
游离甘油含量(质量分数)/%	≤0.02	≤0.02
总甘油含量(质量分数)/%	≤0.24	≤0.24
磷含量/(mg/kg)		≤20
一价金属(Na+K)/(mg/kg)		≤10

由表 5-5 可见，捷克共和国 1994 年生物柴油标准与同期的德国标准类似，也是基于矿物柴油制定的指标和分析方法，只是加了部分指标以适应生物柴油特性。经过几年的应用，1998 年对该标准进行了大幅度修订，取消或修改了原标准中基于矿物柴油的一些指标和项目，主要体现在：密度要求值增大，运动黏度由 20℃ 改为 40℃，取消了馏程指标；闪点由不低于 56℃ 提高到不低于 110℃，同时取消了甲醇含量指标；冷滤点要求放宽；取消倾点项目；残炭由测定 10% 蒸余物改为测定 100% 残炭；水含量要求更严格；增加了磷含量和一价碱金属含量指标。

捷克共和国在全国加油站销售的含生物柴油的柴油燃料主要是 B5（体积分数为 5% 的生物柴油和 95% 矿物柴油调和燃料）和 B30（体积分数为 30% 的生物柴油和 70% 矿物柴油调和燃料）。

5.1.5　瑞典生物柴油标准

瑞典是欧洲生物柴油产量和使用量都较少的国家。1996 年，由发动机制造商、石油公司和生物柴油制造商组成的标准化工作小组推出了瑞典生物柴油标准 SS 155436，应用范围为植物油酸甲酯。

瑞典生物柴油标准见表 5-6[4,5]。

表 5-6 瑞典生物柴油标准

实施时间	1996-11
应用范围	VOME
密度(15℃)/(kg/m^3)	870～900
运动黏度(40℃)/(mm^2/s)	3.5～5.0
闪点(闭口)/℃	≥100
冷滤点/℃	≤－5
硫含量/(质量分数)%	≤0.001
灰分(质量分数)/%	≤0.01
水含量/(mg/kg)	≤300
总污染物/(mg/kg)	≤20
十六烷值(质量分数)/%	≥48
酸值/(mg KOH/g)	≤0.6
甲醇含量(质量分数)/%	≤0.2
甲酯含量(质量分数)/%	≥98
单甘酯含量(质量分数)/%	≤0.8
二甘酯含量(质量分数)/%	≤0.1
三甘酯含量(质量分数)/%	≤0.1
游离甘油含量(质量分数)/%	≤0.02
碘值/(g/100g)	≤125
磷含量/(mg/kg)	≤10
一价金属/(mg/kg) Na K	 <10 <10

由表 5-6 可见，瑞典生物柴油标准由于制定时间晚，参照了欧洲其他国家的经验，因此标准指标要求与同期欧洲其他国家的标准基本相同。值得一提的是，瑞典生物柴油标准对甲酯含量的要求为不小于 98%，是目前生物柴油标准中对甲酯含量要求最高的标准之一。

5.1.6 意大利生物柴油标准

意大利首个生物柴油标准 UNI 10635 的应用范围是植物油酸甲酯，而且该标准吸取了欧洲各国的经验，在欧洲同类标准中最后出台，各项指标确实反映了生物柴油的特性。UNI 10635 标准对生物柴油的几个关键性指标，如酸值、甲醇含量、甲酯含量、单甘酯含量、二甘酯含量、三甘酯含量要求都比较高，尤其是甲酯含量大于 98%，对硫含量、10%残炭、水含量以及游离甘油含量等指标要求则比较宽松，如 10%残炭质量分数不大于 0.5%，游离甘油质量分数不大于 0.05%，同时应当指出 UNI 10635 标准对一些生物柴油指标，如硫酸盐灰分、铜片腐蚀、十六烷值、总甘油含量等无要求，这些关键指标的缺失也显示出该标准的局限和不足。

2001 年，几乎与欧洲标准化委员会（Comite Europeen de Normalisation，CEN）的工作同步，意大利又公布了生物柴油的新标准 UNI 10946 和 UNI 10947，应用范围进一步扩大到脂肪酸甲酯。2 个标准的区别是前者应用范围为车用燃料或其调和组分，后者为取暖油或其调和组分。这 2 个标准对 UNI 10635 标准中的部分指标做了更严格的要求，并补充了硫酸盐灰分、铜片腐蚀、十六烷值、氧化安定性、总甘油含量、碘值、亚麻酸甲酯含量、多不饱和脂肪酸甲酯含量、金属含量等指标，与后来由欧洲标准化委员会公布的欧盟生物柴油标准非常相似。意大利生物柴油标准见表 5-7[5,6]。

表 5-7　意大利生物柴油标准

标准号	UNI 10635	UNI 10946	UNI 10947
实施时间	1994-04	2001	2001
应用范围	VOME	FAME(车用)	FAME(取暖油用)
密度(15℃)/(kg/m^3)	860～900	860～900	860～900
运动黏度(20℃)/(mm^2/s)	3.5～5.0	3.5～5.0	3.5～5.0
闪点(闭口)/℃	≥100	≥120	≥120
倾点/℃	0/−15		0
硫含量(质量分数)/%	≤0.01	≤0.001	≤0.001
硫酸盐灰分(质量分数)/%		≤0.02	≤0.01
10%残炭(质量分数)/%	0.5	0.3	0.3
水含量/(mg/kg)	≤700	≤500	≤500
总污染物/(mg/kg)		≤24	≤24
铜片腐蚀(50℃,3h)/级		≤1	≤1
十六烷值		≥51	≥51
酸值/(mg KOH/g)	≤0.5	≤0.50	≤0.50
氧化安定性(110℃)/h		6.0	6.0
甲醇含量(质量分数)/%	≤0.2	≤0.2	
皂化值/(mg KOH/g)	≥170		
甲酯含量(质量分数)/%	≥98	≥96.5	≥96.5
单甘酯含量(质量分数)/%	≤0.8	≤0.80	≤0.80
二甘酯含量(质量分数)/%	≤0.2	≤0.20	≤0.20
三甘酯含量(质量分数)/%	≤0.1	≤0.20	≤0.20
游离甘油含量(质量分数)/%	≤0.05	≤0.02	≤0.02
总甘油含量(质量分数)/%		≤0.25	

续表

标准号	UNI 10635	UNI 10946	UNI 10947
碘值/(g/100g)		≤120	≤120
亚麻酸甲酯(质量分数)/%		≤12.0	
多不饱和酸甲酯含量(双键≥4,质量分数)%		≤1	
磷含量/(mg/kg)	≤10	≤10	≤10
一价金属(Na+K)/(mg/kg)		≤5	
净热值/(MJ/kg)			≥35

5.2 美国生物柴油标准

1994 年 6 月 ASTM 成立了工作组研究生物柴油标准，并于 1999 年发布了 PS 121—1999 标准。经过几年的试用，ASTM 又于 2001 年 12 月发布了新的生物柴油正式标准 ASTM D 6751—2002，以替代 PS 121—1999。该标准规定了用于调配 B20 柴油的 B100 生物柴油的标准。2003 年美国将 ASTM D 6751—2002 标准修订为 ASTM D 6751—2003 标准，主要变动是依据产品硫含量的不同将生物柴油分为 S15 和 S500 两个产品牌号。为了促进生物柴油的发展，美国环保局于 2006 年 9 月 7 日提出可再生燃料标准（RFS）。按照该标准将使生物柴油、乙醇和其他可再生燃料的用量增加 1 倍，从而使可再生燃料在美国所占的市场份额从 2006 年的 2.78%提高到 2007 年的 3.71%。美国石油化工和炼制协会表示，美国环保署的决定将通过该标准为运作提供更大的保证，但也必须加强乙醇、生物柴油和其他可再生燃料作为美国燃料混配物整体一部分的管理水平。之后又陆续修订，2010 年将 ASTM D 6751 修订为 ASTM D 2010。现行最新版本为《中间馏出燃料用生物柴油调和燃料（B100）标准》（ASTM D 6751—2012)，在美国对生物柴油的使用就是和矿物柴油的调和使用，比例不超过 20%（体积分数）。具体指标如表 5-8 所列[7]。

表 5-8 美国生物柴油标准 ASTM 6751—2012

标准号	ASTM D 6751—2012			
适用于	Grade1-S15	Grade1-S500	Grade2-S15	Grade2-S500
硫含量/(mg/kg)	≤0.0015	≤0.05	≤0.0015	≤0.05
冷浸过滤/s	≤200	≤200	≤360	≤360

续表

标准号	ASTM D 6751—2012			
单甘油酯	≤0.4	≤0.4		
二价金属(Ca+Mg)/(mg/kg)	≤5	≤5	≤5	≤5
闪点(闭点)/℃	≥93	≥93	≥93	≥93
甲醇含量(质量分数)/%	≤0.2	≤0.2	≤0.2	≤0.2
闪点/℃	≥130	≥130	≥130	≥130
水和沉积物(体积分数)/%	≤0.05	≤0.05	≤0.05	≤0.05
动力黏度/(mm^2/s)	1.9～6.0	1.9～6.0	1.9～6.0	1.9～6.0
硫酸盐灰分(质量分数)/%	≤0.02	≤0.02	≤0.02	≤0.02
铜片腐蚀/级	≤3	≤3	≤3	≤3
十六烷值	≥47	≥47	≥47	≥47
残炭(质量分数)/%	≤0.05	≤0.05	≤0.05	≤0.05
酸值/(mg KOH/g)	≤0.5	≤0.5	≤0.5	≤0.5
总甘油(质量分数)/%	≤0.24	≤0.24	≤0.24	≤0.24
磷含量(质量分数)/%	≤0.001	≤0.001	≤0.001	≤0.001
90%回收温度/℃	≤360	≤360	≤360	≤360
一价金属(Na+K)/(mg/kg)	≤5	≤5	≤5	≤5
氧化稳定性/h	≥3	≥3	≥3	≥3

2011年12月，ASTMD委员会在一个石油产品和润滑剂会议上，通过了一个新的B100生物柴油标准，并随后由ASTM技术委员会经过修订批准。新生物柴油标准仍然使用ASTM D 6751方法号，只在其老版本上新增1-B级标准。老版本改为2-B级，但内容不变。修订后的ASTM D 6751新标准已于2012年夏季发布。

新ASTM D 6751标准中1-B级标准继续保持与现行的2-B级标准参数一致，但要求对一些与超低硫柴油混用容易造成滤清器堵塞的微量化学物质含量有更严格的控制。其中单甘油酯是导致调和燃料过滤器堵塞的污染物，1-B级标准对其进行了控制，规定其含量不超过0.4%，预防燃料过滤器堵塞这个生物柴油一直面临的问题。并且1-B级标准规定冷浸泡过滤时间限制在200s以内，从而可以提高生物柴油低温操作性。

用户可以根据过滤器是否发生堵塞来决定使用No.1还是No.2等级的生物柴油。而成品油混合燃料标准ASTM D 975（B5）、ASTM D 7467（B6～B20）、ASTM D 396（低于B5）混合前所使用的生物柴油B100也必须满足ASTM D 6751要求（1-B级或2-B级）。美国B6～B20生物柴油标准见表5-9[8]。

表 5-9 美国 B6～B20 生物柴油标准

项目	标准	ASTM 方法
闪点(闭口)/℃	≥52	D 93
水和沉淀物(体积分数)/%	≤0.05	D 2709
运动黏度(40℃)/(mm^2/s)	1.9～4.1	D 445
灰分(质量分数)/%	≤0.01	D 482
硫含量/(mg/kg)		
S15	≤0.00015	D 5453
S500	≤0.050	D 2622
S5000	≤0.5	D 129
铜片腐蚀/级	3	D 130
十六烷值(质量分数)/%	≥40	D613
浊点(冷滤点)/℃	≤报告值	D 2500/D 4539
100%残炭/%	≤0.05	D 4530
酸值/(mg KOH/g)	≤0.3	D 664
90%回收温度/℃	≤343	D 86
氧化安定性/h	≥6	EN 15751
润滑性(HFRR@60℃)/μm	≤520	D 6079
生物柴油含量/%	6～20	D 7371

5.3 我国生物柴油标准

为规范生物柴油产业发展，我国从 2003 年开始了一系列生物柴油有关产品标准、试验方法的制定工作。首个生物柴油国家标准《柴油机燃料调合用生物柴油(BD100)》(GB/T 20828—2007) 是 2007 年实施的，该标准系非等效采用 ASTM D 6751—03a 制定的。这一标准的出台规范了 BD100 生物柴油生产质量。2014 年 2 月 19 日全国石油产品和润滑剂标准化技术委员会提出《柴油机燃料调合用生物柴油(BD100)》(GB/T 20828—2014)，并于 2014 年 6 月 1 日开始实施[9]。2014 版标准与 GB/T 20828—2007 相比主要变化为：增加甲醇控制指标和要求；闪点由原来的不低于 130℃修改为不低于 101℃；酸值由原来的不大于 0.8mg KOH/g 修改为不大于 0.50mg KOH/g；将 10%蒸余物残炭指标修改为残炭指标；增加甲酯含量要求；增加一价金属（Na+K）含量要求。

2009 年 4 月《生物柴油调合燃料（B5）》[11] 标准通过审查，B5 标准 GB/T 25199—2010 于 2011 年 2 月 1 日正式实施，规范了调和燃料油技术标准，即 2%～5%（体积分数）生物柴油可与 95%～98%（体积分数）石化柴油调和成燃料。

2017 年 9 月 7 日国家质量监督检验检疫总局和国家标准化管理委员会联合发布了《B5 柴油》（GB/T 25199—2017）新标准，该标准代替了《生物柴油调合燃料（B5）》（GB/T 25199—2015）和《柴油机燃料调合用生物柴油（BD100）》（GB/T 20828—2015）。新标准作出的调整如下：a. 将两个标准合并，修改为一个标准；b. 删除 B5 中车用柴油（Ⅳ）技术要求和实验方法；c. 增加 B5 中车用柴油（Ⅵ）技术要求和实验方法；d. 闭口闪点修改为不低于 130℃；e. 取消了甲醇含量指标；f. 取消了 90%回收温度指标。

新标准适用于压燃式发动机使用的、以生物柴油为调和组分的 B5 普通柴油和 B5 车用柴油质量标准及测试方法，具体标准见表 5-10。经过这种标准调和的生物柴

表 5-10 B5 车用柴油技术要求和实验方法

项目	质量指标			试验方法
	5 号	0 号	－10 号	
色度/度	≤3.5			GB/T 6540
氧化安定性/(mg/100mL)	≤2.5			SH/T 0715
硫含量/(mg/kg)	≤350(2017 年 6 月 30 日前) ≤50(2017 年 7 月 1 日起) ≤10(2018 年 1 月 1 日起)			SH/T 0689
酸值/(mg KOH/g)	≤0.09			≤GB/T 7304
10%蒸余物残炭(质量分数)/%	≤0.3			GB/T 17144
灰分(质量分数)/%	≤0.01			≤GB/T 508
铜片腐蚀(50℃,3h)/级	≤1			GB/T 5096
水含量(质量分数)/%	≤0.030			SH/T 0216
机械杂质	无			GB/T 511
运动黏度(20℃)/(mm^2/s)	3.0～8.0			GB/T 265
闪点(闭口)/℃	≥60			GB/T 261
冷滤点/℃	8	4	－5	SH/T 0248
凝点/℃	5	0	－10	GB/T 510
十六烷值	≥45			GB/T 386
密度(20℃)/(kg/m^3)	报告			GB/T 1884 GB/T 1885
馏程 50%回收温度/℃ 90%回收温度/℃ 95%回收温度/℃	≤300 ≤355 ≤365			GB/T 6536
润滑性(HFRR@60℃)/μm	≤460			SH/T 0765
脂肪酸甲酯含量(体积分数)/%	1.0～5.0			GB/T 23801

油可进入成品油零售网络销售，这意味着被认为是化石能源最好替代品的生物柴油可名正言顺地进入成品油零售网络。同时，有助于国内生物柴油企业向国际先进水平靠拢，促进自主创新，提高质量，将生物柴油行业引向健康积极的发展轨道。

5.4 国内外生物柴油标准对比

我国对生物柴油产品密度的要求（20℃下 820～900kg/m^3）与欧盟的（15℃下 860～900kg/m^3）相似，而美国未给出明确限制。运动黏度（40℃）方面，我国的要求与美国一致，均为 1.9～6.0mm^2/s，而欧盟要求为 3.5～5.0mm^2/s，可以看出欧盟规定的运动黏度范围较窄（表 5-11)。生物柴油产品密度和运动黏度的限制对于制备原料而言是一种无形的限制，如某些动物油脂由于原料黏度较高，制得的生物柴油产品黏度也较高，则不适合用来制备生物柴油。对运动黏度进行较严格的限制是有必要的，因为如果黏度太高，生物柴油会在发动机中沉积下来。在闭杯闪点方面，3 个标准近似，分别为：中国≥130℃、欧盟≥120℃、美国≥100℃。在这个指标上，我国的要求是最高的。

表 5-11 美国、欧盟和我国的生物柴油标准对比

项目		美国 ASTM D 6751	欧洲 EN 14214	中国标准 GB 25199—2017
制定年份		2012 年	2012 年	2017 年
密度(15℃)/(kg/m^3)		—	860～900	820～900
闪点(闭口)/℃		≥93	≥101	130
水含量/(mg/kg)		—	≤500	≤500
动力黏度(40℃)/(mm^2/s)		1.9～6.0	3.5～5.0	1.9～6.0
硫酸盐灰分/%		≤0.02	≤0.02	≤0.02
硫含量/(mg/kg)	S15	≤0.0015%	≤100	≤50
	S500	≤0.05%		≤10
铜片腐蚀强度(50℃,3h)/级		≤3	≤1	≤1
十六烷值		≥47	≥51	≥49
100%样品的残炭(质量分数)/%		≤0.05	—	≤0.05
酸值/(mg KOH/g)		≤0.5	≤0.5	≤0.5
游离甘油(质量分数)/%		≤0.02	≤0.02	≤0.02
总甘油(质量分数)/%		≤0.24	≤0.25	≤0.24

续表

项目	美国 ASTM D 6751	欧洲 EN 14214	中国标准 GB 25199—2017
单甘酯含量(质量分数)/%	≤0.4	≤0.7	≤0.8
二甘酯含量(质量分数)/%	—	≤0.2	—
三甘酯含量(质量分数)/%	—	≤0.2	—
磷含量/(mg/kg)	≤10	≤4.0	≤10
90%回收温度/℃	≤360	—	—
冷滤点/℃	—	—	报告
浊点/℃	报告	—	—
甲醇含量(质量分数)/%	≤0.2	≤0.2	≤0.2
碘值/(g/100g)	—	≤120	—
总杂质量/(mg/kg)	—	≤24	—
水和沉积物/(mg/kg)	≤500	—	—
一价金属(Na+K)/(mg/kg)	≤5.0	≤5.0	≤5.0
二价金属(Ca+Mg)/(mg/kg)	—	≤5.0	≤5.0
酯含量(质量分数)/%	—	≥96.5	≥96.5
110℃的氧化稳定性/h	≤3.0	≤6.0	≤6.0
亚麻酸甲酯含量(质量分数)/%	—	≤12	—
多不饱和度(≥4 双键甲酯)(质量分数)/%	—	≤1.0	—
冷浸过滤/s	≤200	—	—

生物柴油的低温作业性能通常是由浊点、倾点和冷滤点 3 个性能指标决定的。对于浊点，我国和欧盟均未做要求，而美国仅要求进行降温试验并提交观察报告。倾点在这 3 个标准中均未做明确限制，但欧盟 EN 14213 标准提出倾点不得高于 0℃，不过这个标准是针对用于加热/取暖目的的生物柴油制定的，故在此不讨论。冷滤点是指在标准试验条件下，令生物柴油燃料通过专用过滤器的同时开始降温，流量开始低于 20mL/min 时的温度，冷滤点是衡量低温作业性能的重要指标，能够反映生物柴油的实际使用性能，它最接近生物柴油的实际最低使用温度。美国对冷滤点并未明确限制，但提供了测定方法（ASTM D 5949）；我国要求用冷滤点测定仪进行试验并提供报告。

腐蚀性通过铜片腐蚀测试来评价，该法是在一定温度下将指定规格的铜片浸入生物柴油燃料中，经过指定时间后，通过观察被腐蚀的铜片失去光泽的程度，对腐蚀程度进行分级，从而评价生物柴油燃料的腐蚀性。我国和欧盟的要求都是腐蚀情况≤1 级，而美国的要求是腐蚀情况≤3 级即可。

润滑性能对发动机的运转和寿命至关重要。燃料润滑性能的测定是在 60℃下用一种高频往复运动设备实现的：一个球和一个底盘浸在燃料中，以 50Hz 的频率相互摩擦 75min，得到一条磨痕。最后测量磨痕的最大长度，就代表试样的润滑性。若磨痕较短，说明燃料的润滑性能好。反之说明润滑性能差。由于生物柴油具有出色的润滑性，所以各国标准并未对其润滑性能做出限制。例如，不加润滑剂的超低硫柴油测试磨痕长度为 551μm，而由大豆油制得的生物柴油的测试磨痕长度仅为 162μm。实际上生物柴油可以用作超低硫柴油的良好润滑剂。

十六烷值是生物柴油的一项重要指标，它关系到生物柴油注入柴油发动机的燃烧室内之后的点火延迟时间。一般来说，点火延迟时间越短，燃料着火的倾向越大，生物柴油的十六烷值就越高。反之则越低。我国和欧盟对生物柴油燃料十六烷值的限制值相似：我国要求不低于 49；欧盟要求不低于 51；美国的要求略低，为不低于 47。

必须指出，石化柴油中的十六烷指数（按照经验公式用柴油的密度和中沸点求出的表示其着火性能的另一种量度，用来估计十六烷值）对于生物柴油不适用。这是因为石化柴油的十六烷指数是用于中间馏分类燃料（如超低硫柴油）的，由密度和沸程计算而得。但是生物柴油与石化柴油的馏出性质有很大不同，这会导致用于计算十六烷指数的公式无法使用。各种文献中包括很多计算生物柴油十六烷指数的算例，这些算例的结果值得怀疑。

氧化稳定性是影响生物柴油储藏性能的最重要指标。生物柴油中含有带 C ═C 键的不饱和脂肪酸酯如亚油酸酯、亚麻酸酯等，它们的烯丙位特别容易发生氧化反应。氧化稳定性的评价方法是测定其稳定性指数（oil stability index，OSI），以此作为衡量标准。这种方法是将待测样品加热至一定温度（一般为 110℃），使其沸腾，样品中的挥发性组分就从容器运移出来，被转至蒸馏水中。连续记录测量溶液的电导率，得到电导率随时间变化的氧化曲线。其拐点对应的诱导时间就是稳定性指数。我国和欧盟对生物柴油的氧化稳定性的要求都是≥6.0h，而美国只给出了测定方法而未作明确限制。曾有一些学者认为该法的测量温度过高，未能反映实际的使用条件；另外一些学者认为，由于 EN 14214 中包括了氧化稳定性这一指标，用来衡量生物柴油不饱和度的“碘值”指标已经没有必要了。

由于制备生物柴油的初始原料不同，生产工艺不同，后续处理方式不同，各种生物柴油产品的性质有很大差异。各项燃料性能指标经常能够反映出生物柴油的主要组分、副组分及杂质的情况。生物柴油产业的兴起时间不长，其质量标准尚不完善，很多指标都是照搬石化柴油的，也有很多指标的设置值得商榷。因此，各个国家的科学家和工程师们对此进行了广泛而热烈的争论和研讨。总体而言，目前中国、美国、欧盟的生物柴油标准中，欧盟的标准最为严格细致，不仅在量化指标上要求比较严，而且为生物柴油制定了很多专门的标准。例如，除了用于发动机中生物柴油的 EN 14214 标准之外，专门针对加热/取暖用生物柴油制定了一个 EN 14213 标准。这体现了质量与标准的专门化和精细化，是值得我们借鉴和学习的。生物柴油技术的快速发展，对石油石化业界来说既是挑战，更是机遇。可以预见，随着相关研究的深入，认识的深化，生物柴油质量标准必将愈加完善与合理，为生物柴油行业的进一步蓬勃发展提供可靠而有力的保障。

5.5 生物柴油评价指标

国外生物柴油产业起步较早，制定了一系列生物柴油的标准与规范：生物柴油标准中要考虑很多指标，有些指标是与石化柴油共有的，包括密度、运动黏度、闪点、硫含量、10%蒸余物残炭、十六烷值、灰分、含水量、机械杂质、铜片腐蚀、燃料安定性、低温性能等；还有一些指标是生物柴油所特有的，包括总酯含量，游离甘油含量，甘油单酯、二酯及酯含量，甲醇含量，碘值，多元不饱和脂肪酸甲酯的含量，酸值，磷含量，碱及碱土金属含量等；另外，还有一些额外的指标包括馏程、燃烧热值、润滑性、皂化物含量等是可以选择的。

生物柴油质量的主要评价指标包括闪点、残炭、硫含量、硫酸盐灰分、机械杂质、减压蒸馏、冷滤点、密度、凝点、十六烷值、含水量、酸值、铜片腐蚀、氧化安定性、运动黏度、脂肪酸甲酯、总甘油、游离甘油、甘油单酸酯、甘油二酸酯、甘油三酸酯等十余项理化指标。这些指标对燃料特性会产生各种各样的影响，以下具体说明。

5.5.1 密度

油品密度的大小对燃料喷嘴喷出的射程和油品雾化质量的影响很大。燃油密度和黏度的变化会导致发动机功率变化，结果导致发动机排放和燃油耗也发生变化。因此为了优化发动机性能和尾气排放，必须把密度控制在很窄的范围内。降低密度将降低 PM 和 NO_x 排放，会轻微地降低 CO_2 排放（约 1%），但将增加燃油耗和降低功率输出。0# 柴油密度（15℃）约为 830kg/m^3，生物柴油密度（15℃）比柴油略高 3%～8%，在 860～900kg/m^3 之间。我国密度的测定一般采用 GB/T 1884 规定的方法。毛细管比重瓶和带刻度双毛细管比重瓶法。

5.5.2 运动黏度

运动黏度是衡量燃料流动性及雾化性能的重要指标。运动黏度太高，流动性就差，造成供油困难，同时喷出油滴直径过大，油流射程过长，使得油滴有效蒸发面积减少，蒸发速度减慢，还会使混合气组成不均匀，燃烧不完全，燃料消耗量过大。而运动黏度太小，流动性过高，会使燃料从柱塞和泵筒之间的空隙流出，造成喷射泵和喷射器泄漏，致使喷气缸燃料减少，发动机效率下降。同时，雾化后油滴直径过小，喷出油流射程短，不能与空气均匀混合，燃烧不完全。

一般认为运动黏度在 1.9～6.0mm^2/s 之间的燃料适用于柴油机。由于生物柴油为 C_{14}～C_{24}，比石化柴油（8～10 个碳原子）长，因此其运动黏度要比石化柴油稍高。若在石化柴油中混合一定比例生物柴油，运动黏度将增加，但也能满足柴油标准[11]。将生物柴油以一定比例与石化柴油或其他溶剂混合，可以有效降低其黏度并改善其低温性能。运动黏度的测定可按 GB/T 265—1988 进行。

5.5.3 闪点

油品在规定条件下加热到其蒸气与火焰接触发生闪火时的最低温度，称为闪点[13]。油品在规定条件下加热到能被接触到的火焰点着并燃烧且不少于 5s 时的最低温度，称为燃点。测定油品闪点的意义是：a. 从油品的闪点可以判断其馏分组成的轻重，一般来说，油品蒸汽压越高，馏分组成越轻，其闪点越低；b. 闪点是油品（汽油除外）的爆炸下限温度，即在此温度下油品遇到明火会立即发生爆炸燃烧。闪点是衡量油品在储存、运输和使用过程中安全程度的重要指标。通常，高沸点油品的闪点为其爆炸的下限温度。闪点越低，燃料越易燃烧，火灾危险性也越大。因此，测定闪点来鉴定发生火灾的危险性。闪点在 45℃以下的液体称为易燃易爆液体，闪点在 45℃以上的液体称为可燃液体。一般认为，闪点比使用温度高 20～30℃，即可安全使用。生物柴油的闪点一般高于 110℃，远超过石化柴油的 70℃。所以生物柴油储运比石化柴油安全。甲醇的含量是影响生物柴油闪点高低的重要因素。即使在生物柴油中含有少量的甲醇，其闪点也会降低。除此之外，较多的甲醇也会对燃料泵、橡塑配件等有影响，并且会降低生物柴油的燃烧性能。所以，限定闪点在机理上还可限定生物柴油酯交换反应后残留甲醇含量。美国生物柴油标准要求闭口闪点不低于 93℃，我国和欧盟标准要求不低于 101℃。闪点的测定有闭口杯法（GB/T 261—2008）和开口杯法（GB/T 267—1988）。

闪点还是表示油品蒸发性的一项指标。油品的馏分越轻，蒸发性越大，其闪点也越低；反之，油品的馏分越重，蒸发性越小，其闪点也越高。

5.5.4 残炭

残炭是油品中胶状物质和不稳定化合物的间接指标。是评价油品在高温条件下生成焦炭倾向的指标。残炭值过高，油品中不稳定的烃类和胶状物质就多。油品 10%蒸余物残炭值是油品馏程和精制深度的函数。油品的馏分越轻和精制深度越好，其残炭值越小；反之残炭值增大。残炭值大的油品在使用中会在气缸内形成积炭，导致散热不良、机件磨损加剧或烧干部件。空气污染物中，颗粒物占了很大比重，柴油机的颗粒排放是个重要问题，为了降低颗粒物排放，也必须对残炭值要求严格。

残炭值越大，燃料在燃烧室中形成积炭的倾向就越大，喷油器也越易结胶堵塞。现行标准主要测定 10%炭残余和 100%炭残余。ASTM D 6751—2012 标准采用 D 4530 测定 100%炭残余，规定不超过 0.05%（质量分数），其他国家测定 10%炭残余，规定其含量不超过 0.3%。

油脂在隔绝空气的情况下加热时会蒸发、裂解和缩合，生成一种具有光泽鳞片的焦炭状残留物即为残炭，主要由油品中的胶质、沥青质、多环芳烃及灰分形成。残炭量的高低直接影响油品的稳定性、柴油机焦炭量、积炭等。我国残炭的测定可按 GB/T 17144 规定的方法进行。

5.5.5 硫含量

油品的硫含量主要与油品对发动机的腐蚀性有关。根据研究表明，油品中的含硫化合物对发动机的寿命影响很大，其中的活性含硫化合物（如硫醇等）对金属有直接腐蚀作用。而且硫燃烧后形成 SO_2、SO_3 等硫氧化物，这些氧化物不仅会严重腐蚀高温区的零部件，而且还会与气缸壁上的润滑油起反应，加速漆膜和积炭的形成。同时，硫或硫化物还会使油品发生恶臭和着色。硫或硫化物还对发动机污染物排放有很大影响，存在造成环境污染的危害。准确测定油品的硫含量对控制油品质量和避免使用中出现不安全因素有重要意义。

清洁燃料的一个重要指标就是低硫要求。硫含量对发动机磨损和沉积以及污染物排放都有很大影响。生物柴油的一个优点就是硫含量极低。硫含量对发动机尾气排放有很大影响，低硫燃料油对排放控制主要有两方面作用：直接减少颗粒和 SO_2 排放；确保各类柴油汽车的颗粒物和 NO 排放控制的工作效能。现行的 ASTM D 6751—2012 标准按硫含量的多少将生物柴油划分为两个等级，分别为 S15、S500，不过多数生物柴油硫含量属于 S15 等级。我国硫含量的测定可按 SH/T 0689—2000 规定的方法进行。

5.5.6 硫酸盐灰分

灰分的组成一般认为是一些金属元素及其盐类，在生物柴油中灰分一般以固体磨料、可溶性金属和未除去的催化剂三种形式存在。固体磨料和未除去的催化剂能导致喷油器、燃油泵、活塞和活塞环磨损。可溶性金属皂对磨损影响很小，但可能导致滤网堵塞。限制灰分可以限制生物柴油中无机物如残留催化剂的含量。发动机燃料灰分大，会增加气缸体、喷射器、燃油泵、活塞和活塞环的磨损。ASTM D 6751—2012 标准规定，生物柴油的硫酸盐灰分不高于 0.02%（质量分数）。

生物柴油中的灰分主要为残留的催化剂（碱催化）和其他原料中的金属元素及其盐类，限制灰分可以限制生物柴油中无机物如残留催化剂的含量等。我国灰分的测定按 GB/T 2433—2001 进行。

5.5.7 机械杂质

机械杂质是指油品中不溶于油的沉淀或悬浮物，如泥砂、尘土、铁屑、纤维和某些不溶性盐类。对轻油来说，机械杂质会堵塞油路，促使生胶或腐蚀；对锅炉燃料，会堵塞喷嘴，降低燃烧效率，增加燃料消耗。还会造成发动机磨损。我国要求无机械杂质，测定标准按照 GB/T 511—2010 测试。

5.5.8 馏程

烃类的蒸馏（挥发性）特性通常在其安全和性能方面，特别是燃料和溶剂油，有重要的影响。挥发性是烃类产生潜在的爆炸蒸气趋势的主要决定因素。挥发性对车用汽油和航空汽油也起决定性作用，在高温或高海拔地区或两种情况都具备的条件下使用时，可以影响启动、升温和气阻趋势。在车用汽油、航空汽油和其他燃料中，高沸点组分的存在能明显地影响燃烧时固体沉淀物的形成程度。这一指标的作用是防止生物柴油中混入其他高沸点污染物。

生物柴油是由一系列复杂的脂肪酸甲酯组成的混合物，因而与纯化合物不同，没有一个固定的沸点，其沸点随气化率的增加而不断升高，因此生物柴油的沸点以某一温度范围表示，这一温度范围称沸程或馏程。柴油的馏程是保证柴油在发动机气缸内迅速蒸发气化和燃烧的重要指标。为保证良好的低温启动性能，要有一定的轻质馏分，使其蒸发速度快，有利于形成可燃混合气，燃烧速度快。我国轻柴油指标规定，95%的馏出温度不得高于 360～365℃。馏程的测定方法采用 GB/T 255—1977。

5.5.9 冷滤点

用于评价生物柴油低温流动性的指标有浊点（cloud point，CP）、倾点（pour point，PP）、冷滤点（cold filter plugging point，CFPP）和凝点（solidifying point，SP），国内采用冷滤点来衡量生物柴油的低温流动性。CFPP 最接近生物柴油的实际最低使用温度，能够反映生物柴油在低温下的实际使用时的性能。曾经用倾点和浊点来表示柴油的低温性能。但是，冷过滤时，即使倾点或浊点符合气温要求，油品也往往堵塞过滤器.影响向高压泵供油。油品在低温下由于其中的石蜡成分结晶析出而失去流动性，最初形成的晶粒是不连续的，分散在连续相的油中，这时油品并未失去流动性。随着晶粒增多，形成了晶体结构，最后形成立体网状晶格结构，油被包在网状晶格间，此时油品就失去了流动性而凝固。

从油品中晶粒出现到生长成为网状晶格结构对油品流动性的影响来看，倾点和浊点的控制并不能保证油品的低温使用性能。因为，例如倾点只能判定油品储运作业预先不加热即可进行的最低温度，而无法知道尚处于流动状态下的油品中蜡晶体已生长成什么状态，是否会堵塞供油过滤器。这就是柴油冷滤点指标出现的根本原因。我国生物柴油冷滤点采用 NB/SH/T 0248—2019 标准。

5.5.10 凝点

油品的凝固和纯化合物的凝固有很大的不同。油品并没有明确的凝固温度，所谓“凝固”只是作为整体来看失去了流动性，并不是所有的组分都变成了固体。柴油的低温流动性一般由浊点、冷滤点、凝点或倾点等来衡量。在冷滤点方法出现之前，一般用浊点、凝点、倾点来评价油品的低温性能。凝点高的油品不能在低温下使用。我国以凝点来划分柴油的牌号。因此，测量凝点对于生产、运输和使用都有重要意义。

5.5.11 十六烷值

燃烧性能是评价燃料油品质的重要指标，而十六烷值是衡量燃料在压燃式发动机中燃烧性能好坏的重要指标。较高的十六烷值在喷射、噪声及冷白烟等方面能获得较好的性能。十六烷值低，则燃料发火困难，滞燃期长，发动机工作状况粗暴。而当十六烷值过高时，对滞燃期提高的作用不大，反而会因为滞燃期太短，燃料来不及与空气完全混合即着火自燃，以至燃烧不完全，部分烃类热分解而产生游离碳粒，并随烟气排走，造成发动机冒黑烟及油耗增大，功率下降。柴油机属压燃式发动机，要求柴油喷入气缸与压缩空气相混合后，在高温高压条件下自燃，并在气缸中燃烧做功。柴油的十六烷值影响整个燃烧过程。十六烷值低，则燃料发火困难，滞燃期长，发动机工作时容易爆震；而当十六烷值过高时，反而会因滞燃期太短而导致燃烧不完全、发动机功率降低、耗油增加和冒黑烟等后果。一般认为，适宜的柴油十六烷值应为 45～60，可以保证柴油均匀燃烧，热功率高，耗油量低，发动机工作平稳，排放正常。根据 Knothe 等[14] 的研究，碳链长度的增加有助于十六烷值的提升，而不饱和双键数目的增加则会使十六烷值有所降低。生物柴油的十六烷值比普通矿物柴油要略高，通常为 50～60 之间。十六烷值的测定有临界压缩比法、延滞点火法和同期闪火法，我国国家标准（GB/T 386—2010）规定采用同期闪火法。

5.5.12 水分

生物柴油中低含量的水可以充当燃烧促进剂，但是水分会大大降低生物柴油的存储稳定性。水解是生物柴油劣变的原因之一，残留的酸或碱会催化水解，水分还会促使锈生成。水分还是微生物生长的一个必要条件，微生物存在于水相和柴油的界面处。水分在 2 号柴油中的溶解度是 60μg/g（25℃），而在生物柴油中的溶解度高达 1.5mg/g，用处理石化柴油的方式处理生物柴油常会导致生物柴油水分含量较高，生物柴油中水分的高溶解度为微生物的生长提供场所，当与石化柴油混合时高含量的水分还可能从中析出。水分的存在对生物柴油的燃烧性能有很大影响，还会对柴油机产生腐蚀作用。水分还会提高生物柴油的化学活性，使其容易变质，降低存储稳定性。因此，准确测定油品的水分含量对控制油品质量和避免使用中出现不安全因素有着重要意义。

游离水会导致生物柴油氧化并与游离脂肪酸生成酸性水溶液，对金属有腐蚀。现行的 ASTM D 6751—2012 标准规定生物柴油水及沉淀物含量不高于 0.05%（体积分数）。我国水分测定可参考 GB 6283—2008（卡尔-费休氏法）。

5.5.13 酸值

酸值用来测定存在于生物柴油中的游离脂肪酸和处理酸的程度，是衡量油品腐蚀性和使用性能的重要依据。油品中的酸性物质对柴油发动机工作状况有非常大的影响。酸性物质含量多，会使发动机内的积炭增加，造成活塞磨损，使喷嘴结焦，影响雾化性能和燃烧性能，使发动机功率降低。同时，在油品储存、使用中，可以从酸值指标的变化来判断油品氧化变质情况，从而采取有效措施防止油品的损失报废和保证机器正常运转。

生物柴油的酸值主要表现在微量的游离脂肪酸，酸值较低，一般在 0.5mg KOH/g 以下，远低于优质柴油的酸度值（5mg KOH/g）。现行的 ASTM D 6751—2012 标准将生物柴油的酸值修正为不高于 0.5mg KOH/g。

油脂的酸度（值）是指中和单位质量油脂中的酸性物质所需碱的量。柴油的酸度对发动机的工作状况影响很大，酸度（值）大的柴油会使发动机内积炭增加，造成活塞磨损，使喷嘴结焦，影响雾化和燃烧性能；酸度（值）大还会引起柴油的乳化现象。酸度和酸值是衡量油品腐蚀性和使用性能的重要依据。通过酯交换制备的生物柴油，仅含有极微量的脂肪酸、环烷酸等有机酸和硫等，酸值较低，一般在 0.5mg KOH/g 以下，远低于优质柴油的酸值（5mg KOH/g）。酸值的测定可采用 GB 5009.229—2016 规定的方法。

5.5.14 铜片腐蚀

此实验可用来评测燃料系统中紫铜、青铜、黄铜部件的潜在问题。由于生物柴油中存在的酸或含硫化合物会使铜片褪色，以此来预测产生腐蚀的可能性。

如果生物柴油长期与铜接触，可能会导致生物柴油发生降解。ASTM D 6751—2012 标准规定生物柴油的铜片腐蚀不超过 3 级，多数生物柴油都能达到要求。

5.5.15 氧化安定性

氧化安定性是油品的重要性质之一，氧化安定性总不溶物是预示油品在储存和运输过程中，在有空气和少量水存在下生成沉淀物和胶质的趋势。油品氧化安定性总不溶物最直观的表现是油品色度随着储存时间延长油品颜色加深。因为在使用和储存过程中不可避免地会与空气中的氧接触，在一定条件下，油品与氧会发生反应生成一些新的氧化产物，如黏附性不溶物、可滤出不溶物，从而影响油品的性能。生物柴油主要是不饱和脂肪酸甲酯，不饱和度较高，易氧化；所形成的氧化产物可以使发动机滤网堵塞和喷射泵结焦，也会使某些材料老化。

氧化安定性差的生物柴油易生成胶质、油泥、可溶性聚合物、老化酸和过氧化物 4 种老化产物。由于生物柴油很难通过纤维素滤膜，用于评价柴油氧化安定性的方法不能评价生物柴油。现行的测定生物柴油的氧化安定性方法可参见 EN 157510。高温条件下生物柴油从开始进入实验环境到氧化产物开始迅速增加所经过的时间，称为诱导期。诱导期是评价生物柴油氧化安定性的通用指标，诱导期越长，氧化安定性越好。诱导期的测定方法主要有加速氧化法、活性氧化法、烘箱法、馏分测定法、综合热分析法。

加速氧化法是生物柴油氧化安定性测定的标准方法，我国也采用此方法。EN 14112:2012 或 EN 14214:2008 规定生物柴油在 110℃ 下的诱导期不低于 8h。Liang[15] 采用加速氧化法测定了 PME 的诱导期，研究指出 PME 诱导期符合欧盟大于 6h 的标准，并且天然和人工抗氧化剂均能够缓解 PME 氧化变质的程度。戴玲妹[16] 采用加速氧化法考察了多种生物柴油的氧化安定性，研究表明生物柴油的诱导期时间与原料油中 SFAME 成正比关系。

活性氧化法（AOM 法），其原理为将样品在 100～150℃ 的条件下持续通入一定流速的空气，定时取样测定样品的过氧化值。当样品的过氧化值达到 50mmol/kg 时，样品的氧化时间就是诱导期，通过诱导期对样品的氧化安定性进行评价，诱导期越长，样品的氧化安定性越好[17]。徐鸽等[18] 采用 AOM 法考察了三种生物柴油的氧化安定性，结果表明：氧气流量的改变对生物柴油的性能影响较小，但金属催化会导致生物柴油的性能恶化。李瑞莲等[19] 分别采用 AOM 法和加速氧化法评价了生物柴油的氧化安定性，研究表明：两种方法得出的结果相差很小，AOM 法也能够作为生物柴油氧化安定性的日常分析检测方法。

5.5.16　脂肪酸甲酯

生物柴油是由大豆或其他植物油类、动物油脂等通过酯化过程合成的。其主要成分是软脂酸、硬脂酸、油酸、亚油酸等长链饱和与不饱和脂肪酸同短链醇（主要为甲醇）所形成的一系列脂肪酸甲酯混合物。油类与醇在催化剂存在的情况下，发生酯交换反应，利用甲氧基取代长链脂肪酸上的甘油基，将甘油基断裂为三个长链脂肪酸甲酯，从而缩短碳链长度，降低油料的黏度，改善油料的流动性和汽化性能，达到作为燃料使用的要求。

脂肪酸甲酯为此燃料的主要燃烧成分，因此生物柴油中脂肪酸甲酯含量是生物柴油纯度及杂质含量的体现。因此，可以将生物柴油产品中脂肪酸甲酯含量作为产品质量及生物柴油生产工艺好坏的评价指标之一。ASTM D 6751—2012 未涉及这些项目，EN 14214:2014 标准需要测定这些指标，采用的方法是 EN 14105。

生物柴油是由各种油脂经酯交换反应制备的脂肪酸甲酯，因而测定其甲酯含量及结构就可以确定生物柴油的纯度，这对于生物柴油的质量控制具有重要意义。酯含量的测定可采用仪器分析的方法，如气相色谱[20] 等，也可参照国家标准 GB 5009.229—2016。

5.5.17 甲醇含量

生物柴油的生产过程中需使用大量的甲醇，而甲醇与酯类是互溶的，尽管大部分甲醇在后续工艺中回收，但仍有微量残存于生物柴油成品中，所含的微量甲醇和甘油会使与之接触的橡胶零件逐渐溶解，进而影响发动机的正常工作。甲醇含量是影响生物柴油闪点的重要因素，其测定可采用气相色谱及分光光度法等[21]。ASTM D 6751—2012 和 EN 14214:2012 标准都采用 EN 14110 方法来测定甲醇的含量，规定其含量不超过 0.2%（质量分数）。

5.5.18 甘油含量

甘油含量包括总甘油含量和游离甘油含量。总甘油包括游离甘油和未反应或部分反应的油脂，较低的总甘油含量能确保油脂转变成脂肪酸甲酯的高转化率。ASTM D 6584 测定总甘油和游离含量，要求总甘油含量不超过 0.24%（质量分数），游离甘油含量不超过 0.02%。而 EN 14105 和 EN 14106 规定浓甘油含量不超过 0.25%，游离甘油含量不超过 0.02%。

生物柴油中甘油含量的高低取决于酯交换的工艺过程。甘油酯的高黏度是生物柴油在启动和持久性上产生问题的主要原因，甘油酯特别是甘油三酯会在喷嘴、活塞和阀门上产生沉积。许多国家的生物柴油标准均要求游离甘油小于 0.02%，总甘油小于 0.25%。游离甘油和总甘油的测定通常采用皂化-高碘酸氧化法[22,23] 或比色法。

5.5.19 磷含量

高磷含量会使燃烧排放物中的颗粒物增加，并影响汽车尾气催化剂的性能，因此低磷含量是重要的。EN 14214:2012 标准已将生物柴油磷含量修正为不高于 4mg/kg。生物柴油中高的磷含量会使燃烧排放物中的颗粒物增加，并影响汽车尾气催化剂的性能。植物油的磷含量主要取决于油脂精炼的程度，深度精炼的油脂每升只含有几毫克磷，而粗油和水化脱胶油的含磷量可达 100mg/L。对磷含量的测定文献报道有分光光度法[24]。

5.5.20 碱性金属含量

生物柴油中的碱性金属主要以（Na+K）和（Ca+Mg）存在。ASTM D 6751—2012标准已统一采用EN 14538测定生物柴油这两组碱性金属含量，规定其含量都不超过5mg/kg。

5.5.21 微量金属含量

除（Na+K）和（Ca+Mg）以外的微量元素含量统一采用ASTM D 7111测定，目前还未规定具体标准范围。

5.5.22 碘值

油脂的碘值为每100g油脂吸收碘的克数。碘值的高低反映油脂的不饱和程度，碘值越高则不饱和程度越大。通过碘值的测定，可以计算出油脂中混合脂肪酸的平均双键数，而不饱和键的多少又与生物柴油的燃烧性能、运动黏度、冷滤点等有关，因此碘值可以在一定条件下判断生物柴油的性质。然而，低不饱和度的生物柴油，其碘值低，十六烷值高，但低温性能差；而高不饱和度的生物柴油，碘值高，十六烷值低，但低温性能优异。这样，碘值、十六烷值和低温性能就存在相互矛盾的关系。目前已有研究，用基因工程技术可培育出十六烷值较高的油脂资源。碘值测定方法可参阅GB 5532—2008。

5.5.23 冷浸过滤实验

ASTM标准中的冷浸过滤试验是指防止劣质生物柴油中的固体磨料在低温寒冷天气下析出的标准。冷浸泡过滤试验是测定经冷浸泡过的生物柴油经过2个孔径为0.8μm过滤器的时间，也测定收集在滤纸上的颗粒物质量。采用ASTM D 7501标准测定，规定不超过360s。如果柴油车在低于－12℃使用，所要求时间不可超过200s。

5.5.24 热值

热值是生物柴油应用于发动机的基本衡量指标，关系到发动机的动力性能。生物柴油的质量热值比矿物柴油低10%左右，但其密度高于矿物柴油，因此其体积热值仅低于矿物柴油3%～4%。而进入柴油机缸内的能量正是以燃油系统每个循环所供给的燃油体积热值来计算的。生物柴油直接应用于柴油机，在每个循环供油量不变的情况下，功率只比燃用柴油略低，而其含氧性却可以大幅降低黑烟排放。热值测定可采用 GB 384—1981 规定的方法。

参考文献

[1] Automotive fuels-fatty acid methyl esters (FAME) for diesel engines—Requirements and test methods: EN 14214 [S]. Belgrade, Serbia: Standardization Institut, 2004.

[2] Heating fuels. Fatty acid methyl esters (FAME). Requirements and test methods: EN 14214 [S]. 2003.

[3] Automotive fuels-diesel-requirements and test methods: EN 590: 2004.

[4] Prankl H, Wörgetter M. Standardisation of biodiesel on a European level. 3rd European Biofuels Forum [C]. 1999.

[5] Prankl H, Mittelbach M, et al. Review on biodiesel standardization world-wide [J]. IEA Bioenergy Task, 2004 (39): 38-46.

[6] Cardone M, Mazzoncini M, Menini S, et al. Brassica carinata as an alternative oil crop for the production of biodiesel in Italy: agronomic evaluation, fuel production by transesterification and characterization [J]. Biomass and Bioenergy, 2003, 25 (6): 623-636.

[7] Standard A. Standard specification for biodiesel fuel blend stock (B100) for middle distillate fuels [S]. ASTM D 6751, 2012.

[8] ASTM A. Standard specification for diesel fuel oil, biodiesel blend (B6-B20) [S]. Annual Book of ASTM Standards, 2008.

[9] 姚东阳. 生物柴油精炼工艺实践 [J]. 生物质化学工程, 2016, 50 (1): 41-44, 56.

[10] Qiao Q, Ye M J, Si F F, et al. Variability of seed oil content and fatty acid composition in Shantung maple (Acer truncatum Bunge) germplasm for optimal biodiesel production [J]. African Journal of Biotechnology, 2017, 16 (48): 2232-2241.

[11] 牟明仁，张代华，曾泽，等. 进口生物燃料与 GB/T 25199—2010 的技术要求对比分析 [J]. 化学与生物工程，2013，11: 68-70.

[12] 蔺建民，张永光，杨国勋，等. 柴油机燃料调合用生物柴油（BD100）国家标准的编制 [J]. 石油炼制与化工，2007，38 (3): 27-32.

[13] 张波，李若愚，赵国旗. 国内外 3 号喷气燃料闭口闪点测定方法标准对比及建议 [J]. 石油商技，2016 (3): 69-73.

[14] Knothe G, Ryan T W. Cetane numbers of fatty compounds: influence of compound structure and of various potential cetane improvers [C]. SAE Technical Paper, 1997: 127-132.

[15] Liang Y C, May C Y, Foon C S, et al. The effect of natural and synthetic antioxidants on the oxidative stability of palm diesel [J]. Fuel, 2006, 85 (5-6): 867-870.

[16] 戴玲妹，刘强，孙婷. 3 种生物柴油成品品质及性能评价 [J]. 中国油脂，2009，34 (12): 53-56.

[17] 陈浩，周惠，黄磊光. 生物柴油氧化安定性的实验室研究 [J]. 化工时刊，2010，24 (04): 46-48.

[18] 徐鸽，邬国英，余娟. 生物柴油的氧化安定性研究 [J]. 化工新型材料，2004，32

(2): 29-31.
[19] 李瑞莲. 生物柴油氧化安定性的测定 [J]. 化学工程与装备, 2010 (6): 164-167.
[20] 巫淼鑫, 邬国英, 韩瑛, 等. 6 种食用植物油及其生物柴油中脂肪酸成分的比较研究 [J]. 中国油脂, 2003, 28 (12): 65-67.
[21] 蒋小良, 黄承斌, 徐正华, 等. 分光光度法测定进口粗甘油中甲醇含量 [J]. 化学分析计量, 2013 (1): 15-17.
[22] 刘伟伟, 苏有勇, 张无敌, 等. 生物柴油中甘油含量测定方法的研究 [J]. 可再生能源, 2005, 3 (121): 14-20.
[23] 郭萍梅, 黄庆德. 生物柴油中游离甘油和总甘油测定方法研究 [J]. 粮食与油脂, 2003, 8: 41-42.
[24] 巫淼鑫, 邬国英, 王俊德, 等. 磷钼蓝分光光度法测定生物柴油中微量磷 [J]. 江苏工业学院学报, 2004, 16 (2): 23-25.

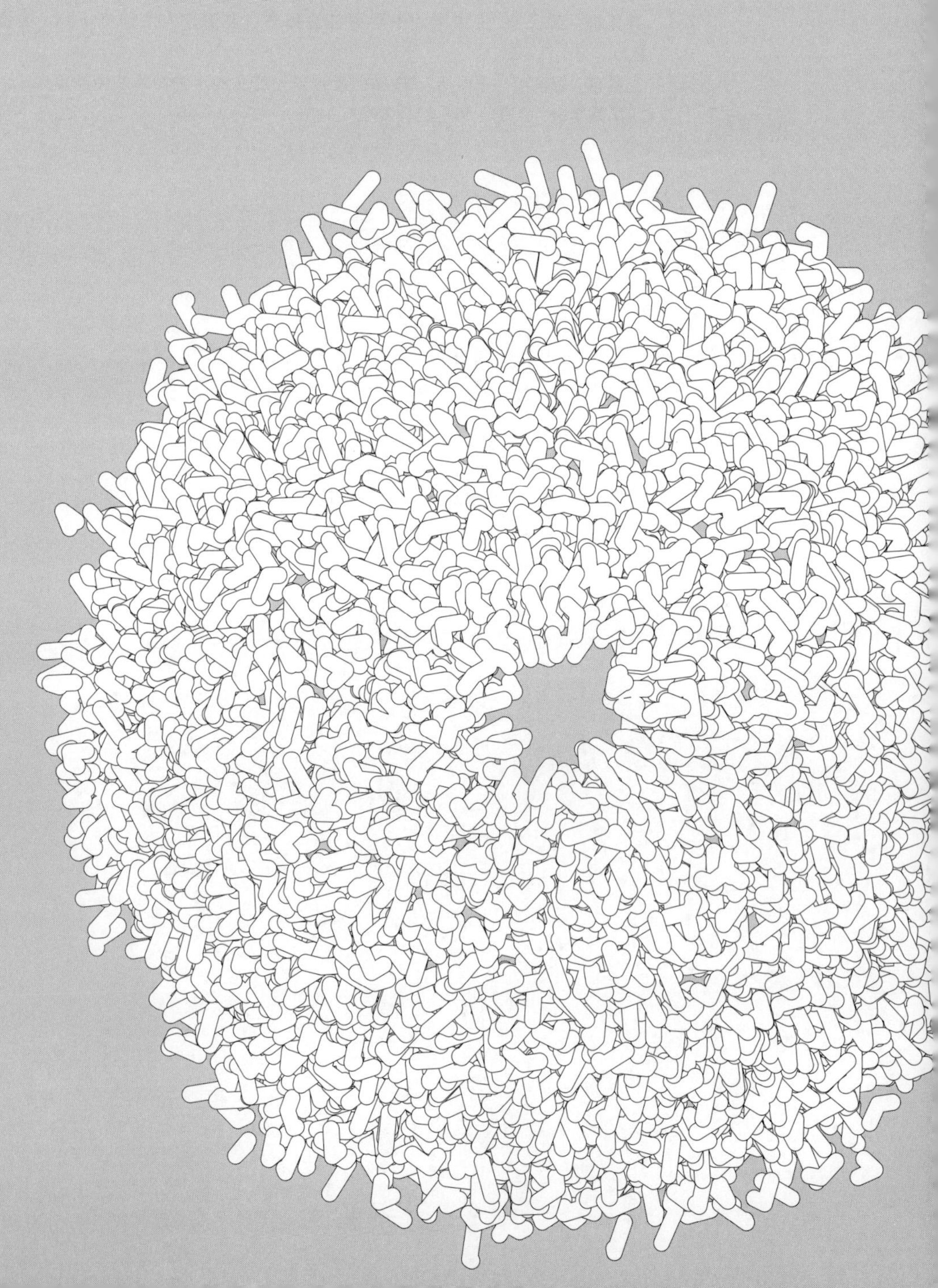

第6章

生物柴油及副产物甘油生产高值产品

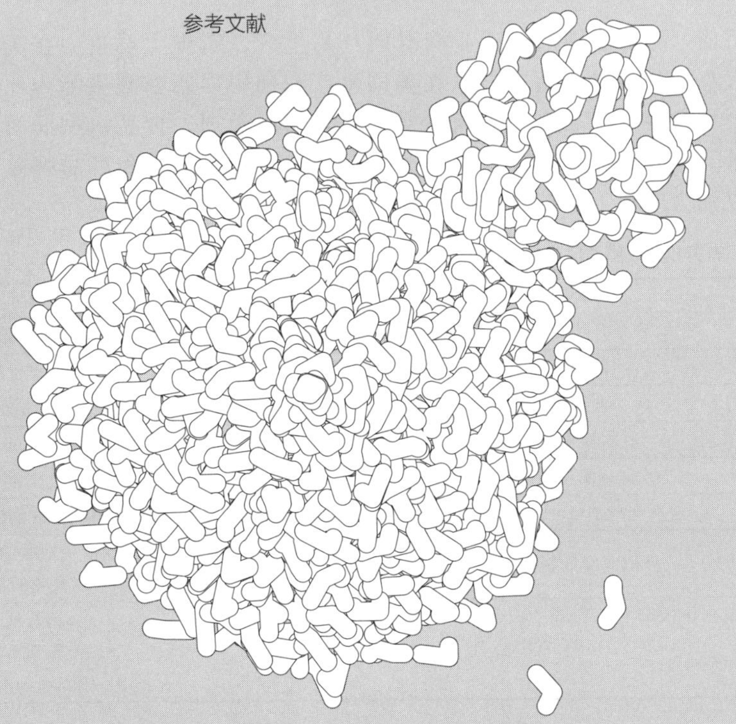

生物柴油是以动植物油脂、餐饮业废油或工程微藻等为原料制成的高级脂肪酸甲酯，具有可再生、可生物降解、安全、污染少等优点，是一种环保的绿色能源，得到了世界各国的重视[1-3]。但由于作为生产生物柴油原料的植物油价格居高不下，导致生物柴油的生产成本较高，单独生产生物柴油在经济上难以立足。为保障生物柴油产业的健康发展，一方面从植物育种、栽培开始，到收割、储存、榨油加工的每一步都需要降低成本，力求取得低成本的原料油；另一方面，要用生物柴油（脂肪酸甲酯）和联产的甘油来生产高附加值的化工产品，以大幅度提高利润[4]。如美国利用大豆油生产的脂肪酸甲酯成功开发了工业溶剂、表面活性剂、润滑剂、增塑剂、黏结剂等可生物降解的化工产品[5]。本章主要介绍国内外利用脂肪酸甲酯及副产物甘油为原料来生产高附加值化工产品的技术进展。

脂肪酸甲酯与油脂和脂肪酸相比有很多优点，如储存稳定性好、沸点低、分馏容易、腐蚀性小等。随着人们对脂肪酸甲酯的深入研究，其用途也在不断扩大，除直接作为柴油机燃料外，还被广泛应用于化工产品生产的原料[6]。脂肪酸甲酯的化工利用包括精制加工的直接利用和化学加工的间接利用。

6.1 脂肪酸甲酯生产润滑油

目前，脂肪酸甲酯的工业润滑剂产品生产、销售主要集中在美国和欧洲，原料多以大豆油和菜籽油为主[7]。在美国生产和销售以脂肪酸甲酯为原料生产润滑剂产品的公司众多，产品应用范围包括石化柴油润滑剂、食品机械润滑剂、日用除锈润滑剂等。表 6-1 给出了部分美国生产润滑剂产品的公司和产品牌号，但在美国主要以大豆油为原料生产石化柴油润滑添加剂。

表 6-1　美国部分以脂肪酸甲酯为原料生产润滑剂的公司和产品牌号

公司名称	产品牌号
农业环境产品有限公司	大豆油甲酯
阿彻石油公司	大豆油润滑油
谢弗制造公司	Shield 大豆油润滑油
双欧克莱恩工业公司	大豆润滑油 SL-100
CHS 自有品牌润滑剂有限公司	Cenex 润滑油
迪斯润滑油(Desilube)有限公司	Desilube 88 润滑油
环境润滑剂制造有限公司	棉油主轴器油脂 多功能齿轮润滑剂
Gemtek 有限公司	SL-润滑油 SL-齿轮润滑油 SL-钢丝绳润滑油

续表

公司名称	产品牌号
可再生润滑剂公司	Bio 80W90 齿轮油 生物空气压缩机流体 生物食品级齿轮油
国际润滑剂公司	Lubegard 生物开关润滑剂

石化柴油在发动机中既作为燃料又作为输油泵和高压油泵的润滑剂，如果石化柴油的润滑性不好，就无法为油泵提供可靠的润滑，会导致油泵磨损增加，降低油泵的使用寿命，严重时可能引起油泵漏油。润滑性的好坏是评价石化柴油品质的一个重要指标。但由于环保要求，采用加氢技术生产超低硫、低芳清洁柴油，在加氢过程中会把石化柴油中起润滑作用的微量含氮、氧的极性化合物，以及芳烃尤其是多环芳烃脱除，从而降低石化柴油的润滑性。为了提高石化柴油的润滑性能，目前较普遍的方法是加入润滑性添加剂。

脂肪酸甲酯具有比较好的润滑性，其来源广泛，具有可生物降解性，是一种很好的石化柴油润滑性添加剂。Anastopoulos 等[8] 将葵花籽油、橄榄油、玉米油和煎炸油的甲酯加入低硫柴油中，加入量（质量分数）低于 0.15%时效果不明显，加入量在 0.25%以上时磨斑直径显著降低，但超过 1%的加入量后，磨斑直径渐趋于常数。

美国西南研究院和爱达荷州立大学的 Drown 等[9] 研究了以大豆油、菜籽油、椰子油和蓖麻油为原料生产的生物柴油对低硫石化柴油润滑性的促进作用，结果表明，添加 0.5%以上的上述生物柴油，就能使硫含量为 0.07%的石化柴油满足润滑性能要求。实际上，脂肪酸甲酯作为石化柴油润滑添加剂的加入量一般都较高。在美国应用脂肪酸甲酯的地区集中在中部，应用最多的是含 2%脂肪酸甲酯的石化柴油（即 B2），而东部和西部地区应用较多的是 B5、B10、B20（弗吉尼亚州主要用 B2）。在法国，销售的所有车用柴油燃料中都含 1%～5%的用菜籽油生产的脂肪酸甲酯，有些市内公交车用的柴油中脂肪酸甲酯含量高达 30%。以脂肪酸甲酯为原料生产的润滑剂产品功能并不单一，脂肪酸甲酯往往只是其中的一个组分。如脂肪酸甲酯生产的石化柴油润滑性添加剂，不仅可以改善润滑性，还可以改进十六烷值、提高燃烧效率等。

6.2 脂肪酸甲酯生产航空煤油

6.2.1 脂肪酸甲酯生产航空煤油介绍

生物航空燃料，又称生物喷气燃料或生物航空煤油。传统航空燃料组分碳

链长度为 C_8 ～ C_{16}，主要由直链烷烃、异构烷烃、环烷烃和芳烃组成，其中直链烷烃约占 20％、异构烷烃约为 40％、环烷烃约 20％、芳烃含量要求不高于 25％。尽管环烷烃的净热值较低，但是环烷烃的低温流动性很好，可以显著降低航空燃料的冰点，保证飞机在高海拔飞行时燃料仍可使用。航空燃料的净热值也是一个严格要求的参数，为了保证飞行距离，燃料的能量密度一定要足够高，航空燃料的热值比生物柴油稍高，对生物柴油进行适当的精炼是有可能达到航空燃油能量要求的。

传统航空燃料是直馏馏分、加氢裂化和加氢精制等组分及必要的添加剂调和而成的一种透明液体。传统航空燃料组分的碳链长度为 C_8 ～ C_{16}，馏程为 145～275℃，介于汽油和柴油之间（见图 6-1）。其成分包括直链烷烃、异构烷烃、环烷烃和芳烃，其中直链烷烃约占 20％、异构烷烃约占 40％、环烷烃约占 20％、芳烃含量要求不高于 25％[10]。

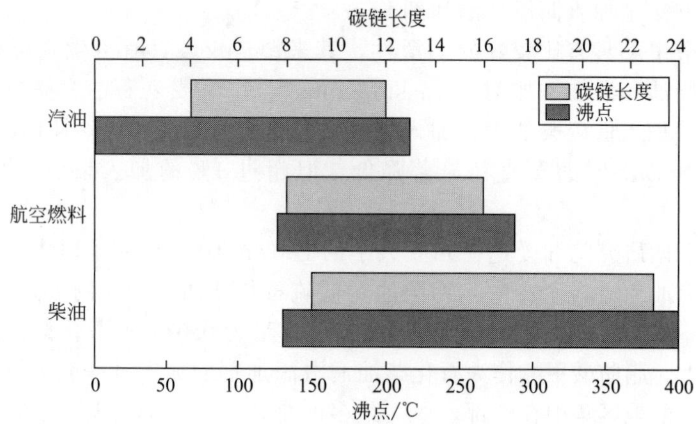

图 6-1　汽油、柴油和生物航空燃料的碳链长度与馏程

传统生物柴油制备过程主要是通过油脂的酯交换反应实现的，即油脂原料在催化剂作用或超临界体系中与短链醇反应生成生物柴油。主要的生产工艺包括化学法、生物酶法和超临界法等。而航空生物燃料对油质的要求更高，特别是在低温性能方面，航空生物燃料要求冰点不高于－47℃，而航空生物燃料中如存在大量的生物柴油，燃料冰点升高，会导致在航行时燃料固化；另外，生物柴油会对航空生物燃料的稳定性造成影响，一般含有生物柴油的航空燃料保质期为 6 个月。试验表明储存过久的燃料黏度有所增加，会产生浑浊和沉淀[11]。同时航空燃料主要成分为烷烃和少量的芳烃、烯烃等。因而酯交换制备的生物柴油不能直接用于航空涡轮发动机。

基于以上原因，国内外已经开发出多种航空生物燃料生产工艺路线，途径如表 6-2 所列，主要有以下四种途径：第一种途径是生物质经费-托合成制备航空生物燃料；第二种途径是生物质水相催化合成技术；第三种途径是脂肪酸腈化反应 C_7 ～ C_{12} 饱和腈；第四种途径是将生物质进行热裂解或通过油脂来源，得到生物油或生物柴油，随后对其进一步精炼，得到烃类燃料。

表 6-2　生物航空燃料组分制备路线

原料	工艺路线	产品
油脂	加氢技术(加氢精制、异构化)	航空燃料
生物质	间接液化	费-托合成航空燃料
脂肪酸	腈化反应	$C_7 \sim C_{12}$ 饱和腈
木质纤维素	纤维素水解、羟醛缩合,再加氢-脱水-异构	$C_8 \sim C_{15}$ 航空燃料组分

6.2.2　脂肪酸甲酯生产航空煤油技术

(1) 生物质费-托合成

生物质气化后得到合成气，合成气再经过催化剂作用转化为液态烃的方法是由德国科学家 Frans Fischer 和 Hans Tropsch 发明的，称为费-托（F-T）合成[12]。时至今日，Fischer-Tropsch 合成技术已有九十多年的发展历史了[13]，通过这一技术来制备包括航空燃料在内的液体燃料的技术也已经成熟。

生物质经费-托合成制备航空生物燃料其主要工艺路线是以预处理后的农林废弃物为原料，在温度 800～1500℃、压力 4～6MPa 条件下通过热化学方法将生物质气化成粗燃气，然后经净化、组分调变、甲烷转化或水煤气变换等反应获得高质量的合成气，再采用费-托合成、选择性加氢裂化、加氢异构改质等技术生成满足标准要求的航空生物燃料。

美国合成油公司（Syntroleum Corporation）利用其丰富的合成燃料生产经验，开发出航空生物燃料专利技术——Bio-synfining TM 工艺，已经为美国军方和商业伙伴累计生产了 70×10^4gal（1gal=3.785L）航空生物燃料用于试飞。美国 Solena 集团公司与英国航空公司合作，采用气化费-托合成工艺制备航空生物燃料，并在伦敦东部建设了欧洲第一套生物质合成航空生物燃料装置，该装置每年可将 50×10^4t 生物质转化成 1600×10^4gal 航空生物燃料[14]。德国伍德公司开发的 BioTfueL 工艺涉及生物质的干燥和压碎、烘焙、气化、合成气的提纯及费-托合成生物燃料。伍德公司与 5 家法国公司合作，在法国建设 2 套中型装置，主要用来制备生物柴油和生物航煤。南非 Sasol 公司开发出含芳烃的合成航煤（SKA）新工艺，与采用钴基催化剂的低温费-托合成技术不同，SKA 技术采用铁基催化剂及高温费-托合成工艺，所生产的合成烃含有单环芳烃。芬兰耐斯特（Neste）石油公司在 Varkaus 建设了一套生物燃料示范装置，该装置以木材及其废弃物为原料，通过气化费-托合成及加氢改质等技术生产航空生物燃料和可再生柴油[15]。

尽管该技术所需原料农林废弃物等生物质资源量大，供应充足，且工艺较为成熟，但该技术存在工艺复杂、操作条件苛刻及投资成本高等问题，限制了其大规模工业化的发展。

（2）油脂两段加氢技术

油脂两段加氢技术是在第二代生物柴油生产技术的基础上发展起来的。国内外研究学者在脂类及不饱和高碳数脂肪酸甲酯加氢改质提升制备航空煤油过程中一般采用两段加氢工艺，该技术以精制后的动植物油脂为原料，在第一步中，脂肪酸及其甲酯和甘油三酯加氢脱氧，由此产生的直链烷烃进入第二步加氢过程，经过选择性裂化和异构化生成直链烷烃、支链烷烃和环状烷烃的混合物，此混合物具有常规喷气燃料的特性[10,16-18]。

研究学者曾对油脂两段加氢工艺进行了深入的研究。Marker 等[19] 提出了植物油加氢脱氧得到直链烷烃再临氢异构制备高十六烷值柴油组分的工艺，即两步法工艺。该工艺包括两段：第一段利用 $NiMo/Al_2O_3$ 或 $CoMo/Al_2O_3$ 催化剂，在温度 200～500℃、压力 2～15MPa 条件下发生加氢饱和、加氢脱氧、加氢脱羧及加氢脱羰反应，生成 C_{15}～C_{18} 直链烷烃，同时产生副产物丙烷、水、CO 和 CO_2；第二段利用 $Pt/SAPO\text{-}11/Al_2O_3$ 或 $Pt/ZSM\text{-}23/Al_2O_3$ 催化剂，在温度 200～500℃、压力 2～10MPa 条件下，将脱氧后的直链烷烃进行选择性加氢裂化和深度异构化，生成高度支链化的 C_9～C_{16} 烷烃类，即航空生物燃料。其合成路径如图 6-2 所示。

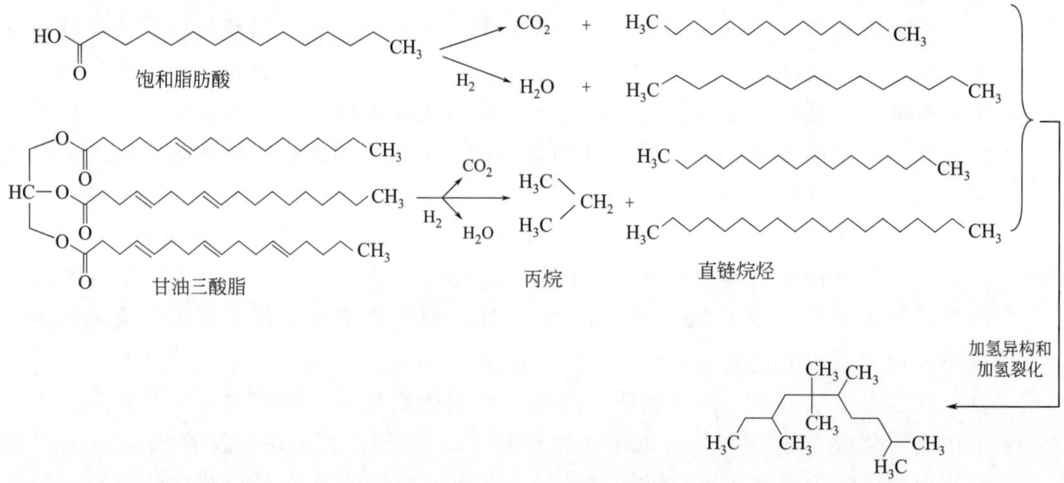

图 6-2 油脂两段加氢合成生物航空燃料

芬兰 Neste 石油公司已利用两段加氢技术分别在芬兰、新加坡和荷兰建成了 4 套工业生产装置，产能达到 200×10^4 t/d，不过这些装置以生产绿色生物柴油为主，联产约 15%的航空生物燃料。美国 UOP 公司利用该技术在休斯顿建成一套 8000t/a 的示范装置，已成功生产出多批次满足 ASTM D 7566 标准要求的产品，为多家航空公司以及美国空军提供了试飞燃料；在此基础上，UOP 公司正在为 Tesoro 石油公司产能 30×10^4 t/d 的 Anacortes 生物炼油厂进行工业装置设计。Darling 公司与 Valero 公司合作建设 30×10^4 t/d 可联产航空生物燃料装置，Dow 化学公司宣布将使用 UOP 技术建设 24×10^4 d/t 加氢法生物燃料装置[14]。

中国石化将杭州炼油厂原有装置改造成一套 2×10^4 t/d 的航空生物燃料装置，并于 2011 年 12 月生产出合格产品。2014 年 3 月，四川中明新能源科技有限公司投资建设了 10×10^4 t/d 航空生物燃料装置在眉山市彭山县成眉石化园区。现阶段，两段加氢技术已在多套装置上实现工业应用，技术成熟度较高。但由于过程复杂、效率低下，造成成本高居不下，严重制约了生产企业的大规模化发展。

（3）生物质水相催化合成

为了扩大原料范围、降低航空生物燃料成本，美国 Virent 能源公司利用自有的水相重整技术及催化加氢、催化缩合、烷基化等石油炼制中的常规加工技术，开发出 Bio-Forming 新型催化反应工艺。该工艺可以从生物质原料分离出来的糖类、淀粉或纤维素中制取传统的非含氧航空生物燃料，同时通过改变催化剂的类型及转化途径，也可以生产出汽油、柴油等其他液体燃料[20]。利用该工艺得到的烃类液体燃料，在组成、性能和功能方面完全可以替代现有的石油产品。

国内外研究学者多以非粮生物质水相催化制取液体生物燃料技术。该技术以糠醛和 5-甲基糠醛（HMF）为原料，通过与丙酮进行羟醛缩合反应，并适当的控制碳碳链的增长，所得产物再经加氢-脱水-异构反应生成链长为 $C_8\sim C_{15}$ 正构及异构液体烷烃，制备出与现有石化燃料完全兼容的生物航空燃料[21-24]。糠醛和 5-羟甲基糠醛可以由葡萄糖脱水制得，而葡萄糖又可以由木质纤维素水解得到，由于纤维素资源十分丰富且廉价易得，使得这条技术路线十分具有吸引力。研究 HMF 的合成机理，开发合适高效稳定的催化剂体系，利用葡萄糖为原料高收率制取 HMF 成为纤维素制取液体燃料及高附加值化工品的关键。近年来，许多研究者对葡萄糖制取 HMF 的反应机理、反应体系和高效稳定催化剂等方面进行了深入研究，取得了引人瞩目的进展，为纤维素制备 HMF 的工业化应用打下了基础[25]。

尽管生物质水相催化合成生物燃料由于其原料来源广泛、工艺条件缓和及产品分布灵活可控等优点，未来具有一定的发展前景，但目前技术仍处于小试研究阶段。

（4）脂肪酸腈化合成

由于中等链长的脂肪腈和甲酯在密度、热值、熔沸点等特征上与航空燃料标准规范非常匹配，有人提出用脂肪腈和脂肪酸甲酯作为航空燃料添加组分。中等链长（$C_7\sim C_{12}$）的脂肪腈可以由可再生脂肪酸通过腈化反应得到，腈化剂通常为氨或者尿素，所用催化剂主要为金属氧化物（如 ZnO），将脂肪腈和脂肪酸甲酯按一定比例与传统航煤混合，得到航空燃料，以这种方法制备的航空燃料性能目前还没有得到充分论证，研究的较少。

油脂加氢技术工艺简单、技术成熟度高，具有广阔的原料来源，受到国内外研究学者及企业的追捧。为了减少二氧化碳排放、应对欧盟 2012 年开始实施的碳排放超标的巨额罚款，加速发展航空生物燃料产业已引起许多国家的高度重视，一些国家已经或正在建设航空生物燃料的示范装置/工业装置，所采用的技术都已经通过中型试验。国内外生物航空燃油示范及工业装置见表 6-3[18]。

表 6-3　国内外生物航空燃油示范及工业装置

企业	技术路线/名称	原料	产能/(t/a)
芬兰 Neste 石油公司	两段加氢/NexBTL	动植物油脂	2×10^6
巴西国家石油公司	两段加氢/H-BIO	大豆油/石油	1.36×10^5
中国石油化工集团公司	两段加氢	棕榈油/餐饮废油	2×10^4
巴西 JB& 奥地利 SAT 公司	两段加氢	海藻油	1×10^6
美国合成油公司	两段加氢	动植物油脂	3.2×10^5
美国 UOP 公司/意大利 Eni 公司	两段加氢/Ecofining	非食用油	3×10^8
美国阿尔泰燃料公司	两段加氢/Ecofining	非食用油	9×10^7
美国 Solena 燃料公司 & 英国航空	气化/费-托合成	木质纤维素	5×10^5
德国 Uhde 等 5 家组成的投资公司	气化/费-托合成	木质纤维素	1000
德国科林公司	气化/费-托合成	木质纤维素	2.3×10^4
美国 Rentech 公司	气化/费-托合成	木质纤维素	7×10^4
美国 Virent 能源系统公司	水热-水相重整/BioForming	木质纤维素水解液	1.5×10^4
美国 Cobalt 科技公司	生物丁醇	木质纤维素水解液	8×10^4
美国 Gevo 公司	生物异丁醇/GIFT	木质纤维素水解液	3×10^6

中国对航空生物燃料的研发工作始于 2009 年，两大石油公司担纲主力。2011 年 10 月，由中石油供应、从小桐籽中提炼研制的航空生物燃料在我国首次试飞成功；2013 年 4 月，中国石化自主研发的 1 号生物航煤在商业客机首次试飞成功，并于 2014 年 2 月通过中国民航局首个生物航煤技术标准适航审定，获得了商业化生产航空生物燃料的资质。我国也从此成为继美国、德国、英国、芬兰之后第五个拥有生物航煤自主研发生产技术的国家。

6.3 脂肪酸甲酯生产工业溶剂

脂肪酸甲酯具有相对较强的溶解能力，其贝壳松脂丁醇值（KB）一般在 47～66 之间[26]。KB 值越大说明溶剂的溶解能力越强。另外，脂肪酸甲酯具有挥发性有机物含量低、闪点高、无毒、可生物降解等性能，是一种环境友好型溶剂。

脂肪酸甲酯用作工业溶剂的主要应用领域包括工业清洗和脱油脂，国外以脂肪酸甲酯生产清洗剂或脱脂剂的公司有哥伦布食品、Cognis 公司、Lambent 技术公司、农业环境产品有限公司、Vertec 生物溶剂公司、Chemol 公司、斯蒂芬公司等[27]。

脂肪酸甲酯作为工业溶剂已开发的应用领域主要包括工业零件的清洗，如用在航空航天和电子工业的清洗上[28]；用作树脂洗涤和脱除剂，如代替二氯甲烷用作脱漆剂，代替甲苯用作印刷油墨清洗剂，代替丙酮用作黏合剂脱除剂，代替矿物精油用作涂鸦清除剂等。美国 Cyto Culture International 开发了两种海岸线清洁剂，用大豆油甲酯收集海岸线上或内地水域中洒落的石油，被加利福尼亚州指定为唯一的海岸线清洁剂[29]。另外，脂肪酸甲酯可以用作涂料、防腐添加剂等的载体溶剂，还可以作为共溶剂的一个组分[30]，如脂肪酸甲酯与乳酸乙酯组成的溶剂，在发挥各自的优点的同时弥补对方的缺点，是一种优秀的可再生环境友好溶剂，其市场正在迅速增加。

虽然脂肪酸甲酯的溶解能力比较强，但用作工业清洗剂时，通常不单独使用。因为脂肪酸甲酯挥发比较缓慢，当挥发完全后会在被清洗的表面形成一层膜。残留膜可以在一定程度上起到保护被清洗表面的作用，但是它会增加进一步加工的难度，这就要求被清洗表面要彻底清洗干净。大多数情况下，脂肪酸甲酯与其他溶剂或表面活性剂一起使用，以提高其性能来满足特殊的工业要求。国外已开发出多种产品，包括汽车清洗剂、重油清洗剂、指甲清洗剂、脱漆剂、印刷油墨清洗剂等[31]。

6.4 脂肪酸甲酯的间接利用

脂肪酸甲酯的间接利用主要是作为生产表面活性剂的中间体原料。目前，常用的表面活性剂主要来源于石油、天然气和煤等不可再生资源，不仅难以生物降解，而且易造成环境污染。因此，以天然可再生资源为原料生产表面活性剂已经成为近年来表面活性剂工业的主要发展方向[32]。以脂肪酸甲酯为原料生产的表面活性剂产品种类很多，如通过加氢生产脂肪醇[33]，通过磺化中和生产脂肪酸甲酯磺酸盐(MES)，与蔗糖反应生产蔗糖酯（SE)、蔗糖聚酯（SPE)[34,35]，与环氧乙烷反应合成乙氧基化脂肪酸甲酯（FMEE)[36]，经氨化加氢制备脂肪胺[37]，与乙二醇胺热缩合反应生产烷醇酰胺等[38]。

6.4.1 生产脂肪醇

脂肪醇是表面活性剂工业的重要原料，也是脂肪酸甲酯化工利用的主要途径之一。目前，国内80%的脂肪酸甲酯用于脂肪醇的生产。由脂肪醇可衍生出多种表面活性剂，如经硫酸化反应再中和生产脂肪醇硫酸盐（AS）；与环氧乙烷加成制备非离子表面活性剂脂肪醇醚（AEO），并进一步可生产性能优良的温和型表面活性剂脂肪醇醚硫酸盐（AES）和脂肪醇醚羧酸盐（AEO）；与葡萄糖糖苷反应制备性能温和的非离子表面活性剂烷基多糖苷（APG）等[39]。

目前脂肪酸甲酯催化加氢制脂肪醇工艺普遍采用铜铬催化剂，反应压力在16～30MPa，反应温度为150～300℃，反应为气-液-固多相体系。在上述工艺条件下，脂肪酸、脂肪酸甲酯的转化率为80%～90%，对脂肪醇的选择性也在80%～90%之间，同时产物中含有2%～3%由副反应生成的烷烃。另外，传统油脂加氢生产脂肪醇工艺中，油脂在催化剂表面形成的液膜较厚，氢气在油脂中溶解度较低，导致传质阻力大，使油脂加氢的宏观反应速率低。为提高油脂加氢反应速率和油脂转化率，抑制副反应的发生，国外已开展了在超临界条件下的油脂加氢制脂肪醇的研究。美国国家农作物利用研究中心（National Center for Agricultural Utilization Research）[40,41] 开展了以 CO_2 为超临界溶剂，在反应压力25MPa、反应温度230℃的条件下，脂肪酸甲酯在铜铬催化剂的作用下制备脂肪醇的研究。研究结果表明，在以 CO_2 为溶剂的超临界反应条件下，不仅脂肪酸甲酯加氢制脂肪醇的反应速率提高，而且副反应明显减弱，在反应产物中没有发现烷烃；而瑞典Chalmers科技大学以 C_3H_8 为超临界介质[42,43]，采用恩格哈德公司的Cu-1985T催化剂，在反应压力15MPa、反应温度250℃的条件下，研究了脂肪酸甲酯加氢制脂肪醇，发现采用 C_3H_8 为溶剂的脂肪酸甲酯加氢超临界反应与传统反应相比，反应速率明显提高，产物中由副反应烷烃由2%～3%下降至1%以下，催化剂寿命延长。而且该技术目前已在瑞典完成了处理量为10kg/h的中间试验，中间试验结果与实验室的研究结论相同，同时中国石化石油化工科学研究院也开展了脂肪酸甲酯超临界加氢技术的研究工作。通过对脂肪酸甲酯与溶剂体系相平衡研究，筛选出了一种新超临界溶剂，将脂肪酸甲酯超临界加氢反应压力降低至10MPa以下与传统脂肪酸甲酯加氢工艺相比，氢气与脂肪酸甲酯的进料比下降了92%～98%，脂肪酸甲酯转化率与对目标产品脂肪醇的选择性均在99%以上[44]。

6.4.2 生产脂肪酸甲酯磺酸盐

脂肪酸甲酯磺酸盐（MES）是由饱和脂肪酸甲酯经磺化、中和、漂白产生的，主要用于肥皂粉、钙皂分散剂、洗涤剂和乳化剂。在MES分子结构中，由于采用酯化的方法封闭了羧基，使其水溶解性较好，而相邻的磺酸基对羧酸酯基团具有保护作用，使其具有较强的水解稳定性[45]。因此，与烷基苯磺酸盐（LAS）相比，耐硬水性、增溶性、乳化性、无磷性好，对人体刺激性小，而且性能温和、无毒、可生物降解，是一种环保型绿色产品[46]。

MES的研发历史长达半个多世纪，如美国Stepan公司、德国Henkel公司、日本洗涤剂株式会社、日本油脂株式会社、日本Lion公司、法国UGS公司等。其中法国 UGS 公司于 1985 年以罐组式连续磺化，用脂肪酸甲酯生产 MES 皂基洗衣粉投放市场[47]。但由于关键技术未解决，工业生产中难以达到产品色泽好且副产物少的要求，而未大力发展。直到 1989 年，日本 Lion 公司提出了解决工业化生产 MES 的技术措施[48]：a. 使用薄膜式等温反应器，以使磺化反应温和化；b. 应用新型漂白技术、改进色泽、抑制副反应产物（α-磺酸二钠盐）的产生；c. 在粒状洗涤剂生产过程中，通过与超浓缩型洗涤粉结合，抑制 MES 水解成 α-磺酸二钠盐。1991 年，日本 Lion 公司在上述技术措施的基础上建设了一套 1×10^4 t/a 的 MES 生产装置，用于无磷浓缩洗衣粉的生产[47]。近年来，随着环保要求的日益严格，MES 作为一种绿色洗涤剂引起了各国的重视。休斯洗涤剂公司（Huish Detergents Inc.）在美国得克萨斯州休斯敦市的一套大规模脂肪酸甲酯磺化装置于 2002 年 5 月建成投产。该厂采用了德国鲁奇（Lurgi）公司的技术制造甲酯，采用美国凯密松（Chemithon）公司的降膜式反应器磺化技术进行甲酯的磺化。全厂总投资近 1 亿美元，MES 生产能力为 82000t/a[49]。期间就有无锡轻工业学院、中国日用化学工业研究院等单位进行了合成工艺及其性能方面的研究，也有一些厂家如成都蓝风公司等希望通过引进技术来生产。我国对 MES 的关注也已近 30 年，在“七五”期间就有无锡轻工业学院、中国日用化学工业研究院等单位进行了合成工艺及其性能方面的研究，也有一些厂家如成都蓝风公司等希望通过引进技术来生产 MES。但长期以来，由于制备工艺不成熟及油脂价格偏高导致市场竞争力不强等方面的影响，MES 一直未在国内规模化生产。近几年来，由于石油价格猛涨，表面活性剂工业又把油脂基表面活性剂的发展作为主攻以满足市场需求，特别是有可能作为主表面活性剂的 MES 又被重新给予高度的关注，多家单位如中国日用化学工业研究院、中轻物产化工有限公司、浙江赞成化工公司等都致力于 MES 的产品开发，以期在短期内形成规模化生产能力。由于 MES 制备工艺的复杂性及产品质量、生产工艺及安全等方面都有较多的问题，因此高质量 MES 产品的安全制备工艺的开发还有许多工作要做，但由于市场需求的推动，MES 有望在较短时期内发展起来[39]。

6.4.3 生产蔗糖聚酯

脂肪酸甲酯与蔗糖在催化剂作用下可生成蔗糖酯（sucrose esters，SE）[34]。当蔗糖分子上有 6 个以上的羟基被脂肪酸基取代时，得到的产品为蔗糖聚酯（sucrose poly esters，SPE）[35]。蔗糖聚酯是近年开发的具有广泛发展前途的“绿色”化工产品。蔗糖聚酯的应用范围包括低热量脂肪替代品、消除放射性污染（解毒）试剂和人类腹部磁性共振影像（MRI）的口腔对比试剂等。SPE 也是保健产品，可以用作低能量食品，不但可以满足人们日常对食品色、香、味的需要，而且可以减少脂肪摄入量，从而有效地预防和减轻高血脂、肥胖症等慢性疾病的困扰[50]。SPE 在我国仍处于刚刚起步阶段，市场潜力巨大。

工业合成 SPE 一般用两步酯交换法生产取代度在 6 以上的 SPE[51]。其工艺过程如下：在蔗糖、脂肪酸甲酯、皂化物混合物中，加入碱金属（如K-Na合金）或碱金属氢化物（如NaH），在1.33～2kPa、130～150℃下反应。反应分两步进行：第一步，在钾皂存在下，脂肪酸甲酯同蔗糖以摩尔比3∶1进行反应，生成主要含蔗糖低酯的熔融相；第二步，补加脂肪酸甲酯进一步反应以生成蔗糖多酯，收率可高达90%。另外，国内正研究利用相转移法催化合成SPE，将蔗糖、脂肪酸甲酯、相转移催化剂溴化四丁基胺、碱性催化剂K_2CO_3一起混匀、搅拌，控制体系温度为100℃左右，在较高的真空度下进行酯交换反应，SPE的产出率达到80%，平均酯化度为7.54[52]。

另外，低品质的生物柴油亦可作为船用发动机燃料及窑炉、锅炉等燃烧燃料。同时，生物柴油还是合成许多高级表面活性剂的原料，重要的有机合成中间体。对油脂具有互溶性、黏度低、涂擦时铺展性好等特点，广泛用于乳化剂制品，如脂肪酸、脂肪酸甲酯磺酸盐、烷醇酰胺的制备。在化妆品工业，经精加工后作香料的溶剂，洗发水中的增亮剂，还可以作为皮革加脂剂、润滑剂。从化学本质来说生物柴油为多种脂肪酸低级酯混合物。其大部分被简单当作柴油内燃机的燃料使用，但随着研究的深入，其还可合成具有其他用途的衍生物。生物柴油相比脂肪酸更为稳定，并且沸点更低，而且具有对容器腐蚀性小等优点。

环氧脂肪酸甲酯是一种新型环保型的增塑剂。其无毒、无味，常温下为浅黄色液体，可作为聚氯乙烯增塑剂和稳定剂；可有效地替代传统增塑剂（DOP），且不易挥发，对光和热耐受性好。环氧脂肪酸甲酯可由脂肪酸甲酯合成，在酸性条件下，甲酸与H_2O_2反应生成过氧甲酸，过氧甲酸进攻脂肪酸甲酯的不饱和双键，生成环氧脂肪酸甲酯。脂肪酸甲酯还可合成两种表面活性剂，一种是磺化中和的脂肪酸甲酯磺酸盐；另一种是加氢合成的脂肪醇。二聚酸也可由脂肪酸甲酯合成，不饱和脂肪酸发生Diels-Alder反应生成二元酸，与脂肪酸化学反应性相近，工业用途特殊。二元酸多用来合成聚酰胺树脂。

另外，二聚酸衍生物还可作为表面活性剂，二聚酸钾盐或钠盐加入洗涤剂，具有减轻洗涤剂使用时产生的粗糙感的作用。

6.5 生物柴油副产品甘油的高值利用

生物柴油的生产过程中都会产生副产物甘油，随着生物柴油的规模化发展，副产物甘油的合理利用成为生物柴油产业发展的关键问题之一。粗甘油的有效再利用有利于降低生物柴油的生产成本和解决环境污染问题。粗甘油可以通过各种工艺路线转化为1,3-丙二醇、环氧氯丙烷、乳酸、聚羟基脂肪酸酯、氢、二羟基丙酮和1,2-丙二醇等具有市场前景的高附加值产品。目前技术比较成熟并进入产业化阶段的粗甘油利用工艺路线是生物法生产 1,3-丙二醇和化学法生产环氧氯丙烷，其他工艺路线多数还处在实验室研究阶段。

6.5.1 生产 1,3-丙二醇

1,3-丙二醇（1,3-propanediol，1,3-PD）具有与甘油类似的分子结构和性质，同时在 1 位和 3 位的 2 个羟基又赋予它在聚酯行业的独特应用。1,3-PD 是一种重要的化工原料，可作为溶剂用于油墨、印染、药物、润滑剂、抗冻剂等，还可作为二醇用于合成杂环、药物中间体。1,3-PD 作为单体合成的聚酯材料显示出比乙二醇、丁二醇和 1,2-丙二醇等单体合成的聚酯材料更好的性能和稳定性，尤其是以 1,3-PD 为单体合成的聚对苯二甲酸丙二醇酯［poly（trimethyleneterephthalate），PTT］比以乙二醇和丁二醇为单体合成的聚对苯二甲酸乙二醇酯［poly（ethyleneterephthalate），PET］和聚对苯二甲酸丁二醇酯［poly（butyleneterephthalate），PBT］具有更多优越性能，如耐化学性、优良的弹性和印染特性。故 PTT 被视为一种极有发展前景的新型聚酯材料，1998 年被美国评为六大石化新产品之一。1995 年 Shell 公司首先实现了 PTT 的商品化，在 Geismar 建有一套年产 4000t1,3-PD 的工业装置，并于 1999 年在美国路易斯安那州再建了一套年产 8 万吨的装置，2006 年 11 月加拿大年产 10 万吨的 PTT 装置正式投产。2006 年底杜邦公司在美国田纳西州投资 1 亿美元建立了以葡萄糖为原料发酵生产 1,3-PD 的生产装置[53]。在国内 2000 年，方圆化纤公司获得杜邦公司授权，作为第一家生产 PTT 纤维产品的公司，开始产业化生产 PTT 纤维。2008 年以前，PTT 聚合产品主要依赖于进口，我国工业化聚合仍是空白。2008 年以后，张家港美景荣等少数代加工厂开始出现。2014 年，盛宏集团打破了国外公司对 PTT 行业的垄断，开发了具有自主知识产权的 PTT 成套生产技术[54]。截至 2018 年，国内 PTT 纤维行业产能达到 30.5 万吨。

1,3-PD 的主要生产方法包括化学合成法和生物合成法[55-58]。化学法生产 1,3-PD 主要有 Shell 公司以环氧乙烷为原料的工艺路线和德国 Degussa 公司以丙烯醛为原料的工艺路线[59,60]；生物法生产 1,3-PD 是以葡萄糖或甘油为底物的微生物发酵路线[61]。

微生物歧化甘油生产 1,3-PD 的研究较早在西方国家开展。在 19 世纪就已经发现微生物可以代谢甘油生成 1,3-PD[62]。甘油作为发酵的唯一碳源和能源物质，经过微生物代谢后除产生目的产物 1,3-PD 外，还可能产生乙酸、乙醇、丁酸、2,3-丁二醇、乳酸、琥珀酸等副产品。现已报道很多种属的细菌可以利用甘油生产 1,3-PD，包括克雷伯氏肺炎杆菌（*Klebsiella pneumoniae*），早先被称为产气杆菌（*Aerobacteraerogenes*）、克雷伯氏产酸杆菌（*Klebsiella oxytoca*）、克雷伯氏植生杆菌（*Klebsiella planticola*）、絮凝肠杆菌（*Enterobacter agglomerans*）、弗氏柠檬酸杆菌（*Citrobacter freundii*）、多营养泥杆菌（*Ilyobacter polytropus*）、丁酸梭菌（*Clostridium butyricum*）、巴斯德梭菌（*ClostridiumPasteurianum*）、短乳杆菌（*Lactobacillus brevis*）、布氏乳杆菌（*Lactobacillus buchneri*）、罗伊氏乳杆菌

(*Lactobacillus reuteri*) 等。

Cameron 等[63] 用肺炎克氏杆菌 AtCC25995 在 5L 发酵罐中进行批次流加培养发酵，20h 后 1,3-PD 浓度为 50g/L，最终 1,3-PD 浓度可达 73.3g/L，生产强度前 20h 达 2.5g/(L·h)，但后期明显下降，1,3-PD 对甘油的得率为 0.48mol/mol。Amans 等[64] 研究了丁酸梭菌 VPI3266 批次发酵过程，以检测尾气中的 CO_2 浓度来控制底物流加的速率，使发酵过程中甘油处于稳定的微过量状态，防止底物抑制的出现。发酵液 1,3-PD 浓度可达 65g/L，生产强度为 1.21g/(L·h)，1,3-PD 得率为 0.56mol/mol。Reimann 等[65] 在对丁酸梭菌 DSM5431 发酵研究中，根据 KOH 和底物甘油消耗的关系，通过 pH 值来调节流加甘油量，确保发酵液中甘油浓度处于稳定的微过量，结果 1,3-PD 浓度达 70g/L，生产强度达 1.8～2.4g/(L·h)。Biebl 等[55] 对巴斯德梭菌在厌氧条件下利用甘油的情况进行了研究，主要代谢产物是丁醇，同时还有 1,3-PD、丁酸、乙酸和乙醇生成，批次流加实验的结果与批次发酵结果类似；在恒化培养中主要发酵产物也是丁醇，同时 1,3-PD 的产量相对增加；在恒定 pH 值连续发酵中，在甘油过量的情况下，甘油的主要代谢产物是 1,3-PD。

国内生物法生产 1,3-PD 的研究起步较晚，主要是利用 *Klebsiella pneumoniae* 在厌氧或微氧条件下将甘油转化为 1,3-PD，其代谢途径见图 6-3。

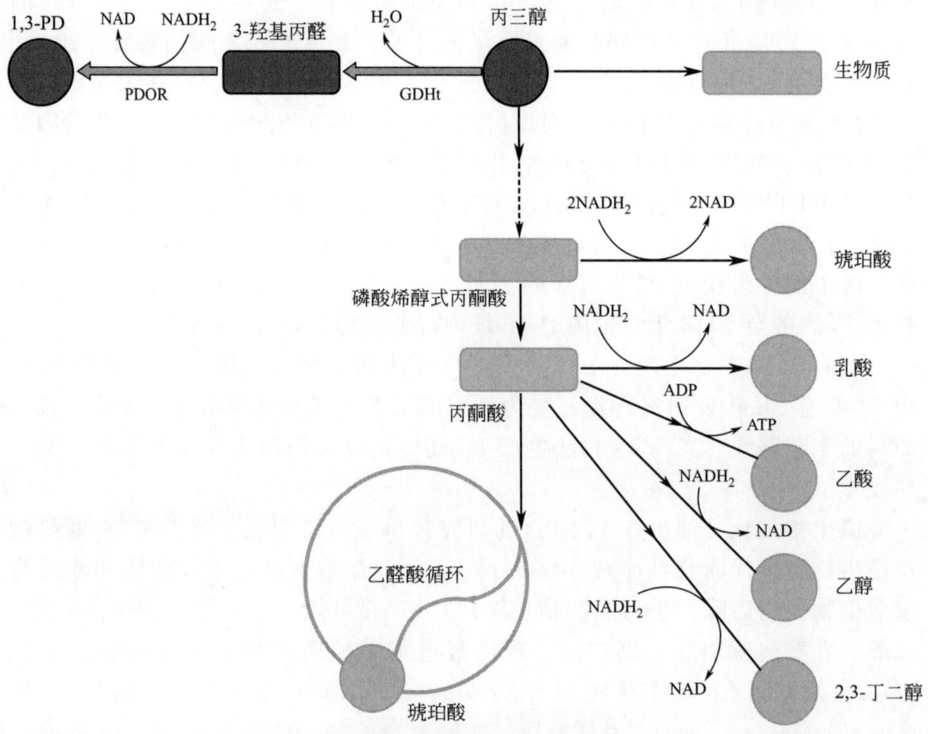

图 6-3 *Klebsiella pneumoniae* 甘油代谢路径简图

生物柴油副产物甘油的利用率先提出了生物法联产生物柴油和 1,3-PD 的工艺路线，已经获得国内专利[66]。利用克雷伯肺炎杆菌发酵粗甘油生产 1,3-PD，进一步提出有氧发酵工艺用于 1,3-PD 发酵，对有氧发酵工艺转化甘油生产 1,3-PD 的发酵动力学进行了深入系统的研究[67-69]，并与相关企业合作完成了中试（5m^3 发酵罐）和工业性试验（50m^3 发酵罐），分别于 2003 年 12 月和 2006 年 6 月先后通过了验收鉴定。进而进行了菌种的基因工程改造，敲除无益副产物合成的关键酶合成基因，同时引入有利于辅酶再生的代谢途径[70]，菌种改造后 1,3-PD 发酵的终浓度可达 100g/L 以上，1,3-PD 和 2,3-丁二醇的质量转化率可达 0.65%，目前正在进行工业放大试验。

6.5.2 生产环氧氯丙烷

环氧氯丙烷（epichlorohydrin，ECH）又名表氯醇，是一种重要的有机化工原料和精细化工产品，用途十分广泛。它是环氧树脂、氯醇橡胶、硝化甘油炸药、玻璃钢、电绝缘制品的主要原料，可用于生产胶黏剂、阳离子交换树脂等，还可用作增塑剂、稳定剂、表面活性剂、医药及纤维素酯、纤维素醚和树脂的溶剂等。环氧树脂需求量的快速增长促进了全球 ECH 生产的发展[71,72]。2017 年全球环氧氯丙烷总产量从 2012 年的 155.4 万吨增长到 167.6 万吨，年复合增长率 1.52%。2017 年全球环氧氯丙烷总产值约为 33 亿美元。预计到 2022 年环氧氯丙烷总产量将达到 194.5 万吨。目前，国外 ECH 的工业化生产方法主要有 2 种，一是 1948 年 Shell 公司开发的丙烯高温氯化法，国际上现有 93%以上的 ECH 采用这种工艺技术生产，但该工艺存在能耗高、原料消耗大、副产物多、设备腐蚀严重、“三废”治理难度大等缺点；二是日本昭和电工开发并工业化的醋酸丙烯酯法，现全球也有几家工厂采用[73]。在大规模生物柴油副产物甘油出现以前，ECH 是化学法生产甘油的中间产物，现在以大量低价格的粗甘油为原料生产 ECH 成为研究热点并开始产业化。化学法利用甘油生产 ECH 的反应原理见方程式(6-1)，采取的工艺路线见图 6-4。根据文献报道，每生产 1t ECH 需要 1.4t 甘油和 1.5t 氯化氢，以甘油价格 5000 元/t 为例，其生产成本约 12000 元/t。故该技术路线是很有竞争力的，同时相对传统技术路线，

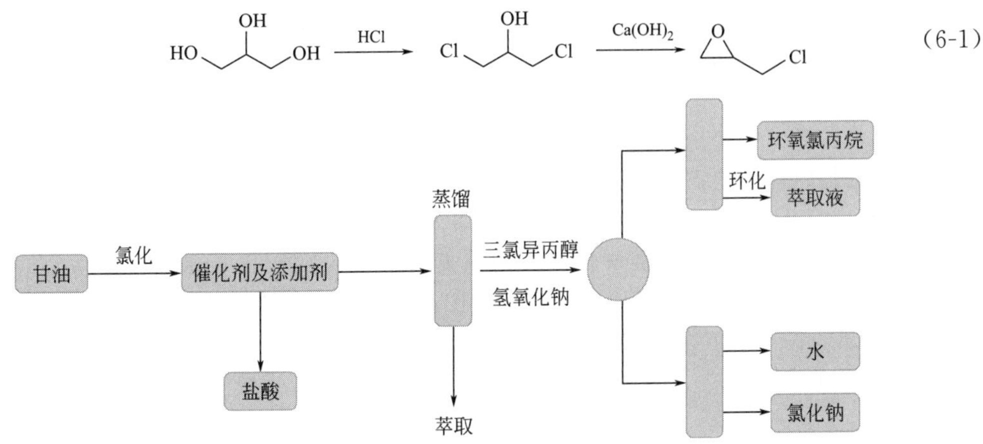

图 6-4　甘油合成环氧氯丙烷工艺路线

它的反应条件更加温和、安全可靠、污染程度低。近几年国内外相继对该路线进行研究并进入初步产业化阶段，比利时苏威（Solvay）公司开发了由甘油生产ECH的Epicerol工艺[74]，借助专有的催化剂，通过甘油与氯化氢反应，用一步法制取中间体二氯丙醇，无需用氯气；此外，改进的工艺路线产生极少量氯化副产物，并大大减少了水的消耗。该公司在法国的Tavaux生产基地建设1万吨/年ECH新装置，于2007年上半年投产，这是Epicerol工艺的首次工业应用。苏威公司已计划进一步在泰国投资建设10万吨/年装置，以满足全球尤其是亚洲对ECH快速增长的需求，Epicerol工艺是苏威公司的八大创新之一。美国陶氏化学公司将在上海漕河泾建设15万吨/年ECH装置和10万吨/年液体环氧树脂装置，将是陶氏化学生物柴油的副产物甘油利用新技术的首次应用。

我国从50多年前开始研究甘油法生产ECH技术，1965年广州助剂厂率先采用甘油法生产ECH，1968年之后无锡树脂厂、沈阳化工厂等建成丙烯高温氯化法装置。由于当时甘油紧张、甘油法甘油消耗较高，该工艺逐步淡出人们视野。生物柴油产业的快速发展带来了大量廉价的甘油，甘油法又重新被提上日程。目前上海试剂厂运行甘油法生产试剂级ECH装置，质量远优于工业级装置，虽然放大到万吨以上还需做工作，但总体上已掌握了这一技术[75]。广西壮族自治区田东石化工业园区计划建设年产5万吨规模的甘油法生产环氧氯丙烷装置，宁波将投资2亿元采用意大利Conser公司的甘油法生产ECH工艺建立年产3万吨规模的生产装置。甘油法制备环氧氯丙烷已成为业界的热点。

目前全球环氧氯丙烷主要生产商有陶氏、山东海力化工、瀚森（原Resolution功能化学）、旭硝子（2017年控股泰国Vinythai）、乐天精化（原三星精化）、长春集团、台塑（FPC）、索尔维（苏威）、江苏扬农化工、中石化（齐鲁、岳阳）、住友化学、江苏安邦电化（中化农化）、埃迪亚贝拉等。其中陶氏虽然2016年闲置美国德州最小工厂10t，产能仍旧是全球最大38万吨以上；山东海力32万吨；瀚森2016年关闭美国路易斯安那州厂子，产能降至16万吨；旭硝子收购苏威泰国控股公司的所有股份（58.77%）10万吨产能飙升至15万吨级别；乐天精化、长春、台塑保持10万～12万吨级别。全球前五产能合计约占50%，其中陶氏和山东海力就占全球近30%的市场份额。

乳酸（lactic acid）是21世纪最具有发展前景的有机酸之一，广泛应用于食品、饮料、化工、医药保健等领域。随着乳酸及其衍生物应用领域的不断扩大和消费量的增加，乳酸的需求量也不断增加。特别是由乳酸聚合成的聚乳酸（polylactic acid，PLA），作为无毒、可降解、具有生物相容性的高分子材料，已广泛应用于制造生物可降解塑料、绿色包装材料和药用修复材料，而且产品向高质量、高价格、高需求方向迈进。乳酸的生产方法主要有化学合成法、酶法和发酵法三种。1963年美国Monsanto公司首先开始采用化学合成法生产乳酸[76]。由化学合成法生产乳酸可通过多种途径[77,78]，最常见的是乳腈法，也叫乙醛氢氰酸法，该法主要由美国标准化学品公司和日本武藏野化学公司实施，由于原料价格低廉，国外合成乳酸主要采用此法。丙酸氯化水解法原料价格较贵，仅日本大赛路公司等少数厂家采用。日本东京大学的木畸等研究了用酶法生产乳酸，他们分别从恶臭假单孢菌和假单孢菌细胞中提取纯化 L-2-卤代酸脱卤酶（L-酶）和 DL-2-卤代酸脱卤酶（DL 酶），使之作用于底物 DL-2-氯丙酸，就可得到 L-乳酸或 D-乳酸[79]。现在工业生产中广泛采用微生物发酵法生产乳酸，可通过菌种和培养条件的选择得到具有专一性的 D-乳酸、L-乳酸或消旋 DL-乳酸。能发酵生产乳酸的细菌和霉菌种类很多，按微生物发酵糖类的代谢过程和生成产物的不同，可将乳酸发酵分为同型乳酸发酵（homofermentation）、异型乳酸发酵（heterofermentation）和混合酸发酵（mixed acid fermentation）[80,81]。

目前利用甘油发酵乳酸的研究还未见报道，随着生物柴油产业的规模化发展，利用甘油为主要原料发酵乳酸对生物柴油产业和聚乳酸产业都具有重要的现实意义。甘油为原料发酵乳酸的代谢路线，胞内较高的还原状态（即高浓度的 NADH）有利于乳酸合成甘油比葡萄糖处在更高的还原状态，从此角度分析，以甘油为原料有利于乳酸的合成。

甘油的微生物利用首先经过两步酶催化反应（e1 和 e2，或 e3 和 e4）转化为磷酸二羟基丙酮（DHAP），再进入糖酵解代谢途径。在厌氧条件下，丙酮酸被 D-/L-乳酸脱氢酶催化生成 D-/L-乳酸。e2（甘油脱氢酶）和 e3（磷酸甘油脱氢酶）的催化反应是可逆的。以葡萄糖和甘油为原料进行乳酸发酵的总方程式［式(6-2)、式(6-3)］表明，每生成 1 分子的乳酸前者比后者会多生成 1 分子的 NADH，这有利于提供细胞内的还原电势，促进乳酸脱氢酶催化丙酮酸成乳酸的反应。从提供胞内还原力的角度分析，以甘油为原料更加有利于乳酸发酵。

$$\text{HO-CH}_2\text{-CH(OH)-CH(OH)-CH(OH)-CH(OH)-CHO} \xrightarrow{\text{ADP}\ \ \text{ATP}} 2\ \text{CH}_3\text{-CH(OH)-COOH} \qquad (6\text{-}2)$$

$$\text{HO-CH}_2\text{-CH(OH)-CH}_2\text{-OH} + \text{NAD}^+ \xrightarrow{\text{ADP}\ \ \text{ATP}} \text{CH}_3\text{-CH(OH)-COOH} + \text{NADH} \qquad (6\text{-}3)$$

6.5.3 生产聚羟基脂肪酸酯

近 20 年迅速发展起来的生物高分子材料——聚羟基脂肪酸酯（polyhydroxy alkanoate，PHA）是原核微生物在碳、氮营养失衡的情况下，作为碳源和能源储存而合成的一类热塑性聚酯[82,83]。PHA 不仅具有与化工合成高分子材料相近的物化性能[84]，还具有后者所没有的生物可降解性、压电性、光学活性、气体阻隔性等优良性质，因而有望在绿色包装材料、容器、电器元件外壳等方面取代或部分取代化工合成材料[85,86]。另外，PHA 具有生物相容性，且其最终降解产物 3-羟基脂肪酸对人体没有副作用，因而有望用于组织工程领域，如心脏阀门、心血管修补材料[87]。通过对 PHA 进行一些表面修饰后，其生物相容性等性能还可进一步提高[88]，在组织工程及医疗领域的应用范围将进一步扩大。聚羟基丁酸酯（polyhydroxy butyrate，PHB）是研究最广、结构最简单的一种 PHA，在自然界中可被多种微生物合成[21]，聚羟基丙酸（polyhydroxy propionate，PHP）是新兴的研究热点。

聚羟基脂肪酸酯的合成方法有生物合成法和化学合成法。微生物发酵合成 PHA 是近年来高分子材料合成领域的研究热点。与传统的化学合成高分子相比，微生物合成高分子具有微生物酶体系的高度选择性和专一性、反应条件温和、生产过程和产品对环境友好、材料的可降解性和生物相容性良好等特点。目前 ICI 公司已经生产出了 3-羟基丁酸和 3-羟基戊酸的共聚物 P（3HB-*co*-3HV），商品名为 Biopol[89]。但 PHA 的大规模工业化生产还未能实现，原因在于用生物法合成 PHA 的生产成本比用化学法合成常规高分子塑料高得多。

Koller 等[90] 对耐高渗透微生物发酵水解乳清甘油生产 PHA 进行了研究。笔者实验室在 1,3-PD 生产菌株中分别构建了从甘油到 PHP 和 PHB 的新途径，PHP/PHB 有了一定量的积累，有望实现 1,3-PD 和 PHP 及 1,3-PD 和 PHB 的联产，已经申请了相关专利。利用粗甘油生产 PHA 尤其是 PHP，将是生物柴油副产物高附加值利用的一个新亮点。

参考文献

[1] Bhuiya M，Rasul M，Khan M，et al. Prospects of 2nd generation biodiesel as a sustainable fuel—Part：1 selection of feedstocks，oil extraction techniques and conversion technologies [J] . Renewable and Sustainable Energy Reviews，2016，55：1109-1128.

[2] Dutta S，Neto F，Coelho M C. Microalgae biofuels：A comparative study on techno-economic analysis & life-cycle assessment [J] . Algal Research，2016，20：44-52.

[3] Jain M，Chandrakant U，Orsat V，et al. A review on assessment of biodiesel production methodologies from calophyllum inophyllum seed oil [J] . Industrial Crops and Products，2018，114：28-44.

[4] 鲁厚芳，史国强，刘颖颖，等. 生物柴油生产及性质研究进展 [J] . 化工进展，2011，30（1）：126-136.

[5] Peng C Y，Lan C H，Dai Y T. Speciation and quantification of vapor phases in soy biodiesel and waste cooking oil biodiesel [J] . Chemosphere，2006，65（11）：2054-2062.

[6] Gon Alves A，Mesquita A，Verdelhos T，et al. Fatty acids' profiles as indicators of stress induced by of a common herbicide on two marine bivalves species：Cerastoderma edule（Linnaeus，1758）and Scrobicularia plana（da Costa，1778）[J] .Ecological indicators，2016，63：209-218.

[7] 闵恩泽，张利雄. 生物柴油产业链的开拓 [M] . 北京：中国石化出版社，2006.

[8] Anastopoulos G，Lois E，Serdari A，et al. Lubrication properties of low-sulfur diesel fuels in the presence of specific types of fatty acid derivatives [J] . Energy & Fuels，2001，15（1）：106-112.

[9] Drown D，Harper K，Frame E. Screening vegetable oil alcohol esters as fuel lubricity enhancers [J]. Journal of the American Oil Chemists' Society，2001，78(6)：579-584.

[10] Blakey S，Rye L，Wilson C W. Aviation gas turbine alternative fuels：A review [J]. Proceedings of the Combustion Institute，2011，33(2)：2863-2885.

[11] Kandaramath Hari T，Yaakob Z，Binitha N N. Aviation biofuel from renewable resources：Routes，opportunities and challenges [J]. Renewable and Sustainable Energy Reviews，2015，42：1234-1244.

[12] 石勇. 费托合成反应器的进展 [J]. 化工技术与开发，2008(05)：31-38.

[13] Schulz H. Short history and present trends of Fischer-Tropsch synthesis [J]. Applied Catalysis A：General，1999，186(1)：3-12.

[14] 胡徐腾，齐泮仑，付兴国，等. 航空生物燃料技术发展背景与应用现状 [J]. 化工进展，2012，31(08)：1625-1630.

[15] 陶志平. 多国重视航空生物燃料开发 [J]. 中国石化，2012(09)：54-55.

[16] Gupta K K，Rehman A，Sarviya R M. Bio-fuels for the gas turbine：A review [J]. Renewable and Sustainable Energy Reviews，2010，14(9)：2946-2955.

[17] Rye L，Blakey S，Wilson C W. Sustainability of supply or the planet：A review of potential drop-in alternative aviation fuels [J]. Energy & Environmental Science，2010，3(1)：17-27.

[18] 姚国欣. 加速发展我国生物航空燃料产业的思考 [J]. 中外能源，2011，16(04)：18-26.

[19] Marker T L，Kokaveff P. Production of diesel fuel from biorenewable feedstocks with lower hydrogen consumption：US7982075 [P]. 2011-7-19.

[20] 刘广瑞，颜蓓蓓，陈冠益. 航空生物燃料制备技术综述及展望 [J]. 生物质化学工程，2012，46(03)：45-48.

[21] Dodds D R，Gross R A. Chemicals from biomass [J]. Science，2007，318(5854)：1250-1251.

[22] Mariscal R，Maireles-Torres P，Ojeda M，et al. Furfural：A renewable and versatile platform molecule for the synthesis of chemicals and fuels [J]. Energy & Environmental Science，2016，9(4)：1144-1189.

[23] Huber G W，Chheda J N，Barrett C J，et al. Production of liquid alkanes by aqueous-phase processing of biomass-derived carbohydrates [J]. Science，2005，308(5727)：1446-1450.

[24] Huber G W，Iborra S，Corma A. Synthesis of transportation fuels from biomass：Chemistry，catalysts，and engineering [J]. Chemical Reviews，2006，106(9)：4044-4098.

[25] 石宁，刘琪英，王铁军，等. 葡萄糖催化脱水制取 5-羟甲基糠醛研究进展 [J]. 化工进展，2012，31(04)：792-800.

[26] 闵恩泽，姚志龙. 我国发展生物柴油产业的挑战与对策 [J]. 天然气工业，2008，28(7)：1-4.

[27] Howell S. Promising industrial applications for soybean oil in the US [R]. American Soybean Assosiation，1998.

[28] 黄庆德，黄凤洪，郭萍梅. 生物柴油生产技术及其开发意义 [J]. 粮食与油脂，2002，9

(3): 8-10.

[29] Wildes S. Methyl soyate: A new green alternative solvent [J]. Chemical Health and Safety, 2002, 3(9): 24-26.

[30] Von Wedel R. Cytosol-cleaning oiled shorelines with a vegetable oil biosolvent [J]. Spill Science & Technology Bulletin, 2000, 6(5-6): 357-359.

[31] Opre J E. Environmentally friendly ink cleaning preparation: US6284720 [P]. 2001.

[32] Mittelbach M, Remschmidt C. Biodiesel: The comprehensive handbook [M]. Graz, Austria: Martin Mittelbach, 2004: 512.

[33] Joshi K, Jeelani S, Blickenstorfer C, et al. Influence of fatty alcohol antifoam suspensions on foam stability [J]. Colloids and Surfaces A: Physicochemical and Engineering Aspects, 2005, 263(1-3): 239-249.

[34] 汪多仁. 蔗糖聚酯的开发与应用 [J]. 淀粉与淀粉糖, 2005(4): 15-19.

[35] Liu Z, Liu H, Luo P, et al. Study on the synthesis and physicochemical properties of sucrose polyester [J]. Chinese Journal of Reactive Polymers-English Edition, 2006, 15(1): 29.

[36] Hreczuch W, Szymanowski J. Synthesis of ethoxylated fatty acid methyl esters: Discussion of reaction pathway [J]. Comun Jorn Com Esp Deterg, 2001, 31: 167-178.

[37] Rigail-Cede O A, Sung C S P. Fluorescence and IR characterization of epoxy cured with aliphatic amines [J]. Polymer, 2005, 46(22): 9378-9384.

[38] Ansgar B, Uwe P, Frank C. Method of preparing sulphated fatty-acid alkanol amides: EP0613461 [P]. 1996-5-1.

[39] 李秋小. 我国油脂深加工研发现状 [J]. 日用化学品科学, 2007, 30(8): 15-20, 33.

[40] Brands D, Poels E, Dimian A, et al. Solvent-based fatty alcohol synthesis using supercritical butane. Thermodynamic analysis [J]. Journal of the American Oil Chemists' Society, 2002, 79(1): 75-83.

[41] Brands D, Pontzen K, Poels E, et al. Solvent-based fatty alcohol synthesis using supercritical butane: Flowsheet analysis and process design [J]. Journal of the American Oil Chemists' Society, 2002, 79(1): 85-91.

[42] Sander van den Hark,Magnus Härröd. Fixed-bed hydrogenation at supercritical conditions to form fatty alcohols: the dramatic effects caused by phase transitions in the reactor [J]. Industrial & Engineering Chemistry Research, 2001, 40(23): 5052-5057.

[43] Sander van den Hark,Magnus Härröd. Hydrogenation of oleochemicals at supercritical single-phase conditions: Influence of hydrogen and substrate concentrations on the process [J]. Applied Catalysis A: General, 2001, 210(1-2): 207-215.

[44] 姚志龙. 脂肪酸甲酯超临界加氢制备脂肪醇新工艺研究 [D]. 北京: 中国石化石油化工科学研究院, 2008.

[45] 刘程, 米裕民. 表面活性剂性质理论与应用 [M]. 北京: 北京工业大学出版社, 2003.

[46] Sherry A E, Chapman B E, Creedon M T. Process to improve alkyl ester sulfonate surfactant compositions: US542973 [P]. 1995-06-04.

[47] 郑延成, 韩冬, 杨普华. 磺酸盐表面活性剂研究进展 [J]. 精细化工, 2005(8): 578-582.

[48] Kitano K，Sekiguchi S. Process for the preparation of saturated/unsaturated mixed fatty acid ester sulfonates：US4816188 [P] . 1989-03-28.

[49] 杜志平，王万绪，台秀梅. 脂肪酸甲酯磺酸盐的制备、性能及应用研究进展 [J] . 日用化学品科学，2012，35 (4)：1-6，13.

[50] 金英姿，庞彩霞. 蔗糖脂肪酸酯的合成及应用 [J] . 中国甜菜糖业，2005，3：28-31.

[51] 侯信，张哲国，程男. 蔗糖聚合物 [J] . 高分子通报，2004，3：93-98.

[52] 谢德明，高大维，郑建仙. 相转移催化合成蔗糖聚酯研究 [J] . 中国油脂，1998，23 (4)：60-61.

[53] 郑宗明. 克雷伯氏肺炎杆菌有氧发酵 1, 3-丙二醇的代谢研究 [D] . 北京：清华大学，2008：34.

[54] 余晓兰，汤建凯. 生物基聚对苯二甲酸丙二醇酯 (PTT) 纤维研究进展 [J] . 精细与专用化妆品，2018，26 (2)：13-17.

[55] Biebl H. Fermentation of glycerol by clostridium pasteurianum——batch and continuous culture studies [J] . Journal of Industrial Microbiology and Biotechnology，2001，27 (1)：18-26.

[56] Zeng A P，Biebl H. Bulk chemicals from biotechnology：The case of 1, 3-propanediol production and the new trends [M] //Schügerl K，Zeng A P，Aunins J G，Bader A，et al. Tools and applications of biochemical engineering science. Berlin：Springer，2002：239-259.

[57] 刘艳杰，赵庆国，蒋巍，等. 1, 3-丙二醇的生产技术分析 [J] . 化学工程师，2002 (01)：45-46，52.

[58] 刘兆庆，张学娟，王曙文. 1, 3-丙二醇的工业应用及生产方法 [J] . 农产品加工，2004，(02)：26-27.

[59] Slaugh L H，Weider P R，Powell J B，et al. Process for preparing alkanediols：US6180838 [P] . 2001-01-30. Patents；1998.

[60] Arntz D，Haas T，Wiegand N，et al. Kinetische untersuchung zur hydratisierung von acrolein [J] . Chemie Ingenieur Technik，1991，63 (7)：733-735.

[61] Emptage M，Haynie S L，Laffend L A，et al. Process for the biological production of 1, 3-propanediol with high titer：US 6514733 [P] . 2003-08-21.

[62] Freund A. Über die bildung und darstellung von trimethylenalkohol aus glycerin [J] . Monatshefte für Chemie/Chemical Monthly，1881，2 (1)：636-641.

[63] Cameron D，Altaras N，Hoffman M，et al. Metabolic engineering of propanediol pathways [J] . Biotechnology progress，1998，14 (1)：116-125.

[64] Saint-Amans S，Perlot P，Goma G，et al. High production of 1, 3-propanediol from glycerol by Clostridium butyricum VPI 3266 in a simply controlled fed-batch system [J] . Biotechnology Letters，1994，16 (8)：831-836.

[65] Reimann A，Biebl H. Production of 1, 3-propanediol by clostridium butyricum DSM 5431 and product tolerant mutants in fedbatch culture：Feeding strategy for glycerol and ammonium [J] . Biotechnology Letters，1996，18 (7)：827-832.

[66] 刘德华，刘宏娟，林日辉，等. 利用生物柴油副产物甘油生产 1, 3-丙二醇的方法：中国专利：200510011867 [P] . 2005-11-16.

[67] Cheng K K，Liu D H，Sun Y，et al. 1, 3-Propanediol production by klebsiella pneumoniae under different aeration strategies [J] . Biotechnology letters，2004，26

(11): 911-915.

[68] Hao J, Lin R, Zheng Z, et al. Isolation and characterization of microorganisms able to produce 1, 3-propanediol under aerobic conditions [J]. World Journal of Microbiology and Biotechnology, 2008, 24(9): 1731-1740.

[69] Zheng Z M, Xu Y Z, Liu H J, et al. Physiologic mechanisms of sequential products synthesis in 1, 3-propanediol fed-batch fermentation by *Klebsiella pneumoniae* [J]. Biotechnology and Bioengineering, 2008, 100(5): 923-932.

[70] 刘德华，刘宏娟，欧先金，等. 构建基因工程菌发酵联产 PDO、BDO 和 PHP 的方法: 中国专利: 200810105722 [P]. 2008-11-19.

[71] 蒋建兴，张培培，姚成. 甘油生产环氧氯丙烷的发展概况 [J]. 现代化工，2006，26(s2): 71-73.

[72] 崔吉宏，尹琦岭，杨泉，等. 我国环氧氯丙烷生产和消费及发展建议 [J]. 化工科技市场，2005(3): 20-23.

[73] 徐伟箭，陈康庄. 浅议环氧氯丙烷生产技术及其发展 [J]. 氯碱工业，2006，9: 29-33.

[74] Oh B R, Seo J W, Heo S Y, et al. Optimization of culture conditions for 1, 3-propanediol production from glycerol using a mutant strain of *klebsiella pneumoniae* [J]. Applied Biochemistry and Biotechnology, 2012, 166(1): 127-137.

[75] 舒云. 我国环氧氯丙烷市场发展分析 [J]. 中国石油和化工经济分析，2007，1: 22-25.

[76] 曹本昌，徐建林，匡群. L-乳酸研究综述 [J]. 食品与发酵工业，1993，3: 56-61.

[77] 陈连喜，李世普，阎玉华，等. 乳酸及其衍生物的合成和应用 [J]. 湖北化工，2001(3): 4-5.

[78] 王俐. 乳酸/聚乳酸生产技术进展 [J]. 化工技术经济，2005，23(7): 50-56.

[79] 乔长晟，汤凤霞，朱晓红. L-乳酸的生产及研究现状 [J]. 宁夏农学院学报，2001，22(3): 75-79.

[80] 王博彦，金其荣. 发酵有机酸生产与应用手册 [M]. 北京: 中国轻工业出版社，2000.

[81] 杨洁彬，郭兴华，张篪. 乳酸菌——生物学基础及应用 [M]. 北京: 中国轻工业出版社，1996.

[82] Findlay R H, White D C. Polymeric beta-hydroxyalkanoates from environmental samples and bacillus megaterium [J]. Appl Environ Microbiol, 1983, 45(1): 71-78.

[83] Muhammadi, Shabina, Afzal M, et al. Bacterial polyhydroxyalkanoates-eco-friendly next generation plastic: production, biocompatibility, biodegradation, physical properties and applications [J]. Green Chemistry Letters and Reviews, 2015, 8(3-4): 56-77.

[84] Sudesh K, Abe H, Doi Y. Synthesis, structure and properties of polyhydroxyalkanoates: biological polyesters [J]. Progress in Polymer Science, 2000, 25(10): 1503-1555.

[85] 陈国强，张广，赵锴，等. 聚羟基脂肪酸酯的微生物合成、性质和应用 [J]. 无锡轻工大学学报: 食品与生物技术，2002(2): 197-208.

[86] Kumari A, Yadav S K, Yadav S C. Biodegradable polymeric nanoparticles based drug delivery systems [J]. Colloids and Surfaces B: Biointerfaces, 2010, 75(1): 1-18.

[87] Williams S F, Martin D P, Horowitz D M, et al. PHA applications: Addressing the price performance issue: I. Tissue engineering [J]. International Journal of Biologi-

cal Macromolecules，1999，25 (1-3)：111-121.

[88] Qu X H，Wu Q，Liang J，et al. Enhanced vascular-related cellular affinity on surface modified copolyesters of 3-hydroxybutyrate and 3-hydroxyhexanoate (PHBHHx) [J] . Biomaterials，2005，26 (34)：6991-7001.

[89] Conway T. The entner-doudoroff pathway：History，physiology and molecular biology [J] . FEMS Microbiology Reviews，1992，9 (1)：1-27.

[90] Koller M，Bona R，Braunegg G，et al. Production of polyhydroxyalkanoates from agricultural waste and surplus materials [J] . Biomacromolecules，2005，6 (2)：561-565.

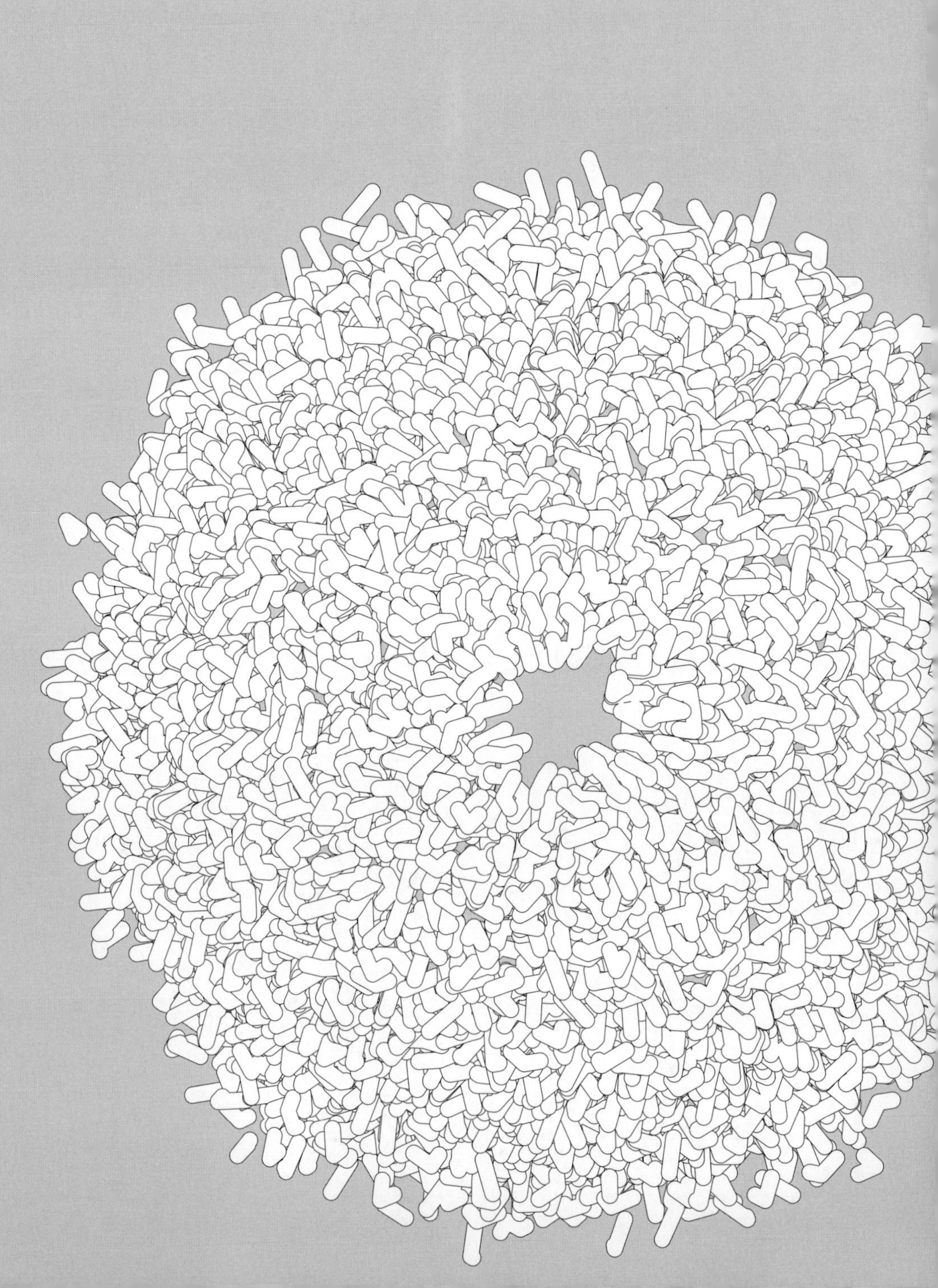

第7章

中国生物柴油产业政策与现状

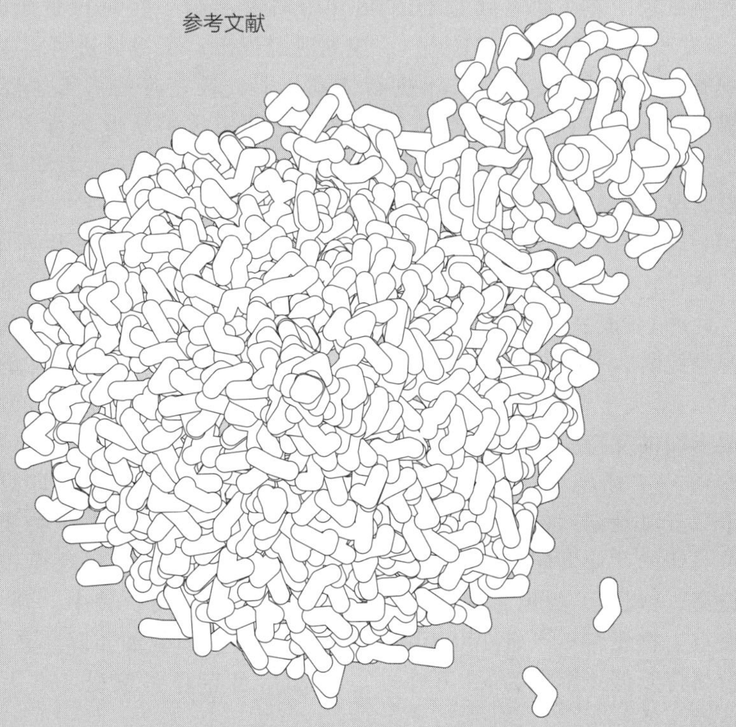

7.1 中国生物柴油产业政策环境分析

7.1.1 中国开发生物质能的有利政策

国家在可再生能源领域一直重点支持生物质能源研究。在“十五”期间，科技部高新司将生物质能技术首次列入国家高科技发展计划（863计划），“十一五”期间投入1.5亿元人民币，实施国家科技支撑计划重大项目“农林生物质工程”；2004年国家发展和改革委员会开始制定国家中长期可再生能源发展规划，提出2020年生物质能源发展目标：生物质能发电20MW，生物质液体燃料产量达到1500万吨；科技部也在《国家中长期科学和技术发展规划纲要》中将生物质能技术列为可再生能源重点技术发展领域。

2006年1月开始实施《中华人民共和国可再生能源法》，明确提出“国家鼓励清洁、高效地开发利用生物质燃料，鼓励发展能源作物。并依法保护可再生能源开发利用者的合法权益，同时规定将符合国标的生物质液体燃料纳入其燃料销售体系，给予税收优惠，并指出“生物液体燃料，是指利用生物质资源生产的甲醇、乙醇和生物柴油”。此外，该法以利用再生能源发电作为目标和重点，确定分类电价制度、强制上网制度、费用分摊制度及专项资金制度。2007年12月，国家发改委制定《产业结构调整指导目录》，把“生物质液体燃料油生产”明确列入国家鼓励的产业结构调整指导目录。并在此基础上于2008年3月又出台了《可再生能源发展“十一五”规划》（发改能源〔2008〕610号）。规划明确提出，积极推进可再生能源新技术的产业化发展，建立可再生能源技术创新体系，形成较完善的可再生能源产业体系。并提出根据我国经济社会发展需要和生物质能利用技术状况，重点发展生物质发电、沼气、生物质固体成型燃料和生物液体燃料。国家林业局也发布了《中国林业与生态建设状况公报》，表示中国将大力发展林业生物质能源。

2009年12月26日，全国人大常委会对旧的《中华人民共和国可再生能源法》进行了修订，明确规定了石油销售企业将符合国家标准的生物柴油纳入其燃料销售体系。此外，《成品油市场管理办法》将生物柴油、燃料乙醇等替代燃料纳入成品油市场管理范畴，实行统筹管理；以及《生物能源和生物化工原料基地补助资金管理暂行办法》《关于资源综合利用及其他产品增值税政策的通知》等政策为生物燃料提供财税方面的支持。

2012年7月24日，国家能源局以国能新能〔2012〕216号印发《可再生能源发展“十二五”规划》（以下简称《规划》），明确了“十二五”生物质能源领域的发展目标及具体的产业发展布局，确定的生物质发电及生物燃料规模较“十一五”有大幅度提高。《规划》提出加快生物质能规模化开发利用。其中，到2015年，生物柴油和航空生物燃料年产量100万吨。近年，国内生物柴油实际年产量除去2015年受石油价格持续低迷影响为83万吨外，从2013年起已经突破100万吨，较好地印证了规划的准确性。

2014 年 6 月 7 日国务院办公厅发布《能源发展战略行动计划（2014—2020 年）》，提出到 2020 年，非化石能源占一次能源消费比重达到 15%。

国家发改委 2014 年 11 月 26 日专门发布了一个《国务院关于创新重点领域投融资机制鼓励社会投资的指导意见》，为生物质能的发展提供了融资支持。指导意见提出，鼓励社会资本投资建设风光电、生物质能等清洁能源项目和背压式热电联产机组，进入清洁高效煤电项目建设、燃煤电厂节能减排升级改造领域。

加快生物质能专业化、多元化、产业化发展步伐，国家能源局于 2016 年组织编制了《生物质能发展“十三五”规划》（国能新能〔2016〕291 号）。规划指出，加快生物柴油在交通领域应用；对生物柴油项目进行升级改造，提升产品质量，满足交通燃料品质需要；建立健全生物柴油产品标准体系；开展市场封闭推广示范，推进生物柴油在交通领域的应用。

生物质能产业扶持、科技支持、经济税收补贴、法律法规保障等政策体系不健全是导致国内生物质能产业发展迟缓的重要原因。随着我国生物质能政策体系的不断完善，生物质能发展的政策环境逐渐优化，这将极大促进民间资本在生物质能领域的投资。

7.1.2　国家鼓励生物柴油发展的相关政策

中国“十五”计划发展纲要将生物质液体燃料确定为产业发展方向；2004 年国家科技部启动了“十五”国家科技攻关计划“生物燃料油技术开发”项目，包括生物柴油的内容。2005 年国家专项农林生物质工程启动规划；2005 年 5 月，国家 863 计划生物和现代农业技术领域决定提前启动“生物能源技术开发与产业化”项目，已发布了指南，其中设有“生物柴油生产关键技术研究与产业化”课题。

国家发改委于 2007 年 9 月颁布了《可再生能源中长期发展计划》，提出 2010 年生物燃料年替代石油 200 万吨，2020 年生产燃料年替代石油 1000 万吨的发展目标。国家税务局根据《可再生能源产业发展指导目录》制定相应的免税、减税税收优惠政策。国务院将以生物柴油为代表的生物能源列入国家中长期科学和技术发展中长期发展规划纲要的优先发展项目。科技部将农林生物质利用以及生物能源技术开发列入“十五”计划，大规模发展生物燃料：到 2020 年，使生物燃料消费量占到全部交通燃料的 15%左右，建立起具有国际竞争力的生物燃料产业。国家林业局《全国能源林建设规划》提出，“十一五”期间，我国将发展生物柴油能源林 83 万公顷，到 2020 年定向培育能源林 1333 万公顷，满足年产 600 万吨生物柴油。

中国环境保护产业协会发布了中国首个生物柴油行业标准——《生物柴油评价技术要求》。该标准适用于生物柴油质量、环保等性能的评价和检验、生产环境效益的评价，主要包括科技创新指标、质量评价指标、环境效益评价指标、服务与发展评价指标四方面，共 13 类。颁布生物柴油评价技术要求的标准，对引导生物柴油新兴能源企业的快速、正确发展起到很好的规范作用。

发改办环资〔2011〕1111号"循环经济发展专项资金支持餐厨废弃物资源化利用和无害化处理试点城市建设实施方案的通知"，对将废油脂循环用于生产生物柴油、减少废油脂重回餐桌会有很大帮助。至2011年6月1日起实施的发改委第9号令《产业结构调整指导目录（2011年本）》将生物柴油提升为鼓励类。

2014年年底，国家能源局对外发布《生物柴油产业发展政策》，其中提出，要构建适合我国资源特点，以废弃油脂为主、木（草）本非食用油料为辅的可持续原料供应体系。

根据国家发改委等八部门2016年年底联合发布的《关于全国全面供应符合第五阶段国家强制性标准车用油品的公告》显示，从2017年起，我国在全国范围内全面供应符合国Ⅴ标准的车用汽油（含E10乙醇汽油）、车用柴油（含B5生物柴油）。公告明确将清洁的乙醇、生物柴油两种可再生能源与石化汽柴油相提并论。

此外，国家发改委环资司正在对生物柴油定价机制及政策扶持课题进行研究，财政部也在对餐饮废弃物等生物柴油原料进行补贴，今后几年生物柴油将迎来一个新的发展时期。

7.1.3 国家对生物柴油产业的财税政策扶持

随着生物柴油产业的发展，我国政策和法规的不断完善，对生物柴油产业扶持财税扶持力度也逐渐加大。

2006年5月，财政部颁布实施了《可再生能源发展专项资金管理暂行办法》，明确将石油替代可再生能源开发利用放在了首位，生物柴油和燃料乙醇是专项资金扶持重点，使用无偿资助和贴息贷款两种方式。

在原料基地建设方面，2006年9月30日，财政部、国家发改委、农业部、国家税务总局和国家林业局联合发布了《关于发展生物能源和生物化工财税扶持政策的实施意见》，明确了发展麻疯树等生物质能源林不与粮争地的扶持政策原则，扶持政策涵盖实施弹性亏损补贴、原料基地补助、示范补助和税收优惠等。基于上述实施意见，2007年9月财政部专门制定了《生物能源和生物化工原料基地补助资金管理暂行办法》，拟对麻疯树等生物质能源林林业原料基地提供200元/亩的财政补助。2011年，中央财政启动了整合和统筹资金支持木本油料产业发展工作，累计整合和统筹现代农业生产发展资金、巩固退耕还林成果专项资金等十项资金共26亿元，同时带动地方财政整合和统筹资金14亿元，有力地支持了木本油料产业发展。2012年4月6日，财政部发布《关于2012年整合和统筹资金支持木本油料产业发展的意见》，决定在2011年的基础上，中央财政进一步加大力度，继续整合统筹资金支持木本油料产业发展。

对于是否征收生物柴油消费税，国家的相关政策也曾有过几次调整。早在2006年12月，国家税务总局发布的《关于生物柴油征收消费税问题的批复》（以下简称《批复》）中就曾指出，以动植物油为原料，经提纯、精炼、合成等工艺生产的生物柴油，不属于消费税征税范围。但由于种种原因，2008年12月，财政部、国家税务总局发布的《国务院关于实施成品油价格和税费改革的通知》中又废除了《批复》中的优惠政策，确定了生物柴油消费税征收额度与普通柴油相同，均为 0.8 元/L，即每吨生物柴油征收 900 多元的消费税。2010 年年底，财税〔2010〕118 号“关于对利用废弃的动植物油生产纯生物柴油免征消费税的通知”出台，增大了生物柴油生产利润空间。这一举措有利于增强生物柴油的市场竞争力，促进生物柴油产业的发展。

2011 年，国家相继出台了《关于组织申报生物能源和生物化工原料基地补助资金的通知》与《关于调整完善资源综合利用产品及劳务增值税政策的通知》，分别对生物柴油提供生产资金补贴与销售退税补贴。

2014 年 11 月 28 日能源局出台《生物柴油产业发展政策》（以下简称《政策》），明确规定，石油销售体系必须将合格的生物柴油纳入销售体系，拒不纳入者，将追究责任，并给予生物柴油企业相关的税收补贴。加强舆论宣传引导，鼓励封闭推广，营造良好消费环境。政策不仅对发展目标和规划提出明确指示，还对产业布局、行业准入和政策实施与监管提出具体要求，甚至涵盖了针对地方相关部门推动本地区产业发展的管理方式及原则。《政策》的发布不仅给予生物柴油合法身份，还为其保驾护航，使其发展有据可依。然而，该产业政策没有落实相关的实施细则，特别是没有明确成品油销售企业调和生物柴油的责任和义务，更没有明确的监管和处罚机制，使得政策贯彻实施困难，行业面临有前途、没办法的窘境。

2015 年，财政部出台关于生物柴油生产企业的增值税政策，由先征后返 100%调整为即征即返 70%，使得本来因为产业政策不能很好落实以及原油价格下跌后产业运行困难的状况更加严峻；2017 年国家税收系统的营业税改增值税逐步实施，生物柴油原料进项发票难以取得，生物柴油产业的税收及发票问题已经成为行业发展面临的大问题。

7.1.4　中国生物柴油产业发展的法律对策

国家颁布《中华人民共和国可再生资源法》，并于 2009 年 12 月进行修订，以法律的形式确立了生物柴油的合法地位，鼓励企业和个人投资生产生物柴油，明确规定了石油销售企业将符合国家标准的生物柴油纳入其燃料销售体系。新修正的《可再生能源法》第八章附则部分【第三十二条第（四）项】将生物柴油明确定义为“生物液体燃料”。第四章推广和应用部分【第十六条第三款】明确规定：“国家鼓励生产和利用生物液体燃料。石油销售企业应当按照国务院能源主管部门或者省级人民政府的规定，将符合国家标准的生物液体燃料纳入其燃料销售体系。”在第七章法律责任部分【第三十一条】还规定：“违反本法第十六条第三款规定，石油销售企业未按照规定将符合国家标准的生物液体燃料纳入其燃料销售体系，造成生物液体燃料生产企业经济损失的，应当承担赔偿责任，并由国务院能源主管部门或者省级人民政府管理能源工作的部门责令限期改正；拒不改正的，处以生物液体燃料生产企业经济损失额一倍以下的罚款。”这些规定，为生物柴油等生物液体燃料项目的开发提供了可靠的法律保障。

为规范生物柴油产业发展，我国从2003年开始了一系列生物柴油有关产品标准、试验方法的制定工作。2007年5月，我国发布了生物柴油产业首部产品标准《柴油机燃料调合用生物柴油（BD100）》（GB/T 20828—2007），之后进行修订颁布了GB/T 20828—2014、GB/T 20828—2015标准。2009年4月，《生物柴油调合燃料（B5)》标准通过审查，B5标准GB/T 25199—2010于2011年2月1日正式实施，规范了调和燃料油技术标准。2%～5%（体积分数）生物柴油可与95%～98%（体积分数）石化柴油调和燃料，经过这种标准调和的生物柴油可进入成品油零售网络销售，这意味着被认为是化石能源最好替代品的生物柴油可名正言顺地进入成品油零售网络。同时，有助于国内生物柴油企业向国际先进水平靠拢，促进自主创新，提高质量，将生物柴油行业引向健康积极的发展轨道。2012年国家对该标准进行了修订，推荐实施GB/T 25199—2014标准。2014年12月对标准进行了再次修改，颁布GB 25199—2015标准代替GB/T 25199—2014版的《生物柴油调和燃料（B5)》，该标准与GB/T 25199—2014相比，对水含量等指标进行了修订，标准由推荐性改为强制性。近年，生物柴油生产工艺技术已逐渐成熟，推广应用已具备基础条件，上海市已开始推广应用B5柴油，国家质检总局和标准委也发布了B5柴油标准（GB 25199—2017）。

总而言之，从产业规划到财税扶持，从技术标准到推广意见，国家对生物柴油扶持政策不少，但与发达国家相比，我国的政策法规还不够健全，制定相关标准时具有明显的滞后性。如发达国家对隔油池垃圾的收集、运输、处理标准也做了相关规定，而我国至今仍然没有建立起关于“地沟油”收集、处理、流通标准体系；发达国家用立法的方式明确规定生物质能源在燃料消费中所占比例，以推行生物质能源的发展，而我国出台的相关政策法规，具有明显的导向性，在改革措施和实施细则方面没有涉及。

7.2 中国生物柴油产业化分析

7.2.1 中国生物柴油产业化发展进程

我国生物柴油产业起步于2001年，且率先在民营企业实现。民营企业海南正和生物能源有限公司于2001年9月在河北邯郸建成年产近1万吨的生物柴油试验工厂，油品经石油化工科学研究院以及环境科学研究院测试，主要指标达到美国生物柴油标准，它成为我国生物柴油产业化的标志。2002年9月，福建省龙岩卓越建成2万吨/年生物柴油装置，标志了我国生物柴油产业化在民营企业中快步发展起来。

油价飙升促进了生物柴油的迅速发展。从 2006 年开始，生物柴油在上海、福建、江苏、安徽、重庆、新疆、贵州等地陡然升温，我国生物柴油正式进入产业化生产的快车道，迎来了投资高潮。不同于以往带有试验性质的、年产 1 万吨的小规模投入，各地开始呈现较大规模投入趋势。其中，仅山东省的临沂、济宁、东营就有 3 个以民资投入为主的年产 10 万吨规模的生物柴油项目。同时，我国石油业巨头为代表的大型国企也开始涉足生物柴油领域，以取得有战略价值的资源基地为首选，将资金投入油料林基地建设，与地方政府及农户合作种植油料林项目总量超过 1000 万亩。四川、贵州、云南等地分布着大量野生麻疯树资源，并具有发展数十万公顷麻疯树原料林基地的潜力。中石化、中石油在这些地区各自建立研发基地，大力研究生物柴油，规划设计了大规模的生物柴油项目及建立配套原料林基地；中海油也在积极运作，逐步加强与各方联系和合作。中粮油也开始进入生物能源行业，成立了生化能源事业部，推动燃料乙醇和生物柴油等的发展。随着生物柴油产业的快速发展，2009 年 8 月由中国江南航天集团投资的以麻疯树等为原料生产清洁能源的万吨级生物柴油项目在贵州省正式投产。此外，外资公司也积极介入我国生物柴油产业。

到目前为止，我国已经有超过 200 家生物柴油生产厂家，生产能力达 350 万吨，其中最大规模为年产 30 万吨，16 家年产超过 10 万吨。其中生物柴油生产企业最多的是山东省，其年生产能力已突破 80 万吨，广东、河北、江苏紧随其后[1]。仅从产能来看，我国生物柴油行业已经形成了一定规模。但是，受我国原料主要为地沟油等所限，我国现有企业生产的生物柴油很难达到 BD100 标准的要求。此外，由于原料短缺、价格高涨以及部分小企业技术水平低、销路不畅等原因，近年我国生物柴油产业发展缓慢，处在产业化发展的艰难时期，生物柴油产量均维持在 60 万～110 万吨。目前，我国很多企业处于部分停产或完全停产状态，行业发展陷入了困境。虽然出台了免消费税，以及 B5 标准的相关激励政策，对生物柴油行业是一大利好，很多生产企业能够有微利或改变亏损状态，然而，今后短时间内生物柴油产业仍受到原料来源的严重制约。

7.2.2 国内生物柴油生产状况

根据全国生物柴油行业协作组的不完全统计，全国有规模的生物柴油企业（指年产量能达到 5000t 以上）有 46 家，2012 年还在进行生产的有 38 家。这些企业规划的产能超过 200 万吨。

图 7-1 为 2011～2018 年中国生物柴油产量情况。

2014 年全国生物柴油产量为 121 万吨。2014～2015 年，由于石油价格暴跌，导致多数企业停产或部分停产，生物柴油产量剧烈下降，国内柴油每吨的价格也跌至 4000 元以下。对于生物柴油来说，由于受到成本的压力，生物柴油与石化柴油的价差缩小，生物柴油厂家的利润也不断缩水，故 2015 年我国生物柴油的产量相较 2014 年明显减少，部分生物柴油厂家也因生产压力而停产，生产的企业不足 20 家。2016

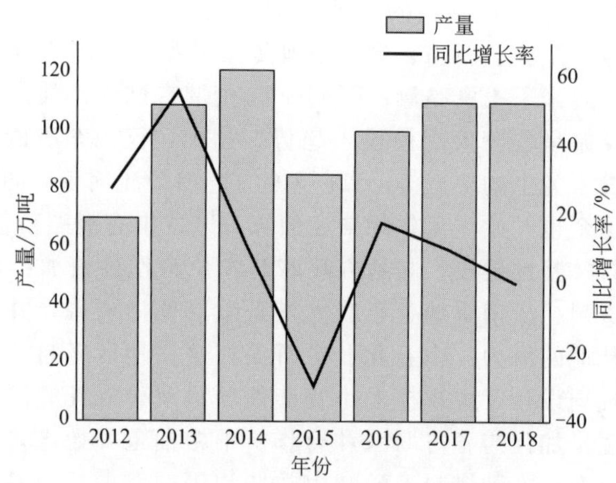

图 7-1 2011～2018 年中国生物柴油产量情况

年下半年开始，国际油价有所回升，生物柴油行业也开始逐步回暖。2017～2018 年，我国生物柴油年产量约为 110 万吨，年产 5000t 以上的厂家超过 40 家，并向大规模化趋势发展。由此可见，生物柴油作为石化柴油的添加剂，其发展与石柴油的兴衰也是分不开的。

统计显示，国内生物柴油产量最大的是江苏、山东、河北，其中江苏产量超过 28 万吨、山东超过 15 万吨、河北超过 11 万吨，三个省的产量即占全国产量的 63％以上。而其他众多的省份，往往只有 1～2 吨甚至不到 1t 的产量。这些生产企业中，上报产量最大的是江苏恒顺达生物能源有限公司，为 14 万吨。

这些生物柴油企业中，年设计规模以中小规模为主，除少数两家企业原料采用油脚或进口棕榈油外，其他所有企业原料均采用地沟油、潲水油等废弃油脂，所采用的工艺主要为化学合成法和生物酶催化法两种，技术来源大多为自主研发。

生物柴油产业是一个系统工程，生物柴油产业链现状见图 7-2[2]。产业链主要涉及原料、生产加工、应用、标准检测等，由上游的原料和技术、设备供应商，中游的生物柴油生产企业，下游的加油站、发电厂、炼油厂、运输公司、化工企业、流通领域中间商等市场客户以及标准检测服务行业组成。涵盖了农业、化工、设备制造、能源、环境等系列产业。

7.2.2.1 行业原料

生物柴油产业链中最关键的一环是原料。原料成本占生产总成本的 75％左右，对生物柴油的价格起决定性作用。目前世界上制生物柴油的原料主要是菜籽油，所占比例在 50％以上，其次是豆油、棕榈油及葵花籽油，其他原料比例较小。我国因国情的特殊性，生物柴油原料以地沟油、酸化油、植物油下脚料等废弃油脂为主，大规模的林业能源植物来源原料应用还有待进一步发展。因而生物柴油行业的主要原材料供应商为地沟油及餐饮废油回收企业、油脂厂、油品经销商等。目前，伴随着原料不足、供给不稳定以及市场渠道不完善等诸多原因，我国生物柴油产业链濒

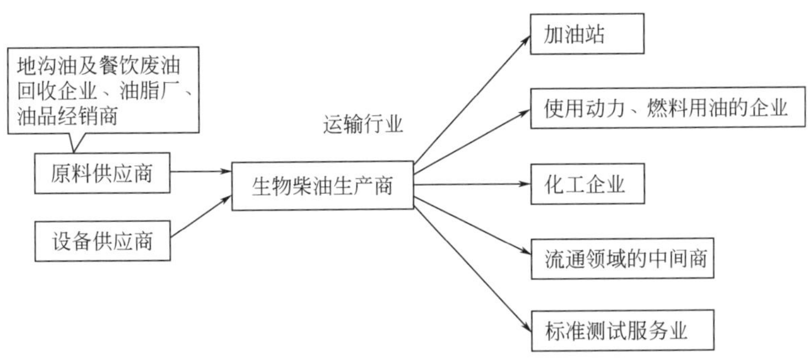

图 7-2　生物柴油产业链

临脱节，产能严重过剩。

从长期看，我国以麻疯树、黄连木等木本油料植物果实作为生物柴油主要原料具有较大发展空间。黄连木、麻疯树等具有野生、不占用耕地等特点。据统计，我国有大量山地适宜黄连木等油料植物生长，若充分利用，每年生产的果实可满足 500 万吨/年生物柴油装置的原料需求。

遗憾的是，虽然木本油料植物作为生物柴油原料具有众多优势，但是，前几年四川等地种植的麻疯树能源林由于所需投入资金巨大、基地建设的造林费用没能及时到位、缺乏下游产业的带动、持续三年大旱等综合原因，几十万亩麻疯树缺乏后续看护管理，目前收果率低于 10%。目前，全国并没有形成“南方麻疯树、北方黄连木”的局面。因此，有待进一步提高并稳定树种的产油率，完善能源林的管理。

此外，随着工程微藻法的日益成熟，在我国浅海区种植藻类作为原料也是可行的方法之一。因此，有专家指出，根据原料发展的不同，我国生物柴油产业化分成三个阶段发展：近期阶段，主要以废弃油脂为主，民营以及外资企业居多，生产规模小、数目多，经营风险相应较大；中期阶段，大规模种植木本油料作物为原料，实行生产企业和原料种植者结合的模式，规模为年产 10 万吨以上的大型工厂，以国有企业为主；远期阶段，在沿海和内地水域大规模种植产油藻类，规模为年产 50 万吨乃至百万吨以上的大型和特大型工厂。

7.2.2.2　设备行业

设备供应商既包括德国 Westfalia 食品技术公司、意大利梅洛尼集团、美国鲁齐公司、奥地利 Energea 生物柴油技术公司等国际知名技术设备供应商，国内少数生物柴油设备公司，如中科元和再生资源技术发展（江苏）有限公司、无锡华宏生物燃料有限公司、恒顺达生物能源集团公司、无锡市正洪生物柴油设备科技有限公司，也包括国内一些专业油脂设备生产商，例如，河南修武永乐粮机集团、武汉理科鑫谷科技有限公司、无锡市瑞之源生物燃料设备制造有限公司、上海中器环保科技有限公司等。一般而言，进口设备质量较好，但价格昂贵，对原料要求也比较苛刻，适用生产规模较大的企业；而国产设备质量相对逊色，但价格低，对原料的适应性也强，适合于中小型企业。

7.2.2.3 产品类型

从已知产品销售方式的生产营业公司数据统计发现，我国生物柴油产品的类型及销售比例分别如下（副产品较为单一，几乎均为粗甘油及植物沥青）。

① 作为车辆动力用油：占总产品的54%，其中，90%销售给加油站。目前销售价格为5000～5500元/t，远低于国内柴油均价6100元/t（2016年12月）。目标客户为石化、石油公司，民营加油站，各种运输车队、船队和公交公司。

② 作为普通燃料用油：占总产品的12%。主要销售价格范围为4800～5100元/t，少量低于4800元/t。目标客户为各种船舶、工业锅炉、餐饮锅炉。

③ 作为脂肪酸甲酯：目标客户为大型化工企业，主要作为增塑剂使用，其次还有表面活性剂等；这部分产品占总产品的34%。销售价格为6500～7500元/t。

7.2.3 生物柴油产业化发展的障碍

生物柴油的商业化和规模化应用是一项系统工程，原料的规模生产、收集、原料运输与加工、燃料油成品加工、运输、销售等都是重要的环节。由于政府政策滞后、缺乏发展规划、投资不足等原因，我国生物柴油产业起步晚，目前虽然处于产业化阶段，但要真正形成规模产业，还有很长的路要走。目前我国生物柴油产业发展主要存在着成本过高、原料资源不足、规模小、副产物综合利用率差、经济效益不高、政策支持力度不够等问题。在行业整体面临困境之下，生物柴油企业大多没有很强的盈利能力，2007年12月，古杉集团在纽约证券交易所挂牌上市，当年其产能约为19万吨/年，并雄心勃勃地计划在多地新建或扩建产能。但随着原料和渠道的受困，2012年初古杉集团私有化退市，2013年开始已陷入停工、变卖工厂的困境。因此，当前发展中还亟待解决一些关键问题，如原料供应、政府政策、市场、资本等。

7.2.3.1 原料价格波动较大

如何获得丰富、廉价、可作为能源用途的植物油料资源是生物柴油产业化必须解决的关键问题。目前，我国现有生物柴油企业的主要原材料来源均取自于植物油下脚料或城市地沟油、泔水油，但下脚料资源总量有限，远远不能满足生物柴油产业快速发展对原料的需要。我国生物柴油企业都是民营小企业，且非常分散。由于生物柴油主要原料“地沟油”供应途径有限，这决定产业有一定的地域性，全国性的统一收购原料和销售产品很难实现。

一方面，原料价格的不断波动，也较大程度地影响了生物柴油企业的盈利能力。以地沟油为例，其价格在2006年1年内从800元/t上涨到近3200元/t，2012年达到5500元/t，而且供不应求。有些企业采用棉籽油或棕榈油等作原料，2005～2006年初尚有经济效益，2007年起则已陷入亏损境地，被迫停产，在沉重的成本压力下企业难以为继。虽然从目前原料油价格来看，生物柴油生产存在一定的利润空间，但是这种价格的浮动非常值得关注，在投资时尽量避免采用价格上涨幅度可能较大的原料油，尤其是食用油。另一方面，由于我国人口多，人均耕地少，人均消耗可食用油脂数只相当于发达国家的1/3，食用的植物油需要大量进口，所以我国不能像欧盟国家和北美国家一样直接采用食用植物油作为生物柴油的原材料。因此，研究、开发和利用新型燃料油植物资源是生物柴油产业发展所面临的核心问题。

7.2.3.2 设备落后、品质不达标

为了适应成分复杂的原料，我国生物柴油技术形成了原料适应性较强的工艺路线。目前，形成了以废弃油脂为原料，以常规酸碱、改性酸碱及固体分子筛为催化剂的实用工业技术，以及脂肪酶为催化剂和超临界无催化剂的技术储备体系。总体而言，我国生物柴油主体生产技术相对成熟，但生产设备比较落后，生物柴油厂的生产设计和运行没有技术规范，存在安全隐患。由于原料和设备技术问题，多数达不到标准的要求。生物柴油市场混乱，以次充好、以假乱真的现象非常多，对产业发展造成不良影响。

7.2.3.3 销售渠道匮乏

销售渠道匮乏表现为民营企业的生物柴油无法进入国有加油站。虽然《中华人民共和国可再生能源法》确定了生物柴油的合法地位，生物柴油国家标准的出台也扫清了生物柴油进入国有加油站的障碍。然而，我国生物柴油生产、调配后，尽管符合国家相关标准，却无法进入市面上的加油站进行销售，使得生物柴油市场不畅通。政策问题主要表现为在成品油价格管制的前提下，我国仍缺乏对生物柴油生产和使用的扶持政策。在成品油市场管理方面，生物柴油进入主流市场还缺乏完善的国家商务主管部门市场管理办法，无相应的生物柴油市场准入条件，没有建立配套的规模化调配站，绝大多数省份的民营企业的生物柴油暂时无法顺利进入中石油、中石化的销售网络中，使得大部分生物柴油只能以土炼油的价格出售，由此导致每吨生物柴油售价比普通柴油低600元左右。这些都严重制约了生物柴油产业发展。

7.2.3.4 资本制约

资本是制约行业发展的重要原因之一。生物柴油行业的资金投入，从产业进程的角度可分为三个阶段：第一阶段是技术研发期，该期间的主要特点是不确定性多，周期长、风险大；第二阶段是项目建设期，该期间的主要特点是资金需求量大，用于固定资产投入的比重大；第三阶段为投产期，根据成品油交易方式的特点，该期间资金通过企业的生产运作可以达到现金流的正常循环。当然，如果企业向上游原料市场拓展，建设以林木为主的原料种植基地的资金需求也会很大，且周期较长，回收较慢。

目前我国生物柴油的融资方式主要是以企业自筹资金为主，银行信贷为辅，加上政府财政专项资金的扶持。中石油、中石化、中海油三大石油公司以其雄厚的资金实力，相继宣布进军生物柴油领域，从原料基地、自主技术研发，到加工基地全方位介入，在行业中居于领先地位。一些自身资金实力较小的企业，通过自筹资金

形成了小规模的生产能力，想通过融资的方式扩大生产规模，但由于企业不具备融资的基本条件，除少数以第三方担保的方式争取到少量资金外，许多企业生物柴油项目因资金缺少而处在上下两难的尴尬境地。更新设备、扩大生产规模成为纸上谈兵。也有一些企业打算引入风险资本，但由于生产技术、行业标准、原料来源及产品市场等原因，各类投资机构都以相对谨慎的态度，保持观望，或调低对生产技术的估值。我国几乎所有生物柴油企业都是中小微型的民营企业，资金非常有限，从上游的原材料的收集，中游的生产加工，到下游的加油站销售，没能实现产业链延伸。

7.2.3.5 生物柴油产业需完善扶持政策

虽然我国颁布了《中华人民共和国可再生能源法》及相关配套法规，然而相比德国、欧盟、美国等国家和地区在生物质能（以生物柴油为主的）方面的法律规定和政策扶持，我国法律法规在这些方面存在欠缺和不足。

欧美主要通过投资补贴、税收优惠和政府高价收购等市场的、行政的手段促进生物柴油产业的迅猛发展。而我国相关领域缺乏投资补贴的市场经济杠杆手段调节的政策性法规，生物柴油的收购价格及定价机制并没有国家相关部门的正式指导；没有形成原料储存标准、生物柴油加工设备的规范、生产过程的技术评价标准等一系列完备标准体系，从而导致企业进入生物柴油行业的技术门槛过低，在遇到原料价格瓶颈时，陷入运营困难的局面。另外，相关政策之间也存在着协调性差、政策难以落实等问题，还没有形成支持生物柴油产业持续发展的长效机制。

对生物柴油免征消费税，由于国内生物柴油在燃料市场销售额相对较小，大部分生物柴油销售面向调和柴油市场，消费税的减免对生物柴油发展利好十分有限。我国几乎所有的生物柴油销售企业都没有成品油销售资质，只能将生物柴油销售给中石油、中石化等企业进行再销售。由于我国对成品油销售企业没有添加调配生物柴油的强制要求，导致成品油销售企业要在独自占有消费税的全部优惠（也就是大大压低生物柴油价格）的前提下才愿意从生物柴油生产企业购买生物柴油。因此，免征消费税的优惠政策传递不到生物柴油生产企业。

2011 年国家对生物柴油提供生产资金补贴与销售退税补贴，但由于申请资金补贴与销售退税补贴门槛非常高，国内能享受该项政策利好的单位屈指可数：目前大部分地沟油销售商贩难以提供正规销售发票，因此生物柴油生产企业购买地沟油时，难以出示“废弃油脂用量占生产原料的比重不低于 70%”的证明材料。2015 年的资源综合利用产品和劳务增值税优惠政策规定，增值税不再 100%退税，退税比例降到 70%，即生物柴油生产企业需缴纳 30%的增值税。实际执行时，按照销售额的 5.1%（17%×30%＝5.1%）缴纳增值税，该税率已高于全国实体经济的增值税税率[3]。

总体而言，我国的生物柴油是完全按照市场规律在发展，虽然现在面临困境，但国家也没有直接给补贴，导致我国市场上纯生物柴油销售价长期比柴油批发价低 500～1000 元/t。相比之下，欧盟国家强制添加政策使欧洲市场上纯生物柴油售价始终比石化柴油批发价格高 170～250 欧元/t。因此，我国在这些政策细则及执行力方面值得思考和改进，以引导整个生物柴油行业朝着更好的方向发展。

7.3 生物柴油产业经济效益分析

7.3.1 成本构成

同一种车用替代燃料，在不同地区、不同基础能源结构或不同生产工艺条件下，其经济性是不尽相同的。国内外从工艺角度对生物柴油生产的成本收益分析做了大量工作，对影响生物柴油生产成本的各种因素做了灵敏度分析，发现原料费用、生产工艺和生产规模是影响生物柴油生产成本的主要因素。在经济评估中主要涉及工厂固定资产费用（包括购买土地、安装水电系统、厂内道路建设、设备费用、不可预见费用和承包商的酬金）和生物柴油的总生产成本（包括原料、催化剂、溶剂费用、“三废”处理、维修和人员费用等直接费用和经济性开支、包装、储运、销售、纳税、保险、折旧和研发费用等间接费用）、收支平衡价格等。其中原料费用占到生物柴油总生产成本的 70%～95%[4]。

满足生物柴油行业的原材料需求对于全球来说是一个巨大的挑战。国外生物柴油产业主要以油菜籽、大豆油、棕榈油等为原料。而我国由于特殊的国情，目前以地沟油为主要原料。因此，本章节结合我国的实际情况，以地沟油为例，开展生物柴油的经济性分析，并与传统柴油进行比较。

7.3.2 经济性分析概要[5]

工程项目经济性分析，就是对工程技术方案进行经济性评价，其核心内容是对相应项目进行盈利能力分析，也就是项目财务分析。项目财务分析是根据国家现行财税制度和价格体系，分析计算项目直接发生的财务效益和费用，编制财务报表，计算评价指标，考察项目盈利能力、清偿能力以及外汇平衡等财务状况。经济效果评价的指标是多种多样的，它们从不同角度反映工程技术方案的经济性，主要有内部收益率、投资回收期、净现值、投资利润率、投资利税率、资本金利润率等指标，其中内部收益率和净现值分析是最为常用的工程经济分析指标。

7.3.2.1 净现值

财务净现值（net present value，NPV）是反映项目在计算期内获利能力的动态评价指标，它是指按行业基准收益率 i_c 或设定的收益率（当未制定基准收益率时），将各年的净现金流量折现到建设起点（建设期初）处的现值之和，其表达式为：

$$NPV=\sum_{t=1}^{n}(CI-CO)_t(1+i_c)^{-t}$$

式中 CI——现金流入量；

CO——现金流出量；

n——项目的计算期。

财务净现值可以通过现金流量表计算求得。当 NPV≥0 时，表明项目获利能力达到或超过基准收益率（或设定的收益率）要求的获利水平，认为项目是可接受的。

7.3.2.2 内部收益率

内部收益率（internal return rate，IRR）是指项目在计算期内各年净现金流量现值累计等于零时的折现率，是主要动态评价指标。其表达式为：

$$\sum_{t=1}^{n}(CI-CO)_t(1+IRR)^{-t}=0$$

财务内部收益率可通过现金流量表中的净现金流量用试差法计算。求出的 IRR 应与行业基准收益率或设定的收益率 i_c 比较，当 IRR≥i_c 时，项目盈利能力已满足最低要求，在财务上可以考虑接受。

综合以上分析，净现值（NPV）是以货币单位计量的价值型指标，内部收益率（IRR）是反映资源利用效率的效率型指标。综合这两个指标的结果，可以对工程项目的经济性做出综合全面的评价。

7.3.3 基础数据

参考我国现有的生物柴油投资建设项目，收集地沟油制生物柴油项目的数据资料，得到 5 万吨级地沟油制生物柴油项目的主要基础数据，见表 7-1。表 7-2 列出了这项项目主要原辅材料的价格与内购税率。

表 7-1 主要基础数据

原辅材料消耗	
油脂/(t/t BD)	1.02
甲醇/(t/a)	0.15
催化剂/(万元/年)	500
电力/(kW·h/t BD)	60
水/(t/t BD)	4.00
煤/(t/t BD)	0.2
建设投资	
固定资产/(万元/万吨 BD)	2800

续表

建设投资	
预备费/(万元/万吨 BD)	168
建设投资合计/(万元/万吨 BD)	2968
建设投资贷款利息/(万元/万吨 BD)	230
流动资金/(万元/万吨 BD)	940
工程总投资/(万元/万吨 BD)	4138
其他	
职工人数/人	180

表 7-2　原辅材料的价格与内购税率

原辅材料	价格	内购税率
煤炭/(元/t)	453	13%
电力/[元/(kW·h)]	0.7	17%
工业用水/(元/t)	4.2	13%
地沟油/(元/t)	3200	17%
甲醇/(元/t)	3200	17%

对项目进行经济性分析，就必须对项目的财务状况进行估算，本书对相关数据做了如下的规定。

① 项目实施进度：三年建成，第四年投产，当年生产负荷达到设计能力的80%，第五年直至以后生产负荷为100%；生产期为15年，计算期为18年。

② 资金来源：固定资产投资的30%为自有资金，其余70%为银行贷款，年利率为7.74%；流动资金中的30%为自有资金，其余70%为银行贷款，年利率为7.47%。

③ 工资及福利费用：工资按40000元/(人·年)计，福利费用按工资总额的14%计算。

④ 固定资产折旧和预备费摊销：按平均年限法计算，固定资产的折旧年限为15年，残值率为5.0%；预备费的摊销年限为5年。

⑤ 维修费用：取固定资产原值的3.5%。

⑥ 其他制造费用：取固定资产原值的1.0%。

⑦ 其他管理费用：取工资及福利总额的100%。

⑧ 销售及其他费用：取销售收入的1%。

⑨ 城市维护建设税及教育费附加：按增值税金的7%和3%计取。

⑩ 所得税及盈余公积金：根据《中华人民共和国企业所得税法》规定，企业所得税按利润的25%，盈余公积金按税后利润的10%计取。

⑪ 行业基准收益率为12%。

⑫ 销售价格的确定：生物柴油作为传统柴油的替代品使用，可参照我国的柴油价格来确定相应的生物柴油销售价格。根据2016年各地柴油零售价格情况，$0^{\#}$柴油的销售价格为6100元/t。根据热值和密度计算，生物柴油的燃料经济性与传统柴油

车辆相当，即1.1t生物柴油与1.0t传统柴油功效相当。折算后，本书将地沟油生物柴油的销售价格定为5500元/t，销项税率为17%。

⑬ 生物柴油附属产品：生产1t生物柴油的同时，附产60kg甘油，甘油市场销售价格为5500元/t，作为项目的其他销售盈利，销项税率为17%。

7.3.4 生物柴油经济性分析

根据7.3.3部分基础数据，计算项目损益、财务现金流量、年销售收入与销售税金及附加、原辅材料及公用工程费用，详见附表1～附表4。按照上述数据，可以得出地沟油制生物柴油项目的内部收益率为18.1%（所得税后），大于行业基准收益率12%；净现值为4014万元，大于零；因此，该项目在经济上是可以接受的。

在此基础上，本书对影响地沟油生物柴油经济性的主要因素进行了分析。从总成本费用角度看，地沟油制生物柴油产品的成本在4104～4883元/t之间变动，平均为4685元/t。图7-3为生物柴油项目总成本费用的构成情况，可发现对于地沟油制生物柴油而言，制造成本约占总成本费用的94.2%。其中的原材料费比重较大，如图7-4所示，约占制造成本的86.2%，而公用工程费与固定投资引起的基本折旧费分别只占制造成本的3.3%与4.0%，说明地沟油制生物柴油对原材料的价格变动最为敏感。

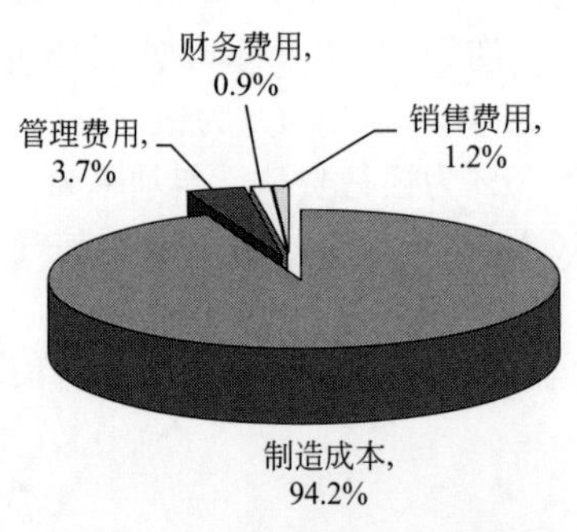

图7-3 生物柴油项目总成本费用构成

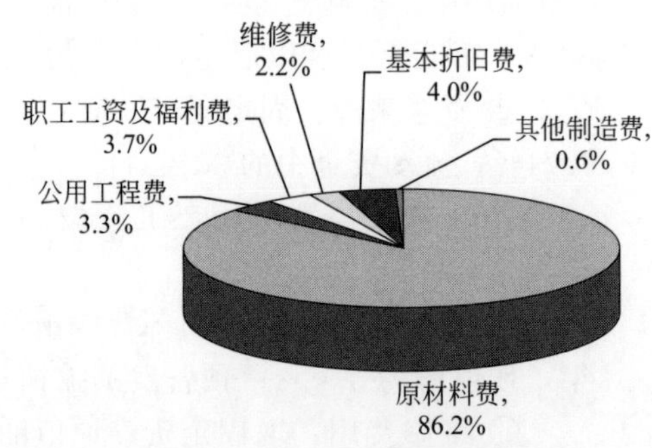

图7-4 生物柴油项目制造成本构成

分析燃油税对地沟油制生物柴油在经济性方面的影响。所谓燃油税，是指对在境内行驶的汽车购用的汽油、柴油所征收的税。当今世界，许多国家都开征了燃油税。以美国为例，2004年柴油销售价格为181.0美分/gal（含燃油税），同期的州燃油税与联邦燃油税分别为18.9美分/gal和22.4美分/gal，这样就可以发现美国柴油的燃油税大概是柴油销售价格（不含燃油税）的32.4%，本书以此作为我国燃油税率的参照。在燃油税率从0%增加到40%的过程中，柴油的出厂价格不断提高，相应的地沟油制生物柴油售价也不断增加，从而提高了项目的盈利能力。

图 7-5 和图 7-6 分别为燃油税对地沟油制生物柴油项目盈利能力和生产负荷盈亏平衡点的影响。当燃油税从 0％增加到 40％，项目的内部收益率从 18.1％增加到 52.8％，净现值从 4014 万元增加到 38767 万元，生产负荷的盈亏平衡点可从 93.1％降至 23.3％，说明燃油税的征收将大大加强项目的盈利能力和抗风险能力。

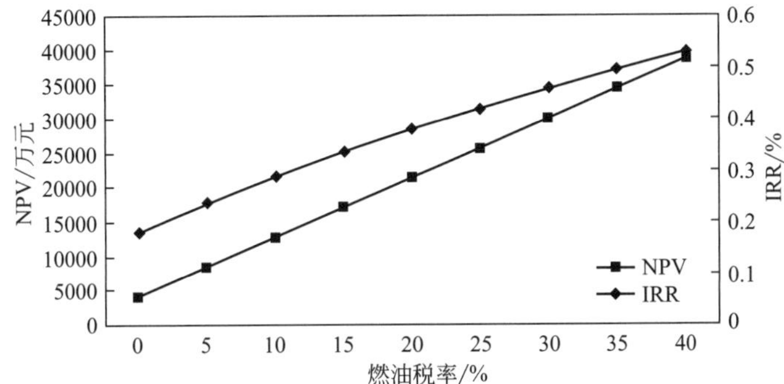

图 7-5　燃油税对生物柴油项目内部收益率与财务净现值的影响

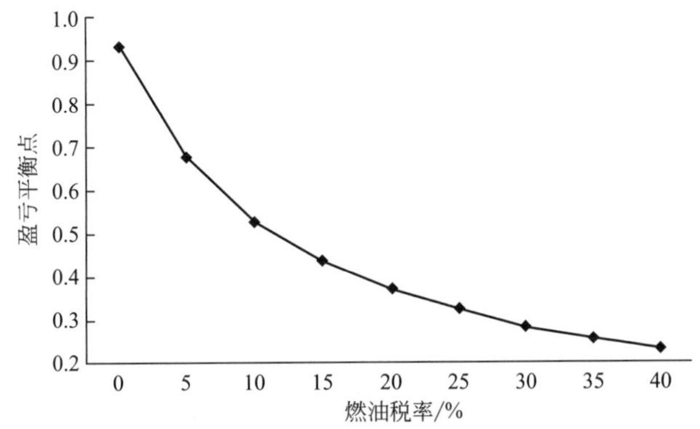

图 7-6　燃油税对生物柴油项目生产负荷盈亏平衡点的影响

若将燃油税率固定在 30％，分析此时原材料价格对内部收益率和净现值的影响，如图 7-7 和图 7-8 所示。可以看到，生物柴油对原料油脂的价格变动最为敏感，当地沟油价格增加 50％，项目的财务内部收益率降为 20.1％，但仍然高于行业的基准收益率；从这两幅图中还可发现，甲醇与催化剂的价格变动对项目的盈利能力的影响相似，都较小。

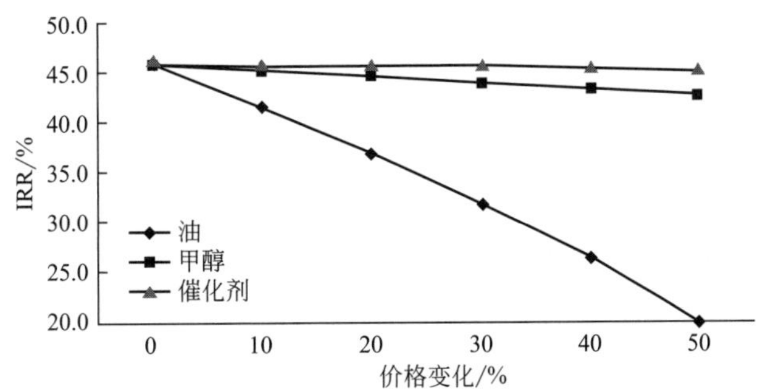

图 7-7　原材料价格对生物柴油项目内部收益率的影响

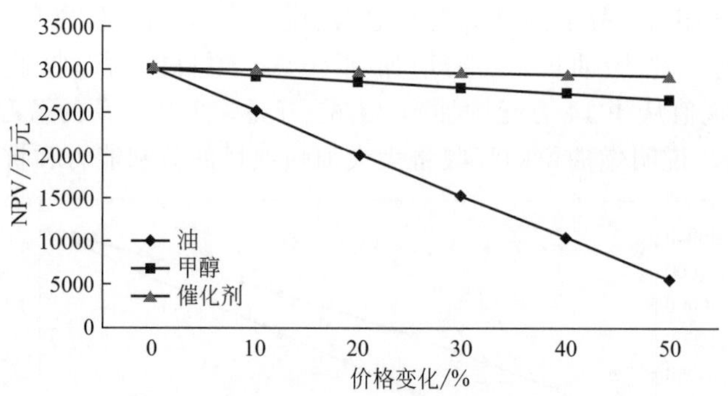

图 7-8 原材料价格对生物柴油项目净现值的影响

7.4 生物柴油产业社会效益分析

7.4.1 缓解能源压力，增强国家石油安全

发展生物柴油可增强国家石油安全。石油是国家经济社会发展和国防建设极其重要的战略物资，中国的石油进口依存度已达到 50%以上。发展立足于本国原料大规模生产替代液体燃料，是保障我国石油安全的重大战略措施之一[6]。“十五”计划发展纲要提出发展各种石油替代品，并将发展生物液体燃料确定为国家产业发展方向，而且生物柴油产业在我国刚刚诞生，就得到了国务院领导和国家计委、国家经贸委、科技部等政府部门的支持，并已列入有关国家计划。我国福建卓越新能源发展公司和海南正和生物能源公司等民营企业相继开发出拥有自主知识产权的生产技术，并建成年产超过万吨级的生产厂。有关专家指出，我国目前可以利用的餐饮废油、榨油厂油脚、库存过期大豆和林木油果等价格合理的原料，可以支持 1200 万吨/年左右的产业规模，若在将来能建立更多稳定的原料来源，产业规模将会不断扩大。相信生物柴油必将成为我国能源的一个有益补充，缓解我国能源压力，增强我国石油安全。

7.4.2 转化餐饮废油，保障人民身体健康

我国每年消耗植物油 1200 万吨，直接产生下脚酸化油 250 万吨，大中城市餐饮业产生地沟油达 1000 万吨。许多不法商人从下水道和泔水中提取地沟油并当作食用油销售，这种地沟油极不卫生，过氧化值、酸价、水分严重超标，属非食用油，一

旦食用，将会破坏白细胞和消化道黏膜，引起食物中毒，甚至致癌。北京、天津、乌鲁木齐、呼和浩特、沈阳、南宁等城市都先后发生过地沟油进入餐桌的事件。据保守估计，北京目前地沟油已超过 5 万吨/年，如果流入市场进入餐桌将对人民的身体健康造成严重危害。

利用餐饮废油、垃圾油生产生物柴油有利于解决餐饮废油回流餐桌带来的食品安全问题，保障人民身体健康。

7.4.3　调整农业结构，刺激油料林业发展

我国粮食生产能力过剩，而将粮食转化成生物能源的效率和效益较低，故出现有些地方种田不赚钱，土地荒芜的现象。所以完全可以通过调整农业结构，将这些地方发展成为生物柴油的原料基地。

另外，发展生物柴油必将刺激油料林业的发展。中国地域辽阔，油料林木资源丰富，但现有的资源没有充分开发利用。我国南方几千年来一直种油桐、油茶，产量很高，但由于原有的市场大幅萎缩，相关市场已衰落，北方的黄连木也是如此。国家目前大力推进退耕还林，建立长江天然屏障，实施天然林保护工程，所以完全可以结合这些工程种植油料林木，既为生物柴油产业发展提供原料，又保护生态环境，有利于可持续发展。

7.4.4　增加农民收入，开辟乡镇企业财源

开发利用生物柴油等生物质能源对中国农村更具特殊意义，中国 80％的人口生活在农村，发展生物柴油技术，可帮助这些地区脱贫致富，是实现小康目标的一项重要措施。

生物柴油产业的发展将必然刺激油料作物和油料林木的种植，这无疑会给农民增收。从单位土地的效益看，农民种植粮食作物的收入是 600 元/亩左右；种植经济作物约 800 元/亩；种植水果可以达到 1000～1200 元/亩；种植能源植物，可以达到 960～1100 元/亩，比种植粮食和经济作物高 200～500 元/亩。另外，种植能源植物是建立在利用荒山荒地的基础上，开发荒山荒地新增了耕地面积，为农民提供了更多可用的土地，使农民获得更多的增收潜力。

同时，提高副产品的利用率也会带给农民可观的收入，如榨油时产生的油渣、棉花种植产生的棉籽、制糖业产生的蔗渣、稻谷加工产生的米糠、修剪茶树被剪掉的茶籽等。据统计，我国每年秋天修剪掉的茶籽达 450 多万吨，茶籽含油量为 32％～37％，故每年茶籽油就有 150 万吨的产量。而这些原料以往只能产生很小的经济效益。

同时由于植物原料能量密度低，收集和运输成本高，生产厂规模不可能很大，回收分散的餐饮废油问题也很多，因此，乡镇民营企业机制灵活，很适合从事这项产业，他们可以在原料产地从农民手中收集原料，就地建立可大可小的榨油厂，再将原料油送往生物柴油工厂，这样可以降低运输原料的成本。所以生物柴油产业将

为乡镇企业开辟广阔的财源。

7.4.5 促进西部开发，增加更多就业机会

我国是一个人口大国，又是一个经济迅速发展的国家，21 世纪，我国将面临经济增长的压力。因此，改变能源生产和消费方式，开发利用生物质能源等可再生的清洁能源资源对建立可持续的能源系统，促进国民经济发展具有重大意义。

我国目前有近 6700 万公顷待造林面积，很大部分集中在西部地区，如果其中 5%用来种植油料林木，平均每公顷出油 1500kg，目前，我国生物柴油年产量已超过 100 万吨，按目前柴油价格 5500～6500 元/t 计算，已形成 50 亿～60 亿元的产业，若利用油料林木油脂作原料，在西部地区建设大量生物柴油工厂，必将促进西部地区经济的发展，也带给西部地区更多的就业机会，第一受益者是农民，他们可以通过大量种植和销售原料而获得长期稳定的收入。生物柴油产业将对促进农民增收、改善农村生活条件、建设社会主义新农村作用日趋明显，成为保障国家能源安全、保护生态环境、促进经济发展的重要力量[7]。综上，发展生物柴油产业对我国的社会和经济发展有着重要意义。

7.5 生物柴油产业发展对环境的影响分析

7.5.1 生物柴油燃烧过程环境评价

当前，气候变化是世界各国共同面临的最为严峻的挑战之一。政府间气候变化专门委员会（IPCC）研究表明，大气中 75%的二氧化碳、85%的硫、35%的悬浮颗粒物来自传统化石能源的燃烧，同时化石能源的开采对地表生态环境也具有较大的破坏作用。因此，世界各国将发展生物质能源作为降低温室气体排放、应对全球气候危机的重要手段之一。生物柴油具有优良的环境效应，无毒、可生物降解、可再生，能与柴油以任意比例混合或直接在柴油机上使用，并能减少温室气体排放、降低空气污染，故又被称作液体太阳能燃料和绿色燃料。因地制宜地发展环境友好的生物柴油产业，有利于减缓巨大的温室气体减排的压力。

7.5.1.1 生物柴油降低 CO_2 排放

能源是人类赖以生存及发展的物质基础，也是人类从事各种经济活动的原动力。能源消耗的同时常常伴随着 CO_2 等污染物的排放。图 7-9 为日常主要 CO_2 排放途径。

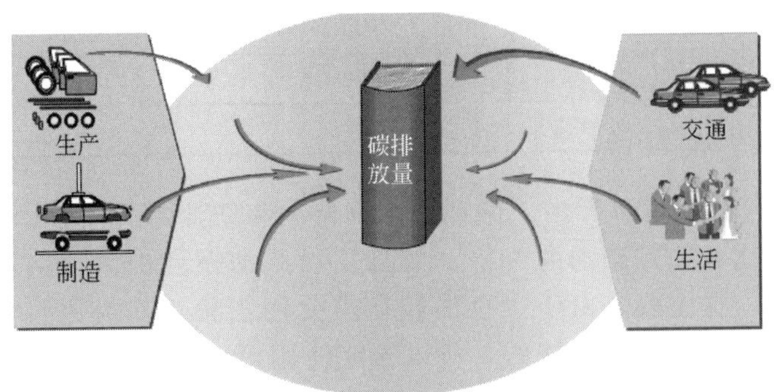

图 7-9　日常主要 CO_2 排放途径

在这些途径中，交通的碳排放量最大。据统计，北京市城区内机动车排放的一氧化碳（CO）、未燃烃类化合物（HC）和氮氧化物（NO_x）已分别占总排污负荷的60%、86.8%和54.7%。城市机动车排放污染已经成为城市发展的瓶颈和不可承受之重。生物柴油的低二氧化碳（CO_2）排放，可以根据以下公式计算：

开车的二氧化碳排放量(kg)＝油耗体积(L)×2.5

生物柴油燃烧时，有毒有机物排放量仅为普通柴油的1/10左右，颗粒物为普通柴油的20%，CO_2 和 CO 排放量约为普通柴油的10%，混合生物柴油可将排放硫含量降低100倍。且生物柴油中不含对环境造成危害的芳香烃，因而减少了废气对人体的损害。表7-3为各燃料 CO_2 排放系数比较。

表 7-3　各燃料 CO_2 排放系数比较　　单位：kg CO_2/L 燃料

生物柴油系统	汽油排放系统	柴油系统	重油系统	乙烯系统
2.199	2.361	2.778	2.991	3.385

生物柴油的使用能减少 CO_2 的排放，是基于生命循环分析法对柴油和生物柴油进行对比分析得出的结论。生命循环分析法是通过分析燃料从生产到消耗的全过程中的能量流和排放，从而评价某种燃料的使用对能源和环境的影响的方法。柴油的生命循环从石油的开采和提炼开始，经过初油的生产和运输，再到初油的精炼和柴油的运输，最后到其被消耗为止。而生物柴油的生命循环是从油料作物的农业生产、加工开始，经过植物油的运输，到生物柴油的生产和运输，最后到其被消耗为止。

生命循环分析法中相关概念的定义如下。

① 初始能：循环中从环境获取的能量总和，包括进料能（能直接转化为燃油产品的原料，如石油、植物油等所包含的那部分能量）和过程能。

② 石化能：循环中所有来自化石燃料的能量（将能源分为化石能和非化石能）。

③ 燃油产品能：最终燃油产品中包含的能量。

④ 循环效率：燃油产品能和初始能的比值。即燃油产品能/初始能。

⑤ 化石能效比：单位化石能产生的燃油产品能。即燃油产品能/化石能。

经过合理和必要的假设后，得到结论如表7-4所列（生物柴油以大豆为原料）。

表 7-4 柴油与生物柴油生命循环比较

项目	初始能/MJ	化石能/MJ	循环效率	化石能效比
柴油	1.2007	1.1995	0.8328	0.8337
生物柴油	1.2414	0.311	0.8055	3.215

由表 7-4 数据可以看出，循环中生物柴油和柴油的循环效率相当，但生物柴油的化石能效比大约是柴油的 4 倍。而且生物柴油循环中大豆油转化是消耗化石能最多的地方，这主要是由于大豆油转化需要用乙醇等作为原料，而假设乙醇的生产是要消耗天然气等化石能的，所以若能使用可再生资源来生产乙醇，则可进一步提高化石能效比。总之，生物柴油循环大大降低了化石能这种有限能源的消耗。

所以，生物柴油降低 CO_2 排放应该这样来理解：燃烧生物柴油产生的 CO_2 与其原料生长过程中吸收的 CO_2 基本平衡，所以不会增加大气中 CO_2 的含量，而燃烧石化燃料所释放的 CO_2 需要几百万年才能再转变为化石能，故使用生物柴油能大大减少化石燃料的消耗，相当于降低了 CO_2 的排放。美国能源部研究得出的结论是：使用 B20（生物柴油和普通柴油按 1∶4 混合）和 B100（纯生物柴油）较之于使用柴油，从燃料生命循环的角度考虑，能分别降低 CO_2 排放的 15.6%和 78.4%。

7.5.1.2 生物柴油降低空气污染物的排放

空气污染物的排放包括发动机排气管的排放和生产燃料时的排放[8]。由于生物柴油生产过程产生的污染物较为集中，便于处理，且污染区域可以不在城市，故在此不作考虑。

生物柴油的常规排放物有 CO、HC（烃类化合物）、NO_x 和颗粒物（particulate matter，PM）。图 7-10 所示为美国环境保护署（US EPA）根据大量试验结果，得出的生物柴油混合比例与常规排放变化幅度的统计关系。

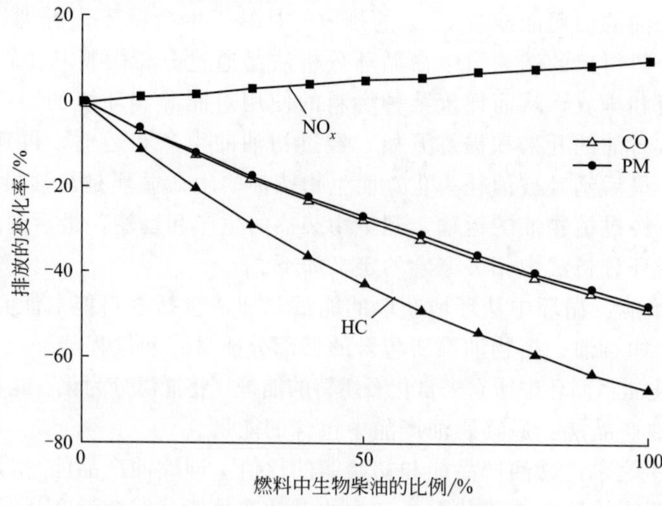

图 7-10 生物柴油对柴油机常规排放的影响

由图 7-10 可以看出，柴油机燃用生物柴油后，PM、HC、CO 排放均有不同程度的降低，NO_x 排放则有所增加。以较为典型的 B20 燃油为例，与柴油相比，PM、HC、CO 排放分别降低 10.1%、21.1%、11.0%，而 NO_x 排放增加 2.0%。

法国生物柴油产业化初期，由法国官方实验室、运输公司、油料作物联合会和 ONIDOL 实验室做了一次长达 3 年的实验，共有 12 个城市的 133 辆公交巴士、136 辆载重卡车参加了此次实验，表 7-5 和表 7-6 是实验得出的综合数据。

表 7-5　主要污染物的排放

污染物	13 工况法/[g/(kW·h)]		AQA① 城市工况法/[g/(kW·h)]	
	柴油	纯生物柴油	柴油	纯生物柴油
CO	2.5	1.9	5.9	5.3
HC	0.6	0.5	2.2	1.9
NO_x	17.9	19.6	21.8	20.4
微粒	0.8	0.5	1.2	1.1

① AQA：French Agency of Air Quality，即法国空气质量部。

表 7-6　非常规污染物客车城市工况排放

每个循环中产生的污染物		生物柴油含量		
		0%	30%	50%
N_2O/mg		78	68	71
芳香烃/mg	苯	121	128	142
	甲苯	42	13	neg.
	乙苯	13	6.2	neg.
气态多聚芳香烃/μg	二甲苯	38	17.3	neg.
	萘	331654	253398	384
	甲基萘	10280	3841	329
	苊	1439	349	242
	芴	1846	463	368
	甲基芴	2380	297	584
	蒽和菲	4301	904	873
	荧蒽	783	172	128
固态多聚芳香烃/μg	芘	816	121	80
	荧蒽	144	105	124
	芘	139	105	162
	苯并荧蒽	42	32	59
	苯并蒽	19	15	29
	三苯基萘	69	42	74
	苯并荧蒽	31.2	15.4	26.7
	苯并芘	23.1	20.4	29.7
	二苯并蒽	3	0.89	1.9

注：neg. 表示未检出（negtive）。

从表 7-5 中可以看到，柴油车燃用纯生物柴油实验中，只有 NO_x 在 13 工况测试中有略微上升，其余污染物均有不同程度的下降。从表 7-6 中可以看到，在柴油中掺混生物柴油后，N_2O 作为一种具有极强温室效应的气体是有所下降的，而气态的芳香烃和多聚芳香烃除苯外均大大降低了。

（1）CO 排放

大多数研究表明，柴油机燃用生物柴油后 CO 排放下降，随着生物柴油混合比例的上升，CO 排放降幅增大。生物柴油影响 CO 排放的原因主要有以下 3 个方面。

① 生物柴油含有氧元素，不但增加了燃烧时氧的供给，变相提高了空燃比，有利于降低 CO 排放。当然这一效果在低负荷时效果不明显，因为此时喷油量小，喷入燃烧室内的生物柴油的氧元素总量与进气氧气相比很小，不足以影响 CO 排放量。

② 生物柴油的十六烷值较高，自燃着火性好，滞燃期缩短，又由于喷油始点提前，使得生物柴油的燃烧持续时间比较长，燃烧温度比较高，促进了燃料的充分燃烧，改善了燃烧不完全程度，对降低 CO 是有利的。

③ 生物柴油的来源，有学者研究了生物柴油分子结构和 CO 排放的关系，研究发现脂肪酸甲酯的碳链越长、不饱和度越低，其十六烷值越高，而十六烷值越高则 CO 排放越低。研究发现，不饱和度低的动物脂肪制生物柴油的 CO 排放降幅要大于不饱和度高的大豆油或菜籽油制生物柴油。

（2）HC 排放

几乎所有研究都表明，柴油机燃用生物柴油后 HC 排放下降，随着生物柴油混合比例的上升，HC 排放降幅增大。生物柴油影响 HC 排放的原因主要有 2 个方面。

① 生物柴油含有 10%左右的氧元素，额外的氧元素对高负荷、低空燃比时缺氧生成的 HC、低负荷时燃烧温度低造成的局部猝熄产生的 HC 都有抑制作用。

② 生物柴油十六烷值高且不含芳香烃，十六烷值高易于燃烧，不利于 HC 生成；芳烃含量较少，HC 排放一般会降低。

另外，生物柴油的喷油始点、燃烧始点提前使得燃烧持续时间长，有利于 HC 在高温、高压下长时间反应，促使 HC 排放降低。生物柴油的黏度大和馏程高可使喷注外缘过稀混合气减少，有利于 HC 排放降低。

（3）NO_x 排放

柴油机燃用生物柴油后 NO_x 排放上升，随着生物柴油混合比例的上升，NO_x 排放整体逐渐增大，见图 7-11。

NO_x 排放升高的主要原因有 3 个方面。

① 生物柴油喷油始点提前，导致燃烧温度高。在机械式燃油系统中，因为生物柴油声速高、黏性大，使得在相同喷油提前角的条件下生物柴油可先于石化柴油到达喷嘴，喷油始点提前，又由于滞燃期比较短，使得生物柴油的燃烧始点提前，这导致更多的燃料在上止点附近燃烧，燃烧压力、温度更高，燃烧持续时间更长，有利于 NO_x 产生。在高压共轨燃油系统中，因为生物柴油的热值低，高压共轨燃油系统的 ECU 会根据运行状态自行将喷油始点提前。通过对生物柴油燃烧进行高速摄影分析，发现生物柴油高温燃烧（1500℃以上）的区域明显大于柴油的，最高燃烧温

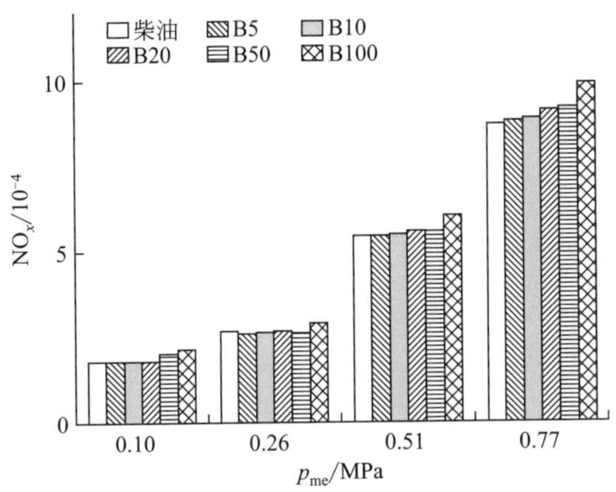

图 7-11　不同混合比例生物柴油的 NO_x 排放

度也大于石化柴油。生物柴油燃烧时产生的炭黑较少，从而使火焰的辐射损耗热量降低，绝热温度升高，增加了燃烧过程中 NO_x 的生成。

② 生物柴油含 10%的氧元素，生物柴油氧含量高于常规柴油，由于进气量不变，生物柴油的加入使得燃烧室内形成了富氧条件，这有利于 NO_x 的生成。

③ 生物柴油的十六烷值较高。十六烷值对 NO_x 排放的影响比较复杂，十六烷值高、芳烃含量低使得滞燃期缩短，一方面使得燃烧始点提前导致 NO_x 增加；另一方面使得预混燃烧阶段放热率降低、燃烧柔和，有利于降低 NO_x。所以生物柴油十六烷值的提高，并不直接导致 NO_x 排放升高，而是通过与喷油始点的共同作用，使燃烧始点提前，间接增加了 NO_x 排放。

柴油机燃用生物柴油的 NO_x 排放，如图 7-12 所示，研究发现 NO_x 中的主要组分均为 NO，这点和柴油是基本一致的，NO 占 NO_x 的比例，低负荷时在 85%左右，而高负荷时均超过 95%，该比例随生物柴油混合比例的变化，规律不明显。

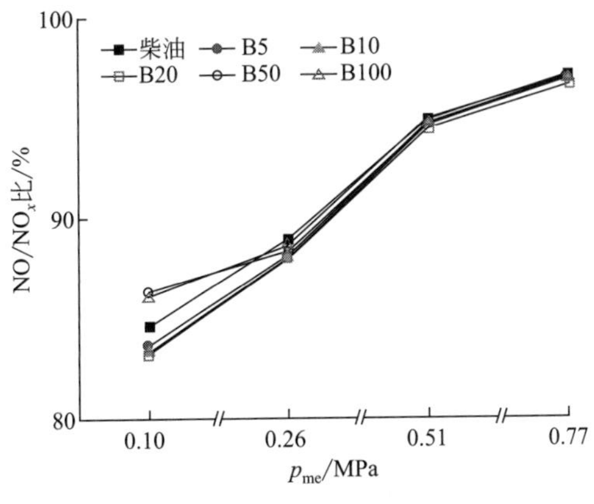

图 7-12　NO 在 NO_x 排放的比例

（4）烟度和颗粒排放

柴油机燃用生物柴油后烟度下降，随着生物柴油混合比例的上升，排气烟度降幅增大。生物柴油烟度下降的主要原因有3个方面。

① 生物柴油含有10%的氧元素，在燃料燃烧时起到了助燃作用，特别是喷雾核心等燃料浓度高的区域，减少了燃料的缺氧燃烧，使燃料可以比较完全地燃烧。

② 纯生物柴油几乎不含芳香烃，燃烧产物中芳烃及 C_2H_2 和 $(C_3H_3)^+$ 碎片比较少，减少了这些碳烟的前驱物。

③ 纯生物柴油几乎不含硫元素，燃烧产物中就不会含有硫氧化物，而硫氧化物是黑烟颗粒的重要组成部分。

此外，生物柴油的终馏点低使得从喷油孔喷出的生物柴油液滴能在高温下很快地蒸发燃烧，这降低了碳烟颗粒前驱物产生的可能性。生物柴油的燃烧始点提前，使得碳烟在高温下的时间比较长，这有利于减小或消除已经形成的碳烟颗粒。燃用生物柴油后产生的碳烟颗粒结构更容易被氧化。通过透射电镜（TEM）和热解质量分析法（TGA）发现生物柴油颗粒的比表面积（BET）比较大，这有利于氧气进入颗粒内部进行反应。

（5）颗粒排放成分分析

柴油机颗粒主要成分一般包括碳烟颗粒（soot）、可溶有机组分（SOF）、硫酸盐等，燃用生物柴油时也不例外。对生物柴油颗粒排放的成分进行研究发现（图7-13），重型柴油机上燃用石化柴油的颗粒总质量高于纯生物柴油或生物柴油混合燃料；随着生物柴油的混合比例升高，颗粒硫酸盐的质量逐渐降低，可溶有机组分的质量及其在颗粒中所占比例均上升，而碳烟颗粒的规律正好相反。燃用生物柴油后碳烟颗粒含量减少的主要原因是生物柴油十六烷值高、自含氧等原因。SOF含量升高的原因是：生物柴油的黏性比较高，导致喷雾特性差，雾化后油滴比较大，使得产生可溶有机组分的概率上升。

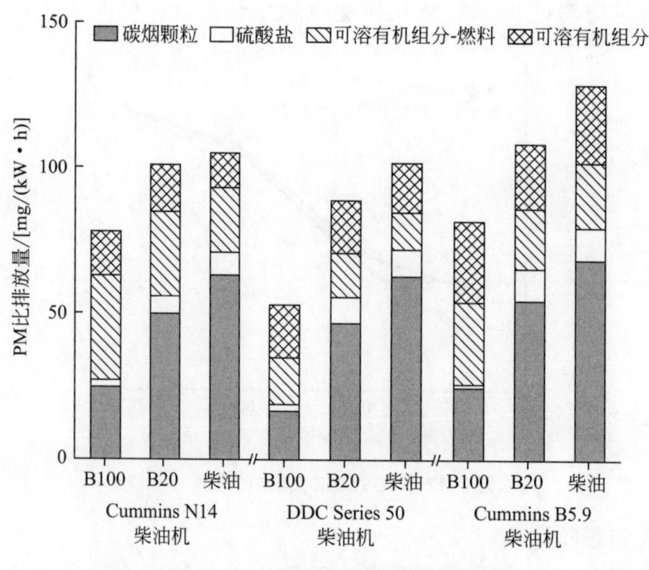

图7-13 生物柴油对颗粒成分的影响

在一台满足美国 2007 年排放法规的康明斯公司重型车用柴油机上，对五种不同原料生物柴油的排放特性进行了对比研究，发现其降低 PM 的效果有明显不同，降幅分布在 53%～69%范围内，降幅由高到低排列顺序为餐饮废油（WME）、棕榈油（PME）、棉籽油（CME）、菜籽油（RME）和大豆油（SME）。进一步分析表明，PM 中的干碳烟颗粒排放量随着各种生物柴油的含氧量增加而降低，随着黏度的增加而升高。

综上，不难看出，使用生物柴油只有 NO_x 的排放是上升的，而在燃料技术和柴油机技术领域，已经有多种技术措施能够不牺牲生物柴油的优点，减少 NO_x 排放，故生物柴油的使用对降低发动机排气管有害物的排放相当有利。

7.5.2 生物柴油全生命周期的环境排放评价

严军华等[9] 运用生命周期评价法，对利用大豆油与地沟油制取生物柴油在全生命周期的环境排放进行定量分析，并将分析的结果与传统柴油进行比较。以大豆油为原料时，生物柴油的生命周期包括大豆的种植、大豆的收集与运输、大豆油生产（榨油过程）、生物柴油生产和配送及车辆使用阶段。以地沟油为原料时，生物柴油的生命周期包括：地沟油的收集与运输，地沟油预处理，生物柴油的生产和配送及车辆使用阶段。表 7-7～表 7-9 分别列出了以大豆油和地沟油为原料生产生物柴油的生命周期中各个阶段的排放，排放分别产生 CO、CH_4、NO_x、SO_2、CO_2、VOCs、PM_{10}、烟尘和固体废弃物。值得注意的是：

① 大豆种植阶段光合作用吸收 CO，与排放的 CO 进行了部分的平衡；

② 整个生物柴油的生命周期过程中排放占比例较大的是生物柴油的燃烧使用阶段，由于大豆油生物柴油中不含 S 元素，所以产生的 SO_2 排放为 0，而地沟油生物柴油产生的 SO_2 排放为 0.04g；

③ 生物柴油的车辆使用阶段产生的 NO_x 的排放最多，占 NO_x 总排放量的 90%左右；

④ 生物柴油生产阶段产生的固体废弃物的排放较多，占总固体废弃物排放的 65%以上。

表 7-7　大豆种植过程的环境排放

项目	CO_2/g	SO_2/g	NO_x/g	CO/g	CH_4/g	N_2O/g	VOCs/g	烟尘/g
N	1760.23	1.45	1.53	1.02	4.62	0.046	0.16	0.13
P_2O_5	863.55	1.72	1.36	0.32	1.98	—	0.06	0.12
K_2O	259.25	0.26	0.38	0.09	0.37	—	0.04	0.04
光合作用	−2323.48	—	—	—	—	—	—	—
汇总	559.55	3.43	3.27	1.43	6.97	0.046	0.26	0.29

表 7-8　原料油制取过程的环境排放

项目	CO_2/g	SO_2/g	NO_x/g	CO/g	VOCs/g	CH_4/g	PM_{10}/g	固体废弃物/g
大豆油生产	136.54	3.45	0.51	—	—	0.27	0.20	22.36
地沟油预处理	96.21	1.25	0.20	—	—	0.09	0.07	15.63
大豆油运输	13.42	0.0041	0.24	0.0124	0.0082	—	0.0041	0.0041
地沟油运输	1.06	0.0003	0.02	0.001	0.0006	—	0.0003	0.0003
生物柴油运输	5.66	0.0017	0.10	0.0052	0.0035	—	0.0017	0.0017
大豆油生物柴油消耗	3370.35	—	72.76	1.55	—	—	—	—
地沟油生物柴油消耗	3370.35	0.04	72.76	1.55	—	—	—	—

表 7-9　生物柴油生产过程的环境排放

项目	CO_2/g	SO_2/g	NO_x/g	CO/g	CH_4/g	烟尘/g	固体废弃物/g
NaOH	59.61	1.06	0.17	0.01	0.08	0.06	7.21
甲醇	0.53	0.31	0.55	—	0.01	1.13	25.65
生物柴油	175.23	1.62	0.41	0.12	0.08	0.06	11.26
汇总	235.37	2.99	1.13	0.13	0.17	1.25	44.12

大豆油与地沟油生产生物柴油的全生命周期过程中产生的 CO、CH_4、NO_x、SO_2、CO_2、VOCs、PM_{10}、烟尘和固体废弃物各个物质的总排放在表 7-10 中给出。可以看出在大豆油与地沟油生产生物柴油的过程中产生的最大排放为 CO_2，其排放量分别为 4320.89g 和 3708.65g；VOCs 与 PM_{10} 的排放量极小，排放量均小于 1g；其他物质的排放量介于 1～100g 之间。

表 7-10　生物柴油生产的环境排放

项目	CO_2/g	SO_2/g	NO_x/g	CO/g	CH_4/g	VOCs/g	烟尘/g	PM_{10}/g	固体废弃物/g
大豆油生物柴油	4320.89	9.88	78.01	3.13	7.41	0.27	1.54	0.21	66.49
地沟油生物柴油	3708.65	4.28	74.21	1.68	0.26	0.004	1.25	0.08	59.75

大豆油与地沟油为原料生产生物柴油的生命周期 CO_2 的排放与化石柴油的 CO_2 排放的比较在图 7-14 中展示。

从图 7-14 中可以看出，化石柴油生命周期的 CO_2 排放量为 26253.45g，两种生物柴油生命周期的 CO_2 排放均远远低于化石柴油的排放。以大豆油为原料生产生物柴油的 CO_2 周期排放为 4320.89g，较化石柴油 CO_2 排放降低 83.5%，以地沟油为原料生产生物柴油的 CO_2 周期排放为 3708.65g，较化石柴油 CO_2 排放降低 85.9%。而就两种生物柴油相比较，地沟油为原料的 CO_2 排放比大豆油为原料排放降低 14.2%。

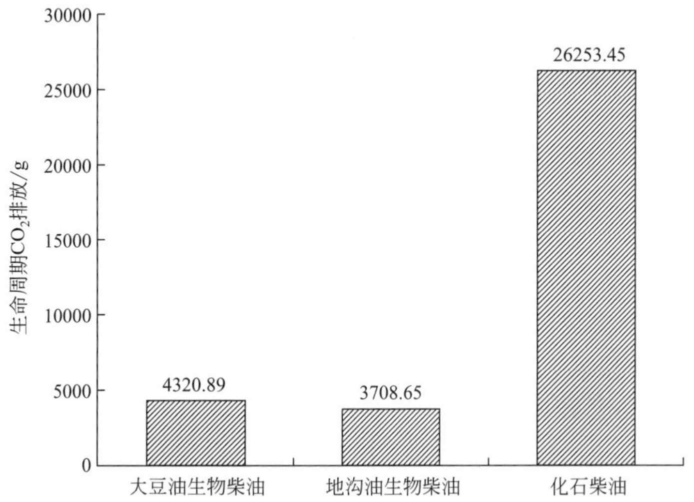

图 7-14　生物柴油和柴油生命周期 CO_2 排放对比图

生物柴油的全生命周期过程中产生的 SO_2、NO_x、CO、CH_4、VOCs、烟尘、PM_{10} 和固体废弃物的排放量柱状图如图 7-15 所示。

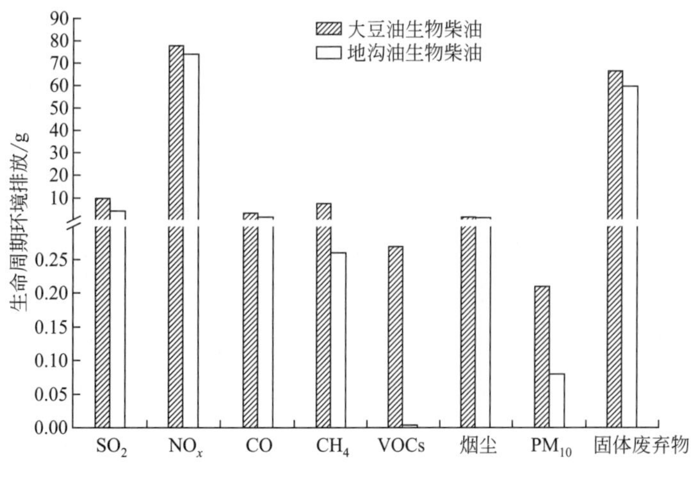

图 7-15　生物柴油生命周期环境排放图

从图 7-15 中可以看出，大豆油与地沟油作为原料生产生物柴油过程中，NO_x（78.01g、74.21g）和固体废弃物（66.49g、59.75g）的排放相对较大；VOCs 和 PM_{10} 排放量极小。与大豆油为原料生产生物柴油产生的周期排放相比较，以地沟油为原料生产生物柴油产生周期排放的 SO_2 的排放降低 56.7%，NO_x 排放降低 4.9%，CO 排放降低 46.3%，CH_4 排放降低 96.5%，VOCs 排放降低 98.5%，烟尘排放降低 18.8%，PM_{10} 排放降低 61.9%，固体废弃物排放降低 10.1%。由于以地沟油为原料生产生物柴油的生命周期中无原料种植阶段，因此与大豆油相比，它的生命周期排放相对较低。

综合表 7-10、图 7-14 和图 7-15 可知，地沟油生产生物柴油的生命周期排放比大豆油生产生物柴油的生命周期排放低，两种生物柴油的排放远远低于化石柴油的排放。两种生物柴油产生的最大排放均为 CO_2 的排放，其次为 NO_x 和固体废弃物。温室气体 CO_2 与 CH_4 的排放较传统化石柴油的排放远远降低，使用生物柴油有利于环境的保护。就地沟油与大豆油生产生物柴油而言，以地沟油为原料更具有优势，整体的能耗低，排放少，也是对废油地沟油的合理利用，同时解决和保护了环境问题。

7.5.3 生物柴油生态效应分析

7.5.3.1 生物柴油减少对水体和土壤的污染

生物柴油可从两方面减少对水体和土壤的污染。

首先，生物柴油的原料包括：餐饮业废油，如煎炸后氧化裂变的废煎炸油、餐饮后废弃物中的回收油；精炼动植物油下脚料，如碱炼后皂脚、水化后水化油脚；其他行业回收油，如制革时皮革脱脂油、木本植物油副产品，如橡胶籽油、造纸行业木浆制作过程妥尔油、经过适当处理后生活垃圾的无危害回收油。而这些废油若不进行处理，直接排向江河则会造成水体过度肥化，引发“赤潮”等现象。所以生物柴油的生产能处理大量的生活和工业废油，是对水体和土壤的保护。

其次，生物柴油与石化燃料相比，更易生物降解。有资料表明生物柴油和普通柴油 3 周后的生物分解率为 98%和 70%，所以，如果发生泄漏事故，生物柴油对水体、土壤的污染比石化燃料小得多。故生物柴油运用于农业、林业、船舶机械上的柴油机，对环境更为有利。

7.5.3.2 生物柴油原料作物的绿化效益

发展生物柴油产业必将促进油料作物、油料林木和油料水生植物的栽种，特别是利用我国国土中不适合种植粮食作物的荒山荒坡、沙化土地和滩涂，这样将大大增加国土绿化面积，减少水土流失，调节环境气候，保持生态平衡。

7.5.4 不同原料生产的生物柴油环境性能评价

麻疯树、海藻、棕榈油、菜籽油和大豆是生产生物柴油的五种基本生产原料，我们将生产成本作为经济指标，温室气体排放量、水耗以及占地作为环境指标，闪点作为安全指标。具体数据来源于《PROMETHEE 法的生物柴油性能综合评价数学模型》[10] 所调研的数据（表 7-11）。

表 7-11　各指标具体数值

项目	环境指标			安全指标	经济指标
方案	温室气体 /(g CO_2/MJ)	水耗 [g/(m^2·d)]	占地 /Mhm^2	闪点 /℃	生产成本 /(美元/L)
麻疯树油	56.7	3000	280	175	0.682
海藻油	3	16	9	196	0.619
棕榈油	138.7	5500	90	164	0.661
菜籽油	78.1	1370	446	180	0.729
大豆油	90.7	530	1188	178	0.571

首先，以上数据可组成如下的矩阵：

$$\begin{bmatrix} 0.682 & 56.7 & 3000 & 280 & 175 \\ 0.619 & 3 & 16 & 9 & 196 \\ 0.661 & 138.7 & 5500 & 90 & 164 \\ 0.729 & 78.1 & 1370 & 446 & 180 \\ 0.571 & 90.7 & 530 & 1188 & 178 \end{bmatrix}$$

在生物柴油生产过程及使用过程中，生产成本越小，温室气体排放越少，水耗越少，占地越少，闪点越高，该方案的综合性能越好。所以前四项属于成本性指标，最后一项属于效益性指标。

对于成本性指标，利用下式进行归一化处理：

$$r_{ij}=\frac{M-x_{ij}}{M-m} \tag{7-1}$$

对于效益性指标，利用下式进行归一化处理：

$$r_{ij}=\frac{x_{ij}-m}{M-m} \tag{7-2}$$

式中　x_{ij}——第 i 个方案的第 j 个属性的值。

$M=\max(x_{ij})$，$i=1, 2, 3, \cdots, m$；$m=\min(x_{ij})$，$i=1, 2, 3, \cdots, m$。

则，由式(7-1) 和式(7-2) 可得，归一化后的数据所组成的矩阵如下：

$$\begin{bmatrix} 0.297 & 0.604 & 0.456 & 0.770 & 0.344 \\ 0.696 & 1 & 1 & 1 & 1 \\ 0.430 & 0 & 0 & 0.931 & 0 \\ 0 & 0.447 & 0.753 & 0.629 & 0.5 \\ 1 & 0.354 & 0.906 & 0 & 0.4375 \end{bmatrix}$$

利用归一化后的数据，求取各个指标的熵值：

$$S_j=-k\sum_{i=1}^{m}f_{ij}\ln f_{ij}\,(j=1,2,\cdots,n) \tag{7-3}$$

其中：

$$f_{ij}=\frac{r_{ij}}{\sum_{i=1}^{m} r_{ij}} \tag{7-4}$$

$$k=\frac{1}{\ln m} \tag{7-5}$$

接着，指标的差异程度可由下式求得：

$$D_j=1-S_j \tag{7-6}$$

则每个指标的熵权为

$$W=\{w_j\}=\left\{\frac{D_j}{\sum_{j=1}^{n} D_j}\right\},(j=1,2,\cdots,n) \tag{7-7}$$

故，利用式(7-3)～式(7-7) 可计算出各个属性的权重为：

$$\boldsymbol{W}=(0.2187,0.1885,0.1722,0.2322,0.1885)^T$$

我们再次定义以下各量：

A_i 优于 A_k 的偏好程度：$H(A_i,A_j)=\sum_{j=1}^{n} w_j P_j(A_i,A_k)$

流出：　　$\Phi^+(A_i)=\sum_{k=1}^{m} H(A_i,A_k),(i=1,2,\cdots,m)$。

流入：　　$\Phi^-(A_i)=\sum_{k=1}^{m} H(A_k,A_i),(i=1,2,\cdots,m)$。

净流：　　$\Phi(A_i)=\Phi^+(A_i)-\Phi^-(A_i),(i=1,2,\cdots,m)$。

并且定义如下全序：

$$A_iP^+A_k \Leftrightarrow \Phi^+(A_i)>\Phi^+(A_k)$$

$$A_iI^+A_k \Leftrightarrow \Phi^+(A_i)=\Phi^+(A_k)$$

$$A_iP^-A_k \Leftrightarrow \Phi(A_i)>\Phi^+(A_k)$$

$$A_iI^-A_k \Leftrightarrow \Phi^-(A_i)=\Phi^-(A_k)$$

则，带入数据后得到表 7-12。

表 7-12　性能参比

项目	麻疯树	海藻	棕榈油	菜油籽	大豆	$\Phi^+(A_i)$	$\Phi^-(A_i)$	$\Phi(A_i)$
麻疯树	0	0	0.3642	0.1102	0.2111	0.6856	0.9752	−0.2896
海藻	0.5531	0	0.6518	0.6126	0.5103	2.3279	0.0759	2.2520
棕榈油	0.0336	0	0	0.1790	0.1665	0.3790	2.0131	−1.6340
菜籽油	0.0719	0	0.4317	0	0.1479	0.6545	1.1470	−0.4925
大豆	0.3136	0.0759	0.5653	0.2451	0	1.1999	1.0358	0.1641

$\Phi(A_i)$ 从大到小顺序依次为海藻、大豆、麻疯树、菜籽油、棕榈油。因此，各类生物柴油环境性能从优到劣依次为海藻、大豆、麻疯树、菜籽油、棕榈油。

7.5.5 清洁发展机制的应用

清洁发展机制（clean development mechanism，CDM），是 1997 年联合国制定的《京都议定书》所建立的一系列基于市场机制的、旨在削减温室气体减排成本的、创新性的“合作机制”之一，是现存的唯一可以得到国际公认的碳交易机制，基本适用于世界各地的减排计划。CDM 核心内容是允许发达国家和发展中国家进行项目级的减排量抵消配额的转让与获得，即发达国家通过提供资金和技术，使发展中国家在可持续发展的前提下进行减排并从中获益，发达国家缔约方亦由 CDM 取得排放减量权证，以履行在议定书第三条下的承诺。CDM 是基于项目的配额交易，其指标减排量是由具体的减排目标产生的，每个项目的完成就会有很多的信用额产生，其减排量必须经过核证。CDM 是《京都议定书》产生的一种双赢机制，是基于项目的配额交易，既解决了发达国家减排成本过高的问题，也有助于解决发展中国家的可持续发展问题。

我国作为世界上最大的发展中国家，愿意承担起温室气体减排重任。遵照 UNFCCC 和《京都议定书》的协议，我国主张“共同但有区别”的原则，并主动提出减排目标：我国预计到 2020 年，单位 GDP 二氧化碳排放量在 2005 年基础上下降 40%～45%。而且，我国将节能减排目标列入了国家中长期发展计划中，以此彰显了减排的决心与信心。

中国被视为最具潜力的 CDM 市场，占全球市场的 40%～50%。越来越多的中国企业认识到 CDM 项目的作用，有更多的企业开始申请这种项目。我国目前有北京环境交易所、上海环境交易所、天津排放权交易所和深圳环境交易所，主要从事基于 CDM 项目的碳排放权交易，碳交易额年均达 22.5 亿美元，而国际市场碳金融规模已达 1419 亿美元。截至 2014 年 8 月 31 日，据 EB 统计，全世界总的 CDM 项目注册数目为 7538 例，其中中国注册项目有 3762 例，占据世界总数的 49.9%[11]。而且，近些年来，我国 CDM 项目注册数目一直处于领先水平，彰显了我国在应对气候变化方面的决心和信心。

截至 2016 年 8 月 23 日，中国共计有 5074 个 CDM 项目通过中国国家发展和改革委员会（以下简称“国家发改委”）批准，极大地增强了中国应对气候变化的综合能力。目前，在中国市场上，1t CERs（核证减排量）的价格在 8 欧元以上，CDM 的出现，使得原本无法体现价值的减排量变成了有价的附加产品，可以使投资者获得额外的经济收益，提高了整个项目的经济回报率，有利于项目投资融资，提高经济可行性。生物质能是太阳能以化学能形式储存在生物质中的能量形式，即以生物质为载体的能量，是主要的可再生能源。世界自然基金会发表的研究报告显示，如果不充分开发利用生物质能源，《京都议定书》制定的减少温室气体排放的目标可能无法实现。因此，大力促进生物质能产业的发展，对全球温室气体减排具有重要的意义，而开发生物质能 CDM 项目则是促进生物质能产业发展的重要途径。

我国现有的 CDM 项目主要集中在新能源和可再生能源、节能和提高能效类型项目，此类项目减排成本低，投资力度小，技术稳定，收益预期高，多为国外投资者热衷投资项目，而对于减排成本高、技术复杂、投资多、受益期长的项目，如垃圾焚烧发电、造林和再造林、HFC-23分解消除项目却极少投资。根据中国清洁发展机制网相关数据，这些项目占总项目比例低于1%，而能源类和提高能效类项目占95%以上。如图7-16所示，新能源和可再生能源CDM项目数量占总数的84.34%，而且产生的减排量占总量的63.32%，可见其行业发展较快，减排潜力巨大。生物柴油作为一种环境友好、减排效果明显的生物质能源，国家发改委共批准生物柴油CDM项目16项，见表7-13。

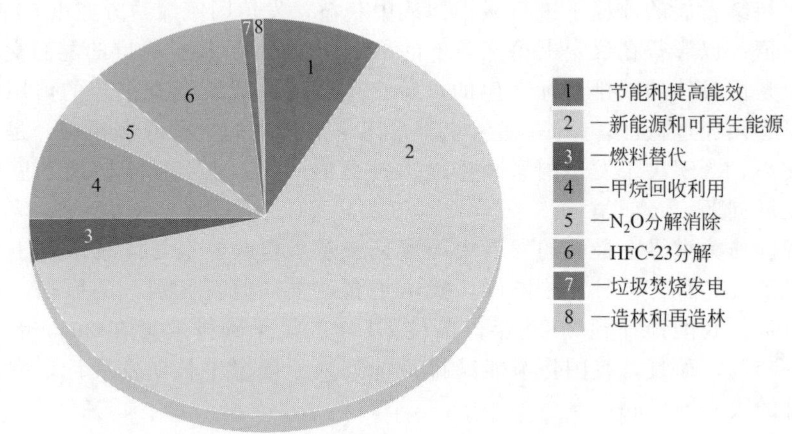

图7-16 中国批准的CDM项目减排量分布情况[12]

表7-13 国家发改委批准的生物柴油CDM项目（截至2016年8月23日）

项目名称及方法学	减排类型	项目业主	国外合作方	估计年减排量 /t CO_2e①
山东锦江生物柴油制造项目(AM0047)	新能源和可再生能源	山东锦江生物能源科技有限公司	Carbon Alliance Holding AG	127564
广西合众能源股份有限公司10万吨生物柴油项目(ACM0017)	新能源和可再生能源	广西合众能源股份有限公司	蓝碳世界资本公司	236895
固安中德利华石油化学有限公司年产10万吨生物柴油项目(ACM0017)	其他	固安中德利华石油化学有限公司	无	249764
河北汇谷生物能源有限公司年产5万吨生物燃料(生物柴油)项目(ACM0017)	新能源和可再生能源	河北汇谷生物能源有限公司	雷克碳资产有限公司	115522
河北福宽生物柴油项目(ACM0017)	新能源和可再生能源	河北福宽生物油脂有限公司	ICF-International Clean Fund LLC Lewes，Mendrisio Branch	212224
河南中生化5万吨生物柴油项目(ACM0017)	新能源和可再生能源	河南中生化科技有限公司	维多石油集团	122882

续表

项目名称及方法学	减排类型	项目业主	国外合作方	估计年减排量/t CO_2e①
河南鑫宇生物年产10万吨生物柴油生产线项目(ACM0017)	新能源和可再生能源	河南省鑫宇生物科技有限公司	维多石油集团	239323
卡特新能源生物柴油项目(ACM0017)	新能源和可再生能源	江苏卡特新能源有限公司	Eco-Frontier Carbon Partners Limited	176044
陕西春光生物能源开发有限公司年产20万吨生物柴油项目第一期(ACM0017)	新能源和可再生能源	陕西春光生物能源开发有限公司	Originate Carbon Ltd.	76258
山西恒宏生物柴油项目(ACM0017)	新能源和可再生能源	山西恒宏再生能源有限责任公司	Originate Carbon Ltd.	44333
河北隆海生物科技有限公司利用耦合技术制备生物柴油项目(ACM0017)	新能源和可再生能源	河北隆海生物科技有限公司	巴登-符腾堡州能源公司	105043
江苏永林10万吨生物柴油项目(AM0047 ver2)	新能源和可再生能源	江苏永林油脂化工有限公司	Fine Carbon Fund Ky 和 Nordic Carbon Fund Ky	213240
西安宝润铜川生物柴油项目(AMS0047)	新能源和可再生能源	西安宝润实业发展有限公司	东北电力株式会社	239862
河南星火生物能源有限公司年产10万吨车用生物柴油CDM项目(AM0047)	新能源和可再生能源	河南星火生物能源有限公司	Renaissance Carbon Investment/RCI	208245
河南海利尔10万吨生物柴油项目(AM0047)	新能源和可再生能源	周口市海利尔生物能源有限公司	Shell Trading International Limited	244466
贵州省贵阳市中京公司生物柴油生产项目(AM0007)	燃料替代	贵州中京生物能源发展有限公司	地球环境开发株式会社	29264

① t CO_2e 指吨二氧化碳当量。

CDM项目必须满足：a.获得项目涉及的所有成员国的正式批准；b.促进项目东道国的可持续发展；c.在缓解气候变化方面产生实在的、可测量的、长期的效益。CDM项目产生的减排量还必须是任何无此CDM项目条件下产生的减排量的额外部分。

CDM将包括如下方面的潜在项目：改善终端能源利用效率；改善供应方能源效率；可再生能源；替代燃料；农业（甲烷和一氧化二氮减排项目）；工业过程（水泥生产等减排二氧化碳项目，减排氢氟碳化物、全氧化碳或六氟化硫的项目）；碳汇项目（仅适用于造林和再造林项目）。

中国《清洁发展机制项目运行管理办法》明确规定的三类开展CDM项目的优先领域包括提高能源效率、开发利用新能源和可再生能源以及甲烷的回收与利用。

范畴1（能源工业）方法学适应的项目类型较多，但目前主要开发的项目有可再生能源领域（风电、水电、生物质发电项目），开发利用新能源（生物柴油生产、废能/余能回收利用项目），这些项目类型都是国家优先开展的领域。生物柴油项目是指利用废弃油脂生产生物柴油来替代化石燃料，解决地沟油等废油脂的处理问题，减少废物对环境的污染，既符合循环经济的目标，又能实现环境效益与社会效益的双赢。

为确保CDM项目能带来长期的、可测量的、额外的减排量，需要根据CDM国际规则的要求建立相应的方法学，其主要内容包括适用范围、项目边界、基准线情景识别、额外性论证、减排量计算方法和监测方法等。计算生物柴油项目碳减排量的CDM方法学，主要是由UNFCCC EB整合的基准线方法学ACM0017（作为燃料使用的生物柴油生产，production of biodiesel for use as fuel）分析，该方法学来源于方法学AM0047利用废油脂生产生物柴油燃料，其他可适用于生物柴油项目的方法学见表7-14。

表7-14 可适用于生物柴油项目的方法学

CDM方法学编号	方法学名称	项目类型
ACM0017	作为燃料使用的生物柴油生产	常规项目
AM0047	利用废油脂生产生物柴油燃料	常规项目
AMS-Ⅲ.AK	生物柴油的生产和运输目的使用	小型项目
AMS-Ⅰ.H	生物柴油生产并在固定设施中用作能源	小型项目
AM0007	季节性运行的生物质热电联产厂的最低成本燃料选择分析	常规项目

参考文献

[1] 刘姝娜，罗文，许洁，等.我国生物柴油产业现状、障碍及发展对策［J］.太阳能学报，2012（S1）：114-121.

[2] 王仰东.基于技术路线图应用的生物柴油产业链研究［J］.科技管理研究，2009，29（2）：139-140.

[3] 周妍，曾静，刘德华.生物柴油产业政策分析［J］.生物产业技术，2016（2）：7-11.

[4] 熊燕.能源税补政策对中国生物柴油成本的预期影响［D］.武汉：华中农业大学，2008.

[5] 朱祺.生物柴油的生命周期能源消耗、环境排放与经济性研究［D］.上海：上海交通大学，2008.

[6] 陆强，赵雪冰，郑宗明.液体生物燃料技术与工程［M］.上海：上海科学技术出版社，2013：248.

[7] 管天球，罗能生.红薯乙醇生物质能源开发中生态型产业链构建和运行机制研究［M］.长沙：湖南大学出版社，2011:15.

[8] 楼狄明，谭丕强.柴油机使用生物柴油的研究现状和展望［J］.汽车安全与节能学报，2016，7（02）：123-134.

[9]　严军华，王舒笑，袁浩然，等. 大豆油与地沟油制备生物柴油全生命周期评价［J］. 新能源进展，2017，5（04）：279-285.

[10]　罗文陶. PROMETHEE 法的生物柴油性能综合评价数学模型［J］. 西南民族大学学报：自然科学版，2011，37（05）：722-726.

[11]　李小立. 生物柴油项目碳减排计算方法学应用研究［D］. 邯郸：河北工程大学，2014.

[12]　批准项目估计年减排量按减排类型分布图表［EB/OL］. http://cdm.ccchina.org.cn/NewItemTable8.aspx.

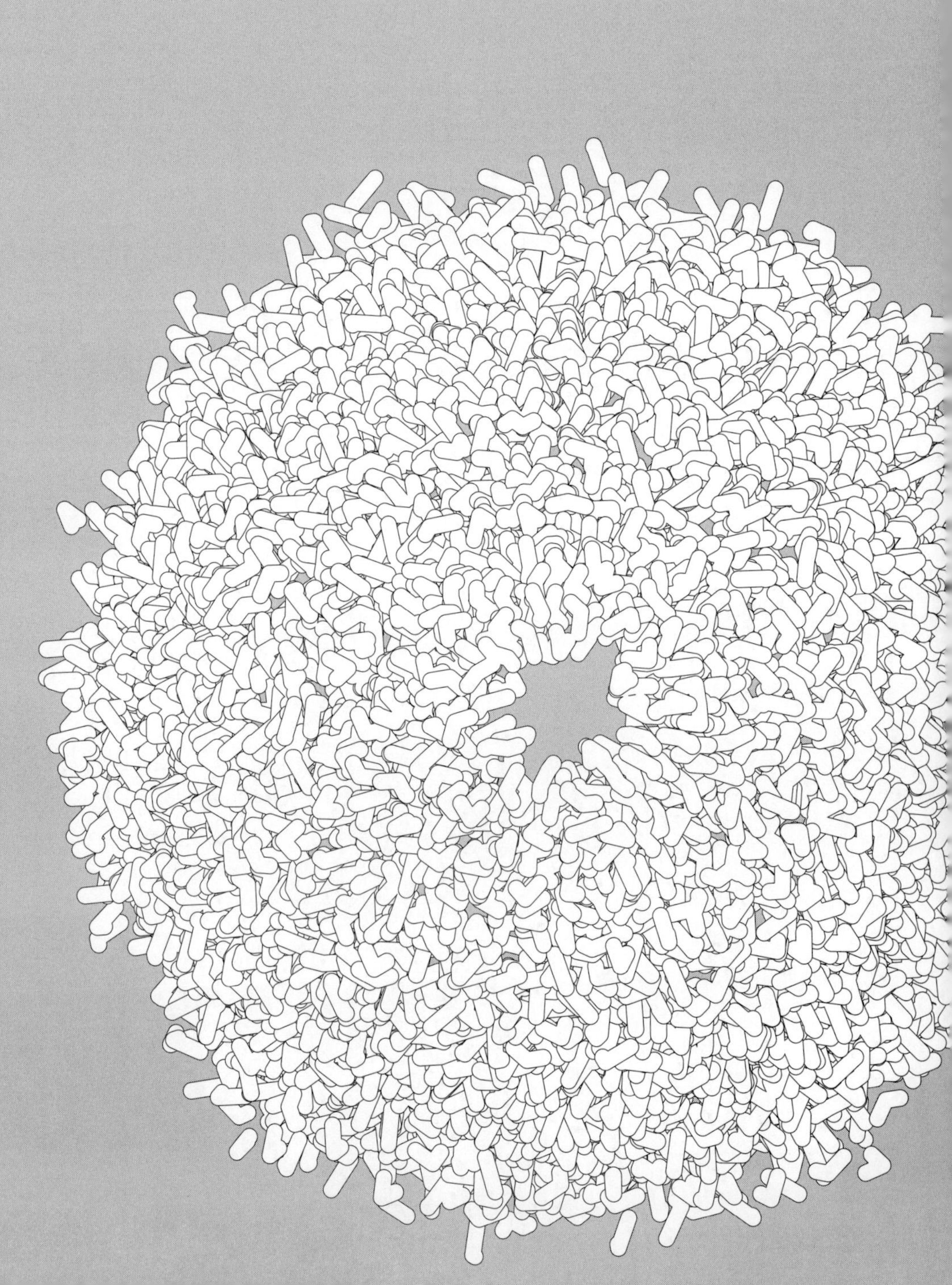

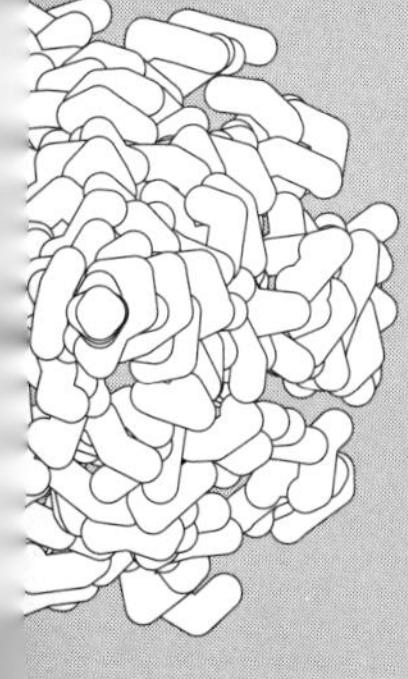

附录

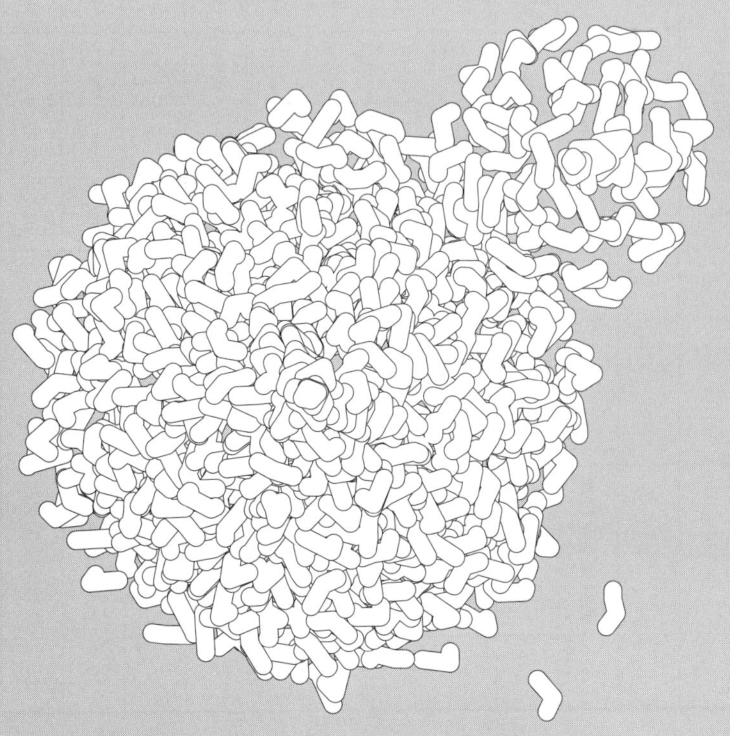

附表 1　损益表

单位：万元

序号	时间/年	1	2	3	4	5	6	7	8	9	10	11	12	13	14	15	16	17	18
	生产负荷	0%	0%	80%	100%	100%	100%	100%	100%	100%	100%	100%	100%	100%	100%	100%	100%	100%	100%
1	产品销售收入	0	0	0	23320	29150	29150	29150	29150	29150	29150	29150	29150	29150	29150	29150	29150	29150	29150
2	销售税金及附加	0	0	0	1355	1694	1694	1694	1694	1694	1694	1694	1694	1694	1694	1694	1694	1694	1694
3	总成本费用	0	0	0	20718	24673	24446	24207	23955	23716	23716	23716	23716	23716	23716	23716	23716	23716	23716
4	利润总额	0	0	0	1247	2783	3010	3249	3501	3740	3740	3740	3740	3740	3740	3740	3740	3740	3740
5	应缴纳税所得额	0	0	0	1247	2783	3010	3249	3501	3740	3740	3740	3740	3740	3740	3740	3740	3740	3740
6	所得税				213	696	753	812	875	935	935	935	935	935	935	935	935	935	935
7	税后利润				935	2087	2258	2437	2626	2805	2805	2805	2805	2805	2805	2805	2805	2805	2805
8	可分配利润				935	2087	2258	2437	2626	2805	2805	2805	2805	2805	2805	2805	2805	2805	2805
9	盈余公积金				94	209	226	244	263	280	280	280	280	280	280	280	280	280	280
10	未分配利润				842	1879	2032	2193	2363	2524	2524	2524	2524	2524	2524	2524	2524	2524	2524
11	累计为分配利润				842	2720	4753	6946	9309	11833	14357	16822	19406	21930	24454	26979	39503	32027	34551

附表 2　现金流量表

单位:万元

时间/年	1	2	3	4	5	6	7	8	9	10	11	12	13	14	15	16	17	18
现金流入				23320	29150	29150	29150	29150	29150	29150	29150	29150	29150	29150	29150	29150	29150	29150
销售收入				23320	29150	29150	29150	29150	29150	29150	29150	29150	29150	29150	29150	29150	29150	29150
现金流出	3463	3643	3463	22385	27063	26892	26713	26524	36345	36345	36345	36345	36345	36345	36345	36345	36345	36345
固定资产投资	3463	3643	3463	0	0	0	0	0	0	0	0	0	0	0	0	0	0	0
经营成本	0	0	0	20718	24673	24446	24207	23955	23716	23716	23716	23716	23716	23716	23716	23716	23716	23716
应纳税额及附加	0	0	0	1355	1694	1694	1694	1694	1694	1694	1694	1694	1694	1694	1694	1694	1694	1694
所得税	0	0	0	312	696	753	812	875	935	935	935	935	935	935	935	935	935	935
净现金流量	−3463	−3463	−3463	935	2087	2258	2437	2626	2805	2805	2805	2805	2805	2805	2805	2805	2805	2805
累计净现金流量	−3463	−6926	−10389	−9454	−7366	−5108	−2671	−46	2759	5564	8368	11173	13978	16783	19587	22392	25197	28701
所得税前现金流量	−3463	−3463	−3463	1247	2783	3010	3249	3501	3740	3740	3740	3740	3740	3740	3740	3740	3740	3740
所得税前累计净现金流量	−3463	−6926	−10389	−9142	−6359	−3348	−99	3402	7141	10881	14621	18360	22100	25840	29579	33319	37059	41498

附表 3　年销售收入与销售税金及附加结算表

单位:万元

序号	时间/年	1	2	3	4	5	6	7	8	9	10	11	12	13	14	15	16	17	18
	生产负荷	0%	0%	80%	100%	100%	100%	100%	100%	100%	100%	100%	100%	100%	100%	100%	100%	100%	100%
1	产品销售收入				23320	29150	29150	29150	29150	29150	29150	29150	29150	29150	29150	29150	29150	29150	29150
2	销售税金及附加				1355	1694	1694	1694	1694	1694	1694	1694	1694	1694	1694	1694	1694	1694	1694
3	增值税				1232	1540	1540	1540	1540	1540	1540	1540	1540	1540	1540	1540	1540	1540	1540
4	销项税				3964	4956	4956	4956	4956	4956	4956	4956	4956	4956	4956	4956	4956	4956	4956
5	进项税				2732	3415	3415	3415	3415	3415	3415	3415	3415	3415	3415	3415	3415	3415	3415
6	城市维护建设税				86	108	108	108	108	108	108	108	108	108	108	108	108	108	108
7	教育附加税				37	46	46	46	46	46	46	46	46	46	46	46	46	46	46

附表 4　原辅材料及公用工程费用估算

序号	项目	消耗量 /(万吨/年)	内购量 /(万吨/年)	内购价	内购税率 /%	内购费用 /万元	内购进项税 /万元
1	原材料						
1.1	甲醇	0.75	0.75	3200 元/t	17	2400	408
1.2	地沟油	5.1	5.1	3200 元/t	17	16320	2774
1.3	催化剂				17	750	128
1.4	合计					19470	3310
2	公用工程						
2.1	电力	300	300	0.7 元/(kW·h)	17	210	36
2.2	水	20	20	4.2 元/(kW·h)	13	84	11
2.3	煤炭	1	1	453 元/t	13	453	59
2.4	合计					747	106
3	总计					20217	3416

索　引

X

Y

Z

其他